Zu diesem Buch

Kaum eine Naturwissenschaft hat die Welt so sehr verändert wie die Chemie. Noch in den 50er und 60er Jahren kannte der Glaube an ihre segensreiche Bedeutung für die Menschheit kaum Grenzen. Eine ganze Epoche wurde durch die Flut von bunten Plastikprodukten geprägt, mit denen eine Industrie den Markt überschwemmte, die nach dem Zweiten Weltkrieg endgültig ihren Siegeszug antrat und mit ihren Verfahren und Zulieferungen längst alle übrigen Industrien durchwaltet. Heute beginnen wir zu ahnen, wie hoch der Preis für solchen Fortschritt ist. Der Stoffwechsel des Menschen mit der Natur ist nachhaltig gestört. Übersäuerte Böden und wuchernde Altlasten, Ozonloch und Treibhauseffekt, Robbensterben und «umkippende» Meere sind nur einige Beispiele: Seit Chemiker entdeckt haben, daß die stoffliche Welt aus – inzwischen – über 100 Elementen besteht, sind die drei klassischen Elemente Erde, Wasser und Luft nicht mehr, was sie zu Beginn der industriellen Revolution noch waren. – Ein Planet wird vergiftet.

Es hätte nicht sein müssen. Schon zur Jahrhundertwende gab es eine lebhafte Diskussion um die ökologischen Folgen der chemischen Industrie. In zwei Weltkriegen wurde sie verschüttet, wurden die Weichen endgültig auf Produktlinien und Produktionsweisen gestellt, die heute zum Umdenken zwingen.

Dieses Buch verfolgt die Entwicklung der Chemie und der chemischen Industrie von den Anfängen der Industrialisierung bis zur Gegenwart. Es will die scheinbar unentwirrbare Vielfalt der chemischen Produkte und Verfahren und die damit verbundenen Gesundheits- und Umweltbelastungen aus ihren Entstehungsbedingungen heraus überschaubar machen. Es zeigt auf, wie und warum schon frühzeitig die Weichen in Richtung auf die ökologischen Katastrophen gestellt wurden, die uns heute herausfordern. Es will auch chemischen Laien verständlich machen, worum es in der chemiepolitischen Diskussion geht, sowie allen Betroffenen und an den gesellschaftlichen Entscheidungen Beteiligten Argumente anbieten, warum ein Umdenken nicht nur nötig, sondern auch möglich ist.

Karl Otto Henseling, Jahrgang 1945, Dr. Ing., Chemiker und Studienrat, lebt in Berlin. Er ist Mitglied im Arbeitskreis Umweltchemikalien/Toxikologie des BUND und freier Mitarbeiter des Instituts für ökologische Wirtschaftsforschung (IÖW) Berlin. Zahlreiche Veröffentlichungen unter anderem zu wissenschafts- und technikhistorischen, chemiepolitischen und chemiedidaktischen Themen; bei Rowohlt erschienen: «Bronze, Eisen, Stahl», 1981.

Karl Otto Henseling

Ein Planet wird vergiftet

Der Siegeszug der Chemie: Geschichte einer Fehlentwicklung

rororo

Rowohlt

rororo aktuell –
Herausgegeben von Ingke Brodersen

Originalausgabe

Redaktion Frank Strickstrock

Veröffentlicht im Rowohlt Taschenbuch Verlag GmbH,
Reinbek bei Hamburg, Februar 1992

Umschlaggestaltung Büro Hamburg –
Jürgen Kaffer / Peter Wippermann
(Foto: Grafton M. Smith / The Image Bank)
Satz Aldus (Linotronic 500)
Gesamtherstellung Clausen & Bosse, Leck
Printed in Germany
1480-ISBN 3 499 13013 0

Inhalt

Vorwort

Der Stoffwechsel zwischen Mensch und Natur als kulturelle und politische Gestaltungsaufgabe

Klimakatastrophe, Gewässerverschmutzung, Müllproblem oder Dioxinverseuchung sind Stichworte, die verschiedene Seiten eines Problems beschreiben: des nachhaltig gestörten Stoffwechsels zwischen Mensch und Natur. Es ist eine zentrale Aufgabe der Umweltpolitik, Ursachen der globalen Stoffwechselstörungen zu untersuchen und Wege aus der Krise zu weisen. Zur Sicherung der Lebensgrundlagen auf der Erde ist eine umfassende Neubesinnung des Verhältnisses von Mensch und Natur notwendig, die von einer grundsätzlichen Analyse der Fehlentwicklung dieses Verhältnisses ausgeht. Dabei kommt der Chemiepolitik als einem zentralen Bereich der Umweltpolitik neben anderen Bereichen wie der Energie- oder der Landwirtschaftspolitik eine entscheidende Rolle zu.

Im Verlauf einer für unser modernes Zeitempfinden unvorstellbar langsamen und lang andauernden Entwicklung haben sich auf der Erde immer komplexere Lebensformen herausgebildet. In ständiger Anpassung an die stofflichen und physikalischen Bedingungen unterschiedlicher Lebensräume wurde schließlich die Stufe erreicht, die die Entstehung des Menschen ermöglichte. Ineinandergreifende biologische und geologische Stoffkreisläufe haben zu weitgehend stabilen Gleichgewichten in der stofflichen Zusammensetzung der Biosphäre geführt.

Bis zur industriellen Revolution war die wirtschaftliche Tätigkeit des Menschen noch weitgehend in die natürlichen, die Lebensbedingungen auf der Erde bestimmenden Energieströme und biogeochemischen Stoffkreisläufe eingebunden. Es wurden überwiegend regenerative Rohstoffe und Energien genutzt. Die Eingriffe des Menschen in die Biosphäre waren bis dahin begrenzt und hielten sich trotz massiver regionaler Umweltzerstörungen global gesehen in der Größenordnung natürlicher Veränderungen, wie sie durch Eiszeiten, Vulkanausbrüche oder Flutkatastrophen in relativ kurzen geologischen Zeiträumen immer wieder stattgefunden haben. Derartigen Veränderungen hat sich das Leben auf der Erde mit den Mechanismen der biologischen Evolution jeweils anpassen können.

In zwei Jahrhunderten industrieller Entwicklung hat der Mensch in einem weitaus größeren Maß in seine natürliche Umwelt eingegriffen als in den davorliegenden Jahrtausenden kultureller Entwicklung. Mit der industriellen Revolution wurde der Stoffwechsel zwischen Mensch und Natur einem revolutionären Wandel unterzogen. Durch die unbeschränkte Ausbeutung fossiler Energieträger griff der Mensch mit weitreichenden Folgen in geologische Stoffkreisläufe ein, deren Genese Zeiträume umfaßt, die ein Vielfaches der Dauer der bisherigen Menschheitsentwicklung ausmachen. Stoffe, die aus tieferen Erdschichten in die wirtschaftlichen Stoffströme gebracht wurden, gelangen in Konzentrationen in die biologischen Stoffkreisläufe, die die natürlichen Toleranzgrenzen überschreiten.

Die lebende Natur wurde durch die Mechanisierung und Chemisierung von Land- und Forstwirtschaft und die Entwicklung von Verarbeitungsindustrien einer neuartigen und intensiveren Nutzung unterworfen und verstärkten Belastungen ausgesetzt. Die natürlichen Nährstoffkreisläufe wurden dadurch unterbrochen.

Mit der chemischen Industrie entstand eine Schlüsselindustrie, die eine Vielzahl neuartiger Stoffe in den Wirtschaftsprozeß und die Umwelt einbrachte. Eine Vielzahl von Stoffen, die in der Biosphäre nicht oder nur in geringsten Mengen natürlich vorkommen, ist heute im Gewebe von Lebewesen zu finden, deren Stoffwechselsysteme sich diesen Substanzen im Verlauf der Evolution nicht anpassen konnten. Auch der menschliche Organismus selbst wird völlig neuen Einflüssen und Belastungen ausgesetzt.

Wissenschaft und Technik sind seit Beginn der Industrialisierung in besonderem Maß darauf ausgerichtet, die Natur im einzelnen zu erkennen und durch wirtschaftliche Nutzung zu beherrschen. Aus der Fülle der Möglichkeiten, mit den Erscheinungsformen der Natur umzugehen, wurden jeweils diejenigen herausgegriffen, die den schnellsten Weg zu neuen wissenschaftlichen Erkenntnissen, technischen Fortschritten und wirtschaftlichen Gewinnen versprachen. Die Naturwissenschaften gliederten sich in weitgehend unabhängige Einzeldisziplinen und diese wieder in Spezialgebiete auf. Die Natur wurde in eine Vielzahl isolierter Forschungsgegenstände aufgeteilt. Gesamtheitliche Naturbetrachtungen hatten demgegenüber einen geringeren Stellenwert. Erkenntnisse über komplexe Wirkungen menschlicher Eingriffe in die Natur ergaben sich bisher in der Regel erst aus dem globalen «Experiment» der industriellen Anwendung.

Parallel zu den überwiegend auf isolierte Naturaspekte orientierten und in diesem Sinne atomistischen Naturwissenschaften hat sich eine hinsichtlich der Naturnutzung ähnlich atomistische Wirtschaftsweise herausgebildet. Mit der Befreiung aus den Fesseln des Feudalismus hat sich die bürgerliche Wirtschaft auch der gesamtgesellschaftlichen Verantwortung weitgehend entziehen können. Die Einführung der Gewerbefreiheit beinhaltete – und das gilt im Grundsatz bis heute – implizit die Freiheit, die natürlichen Existenzgrundlagen – Pflanzen und Tiere, mineralische Rohstoffe, Boden, Luft und Wasser – unbeschränkt der wirtschaftlichen Ausbeutung zu unterwerfen. Für die Entwicklung von Konzepten für einen langfristig ausgewogenen Stoffwechsel des Menschen mit der Natur war unter diesen Voraussetzungen kein Platz. Dabei waren die katastrophalen Folgen einer schrankenlosen Naturausbeutung schon bald nach der Entstehung der ersten Industrien deutlich zu erkennen. Verpestete Luft und verseuchtes Wasser waren auch im vorigen Jahrhundert drängende Umweltprobleme. Und um die Jahrhundertwende waren diese Probleme in Deutschland Gegenstand heftiger politischer Auseinandersetzungen. Die sozialen Katastrophen zweier Weltkriege und des durch Inflation und Weltwirtschaftskrise verschärften Massenelends haben das Bewußtsein für die damals bereits akuten Umweltprobleme dann für ein halbes Jahrhundert verschüttet.

Heute haben die Eingriffe des Menschen die Beschaffenheit der drei elementaren Umweltmedien Wasser, Luft und Boden und damit die Lebensbedingungen auf der Erde nachhaltig verändert. Lebensräume, in denen sich in den langen Zeiträumen der biologischen Evolution die heutigen Formen des Lebens entwickelt haben, sind durch die Folgen der umfassenden industriellen Nutzung existentiell bedroht. Damit ist auch das Weiterbestehen der Menschheit gefährdet.

Die Erhaltung der Lebensbedingungen auf der Erde ist zu einer zentralen politischen Aufgabe geworden. Diese Aufgabe kann nicht durch die derzeit übliche Umweltpolitik gelöst werden, die nur den jeweils brennendsten Problemen mit administrativen oder technischen Mitteln nachzuhinken versucht. Um den Stoffwechsel zwischen Mensch und Natur so weiterzuentwickeln, daß eine Fortsetzung der kulturellen Evolution des Menschen möglich ist und die Biosphäre in annähernd dem Zustand erhalten werden kann, der sich in dem langen Zeitraum der biologischen Evolution herausgebildet hat, ist es unabweisbar nötig, die gesellschaftlichen Wertvorstellungen und Praktiken prinzipiell zu überdenken. Naturwissenschaften und Technik haben nicht nur eine erhebliche Mitverantwortung für die Fehlentwicklung des Stoffwechsels mit der Natur, sie haben gleichzeitig Bausteine für eine Veränderung zum Positiven entwickelt. Durch neue analytische Verfahren können die Ursachen von Umweltveränderungen immer genauer erforscht werden. Neue Techniken und neue Werkstoffe können auch zu einer umweltverträglicheren Art der Produktion und Konsumption genutzt werden.

Die notwendigen Veränderungen werden neben einem anderen Umgang mit Rohstoffen, Energiequellen und Abfallstoffen weitere gesellschaftliche Bereiche einbeziehen müssen. Das betrifft Fragen der Wirtschaftsordnung und der Befriedigung menschlicher Bedürfnisse ebenso wie juristische oder ethische Grundfragen. Die Chemiepolitik hat hierbei eine wichtige Aufgabe zu erfüllen.

In diesem Buch wird versucht, die Entstehungshintergründe und die wichtigsten Entwicklungslinien des industriellen Stoffwechsels mit der Natur zu skizzieren. Im ersten Teil wird analysiert, auf welcher Basis und mit welchem Natur- und Gesellschaftsverständnis sich neue industrielle Formen der Naturnutzung durchsetzen konnten. Der Schwerpunkt dieses Teils liegt beim Übergang von regenerierbaren zu nicht regenerierbaren Rohstoffen und Energiequellen und bei der Entwicklung industrieller Methoden in Land- und Forstwirtschaft. In einer Zwischenbilanz werden die gesellschaftlichen Rahmenbedingungen beleuchtet, unter denen sich der industrielle Stoffwechsel mit der Natur entwickelt hat.

Der zweite Teil des Buches beschreibt die Entstehung und Durchsetzung wichtiger Produktionslinien der chemischen Industrie in ihrer Verbindung mit anderen Wirtschaftsbereichen wie Verkehr oder Landwirtschaft. Damit wird versucht, einige umweltpolitisch besonders bedeutsame Pfade im Dschungel der stoffwirtschaftlichen Verflechtungen moderner Industriegesellschaften zu erhellen.

Den Abschluß bilden Reflektionen über Wege zu einem zukunftsverträglichen Stoffwechsel zwischen Mensch und Natur. Diese Wege werden nur dann erfolgreich gefunden und beschritten werden können, wenn die Suche danach von Menschen aus allen betroffenen Bereichen der Gesellschaft engagiert vorangetrieben wird.

Die vielfältige Unterstützung, die der Autor von Vertreterinnen und Vertretern von Umweltverbänden, Umweltbehörden, Wissenschaft, Gewerkschaften, Unternehmen, politischen Parteien und anderen gesellschaftlichen Gruppen erhalten hat, hat gezeigt, daß dieses Engagement bereits an vielen Stellen vorhanden ist. Dieses Buch hätte ohne ihre aktive Mithilfe und die verständnisvolle Unterstützung meiner Frau, für die hier herzlich gedankt sei, nicht geschrieben werden können.

Umwelt und Leben zu Beginn der industriellen Revolution

Um auch nur annähernd zu ermessen, welcher Art die qualitativen und quantitativen Sprünge im Stoffwechsel zwischen Mensch und Natur sind, die mit der industriellen und agrarischen Revolution verbunden waren und am Beginn der Geschichte der chemischen Industrie standen, empfiehlt sich ein Rückblick auf vorindustrielle Verhältnisse. Bei aller Spannbreite unterschiedlicher Lebensweisen, die vom Luxus des Adels bis zum Elend der leibeigenen Tagelöhner reichten, war unseren vorindustriellen Vorfahren eines gemeinsam: Das Irdendasein war durch die drei Geißeln der Menschheit Pest, Hunger und Krieg sehr unsicher. Einem stets gefährdeten individuellen Mikrokosmos stand aber im Bewußtsein der Menschen ein durch göttliche Fügung und Weisheit gesicherter Makrokosmos gegenüber, in dessen paradiesischen Gefilden die auf Erden so schwachen Menschen ihre sichere Aufnahme finden konnten. Heute halten wir in den reichen westlichen Industrieländern die Geißeln der Menschheit nicht zuletzt mit Hilfe der Chemie so weit in Schach, daß für die etablierten Mitglieder der Zweidrittelgesellschaften mit einiger Wahrscheinlichkeit eine etwa siebzigjährige Lebensperspektive planbar ist. Damit hat die Konzentration auf die individuelle Entfaltung und Lebensplanung eine rationelle Basis. Der Gewinn irdischer Lebenserwartung und freierer individueller Entfaltung geht in den reichen Industrieländern einher mit dem Verlust des Makrokosmos sowohl im weltanschaulich religiösen Sinn als auch im ganz konkreten Sinn der Um- und Mitwelt.[1]

Die Art, wie die Menschen sich zu Beginn der Industrialisierung, also etwa um 1800, ernährten und kleideten, wie sie wohnten und welchen gesundheitlichen Risiken sie ausgesetzt waren, hing nicht nur von den vorfindbaren natürlichen Voraussetzungen und dem Stand der technischen Möglichkeiten ab, sondern ebensosehr von den gesellschaftlichen Bedingungen.

Die spätfeudale Gesellschaft des ausgehenden 18. Jahrhunderts war durch krasse gesellschaftliche Gegensätze gekennzeichnet. Seit der Mitte des 18. Jahrhunderts war vor allem die Schicht der unterbäuerlichen

Landbesitzer und der Familien ohne Landnutzung stark angewachsen. Schätzungen zufolge konnten zwei Drittel der ländlichen Bevölkerung Ende des 18. Jahrhunderts keine ausreichende Absicherung der Nahrungsmittelversorgung aus den selbstbewirtschafteten Flächen erzielen, sondern waren auf zusätzliche Einkommen durch Arbeit für gewerbliche Betriebe oder Verlage angewiesen.

Die Entwicklung der Landwirtschaft stagnierte unter dem Joch feudaler Ausbeutung und Unterdrückung. Auch die Möglichkeiten, das Einkommen durch eine zusätzliche Tätigkeit zu verbessern, waren beschränkt. Die meisten dieser Familien konnten sich daher aus dem Zustand der Armut nicht befreien. Auch in den Städten war die Situation nicht erfreulicher. Dem überwiegend durch Zuwanderung vom Land bedingten Bevölkerungszuwachs konnte nicht durch die Einrichtung entsprechender zusätzlicher Einkommensmöglichkeiten begegnet werden. Bis zu einem Viertel der Einwohner war in den Städten in irgendeiner Weise auf Unterstützung angewiesen. Die Basis der sozialen Pyramide wurde breiter, und gleichzeitig zog sich die Pyramide vertikal auseinander: Der Masse landarmer oder landloser Menschen stand eine schmale, wohlhabende Feudalschicht gegenüber.[2]

Die alltäglichen materiellen Bedürfnisse der einfachen Leute zu Beginn des Industriezeitalters mußten sich auf die Grundbedürfnisse Essen, Trinken, Wohnung und Kleidung beschränken. Für die notdürftige Befriedigung dieser elementaren Bedürfnisse mußten die meisten Menschen so viel Kraft und Zeit aufbringen, daß für «gehobene Ansprüche» nichts mehr übrigblieb. Allein um das tägliche Brot zu kaufen, mußte eine Maurerfamilie (fünf Personen) in Berlin um 1800 nahezu die Hälfte des Einkommens aufwenden. Für Nahrung insgesamt einschließlich der Getränke wurden fast drei Viertel des Einkommens ausgegeben. Der Rest reichte für Miete, Heizung, Beleuchtung und Kleidung kaum aus.[3] Ganz anders sah es in den Häusern der reichen Bürger und den Palästen des Adels aus. Zur Befriedigung der gehobenen Bedürfnisse dieser Schichten hatte sich eine umfangreiche Luxusindustrie etabliert.

Die Sorge um das tägliche Brot

An erster Stelle auf dem Speisezettel der meisten Menschen stand Getreidenahrung in Form von Brei, Grütze, Graupen, Klößen und Brot. Nach den Getreideprodukten waren vor allem Hülsenfrüchte (Erbsen und Linsen) und Kohl Bestandteile der täglichen Nahrung. Die pflanzliche Nahrung wurde vor allem durch Milchprodukte ergänzt. Der Fleischverbrauch war sehr gering. Die meisten Familien mußten sich mit ein bis zwei Fleischtagen pro Woche begnügen, viele konnten sich überhaupt kein Fleisch leisten.

Die geringen Einkommen vieler Handwerker, niedriger Beamter und der meisten Landbewohner reichten schon in normalen Zeiten kaum aus, die Grundnahrungsmittel in der Menge zu erwerben, die zur Sättigung der meist kinderreichen Familien nötig war. Die Zeiten waren aber durchaus nicht immer normal. Im 18. Jahrhundert war jedes vierte Jahr ein Hungerjahr. Klimaschwankungen, Schädlingsbefall und Kriege verursachten Mißernten und damit steigende Getreidepreise. Die Hungerkatastrophe der Jahre 1770/72 hat der Arzt und Physikus des Kurfürstlich-Mainzischen Rates für das Ober-Eichsfeld, J. F. Arand, so beschrieben:

> «Ich werde nie anders als mit Schauer an das Elend unserer Lande, an den kummervollen, kläglichen, grausamen Zustand unserer Einwohner denken können. Die Patienten lagen ohne Hoffnung; Heu, Grummet, Gartenfrüchte, Gemüse, Obst waren verdorben; jämmerlich sah der Landmann seinen sauren Schweiß bei der Ernte vereitelt; Ströme des Unglücks und das schrecklichste unter ihnen, der Hunger, wüteten über den Unglücklichen. Man sah die Früchte auf dem Halme auswachsen: Unzeitig und bei dem Ofenfeuer halb getrocknet mußten sie schon der verhungerten Armut zur stillenden Nahrung dienen. Der andere wenige Vorrat wurde naß in die Scheune gebracht, das Geströtze konnte fast zu keinem Futter gebrauchet und die ausgedroschenen Körner von der Vermoderung nicht gerettet werden. Ersteres war dem Vieh und letzteres dem Menschen gefährlich... Aus einem solchen drei Jahre dauernden Mißwachs folgte eine auch den ältesten Leuten undenkbare, ja auch den Nachkommen unglaubliche Teuerung, die fürchterlichste Not, kurz der äußerste Hunger drückte die Armut.»

In solchen Jahren stieg die Sterblichkeit stark an. Neben den Verhungerten zählten die durch Mangelernährung geschwächten und an Infektionskrankheiten gestorbenen Menschen zu den Opfern, darunter viele Kinder.

Bei der Analyse der Ursachen vorindustrieller Hungerkrisen werden von Sozialhistorikern unterschiedliche Schwerpunkte gesetzt. Die «klassische» Interpretation, die in Deutschland vor allem von Wilhelm ABEL[5] vertreten wird, macht im wesentlichen den wetterbedingten Ernteausfall und seine unmittelbare Folge, die kurzfristige Schwankung der Versorgung einer Bevölkerung mit den wichtigsten Nahrungsmitteln, als Ursache der Hungersnöte aus. Bei dieser Interpretation erscheint der wissenschaftlich-technische Fortschritt, hier die «agrarische Revolution», als einziger Ausweg aus den Versorgungskrisen, da vor allem ungenügende Produktionsweisen als deren Grund angesehen werden. Neuere Interpretationen, die auf regionalgeschichtlichen Studien beruhen, betonen daneben die soziale Ursachenkomponente von Hungersnöten. Die feudale Ausbeutung ließ im 18. Jahrhundert der ärmeren ländlichen Bevölkerungsschicht so wenig ökonomischen Spielraum, daß jede Verschärfung der allgemeinen Lage und vor allem jeder Anstieg der Getreidepreise zur völligen Verarmung führen mußte. Herrschaftliche Abschöpfung und Reglementierung werden in den regionalen Fallstudien regelmäßig als hunger- und krisenverursachende, zumindest aber krisenverschärfende Faktoren erkannt. Die beträchtliche Bedeutung der sozialen Faktoren als Ursache von Hungerkrisen ist beispielsweise an der Tatsache zu erkennen, daß vielfach Getreideexporte aus Ländern bekannt sind, in denen gleichzeitig Hungersnot herrschte. Hier wurde offensichtlich vor allem deswegen gehungert, weil die hohen Brotpreise nicht bezahlt werden konnten, und nicht, weil kein Brotgetreide vorhanden war. Auch die Tatsache, daß vielfach ausgerechnet die – in feudaler Abhängigkeit besonders unterdrückte – Landbevölkerung und nicht die Stadtbevölkerung am stärksten von der Krise betroffen war, weist auf die sozialen Bedingungen der Hungerkrisen hin.[6] Dieser Interpretationsansatz führt zu der – angesichts der ökonomischen und ökologischen Krise der modernen industrialisierten Landwirtschaft und der Situation in den Ländern der dritten Welt wieder aktuellen – Frage, welchen Beitrag soziale Veränderungen zur Vermeidung oder zumindest Entschärfung der vorindustriellen Hungerkrisen hätten leisten können.

Bei der Ernährung der wohlhabenderen Oberschicht spielten neben den erleseneren einheimischen Nahrungsmitteln in zunehmendem Maß Nahrungs- und Genußmittel eine Rolle, die aus den Kolonien eingeführt wurden. An erster Stelle ist der Zucker zu nennen. Zucker war noch im 17. Jahrhundert so kostbar, daß er nur in kleinsten Mengen eher als eine Art Gewürz denn als Nahrungsmittel benutzt und in verschließbaren Zuckerdosen aufbewahrt wurde. Durch den Ausbau der Zuckerrohrplantagen im 18. Jahrhundert stiegen die Importmengen bei sinkenden Preisen beträchtlich an. In Hamburg, dem damals wichtigsten deutschen Einfuhrhafen, wurden 1790 bereits zirka 30000 Tonnen Rohzucker eingeführt. Die Zuckersiederei wurde zu einem wichtigen Gewerbe.[7]

In engem Zusammenhang mit dem steigenden Zuckerverbrauch stand der ebenfalls stark zunehmende Verbrauch von Tee, Kaffee und Kakao sowie der von Rum, der aus der Zuckermelasse gewonnen wurde. Auch diese Produkte waren wichtige Artikel im Kolonialhandel.

Kleider machen Leute: Leinenlumpen und Seidenroben

Der niedrige Lebensstandard der armen Bevölkerungsmehrheit zwang auch im Hinblick auf Kleidung und Wohnung zur Beschränkung auf das Allernotwendigste. Auf der Basis lokal verfügbarer Rohstoffe wie Flachs oder Wolle, die entweder aus der eigenen Wirtschaft stammten oder in wenig bearbeiteter Form eingekauft wurden, wurde die Kleidung zu einem großen Teil in häuslicher Arbeit für den Eigenbedarf hergestellt. Der größte Teil dieser Arbeit war Angelegenheit der Frauen. Nur das Weben war Männersache.

Feinere Gewebe aus Baumwolle oder gar Seide waren für die breite Mehrheit unerschwinglich. Auch farbige Textilien, vor allem rot- oder blaugefärbte, waren nicht für jedermann erhältlich. Außerdem verboten am Ende des 18. Jahrhunderts noch strenge Kleiderordnungen dem «einfachen Volk» das Tragen «vornehmer Kleidung oder die Verwendung luxuriöser Stoffe. Auf diese Weise wurde einerseits die Einfuhr teurer Faser- und Farbstoffe im Sinne merkantilistischer Wirtschaftspolitik begrenzt. Das einfache Volk hatte sich mit einheimischen Rohstoffen zu begnügen. Andererseits war die Kleidung wichtigstes Mittel, die Standesunterschiede deutlich zu machen. Die Kleiderordnungen hatten also auch den Sinn, zu verhindern, daß sich jemand einen höheren gesellschaftlichen Status anmaßte, als ihm von Geburt oder durch herrschaftliche Gnade zukam.[8]

Wohnung: Hütten und Paläste

Die Art der Wohnung war ebenso stark von den extremen sozialen Gegensätzen geprägt wie die der Kleidung. Ärmlichsten Lehmhütten standen die prachtvollsten Paläste gegenüber. Viele Menschen lebten in einfachen strohgedeckten Katen oder Hütten, von denen kaum eine die Zeit überdauert hat. Das Gesinde mußte meist in Nebenräumen von Wirtschaftsgebäuden hausen. Ein eigenes Bett für jedes Familienmitglied war ein Luxus. Die Fußböden bestanden häufig nur aus gestampftem Lehm, und die primitiven Feuerstellen gaben so wenig Wärme ab, daß die Feuchtigkeit beständig in den Wänden blieb.

Für diese einfachste, aber verbreitete Art der Unterkunft genügten in der Hauptsache die Baustoffe, die die Natur in der näheren Umgebung zur Verfügung stellte: Holz, Natursteine, Lehm und Stroh. An vorgefertigten Baumaterialien mußten nur einige Eisenteile wie Nägel, Schlösser und Scharniere und für die kleinen Fenster etwas Glas erworben werden.

Dem geringen Aufwand für die Hütten stand der gewaltige Aufwand für die Paläste gegenüber. Dazwischen lag in hierarchischer Abstufung die mannigfaltige Palette vom einfachen Bürger- oder Bauernhaus bis zum prächtigen Stadthaus des Patriziers und von der einfachen Dorfkirche bis zur Barockkathedrale. Auch hier dominierten die regional verfügbaren Baustoffe.

Das Glas hatte sich vom Luxusartikel, den es in vielen Verarbeitungsformen immer noch darstellte, auch schon zu einem Massenprodukt entwickelt. In allen wichtigen europäischen Ländern existierten Glasmanufakturen, in denen Fensterglas, aber auch Flaschen in Massenfertigung hergestellt wurden. Die luxuriösen Baustoffe wie edler Marmor, leuchtende Mineralfarben oder Seidentapeten waren bedeutende Handelsartikel, vor allem aber Gegenstand hochentwickelter Luxushandwerke.

Gesundheit: Pocken, Schwindsucht und früher Kindstod

Angesichts der dürftigen Lebensbedingungen liegt auf der Hand, daß es um die gesundheitliche Situation der meisten Menschen in vorindustrieller Zeit nicht gut stand. Hunger oder unzulängliche Nahrungsmittel waren dem Wohlergehen ebensowenig förderlich wie der Mangel an wärmender Kleidung oder die stickige Enge der viel zu kleinen Wohnungen. Hinzu kam die ständige Erschöpfung durch eine übermäßige Arbeitsbelastung. In den Städten schuf das enge Zusammenwohnen im Zusammenwirken mit mangelhaften hygienischen Bedingungen ideale Voraussetzungen für die Verbreitung ansteckender Krankheiten. Die Kleidung wurde nur selten gereinigt, und Ungeziefer wie Läuse oder Flöhe peinigte nicht nur die ärmeren Bevölkerungsschichten. Das Entleeren der «Nachtstühle» auf die Straße war immer noch nicht völlig unterbunden. Verordnungen wie das Hamburger Mandat von 1788 konnten diesem Übel erst allmählich Einhalt gebieten.[9] Auch mit der Körperhygiene stand es nicht zum besten.

Am häufigsten erlagen die Menschen zu Beginn des Industriezeitalters Infektionskrankheiten. Die zum Teil sehr unklaren Bezeichnungen für die als Todesursache angegebenen Krankheiten sind ein Hinweis auf den Stand der damaligen ärztlichen Kunst. Die Heilerfolge waren so schlecht, daß selbst ein Mitglied der Ärzteschaft, der Hygieniker E. G. Baldinger (1738–1804), den Verdacht äußerte, die Vertreter seiner Zunft würden mit ihren Methoden mehr Menschen töten als heilen.[10]

Mobilität

Der Bewegungsspielraum der meisten Menschen beschränkte sich in der vorindustriellen Zeit auf die zu Fuß oder mit dem Pferdefuhrwerk zu erreichenden Orte in der näheren Umgebung des Wohnortes. Größere Entfernungen wurden von den einfachen Leuten meist nur dann zurückgelegt, wenn sie von ihren Landesherren zum Kriegsdienst gezwungen wurden oder wenn sie ihrer Not durch Auswanderung zu entfliehen versuchten. Die Wanderjahre der Handwerksgesellen waren wörtlich zu verstehen. Reisen mit der Postkutsche waren teuer, zeitaufwendig und strapaziös. Da der Wohnsitz vielfach auch der Arbeitsplatz der Menschen war, beide jedenfalls nicht weit voneinander entfernt waren, erübrigte sich für die Mehrheit der Bevölkerung ein Personentransport aus beruflichen Gründen, und Vergnügungsreisen kamen bei den geringen Einkommen ohnehin nicht in Frage.

Der hohe Eigenversorgungsgrad der einfachen Landbevölkerung mit allen wichtigen Gütern hielt auch den Güterverkehr in Grenzen. Die für den Markt produzierten Güter wurden in Ochsenkarren oder Pferdefuhrwerken, mit denen auch die Fuhrdienste für den Feudalherren erbracht wurden, auf schlecht ausgebauten Wegen transportiert. Das Netz ausgebauter Straßen war noch sehr dürftig.

Für den Güterverkehr hatten Wasserwege eine weit größere Bedeutung als Straßen. Daher lagen beispielsweise die im Getreidehandel besonders aktiven Gebiete Deutschlands in Küstennähe und verfügten über gute Binnenwasserstraßen. Die Regulierung und Schiffbarmachung von Flüssen und der Kanalbau waren wichtiger als der Ausbau der Landstraßen. In Preußen wurden von 1688 bis 1786 rund 750 Kilometer Wasserstraßen angelegt.[11] Der Fernhandel wurde überwiegend per Schiff bewältigt.

Für die Befriedigung von Verkehrsbedürfnissen wurden Naturressourcen nur in relativ geringem Umfang in Anspruch genommen. Verkehrsbedingte Umweltbelastungen gab es dementsprechend kaum. Eine Ausnahme bildet die Entwaldung ganzer Regionen durch den großen Holzbedarf für den Schiffbau der «Seefahrernationen».

Werkstoffe und Produktionstechnik

Bis zu Beginn der Industrialisierung bestimmten noch die technischen Errungenschaften und Prinzipien des Mittelalters, Verbesserungen der Produktion durch spezialisierte Handwerke und systematische Nutzung von Wind-, Wasser- und Muskelkraft, die Art der Herstellungsprozesse. In den meisten Bereichen der Wirtschaft bildeten die menschliche Muskelkraft und Geschicklichkeit die Hauptquelle produktiver Leistungen.

Neben dem in Zünften organisierten Handwerk hatten sich das Verlagswesen und Manufakturen als weitere gewerbliche Wirtschaftsformen herausgebildet. Das Verlagssystem und vor allem die Manufakturen sind hinsichtlich der Arbeitsorganisation Vorläufer der industriellen Fabrikarbeit. Die Produktionstechnik war dagegen noch nicht über die aus der handwerklichen Tradition überlieferten Prinzipien hinausgekommen. Als Antriebskraft dienten weiterhin ganz überwiegend regenerierbare Energien wie Wind- und Wasserkraft oder menschliche und tierische Muskelkraft. Stoffliche Grundlage des Wirtschaftens waren vor allem die regional verfügbaren Naturstoffe. Holz war in vorindustrieller Zeit wichtigster Bau- und Werkstoff, Brennmaterial und Ausgangsstoff für die Gewinnung etwa von Teer, Pech, Pottasche, Holzkohle oder Gerbstoffen. Der Bedarf an Wärmeenergie wurde sowohl im privaten Haushalt als auch in den Gewerben noch überwiegend durch Brennholz gedeckt.

Die Metallerzeugung war bis zur Industrialisierung weit davon entfernt, eine Massenproduktion im modernen Sinn zu sein. Die jährliche Eisenerzeugung in Deutschland wird für 1790 auf 30000 Tonnen geschätzt[12]; das ist die Menge, die ein moderner Großhochofen in drei Tagen erzeugen kann oder etwa ein Tausendstel der Jahresproduktion in der alten Bundesrepublik. Die Metalle spielten im Vergleich mit anderen Gütern wie landwirtschaftlichen Produkten oder Holz quantitativ keine sehr große Rolle; ihre Erzeugung und Verarbeitung hatte dementsprechend am Stoffwechsel mit der Natur erst einen begrenzten Anteil.

Für die qualitative Entwicklung der Technik, vor allem der Werkzeuge, waren die Metalle und der Stand der Metallverarbeitung dagegen seit der Bronzezeit von ausschlaggebender Bedeutung. Eine besondere Bedeutung hatten die Metalle für die Entwicklung der Kriegstechnik.

Formen vorindustrieller Umweltnutzung und -zerstörung

Die vorindustriellen Umweltveränderungen in Mitteleuropa entsprachen dem Stand von Wirtschaft und Technik. Das Ausmaß, in dem in Naturzusammenhänge eingegriffen werden konnte, war durch die natürlichen Grenzen eingeschränkt, in denen auf dieser Stufe über Energien verfügt und Rohstoffe ausgebeutet werden konnten.

Der Zustand der Wälder war zu Beginn der Industrialisierung sehr unterschiedlich. Neben Regionen mit Wäldern in gutem Zustand und Resten naturnaher Wälder fanden sich viele Regionen, in denen die Wälder ein sehr trauriges Bild boten.

Neben Rodungen zur Gewinnung von Acker- und Weideland waren die Waldweide, übermäßige Wildbestände und übermäßige Holzentnahme für gewerbliche Zwecke sowie der Holzhandel Ursachen großer Verwüstungen. Die Gewerbe mit hohem Brennholzbedarf, Salz- und Salpetersiedereien, Brauereien, Ziegeleien und Kalköfen, Aschenbrenner und Glashütten, Berg- und Hüttenwerke, brannten im wahrsten Sinne des Wortes gewaltige Löcher in die Wälder. Bergbau und Hüttenwesen strapazierten sie nicht nur durch ihren großen Holzbedarf, sondern auch durch die emittierten Schadstoffe, etwa den «schädlichen Hüttenrauch».

Die regional unterschiedlichen Auswirkungen der Gewerbe mit hohem Holzbedarf auf den Zustand der Wälder lassen sich auf die jeweils ausgeübte Wirtschaftsweise, nachhaltiges Wirtschaften oder Raubbau, zurückführen. Zwei Beispiele aus dem Bereich der Salinen und der Eisenmetallurgie belegen das:

Die Lüneburger Salzsiedereien beanspruchten die umliegenden Holzvorkommen durch Raubbau so stark, daß die Entwaldung und Heidebildung in der Umgebung Lüneburgs zu einem Standardbeispiel vorindustrieller Waldverwüstung wurde.

Die Saline Reichenhall wirtschaftete dagegen schon seit dem 16. Jahrhundert nach dem Prinzip des «ewigen» Waldes. In einer Schrift aus dem Jahr 1661 wird der Begriff erläutert:

> «Gott hat die Wäld(er) für den Salzquell erschaffen, auf daß sie ewig wie er kontinuieren mögen; also solle der Mensch es halten: ehe der alte ausgehet, der junge bereits zum Verhacken hergewachsen ist.» [13]

Durch entsprechende Forstordnungen wurde dafür gesorgt, daß für die Saline nur so viel Holz geschlagen wurde, wie in den Wäldern nachwuchs.

Ähnlich unterschiedliche Wirtschaftsweisen sind auch aus dem Bereich der Eisenerzeugung überliefert. Zeitgenössische Berichte über schlimme Waldverwüstungen – beispielsweise aus der Oberpfalz – nennen rücksichtslosen Kahlschlag zur Deckung des Holzkohlebedarfs der Hochöfen und Hammerwerke als Ursache für den traurigen Zustand der Wälder.

Die im Siegerland betriebene Haubergwirtschaft war dagegen auf langfristige Sicherung der Holzversorgung angelegt. Im Haubergsystem wurden die Waldflächen auf genossenschaftlicher Grundlage im gemeinschaftlichen Interesse von Bauern, Eisenindustrie und Ledergewerbe genutzt: Je nach der Umtriebszeit waren die Hauberge in 16 bis 20 Schläge eingeteilt, von denen jeweils der älteste jährlich geschlagen wurde. [14]

Faulige Wässer und ungesunde Dünste

Weit mehr als die anorganischen Schadstoffe, die beim Umgang mit Metallen, Salzen oder Säuren auftraten, belästigten und gefährdeten Substanzen und Zersetzungsprodukte organischen Ursprungs die Menschen und belasteten die Umwelt. Sie waren das Hauptproblem der öffentlichen Hygiene.

Die Belastung der ortsnahen Seen und Flüsse mit Fäkalien und anderen verfaulenden und verwesenden Abfällen führte zu Vergiftungen und zur Verbreitung von Infektionskrankheiten. In größeren Städten war die Bereitstellung einwandfreien Wassers ebenso ein Problem wie die Beseitigung der Abwässer. Je größer die Städte waren, desto schlimmer war der aus den Rinnsteinen, Kanälen und Flüssen quellende Gestank.

Der französische Sozialhistoriker Alain Corbin ist durch die Lektüre zeitgenössischer Schilderungen der hygienischen und insbesondere der geruchlichen Verhältnisse des späten 18. Jahrhunderts dazu angeregt worden, ein Buch über die Geschichte der Geruchswahrnehmungen zu schreiben. Darin beschreibt er die unermüdliche Jagd nach übelriechenden «Miasmen» als Hauptbeschäftigung der damaligen Hygieniker. Als «Miasmen» bezeichnete man giftige, mit Ansteckungsstoffen verseuchte Ausdünstungen des Bodens und der Gewässer.[15]

Eine besonders üble Quelle solcher «Miasmen» waren die Papiermühlen. In ihnen wurden Lumpen aller Art, auch die Bekleidung Verstorbener, gebrauchte Verbände und altes Bettzeug verarbeitet. Nicht selten stammten diese Lumpen von Menschen, die an Seuchen gestorben waren. Der Schmutz, die Fäkalien und die Krankheitskeime in diesen Stoffen gerieten über die Schneide-, Wasch- und Stampfwerke der Papiermühlen in die Flüsse, deren Wasser gleichzeitig zum Waschen, Trinken oder Kochen verwendet wurde.[16] Die gesundheitlichen Auswirkungen solcher Zustände sowohl auf die Arbeiter(innen) der Papiermühlen als auch auf die Flußanlieger kann man sich vorstellen.

Die hygienischen Probleme am Anfang des Industriezeitalters waren Probleme der Städte. Sie ergaben sich vor allem daraus, daß sich in der Vorbereitungsphase der Industrialisierung die Einwohner der Städte aus dem natürlichen Nährstoffkreislauf von Produktion, Konsum, Zersetzung, erneuter Produktion entfernt hatten. Sie waren von der Produktion ihrer unmittelbaren Lebensgrundlage, der Nahrung, ebenso abgetrennt wie von der natürlichen Wiederverwertung dessen, was von der Nahrung übrigblieb.

Die katastrophalen hygienischen Verhältnisse waren nicht nur Charakteristika einer primitiven, mit den Mitteln moderner Wissenschaft und Technik zu überwindenden Epoche. Sie waren auch die übelriechenden Vorboten des aufkommenden Industriezeitalters.

Kohle und Eisen: Revolutionäre Umwandlung der stofflichen Basis menschlichen Wirtschaftens

Für die Entwicklung des Stoffwechsels zwischen Mensch und Natur waren die massenhafte Nutzung der Kohle und die Massenstahlerzeugung auf Koksbasis entscheidende Neuerungen. Durch die massenhafte Nutzung fossiler Energieträger, zunächst vor allem der Kohle, konnte die Abhängigkeit menschlichen Wirtschaftens von den unmittelbar gegebenen Energieströmen und Stoffkreisläufen aufgehoben werden. Statt dessen griff man in geologische Stoffkreisläufe ein, die natürlicherweise Zeiträume umfassen, die ein Vielfaches der Dauer der bisherigen Menschheitsentwicklung ausmachen.

Eingriff in geologische Stoffkreisläufe

Kohle, Erdöl und Erdgas werden dadurch gebildet, daß – abhängig von den klimatischen und geologischen Bedingungen in den verschiedenen erdgeschichtlichen Epochen – fortwährend ein geringer Teil der organischen Substanz aus dem ständigen Kreislauf von Werden und Vergehen in der Biosphäre [1] ausgegliedert, chemisch umgewandelt und gespeichert wird. Ein kleiner Bruchteil der so ausgegliederten Substanzen gelangt auch ohne menschliches Dazutun nach Jahrmillionen an die Erdoberfläche und wird durch bakterielle Zersetzung oder andere Prozesse wieder für biologische Stoffkreisläufe verfügbar. Mit den in Form von Kohle, Erdgas oder Erdöl aus der Biosphäre ausgegliederten Stoffen, vor allem Kohlenstoff, Kohlenwasserstoffen und Schwefelverbindungen, wurde auch der zu ihrer Bildung aufgewendete Anteil an Sonnenenergie gespeichert. [2]

Der Anteil der jährlich in fossilen Energieträgern festgelegten Energie beziehungsweise Stoffe ist, verglichen mit dem Gesamtumsatz in der

Biosphäre, verschwindend gering. Erst die Ansammlung über Millionen von Jahren hat die fossilen Energievorräte der Erde entstehen lassen. Die folgenden Zahlen sollen einen Eindruck von der Größenordnung geben, in der sich die fossilen Energievorräte im Rahmen globaler Energiebilanzen bewegen und welchen Anteil der Weltenergieverbrauch des Menschen im Verlauf von 200 Jahren industrieller Entwicklung daran bereits genommen hat:[3]

Jährliche Sonneneinstrahlung auf der Erde:	$1{,}9 \times 10^{14}$ = 190 000 000 000 000 t SKE[4]
In fossilen Energieträgern gespeicherte Energie:	$7{,}5 \times 10^{12}$ = 7 500 000 000 000 t SKE
Jährlich neu gebildete fossile Energieträger:	$1{,}3 \times 10^{4}$ = 13 000 t SKE
Verbrauch an fossilen Energieträgern 1985:	$8{,}9 \times 10^{9}$ = 8 900 000 000 t SKE
Jährliche Energiefixierung durch Photosynthese:	$1{,}1 \times 10^{11}$ = 110 000 000 000 t SKE

Der Vergleich der Zahlen führt zu folgenden Erkenntnissen:

- Die Sonne ist die weitaus ergiebigste Energiequelle der Erde.
- Der heutige Verbrauch an fossilen Energieträgern entspricht fast dem Millionenfachen der in der gleichen Zeit neu gebildeten Menge.
- Bei gleichbleibender Verbrauchsrate würden in weniger als tausend Jahren die in einigen hundert Jahrmillionen angesammelten fossilen Energieträger verbraucht werden.
- Der Verbrauch an fossilen Energieträgern durch den Menschen beträgt bereits fast zehn Prozent des Energie- und Stoffumsatzes der Biosphäre durch Photosynthese.

Durch die, gemessen an geologischen Zeiträumen, blitzartige Freisetzung langfristig gebundener Stoffe in die Biosphäre ergeben sich abrupte Veränderungen vor allem in der Zusammensetzung der Erdatmosphäre. Der in den fossilen Energieträgern enthaltene Kohlenstoff wird als Kohlendioxid in die Luft abgegeben. Die drastische Senkung der globalen Kohlendioxidemissionen ist heute eine der wichtigsten umweltpolitischen Forderungen. Der Schwefel entweicht, sofern er nicht durch Entschwefelungsanlagen zurückgehalten wird, als Schwefeldioxid und wirkt als Hauptverursacher des sauren Regens.

Die fossilen Energieträger, und darunter vor allem die Kohle, bergen nicht nur die chemischen Elemente, die in den abgestorbenen Lebewesen, aus denen sie entstanden sind, enthalten waren. Im Verlauf der geologischen Prozesse, denen die fossilen Rohstoffe unterworfen waren, sind je nach Art der Kohle oder des Öls sehr unterschiedliche Stoffe in verschiedenen Konzentrationen dazugekommen. Dazu gehören etwa mineralische Stoffe einschließlich verschiedener (Schwer-)Metallverbindungen und auch radioaktive Substanzen. Auch sie gelangen durch die Verbrennung in die Biosphäre und wirken dort als Schadstoffe.

Die globalen klimatischen und ökologischen Aspekte der Nutzung fossiler Energieträger wurden erst in unserem Jahrhundert allmählich deutlich. Am Beginn des Industriezeitalters machten sich schädliche Auswirkungen der Nutzung fossiler Energieträger auf die Umwelt und die menschliche Gesundheit bereits in lokalem oder regionalem Umfang bemerkbar.

Kohlenutzung und vorindustrieller Holzmangel

Die Entstehung der modernen Industrie und damit die ungehemmte Ausbeutung fossiler Energieträger wird häufig als zwangsläufige Folge naturbedingter Mangelsituationen, vor allem eines nahezu ausweglosen Holzmangels, dargestellt. Die damit unterstellte Zwangsläufigkeit und selbstverständliche Fortschrittlichkeit der industriellen Entwicklung ist jedoch durchaus zweifelhaft.

Die zahlreichen Berichte über Waldverwüstungen und die zeitgenössischen Klagen über Holzmangel lassen keinen Zweifel daran, daß Ende des 18. Jahrhunderts eine grundsätzliche energiewirtschaftliche und -politische Neuorientierung erforderlich war.

Welcher Weg wurde zur Lösung des Energieproblems eingeschlagen, und welche Alternativen gab es damals? GLEITSMANN unterscheidet bei den historischen Strategien zur Lösung der Holzknappheit drei Varianten:

die Sparstrategien, bei denen man der Holzknappheit durch rationelleren Umgang insbesondere mit Brennholz zu begegnen suchte;

die Verlagerungsstrategien, die den Mangel an Holz durch ein Ausweichen auf reichlicher vorhandene Ersatzstoffe wie Braun- oder Steinkohle auszugleichen trachteten, und *die Entwicklung regenerativer, vielseitiger Formen der Holznutzung* wie der Haubergwirtschaft, bei der die wirtschaftlichen Aktivitäten den natürlichen Gegebenheiten angepaßt waren.[5]

Mit der massenhaften Nutzung der Stein(- und Braun)kohle als Energiebasis für die weitere industrielle Entwicklung hat sich historisch die Verlagerungsstrategie durchgesetzt. Die beiden anderen Strategien wurden dadurch weitgehend bedeutungslos.

Der Sparstrategie, die im 18. Jahrhundert eine wesentliche Rolle spielte – es wurden beispielsweise «Holzsparöfen» in verschiedenen Varianten konstruiert –, war bis zur Industrialisierung keine durchschlagenden Erfolge beschieden. Das bedeutet jedoch nicht, daß hierfür nur ein geringes Potential vorhanden gewesen wäre. Die zum Beispiel in der Haubergwirtschaft praktizierte Strategie der regenerativen Nutzung natürlicher Ressourcen wurde nicht als die weniger sinnvolle, sondern als die wirtschaftspolitisch weniger durchsetzungsfähige zugunsten der Verdrängungsstrategie vernachlässigt.

Ein in die natürlichen Gegebenheiten eingepaßtes, auf den langfristigen Erhalt der Produktionsgrundlagen ausgerichtetes Wirtschaften entsprach nicht der sich damals durchsetzenden Wirtschaftsauffassung. Unterstützt durch die Ideologie des Wirtschaftsliberalismus, wie sie vor allem von Adam Smith (1723–1790) formuliert wurde, gewann Ende des 18. Jahrhunderts die auf Expansion angelegte, warenwirtschaftlich ausgerichtete Produktionsweise gesamtwirtschaftlich an Bedeutung.

Hauptziel des Wirtschaftens ist danach nicht die Befriedigung von konkreten Bedürfnissen und auch nicht die langfristige Sicherung der Existenzgrundlagen, sondern die optimale Verwertung und Mehrung von Kapital durch Behauptung in gnadenlosem Konkurrenzkampf. Gegenüber dieser kapitalistischen Wirtschaftsauffassung konnte sich eine auf einen Gleichgewichtszustand im Stoffwechsel mit der Natur orientierte und sich dabei selbst beschränkende Wirtschaftsweise nicht behaupten.

Ob eine konsequente Weiterentwicklung der Sparstrategie und «angepaßter Technologien» allein ausgereicht hätte, um den Holzmangel des 18. Jahrhunderts zu beheben, läßt sich im nachhinein nicht feststellen. Sicher ist jedoch, daß die explosionsartige Steigerung des Energieverbrauchs für die Befriedigung der elementaren Bedürfnisse der Menschen nicht notwendig war. Sie erfolgte nicht unter dieser Zielsetzung.

Nutzbarmachung der Steinkohle

Steinkohle war schon im Altertum bekannt. THEOPHRASTOS (372–287 v. Chr.) erwähnt in einem Buch über die Steine auch solche, die von selbst brennen.[6] Die Verwendung von Steinkohle für Schmiedefeuer ist von Griechen und Römern überliefert, war aber wohl nicht sehr weit verbreitet. In Europa versuchte man im Mittelalter überall dort, wo die Kohle offen zutage trat, Verwendung für die merkwürdigen brennbaren Steine zu finden. Qualm und Gestank der brennenden Steinkohle behinderten jedoch ihre Verbreitung als Heizmaterial. Der hohe Schwefelgehalt machte sie überdies für das Erschmelzen von Metallen unbrauchbar. In Regionen mit mangelhafter Holzversorgung wurde die Steinkohle trotzdem immer häufiger für Zwecke, bei denen die nachteiligen Eigenschaften nicht so ins Gewicht fielen, als Brennstoff eingesetzt. Zu den frühen Benutzern der Steinkohle gehörten die Londoner Schmiede. Sie handelten sich allerdings bereits im 13. Jahrhundert eine Beschwerde des Adels wegen Umweltverschmutzung ein, weil sie mit dem Kohlenqualm ihrer Schmiedefeuer die Luft verpesteten. Die Auffassung, der Kohlenqualm sei Ursache von Krankheiten und anderen Übeln für Mensch, Tier und Pflanze, begründete damals ein Verbot, Steinkohle für den häuslichen Gebrauch zu verwenden. Da die Kohle in den offenen Kaminen der Engländer eher schwelte als brannte, waren die gesundheitlichen Bedenken und das Verbot durchaus gerechtfertigt.

Seit dem 16. Jahrhundert wurde Steinkohle regional zunehmend für gewerbliche Zwecke verwendet. Man benutzte sie zum Brennen des Kalkes und der Ziegel und zum Heizen der Salzpfannen und der Glas- und Keramiköfen.

Brauereien und Zuckerraffinerien hatten mit der Einführung der Steinkohle als Brennstoff Schwierigkeiten, da ihre Produkte durch den Kohlenqualm stark im Geschmack beeinträchtigt werden konnten.[7]

Um der Kohle zu allgemeiner Verwendbarkeit als Heizmaterial und als Reduktionsmittel für die Metallerzeugung zu verhelfen, mußten verschiedene Probleme gelöst werden:

- Es mußten Feuerungsanlagen konstruiert werden, in denen die Kohle ohne Komplikationen verbrannt werden konnte.
- Die Verfahren des Kohlebergbaus mußten so verbessert werden, daß auch die reichen Kohlevorkommen in tieferen Erdschichten ausgebeutet werden konnten.

- Da die Steinkohle (und auch die Braunkohle) im Gegensatz zu Holz nur in wenigen Gegenden gewonnen werden konnte, erforderte ihre breite Verwendung ein effektives Massentransportsystem.
- Es mußten Verfahren gefunden werden, die Kohle von ihren störenden Bestandteilen, vor allem dem Schwefel, zu befreien.

Zur Ausbeutung der reichen Kohlevorkommen in tieferen Erdschichten mußten neue Verfahren des Kohlebergbaus entwickelt werden. An vielen Standorten, so im Ruhrgebiet, lagen über den Kohlevorkommen stark wasserführende Schichten. Der zutage zu fördernden Kohle gesellte sich oft ein Vielfaches an Wasser hinzu, das die Schächte zu ersäufen drohte. Für die Entwicklung einer wirkungsvolleren Wasserhaltung war vor allem eine stärkere Antriebskraft erforderlich, als sie bis dahin zur Verfügung stand. Diese Antriebskraft wurde in der Dampfmaschine gefunden, zu deren Entwicklung und Verbreitung der Bergbau entscheidende Impulse gab.[8]

Ursprünglich nur zum Antrieb der Wasserpumpen entwickelt, wurden die Dampfmaschinen bald auch für die Förderung der Kohle verwendet. Die Zahl der in den Steinkohlenbergwerken im Oberbergamtsbezirk Dortmund eingesetzten Dampfmaschinen stieg von 142 im Jahr 1851 bis auf 1351 im Jahr 1874.[9] Die mit der Dampfmaschine verfügbaren größeren Kräfte erforderten für den Maschinenbau einen stabileren Werkstoff als Holz, es wurde weitgehend durch Eisen und Stahl abgelöst.

Das für den Transport der Steinkohle (und auch der Erze und industriellen Massenprodukte) notwendige Massentransportsystem wurde durch den Ausbau von Kanalsystemen und später durch den Eisenbahnbau geschaffen. Die Entwicklung der Eisenbahn war eng mit der Entwicklung des Bergbaus verbunden.[10]

Zwischen 1830 und 1874 stieg die Steinkohlenförderung im Ruhrgebiet um mehr als das Zwanzigfache von 686 000 auf 15 540 000 Tonnen. Das deutsche Eisenbahnnetz wuchs von 6044 Kilometern 1850 auf 25 615 Kilometer 1875.[11]

Die «Veredelung» der Steinkohle: Kokereien und Gasanstalten

Bemühungen, «den Steinkohlen den Gestank, die Wildigkeit und Unart zu benehmen»[12], haben eine lange Tradition. Frühe Versuche, Steinkohle durch Erhitzen unter Luftabschluß, also durch Verkoken zu reinigen, reichen bis in das 16. Jahrhundert zurück. Auch der berühmte Chemiker und Alchimist Johann Joachim BECHER (1635–1682) stellte Versuche zur Verkokung und metallurgischen Verwendung von Steinkohle an.[13]

Das Prinzip der Kokserzeugung besteht darin, Steinkohle unter Luftabschluß so lange auf Temperaturen bis zu etwa 1000 Grad Celsius zu erhitzen, bis die flüchtigen Bestandteile entwichen sind. Die ersten Koksöfen waren den Holzkohlemeilern nachempfunden. Diese Meilerverkokung war eine geradezu unglaubliche Verschwendung und Umweltverpestung. Die bei der Verkokung entweichenden Gase und Dämpfe verqualmten die Gegend, und der Teer verseuchte den Untergrund; ein großer Teil der Kohle verbrannte ungenutzt. Auch die älteren gemauerten Koksöfen (Bienenkorböfen) waren in dieser Hinsicht nicht viel besser.

Sie lieferten aber wenigstens eine höhere Koksausbeute. Eine Verbesserung stellten Koksöfen dar, die die entweichenden brennbaren Gase zu ihrer eigenen Feuerung verwendeten und bei denen der Teer gesammelt wurde. Von 1860 an wurden Kokereien mit außengeheizten Retorten oder Ofenkammern und mit systematischer Nebenproduktgewinnung entwickelt und gebaut.

Für den Betrieb der Kokereien, die hauptsächlich der (Hütten-)Kokserzeugung dienten, spielte das entstehende Gas nur eine untergeordnete Rolle. Es wurde hauptsächlich als Heizgas für die Feuerung der Koksöfen eingesetzt. Anders verhielt es sich dagegen bei den Gaskokereien bzw. Gasanstalten, die andere Steinkohlensorten (Gaskohle) mit erheblich höheren Gasausbeuten verwendeten.

In praktisch bedeutendem Umfang wurde die Gasbeleuchtung zuerst von William MURDOCK in England realisiert. Er richtete 1798 in der berühmten Dampfmaschinenfabrik Boulton & Watt die erste Gasbeleuchtung in einer Fabrik ein, die 1802 öffentlich vorgestellt wurde.[14] Einige Jahre später wurde die neue Lichtquelle erstmals zur Beleuchtung von Straßen verwendet.

Koksofenbatterie um 1895

Nebenprodukte der Kokereien und Gasanstalten

Die beim Verkoken von Steinkohle in den Kokereien und Gasanstalten entstehenden Gase und Flüssigkeiten wurden mit fortschreitender Industrialisierung zum Problem. Neben dem widerlichen Gestank, den sie verströmten, hatten sie unübersehbare Folgen für die Vegetation und das Leben vor allem in den kontaminierten Gewässern. Eine geregelte Entsorgung oder Weiterverwendung war dringend geboten.

Bei der Verkokung von Steinkohle (Gaskohle) fallen ungefähr 65 Prozent Koks, 10 Prozent Ammoniakwasser, 18 Prozent Gas und 7 Prozent Teer an.[15] Der Hauptbestandteil des Gaswassers, das Ammoniak, wurde zu einem profitablen Ausgangsstoff für die Düngemittelerzeugung und die chemische Industrie. Von dem lästigen Teer befreiten sich die Gaswerke zunächst dadurch, daß sie ihn unter den Retorten verbrannten. Mit dem Ausbau der Eisenbahnnetze wurden große Mengen Teer zum Imprägnieren von Eisenbahnschwellen abgesetzt. Von 1860 bis 1910 wurden allein von den Rütgerswerken, Deutschlands größtem Teerverarbeitungswerk, etwa 3,25 Millionen Tonnen Teeröl zum Tränken von Eisenbahnschwellen verbraucht.[16]

Vor der Weiterverarbeitung wurde der Teer in Sammelzisternen gelagert, um das suspendierte Gaswasser abzutrennen. Durch Destillation wurde der Teer nach Siedebereichen in meist fünf Fraktionen aufgetrennt. Diese Fraktionen stellten immer noch ziemlich komplexe Substanzgemische dar. Der Mangel an feineren Trennmethoden ließ anfänglich nur die Herstellung weniger Verkaufsprodukte zu. Dazu zählten um 1850 beispielsweise Fleckenwasser, das hauptsächlich Benzol enthielt, Kreosot, eine als Desinfektionsmittel verwendete Mischung von Phenolen, schwere Teeröle zur Imprägnierung von Holz, Pech und Asphalt zur Herstellung von Asphaltpapier oder Dachpappe sowie Ruß für Druckfarben oder Lacke.[17]

Die intensive Suche nach weiteren Nutzungsmöglichkeiten führte, Hand in Hand mit der chemischen Erforschung der Bestandteile, schrittweise zu einer nahezu vollständigen Nebenproduktgewinnung und -verwertung. Zum wichtigsten Wertstoff aus der Teerverarbeitung wurde später mit dem Aufkommen der Teerfarbenindustrie das Benzol, das als Ausgangsstoff für die Synthese von Farbstoffen und anderen Produkten große Bedeutung erlangte. Andere Inhaltsstoffe des Steinkohlenteers, die sich als brauchbare Basis für die Farbstoffherstellung erwiesen, waren Phenol (Karbolsäure), Anthracen und Naphthalin.

Für die Gewinnung der Wertstoffe aus Steinkohlenteer wurden beträchtliche Mengen anorganischer Grundchemikalien wie Schwefelsäure oder Natronlauge benötigt. Die Teerbestandteile wurden zur wichtigsten Basis der industriellen organischen Chemie, vor allem der Farbstoffindustrie. Die Produktpalette dieses neuen Industriezweiges umfaßte darüber hinaus bald auch Lösungsmittel, Pharmazeutika, Aromastoffe, Fotochemikalien und vieles mehr. Bei der Herstellung von Teerfarbstoffen und anderen Produkten wurden ebenfalls große Mengen Säuren, Laugen und Salze verbraucht. Über die chemische Industrie wurden die Inhaltsstoffe des Steinkohlenteers und deren Reaktionsprodukte als Arbeitsstoffe, Konsumartikel oder Abfall zusammen mit den für die Verwertung benötigten Chemikalien in die Umwelt eingebracht.

In welchem Umfang der Teer und seine Bestandteile zu einem bedeutenden neuen Faktor im Stoffwechsel zwischen Mensch und Natur wurden, zeigt die Entwicklung der Produktionsmengen. In Deutschland stieg die Steinkohlenteererzeugung von 90000 Tonnen im Jahr 1883 auf über eine Million Tonnen pro Jahr vor dem Ersten Weltkrieg.[18] Die Weltjahresproduktion an Steinkohlenteer liegt heute bei rückläufiger Tendenz in den Industrieländern in der Größenordnung von 15 Millionen Tonnen.[19]

Der Einfluß der Kokereinebenprodukte auf die menschliche Gesundheit

Bereits Ende des vorigen Jahrhunderts war in «Meyers Konversationslexikon» zu lesen, die Arbeit in den Kokereien sei «mit mancherlei Gefahren verknüpft. Grelle Temperaturwechsel verursachen Rheumatismen, Bronchialkatarrhe etc., Kohlenstaub erzeugt Kohlenlunge, und bei der Arbeit an den Reinigungskästen leiden die Arbeiter durch Staub und bekommen oft Augenentzündungen. Bisweilen treten Kohlenoxydvergiftungen auf, beim Ablöschen des Koks entwickelt sich Schwefelwasserstoff, welcher den Arbeitern gefährlich wird und die Umgegend belästigt, und bei der Regeneration der Reinigungsmasse entwickeln sich giftige Gase».[20]

Mit den Produkten, die in den Kokereien und Gasanstalten aus den Steinkohlen gewonnen wurden, gelangten Stoffe in die Arbeitswelt, mit denen auch der menschliche Körper zuvor nicht oder nur in sehr viel geringeren Mengen in Berührung gekommen war. Zu den besonders gefährlichen, krebserregenden Bestandteilen des Steinkohlenteers gehört das Benzol. Zu Beginn seiner industriellen Verwendung waren die Beschäftigten diesem Stoff ungeschützt ausgesetzt.

Der Werksarzt der Farbwerke vorm. Meister, Lucius & Brüning (Hoechst), Grandhomme, beschrieb die physiologischen Wirkungen des Benzols 1883 so:

> «Zur Zeit, als noch Handschuhe mittels Benzols als sog. Fleckenwasser gewaschen wurden, beobachtete man bei den Wäscherinnen den hysterischen Zuckungen und Krämpfen ähnliche Zufälle. In Färbereien, in welchen Stoffe durch Benzol entfettet werden, bedingen die Benzoldämpfe bei den Arbeitern einen Zustand förmlicher Trunkenheit. (...) Die Kranken klagen über ein lästiges Gefühl von Ameisenkriechen und Trockenheit in der Haut. (...) Schwere Fälle führen zu Delirien, Convulsionen und oft viele Stunden andauerndem Coma.»[21]

Gut 30 Jahre später (1915) findet sich in «Ullmann's Enzyklopädie der technischen Chemie» nur der vage Hinweis, daß Benzol, in größerer Menge eingeatmet, anästhesierend und betäubend wirke und unter Umständen den Tod herbeiführen könne.[22]

Der bedenkenlose Umgang mit Benzol reicht bis weit in die siebziger Jahre unseres Jahrhunderts hinein. In einem «Benzol-Merkblatt» des Zentralamts für Arbeit in Lemgo von 1948, das noch 1977 in dieser Fassung vertrieben wurde, finden sich zwar Hinweise auf erhebliche Gesundheitsgefährdungen durch akute und chronische Benzolvergiftungen. Auf den damals bereits durch eine Vielzahl von Erfahrungen und Untersuchungen weitgehend erhärteten Verdacht, daß Benzol Krebs auslösen kann, wurde in dem Merkblatt nicht eingegangen. Statt dessen findet der Arbeiter den Rat: «Lebe gesundheitsmäßig und sorge für ausreichende Erholung durch Schlaf!»[23]

Seit 1973 wird Benzol in der MAK-Werte-Liste, in der von einer Kommission der Deutschen Forschungsgemeinschaft die Maximalen Arbeitsplatzkonzentrationen für Arbeitsstoffe festgelegt werden, im Abschnitt III unter den beim Menschen nachweislich krebserregenden Stoffen geführt, für die keine unbedenkliche Konzentration angegeben werden kann. Heute stellen die verkehrsbedingten Benzolbelastungen vor allem der Großstadtluft ein allgemeines Gesundheitsrisiko dar. Der Benzolgehalt in Vergaserkraftstoffen und in Kraftfahrzeugabgasen führt weiterhin zu einem erhöhten Berufsrisiko für Kraftfahrzeughandwerker, Tankwarte, Verkehrspolizisten und Berufskraftfahrer.

Auch die meisten anderen Produkte der Teeraufarbeitung, beispielsweise Phenol, Anilin oder Naphthalin, sind hochtoxische, zum Teil krebserregende und umweltschädigende Substanzen. Das gilt auch für eine Reihe von chemischen Umwandlungsprodukten wie aromatische Nitro- oder Aminoverbindungen. Für die krebserregende Wirkung von Teer oder Ruß sind die polycyclischen aromatischen Kohlenwasserstoffe – kurz PAH (polycyclic aromatic hydrocarbons) –, darunter vor allem das Benzpyren, verantwortlich. Diese Stoffe entstehen nicht nur bei der Verkokung von Kohle, sondern auch bei der unvollständigen Verbrennung verschiedener organischer Materialien. Sie sind daher auch im Zigarettenrauch und in Kraftfahrzeugabgasen zu finden.

In den Kokereien sind PAH neben Hitze, Staub, Unfallrisiken und anderen Schadstoffen das bedeutendste Arbeitsplatzrisiko. Da die PAH auch über die Haut aufgenommen werden, sind alle Arbeitsplätze mit direktem Kontakt zum Produktionsprozeß stark betroffen. Die Folge sind schwere Hauterkrankungen einschließlich Tumoren und eine erhöhte Lungenkrebshäufigkeit. Neuere Untersuchungen sprechen weiterhin für eine krebserzeugende Wirkung von Kokereigasen auf die Harnblase und den Magen-Darm-Trakt.[24]

An Standorten alter Kokereien oder Gaswerke sind die Böden hochgradig mit PAH und anderen gefährlichen Stoffen verseucht. Solche Standorte gehören zu den problematischsten Altlasten. In der Umgebung der 1862 von den Rütgerswerken in Erkner bei Berlin errichteten Teerverarbeitungsanlage wurden Boden und Grundwasser beispielsweise so nachhaltig verseucht, daß 1991 in Wasserproben bis zu 718 Milligramm Phenol pro Liter nachgewiesen wurden. Der Grenzwert liegt bei 0,5 Milligramm. Die Wasserversorgung in dem nahegelegenen Wasserwerk ist akut gefährdet.[25]

Am 25. 4. 1990 legte das Bundeskabinett einen Entwurf für eine Teerölverordnung vor, der der Gesundheitsgefährdung durch kanzerogene Teerinhaltsstoffe Rechnung trägt. Die Verordnung verbietet die Abgabe von Teerölen an den Verbraucher, schreibt geschlossene Anlagen zur Holzimprägnierung vor und verbietet die Verwendung behandelter Hölzer beispielsweise im Innenraum oder als Sandkasteneinfassungen.[26]

Steinkohlenqualm und schädlicher Hüttenrauch

Die Umweltbelastungen durch Gaskokereien waren schon im vorigen Jahrhundert allgemein bekannt: «Die Nachbarschaft der Gasanstalten wird hauptsächlich durch Rauch und üble Gerüche belästigt und zum Teil gefährdet. (...) Namentlich auch ist die Verunreinigung des Bodens und der Wasserläufe durch Abwässer und Abfälle der Gasanstalten zu verhindern. Undichtigkeiten der Sohle der Gasometer und der Becken, in welchen Abfälle aus den Reinigungsapparaten aufbewahrt werden, geben besonders Veranlassung zu Bodenverunreinigungen, welche sich bisweilen durch Absterben von Bäumen in Entfernungen von 300 m zu erkennen geben.»[27]

Die wissenschaftliche Erforschung der Schadwirkung von Rauchgasen hat bereits eine lange Tradition. Der Agrarwissenschaftler Adolph Stöckhardt (1809–1896) von der land- und forstwissenschaftlichen Akademie in Tharand war als Gutachter bestellt worden, als es 1846 zwischen den königlich-sächsischen Hüttenwerken in Freiberg und Nachbargemeinden zu Auseinandersetzungen um Rauchschäden kam. Die Gemeinden führten Klage, weil Obst und Gemüse in den Gärten der Bewohner unter der Einwirkung des Hüttenrauchs verkümmerten. Stöckhardts Gutachten «über die Einwirkungen des Rauches der Silberhütten auf die benachbarte Vegetation» gilt als Beginn der Rauchschadensforschung in Deutschland.[28]

Die schädliche Wirkung des Schwefeldioxids in den Rauchgasen war Ende des 19. Jahrhunderts bereits gut untersucht. In einem Übersichtsartikel aus dem Jahr 1907 heißt es:

«Stöckhardt, v. Schröder und viele andere Chemiker und Botaniker haben Fichten, Laubbäumchen, Garten- und Feldgewächse unter Glaskästen und in größeren Versuchsräumen mit schwefligsäurehaltiger (= schwefeldioxidhaltiger, d. V.) Luft in verschiedenen Konzentrationen behandelt ... Vierjährige Fichten z. B. wurden auf diese Weise mehrere Male täglich beräuchert und die übrige Zeit unter normalen Lebensbedingungen gehalten; bei einer Konzentration von 1 : 100000 treten schon nach wenigen Tagen, bei 1 : 1000000 nach einigen Wochen Krankheitserscheinungen auf, die Fichtennadeln bekommen fahle Spitzen, röten sich, vertrocknen und fallen ab, und schließlich geht das ganze Bäumchen ein. Etwas widerstandsfähiger als die Nadelhölzer sind die Laubhölzer, die meisten Gartensträucher und die Getreide. Aber sehr empfindlich sind die Blüten, ein Raucheinbruch zur Blütezeit kann die ganze Ernte vernichten.»[29]

Auch die zerstörerische Wirkung saurer Industrieabgase auf Baustoffe wurde schon 1879 beschrieben:

«In der That muß unsere heutige Atmosphäre in ihrer Zusammensetzung von derjenigen früherer Jahrhunderte erheblich abweichen und glaubt man beispielsweise nicht, daß griechische und ägyptische Denkmäler der Atmosphäre Englands lange widerstehen würden, eine Vermutung, die bei der Überführung der Nadel der Kleopatra nach London ausgesprochen ist. Mohr stellt dem künftigen Schicksal dieses Denkmals kein günstiges Prognostikon und nimmt an, daß das englische Klima und die Atmosphäre Londons nicht so viel Zeit gebrauchen werde als die reinere Luft von Paris, um schädlichen Einfluß auszuüben. Mohr hat den Obelisken von Luxor, welcher im Jahre 1836 auf dem Place de la Concorde in Paris aufgestellt wurde, seit 28 Jahren beobachtet und so merkliche Veränderungen an demselben wahrgenommen, daß er behauptet, die 36 Jahre des Stehens in Paris hätten den Obelisken weit stärker getroffen, als eben so viele Jahrhunderte in Aegypten.»[30]

Die Giftwirkung von Schwefeldioxid und anderen sauren Gasen auf den menschlichen Organismus wurde – zumindest von seiten der Verursacher – als geringeres Problem angesehen: «Die menschliche Lunge ist gegen alle diese Säuren, vielleicht die Flußsäure ausgenommen, weniger empfindlich als das Pflanzenblatt.»[31]

Epidemiologische Untersuchungen hatten allerdings schon in den siebziger Jahren des vorigen Jahrhunderts die schädliche Wirkung der Rauchgase auf den Atemtrakt des Menschen deutlich werden lassen:

> «Die Sterblichkeit an Luftröhrenentzündung und Lungenkatarrh ist in den Stadtgemeinden überhaupt... um mehr als das Doppelte größer als in den Landgemeinden; sie steigt zu ungewöhnlicher Höhe nicht wie die Lungentuberkulose in den Städten mit Texitilindustrie, sondern in denjenigen mit massenhaften Steinkohlenfeuerungen und erreicht z. B. in Essen, Bochum, Duisburg und Dortmund die höchsten Verhältniszahlen. In dem Zeitraume zwischen 1875 und 1879 starben in jeder der genannten Städte an jenen Krankheiten von je 100000 Einwohnern jährlich 100 bis 120, während in den Stadtgemeinden der gesamten Rheinprovinz das Verhältnis 32 bis 36 betrug, in den Landgemeinden 7 bis 9.»[32]

Die Zunahme der Luftschadstoffe wirkte auch auf den Verursacher selbst zurück. Hatten Eisenklammern mittelalterlicher Bauwerke und eiserne Baubeschläge noch Jahrhunderte überdauert, so rosteten die neuen Produkte der Schwerindustrie in den aggressiven Industrieabgasen so schnell, daß dringend Abhilfe geschaffen werden mußte. Die Hersteller von Bleimennige und Lacken profitierten davon. Umwelt und Gesundheit wurden durch schwermetallhaltige Pigmente und giftige Lösungsmittel wiederum neuen Belastungen ausgesetzt.

«Verdünnung bis zur Unschädlichkeitsgrenze»

Zur Vermeidung rauchgasbedingter Schäden und um entsprechenden Schadenersatzklagen vorzubeugen, wurde von der Industrie ein bis weit in die Gegenwart verfolgter verhängnisvoller Weg eingeschlagen:

> «Aber hier gibt es ein... sehr wirksames Mittel, nämlich Verdünnung bis zur Unschädlichkeitsgrenze. Die Mengen schwefliger Säure und Schwefelsäure, welche die Städte Hannover und Linden aus ihren Steinkohlen in die Luft schicken... sind absolut genommen weit größer als die von den (als sehr umweltbelastend bekannten, d. V.) beiden Freiberger oder den drei Oberharzer Hütten entwickelten Säuremengen, aber sie treten aus vielen über eine große Fläche verteilten Schornsteinen, und aus diesen in viel größerer Verdünnung aus; und die Verdünnung ist entscheidend, andernfalls würde in unserer Stadt kein Blatt mehr grünen. Das unend-

liche Luftmeer, welches unsere Wohnstätten umgibt, vermag diesen Schädling, die Säuren des Kohlenrauchs, bei richtiger Behandlung leicht unschädlich zu machen.»[33]

Der hier gewiesene Weg, der unter dem Begriff «Hochschornsteinpolitik» bekannt wurde, wurde dann konsequent gegangen, obwohl sowohl die «Unendlichkeit des Luftmeeres» als auch die Existenz einer «Unschädlichkeitsgrenze» frühzeitig angezweifelt wurden. STÖCKHARDT sträubte sich bereits in dem Gutachten aus dem Jahr 1850 gegen die Festlegung einer Unschädlichkeitsgrenze. Er war der Auffassung, «daß schädliche Stoffe selbst bei einer sehr bedeutenden Verdünnung schließlich eine verderbliche Wirkung auszuüben vermögen, wenn die Einwirkung eine lang anhaltende oder massenhafte ist».[34]

Trotz derartiger Bedenken setzte sich der Bau hoher Schornsteine als Mittel zur Abwehr der schädlichen Wirkungen von Rauchgasen allgemein durch und bestimmte bis in die jüngste Zeit den Stand der Technik. Umweltschäden wurden so zwar nur verlagert, die Verursacher konnten jedoch – zumal bei mehreren benachbarten Emittenten – nicht mehr eindeutig festgestellt und damit auch nicht haftbar gemacht werden.

Eisen und Stahl

Die massenhafte Verwendung der Steinkohle hing eng mit der Entwicklung der Eisenmetallurgie zusammen. Kohle und Eisen ermöglichten die Maschinerie, die die entfesselte Ausbeutung aller natürlichen Ressourcen dieser Erde erst möglich machte.

Die Verwendung des Steinkohlenkokses anstelle der Holzkohle für die Verhüttung von Eisenerzen stand am Anfang des Weges vom mittelalterlichen Hochofen zur modernen Eisenhüttentechnik. An der weiteren Entwicklung der Hochofentechnik hatte die Dampfmaschine wesentlichen Anteil. Die Vergrößerung der Hochöfen wurde erst möglich, als dampfgetriebene Gebläsemaschinen für die nötige Luftzufuhr sorgten. Die pro Hochofen und Tag erzeugte Menge Roheisen konnte so von 2 Tonnen, die ein guter Holzkohleofen lieferte, bis zur Mitte des 19. Jahrhunderts auf 20 bis 30 Tonnen gesteigert werden. Die ersten Kokshochöfen hatten den gewaltigen Bedarf von etwa 8 Tonnen Koks für eine Tonne Roheisen. Die Einführung von Winderhitzern, in denen die Gebläseluft vorgewärmt wurde, führte zu einer Reduktion des Koksverbrauchs auf etwa 5 Tonnen. Eine weitere Senkung des Kohleverbrauchs der Hochöfen auf etwa 2 Tonnen pro Tonne Roheisen wurde dadurch erreicht, daß man die Gichtgase zur Feuerung der Winderhitzer nutzte. Gichtgase sind die brennbaren Gase, die am Kopf des Hochofens austreten.[35]

Weitere Optimierungen der Hochofentechnik konnten durch die wissenschaftliche Erforschung der chemischen und physikalischen Vorgänge erzielt werden, die im Hochofen ablaufen.

Bei gleichzeitigem Anwachsen der Größe der Hochöfen bis zu einer Tagesleistung von etwa 1000 Tonnen Roheisen konnte der Kohlebedarf bis zum Ersten Weltkrieg auf etwa eine Tonne Koks pro Tonne Roheisen gesenkt werden.[36] Heute beträgt der Koksbedarf eines Hochofens etwa eine halbe Tonne pro Tonne Roheisen.

Am Beispiel der Roheisenerzeugung werden zwei gegenläufige Tendenzen im Verlauf der industriellen Entwicklung deutlich: Durch technische Verbesserungen wurde der spezifische Rohstoff- und Energiebedarf ständig verringert, während gleichzeitig der Produktionsumfang derart anstieg, daß trotzdem ein immer größerer Rohstoff- und Energiebedarf entstand. Die folgenden Übersichten über die Entwicklung des Kohlebedarfs für die Roheisenerzeugung und die Entwicklung der Roheisenproduktion im Ruhrgebiet bis 1900 (Tabellen 1 und 2) verdeutlichen diese Tendenzen.

Die Entwicklung der neuen Techniken zur Roheisengewinnung ging mit Fortschritten in der Stahlerzeugung einher. Ein erster Schritt war die Herstellung von Tiegelstahl, die 1740 von dem englischen Uhrmacher Benjamin HUNTSMAN (1704–1776) – fünf Jahre nach Inbetriebnahme des ersten Kokshochofens – entwickelt wurde. 1766 erfand Henry CORT (1740–1800) das Puddelverfahren, die Gewinnung von schmiedbarem Eisen im Puddel- oder Flammofen durch Windfrischen. Im Puddelofen wurde das Roheisen durch darüberstreichende sauerstoffreiche Flammen bis zum Erweichen erhitzt und dabei mit langen eisernen Haken umgerührt (to puddle = rühren). Dabei wurde das Roheisen durch Oxidation weitgehend von Silicium, Mangan und Kohlenstoff befreit.

Das Puddelverfahren stellte außerordentlich hohe Anforderungen an die Kraft, Ausdauer und Geschicklichkeit der Arbeiter. Die Qualität des Stahls hing sehr von der Intensität und Gleichmäßigkeit ab, mit der die Schmelze durchgearbeitet wurde. Die Qualität menschlicher Arbeit war

Tabelle 1: Der Bedarf an Kohle zur Herstellung von einer Tonne Roheisen in verschiedenen Epochen[37]

Epoche	Kohleverbrauch	Technische Neuerungen	Tagesproduktion eines Hochofens
17. Jh.	5–8 t Holzkohle	Weiterentwicklung spätmittelalterlicher Technik	ca. 2 t
18. Jh.	8 t Koks	Einführung der Eisenverhüttung mit Koks durch DARBY 1735	
um 1830	5 t Koks	Erste Winderhitzer	
um 1840	2,5 t Koks	Nutzung der Gichtgase für die Winderhitzer	20–30 t
um 1900	1 t Koks	Nutzung der wiss. Kenntnisse über den Hochofenprozeß, die seit BUNSENs Untersuchungen der Gichtgase 1838 in der wissenschaftlichen Eisenhüttenkunde gesammelt wurden	bis 1000 t
1988	0,5 t Koks	Einsatz moderner Analytik und Meß- und Regeltechnik. Automatisierte Produktion	bis 10000 t

Tabelle 2: Roheisenproduktion des Ruhrgebietes (OBAB Dortmund) 1840–1900[38]

Jahr	Roheisen t	Jahr	Roheisen t
1840	6905	1875	427378
1845	9477	1880	764193
1850	11500	1885	1082896
1855	85896	1890	1335471
1860	136313	1895	1753120
1865	276285	1900	2772687
1870	360836		

ausschlaggebend für die Qualität des Produkts. Dieser Umstand und die Schwere der Arbeit führten dazu, daß die Puddler relativ gutbezahlte Spezialisten waren. Das Ausmaß körperlicher Beanspruchung und die extremen Arbeitsbedingungen bei großer Hitze und in stark mit Rauchgasen verunreinigter Luft bewirkten, daß ein Puddler diese Arbeit nur kurze Zeit ausüben konnte.

Angesichts einer steigenden Nachfrage für Stahl wurde die Abhängigkeit von menschlicher Muskelkraft zu einem limitierenden Faktor für die weitere Expansion der Stahlerzeugung. Deshalb – und weil die Unternehmer danach strebten, sich von der Qualifikation und dem guten Willen der Puddler unabhängig zu machen – wurde die Suche nach einem Verfahren vorangetrieben, das größere Mengen Stahl ermöglichte. Im Zuge dieser Entwicklung setzte sich das von Sir Henry BESSEMER (1813–1898) entwickelte Blasstahlverfahren durch.

In den Blasstahlöfen, den «BESSEMER-Birnen», wurde flüssiges Roheisen durch Einblasen von Luft «gefrischt». Die Öfen, in deren Böden sich Luftdüsen befanden, konnten zum Einfüllen des Roheisens und Ausgießens des fertigen Stahls maschinell gekippt werden. Mit den durch dieses Verfahren ermöglichten Steigerungen der Stahlproduktion ging die durchgängige Mechanisierung der Eisenverarbeitung vom Hochofen bis zum Walzwerk oder der Schmiedepresse einher. Mit den neuen Dimensionen wurden auch neue wissenschaftliche Methoden in die Stahlerzeugung und -verarbeitung eingeführt. Als erstes deutsches Hüttenwerk stellte Krupp 1862 Stahl nach dem BESSEMER-Verfahren her.[39] Betriebsleiter wurde nicht wie zuvor üblich ein Handwerker, sondern ein akademisch ausgebildeter Chemiker, Karl UHLENHAUT.[40]

Ausbreitung der Maschinen und Fabriken

Die neuen Techniken zur Gewinnung und Veredelung der Steinkohle, die Entwicklung der Kokshochöfen für die Roheisenherstellung und neue Verfahren zur Stahlerzeugung lieferten die materielle Basis für den Maschinenbau, den zentralen Bereich der industriellen Revolution. Mit Hilfe neuer Maschinen und der Kraft des Dampfes fand in allen Bereichen der materiellen Produktion eine revolutionäre Umgestaltung statt, die auch hier die stofflichen Grundlagen menschlichen Wirtschaftens wesentlich veränderte.

Stahlerzeugung im Blaskonverter 1862

Der eigentliche Durchbruch zur industriellen Produktion erfolgte, als damit begonnen wurde, die neuen Arbeitsmaschinen im Textilgewerbe mit Dampfmaschinen anzutreiben. Die im 18. Jahrhundert entwickelten mechanischen Webstühle und Spinnmaschinen wurden zunächst auf traditionelle Weise, beispielsweise mit Wasserrädern, angetrieben. Durch die Verbindung der Textilmaschinen mit einer leistungsfähigen Kraftmaschine waren alle Voraussetzungen für die industrielle Massenproduktion gegeben. Bald übernahmen auch andere Wirtschaftsbereiche das Prinzip der Verbindung von Arbeits- und Kraftmaschinen.

Die Ausbreitung der maschinellen Produktion in Deutschland kann an der Zunahme der Dampfkessel abgelesen werden, die in den verschiedenen Industriezweigen eingesetzt wurden. Die Zahlen für Preußen (siehe Tabelle 3 auf Seite 46) zeigen, daß in Preußen vor allem solche Industrien frühzeitig einen hohen Mechanisierungsgrad erreichten, die landwirtschaftliche Erzeugnisse verarbeiteten: die Nahrungs- und Genußmittelindustrie und die Textilindustrie.

In Deutschland konnte sich der Übergang vom Agrar-Manufaktur- zum Industrieland nicht auf eigene koloniale Rohstoffe – wie etwa Baumwolle oder Rohzucker in England – stützen. Deshalb hatte hier die industrielle Verarbeitung einheimischer landwirtschaftlicher Produkte zu Beginn der Industrialisierung besonders große Bedeutung. Die landwirt-

Tabelle 3: Entwicklung der Zahl von Dampfkesseln in Preußen in ausgewählten Industriezweigen[41]

Industriezweig	Zahl der Kessel 1859	1877/78	Prozentuale Steigerung
Industrie der Steine und Erden	129	1154	895
Industrie der Holz- und Schnitzstoffe	223	1364	612
Industrie der Heiz- und Leuchtstoffe	127	746	587
Chemische Industrie	155	822	530
Metallverarbeitung	243	1286	529
Papier- und Lederindustrie	240	1047	436
Industrie der Maschinen, Werkzeuge u. Apparate	352	1467	417
Bergbau, Hütten-, u. Salinenwesen	2469	9460	383
Textilindustrie	1219	3438	282
Industrie der Nahrungs- und Genußmittel	3524	8283	235

(Die Werte sind aufgrund von Gebietsveränderungen im betrachteten Zeitabschnitt nur bedingt vergleichbar und zeigen daher nur die Grundtendenz der Entwicklung.)

schaftlichen Verarbeitungsindustrien brachten den Großgrundbesitzern zusätzliche Gewinne, mit denen sie in andere Unternehmungen einstiegen. So sicherte der Erwerb eigener Kohlengruben unter anderem den Brennstoffbezug für die energieintensive Schnaps- oder Zuckerfabrikation. Durch Beteiligung an Eisenbahngesellschaften und Einflußnahme auf die Streckenführung konnten die Großgrundbesitzer die Transport- und damit Absatzmöglichkeiten für die Erzeugnisse ihrer Gutswirtschaften verbessern. Die durch diese Entwicklung zu Geld und Macht gelangenden «Schlotbarone» wie die Grafen Henckel von Donnersmarck, die Grafen von Schaffgotsch oder der Herzog von Ujest gehörten vor dem Ersten Weltkrieg zur ersten Garnitur der wirtschaftlichen und politischen Elite.

Industrialisierung der lebendigen Natur

Durch den massenhaften Bedarf der Industrie an Rohstoffen pflanzlichen oder tierischen Ursprungs wie Baumwolle, Wolle, landwirtschaftliche Erzeugnisse oder Holz und durch einen tiefgreifenden Funktionswandel der Landwirtschaft wurde die wirtschaftliche Nutzung der lebendigen Natur einem revolutionären Wandel unterworfen. Dem massiven Eingriff in geologische Stoffkreisläufe durch die unbeschränkte Nutzung fossiler Rohstoffe gesellte sich ein ebenso massiver Eingriff in die natürlichen Nährstoffkreisläufe hinzu. Die industrielle Entwicklung in Europa wurde nicht zuletzt durch die massenhafte Zufuhr pflanzlicher Rohstoffe wie Baumwolle, Naturfarben oder Rohzucker aus den Kolonien ermöglicht. Die Industrialisierung ging mit der Ausweitung der in Monokulturen betriebenen Plantagenwirtschaft einher. Folgen wie Entwaldung oder Bodenerosion sind eine Wurzel der problematischen Umweltsituation in vielen heutigen Entwicklungsländern.

Die vorindustriellen Bauernwirtschaften waren noch weitgehend in natürliche Stoffkreisläufe eingebunden. Mit der agrarischen Revolution wurde eine im Grundsatz auf Eigenversorgung orientierte Produktion durch die Produktion für entfernte Märkte und die industrielle Weiterverarbeitung verdrängt. Ziel einer solchen «rationellen Landwirtschaft» war die an maximalem Gewinn orientierte Erzeugung pflanzlicher oder tierischer Produkte für den freien Markt. Die Einbindung der Landwirtschaft in natürliche Stoffkreisläufe wurde aufgehoben und durch die Abhängigkeit von der Zufuhr chemischer Düngemittel ersetzt. Das hatte schwerwiegende ökologische Folgen.

Die Industrialisierung der landwirtschaftlichen Produktion war eng mit der Entwicklung der landwirtschaftlichen Verarbeitungsindustrien verbunden. Sie fand ihre adäquate Form in der Ausbildung großer Monokulturen. Im Zuge der massenhaften industriellen Verarbeitung landwirtschaftlicher Produkte, beispielsweise in Zuckerfabriken oder Schnapsbrennereien, fielen Abprodukte in einer immensen Größenordnung an, die sich vor allem über die Abwässer störend auf den Naturhaushalt auswirkten.

Die Nutzung der Wälder wurde mit der Industrialisierung einem ähnlichen Wandel unterworfen wie die Landwirtschaft. Die Lehre von der «rationellen Forstwirtschaft» fühlte sich den gleichen Zielen verpflichtet wie die «rationelle Landwirtschaft». Durch maximale Holzproduktion sollte ein möglichst großer Gewinn erzielt werden. Das Holz wurde zum standardisierten Rohstoff für die industrielle Verarbeitung.

Die Bedeutung der Kolonien für die industrielle Entwicklung

Am Anfang des modernen Fabriksystems stand die Verarbeitung eines pflanzlichen Produktes kolonialen Ursprungs, der Baumwolle. War der Kolonialismus allgemein eine ökonomische und politische Voraussetzung der Entwicklung des Industriekapitals in Europa, so war die Baumwolle dessen spezielles stoffliches Substrat. Die Entwicklung von Spinn- und Webmaschinen zur Verarbeitung von Rohbaumwolle aus den Kolonien leitete die Industrialisierung in England ein. Mit der Textilproduktion stieg auch der Verbrauch an Naturfarbstoffen, aus tropischen Farbhölzern und Indigo gewonnen, die ebenfalls in Plantagenwirtschaft erzeugt wurden.

Die Genußmittel Kaffee, Kakao, Tee und Tabak waren wichtige Handelsgüter und prägten die bürgerliche Lebensweise in Europa entscheidend mit.[1] Mit dem Tee- und Kaffeeverbrauch stieg auch der Zuckerkonsum. Die mit diesen «Kolonialwaren» erzielten Gewinne trugen wesentlich zur Bildung der finanziellen Basis der industriellen Revolution bei. Ihre Verarbeitung ließ in Europa eigene Industrien entstehen. Weitere Pflanzen bzw. pflanzliche Produkte aus tropischen Regionen, die im Zuge der fortschreitenden Industrialisierung wirtschaftliche Bedeutung erlangten, sind zum Beispiel der Kautschuk und die tropischen Pflanzenfette. Auf der Grundlage dieser Naturstoffe entstanden mit der Gummi-, der Waschmittel- und der Margarineindustrie bedeutende neue Industriezweige. Die Sicherung dieser (und anderer) Rohstoffe für die nationalen Industrien war ein Hauptmotiv für den Imperialismus des späten 19. Jahrhunderts, der die Kolonialpolitik der alten Seemächte konsequent weiterentwickelte.

Der Ausbau der Plantagenwirtschaft war usprünglich auch mit der Ausweitung der Sklaverei verbunden. Zur Bedeutung der Sklaverei für die kapitalistische Entwicklung schrieb Karl MARX 1847 im «Elend der Philosophie»:

> «Die direkte Sklaverei ist der Angelpunkt der bürgerlichen Industrie, ebenso wie Maschinen etc. Ohne Sklaverei keine Baumwolle, ohne Baumwolle keine moderne Industrie. Nur die Sklaverei hat den Kolonien ihren Wert gegeben; die Kolonien haben den Welthandel geschaffen; und der Welthandel ist die Bedingung der Großindustrie.»[2]

Aus den afrikanischen Ursprungsländern wurden die Sklaven im sogenannten Dreieckshandel nach Amerika verschifft: Sklaven aus Afrika wurden in Amerika verkauft. Dafür wurden Produkte der Plantagenwirtschaft wie Baumwolle, Zucker, Kaffee, Tee, Kakao oder Indigo nach Europa gebracht. Industriell erzeugte Baumwollstoffe, Schnaps, Flinten und anderes mehr, das von Europa nach Afrika geschafft wurde, vervollständigten die Dreiecksbeziehung.[3]

Die koloniale Ausbeutung tropischer Länder hat schon in vor- und frühindustrieller Zeit regional zu einschneidenden Veränderungen der Landschaft geführt. Baumwoll-, Zuckerrohr-, Kaffee-, Tee- oder Indigoplantagen haben die tropischen Wälder beträchtlich zurückgedrängt. Auf den ursprünglich fast völlig von Wald bedeckten Westindischen Inseln, Kuba, Haiti und Jamaika beispielsweise, bestimmten immer mehr die Zuckerrohrplantagen das Landschaftsbild.

Obwohl die koloniale Ausbeutung tropischer Länder für die wirtschaftliche Entwicklung in Europa eine entscheidende Bedeutung hatte, erfaßte sie um 1800 erst einen Bruchteil der Gesamtfläche dieser Regionen. Die großen tropischen Regenwaldgebiete des südamerikanischen Kontinents, Afrikas oder Hinterindiens waren zu Beginn der Industrialisierung noch weitgehend unberührte, undurchdringliche Urwälder, die mehr den Forscherdrang von Naturwissenschaftlern als ökonomische Interessen auf sich zogen. Die mit der Eisenbahn und dem Dampfschiff geschaffenen Massentransportmittel ermöglichten jedoch bald eine umfangreiche industrielle Nutzung tropischer Produkte.

Mit der Ausbreitung der kolonialen Plantagenwirtschaft zur Erzeugung von Rohstoffen für die industrielle Verarbeitung in Europa wurde der Keim zur Zerstörung natürlicher Lebensgemeinschaften und in diese eingepaßter menschlicher Kulturen in tropischen und subtropischen Ländern gelegt. Heute sind die Zerstörung der Regenwälder und das Elend der «dritten Welt» die globalen Folgen dieser Entwicklung.

Die Begründung der rationellen Landwirtschaft in Deutschland

In England hatte sich im 18. Jahrhundert die agrarische Revolution vor allem im Zusammenhang mit der unter dem Begriff «Einhegungen» (Enhencement) bekannten Politik durchgesetzt. Als Einhegungen bezeichnet man die Umzäunung und Inbesitznahme von Gemeindeland durch die privaten Grundbesitzer. Durch die Einhegungen und die damit verbundene Vertreibung der kleinen Bauern wurden große Wirtschaftsflächen für die rationellere und ertragreichere Landwirtschaft geschaffen.

Die landwirtschaftliche Produktion ging von der stark auf Eigenversorgung orientierten bäuerlichen zu einer kapitalistisch organisierten Betriebsweise über, die mit neuen Anbaumethoden und lohnabhängigen Landarbeitern arbeitete und deren Ziel der Gewinn war, der durch den Verkauf der Produkte erlangt werden konnte.

Die im Zuge dieser Umwandlungen «freigesetzten» Landbewohner suchten, nachdem ihnen an ihrem angestammten Platz die Existenzgrundlage entzogen war, in den Städten eine Möglichkeit, ihr Dasein zu fristen. Dieser Zustrom von Menschen, deren einzige Existenzmöglichkeit der Verkauf ihrer Arbeitskraft war, schuf – verstärkt durch das schnelle Bevölkerungswachstum – das Arbeitskräftepotential, das für die Entwicklung der Industrie erforderlich war.

Die Landwirtschaftsreformer, die um 1800 in Deutschland die «rationelle Landwirtschaft» begründeten, standen ganz unter dem Einfluß der Lehren von Adam Smith. Nicht der Gebrauchswert, sondern allein der Tauschwert bestimmt danach den Wert landwirtschaftlicher Güter. Die «natürliche Triebkraft» auch des landwirtschaftlichen Tuns sei das individuelle Gewinnstreben, das in freiem Wettbewerb auf wundersame Weise zu einer natürlichen Harmonie des wirtschaftlichen und sozialen Lebens führe.

Bereits in dem 1809 bis 1812 erschienenen vierbändigen Hauptwerk «Grundsätze der rationellen Landwirtschaft» des berühmten deutschen Agrarreformers Albrecht Daniel Thaer (1752–1828) ist entsprechend eindeutig formuliert:

> «§ 1 Die Landwirtschaft ist ein Gewerbe, welches zum Zweck hat, durch Produktion vegetabilischer und tierischer Substanzen Gewinn zu erzeugen. (...)

§ 3 Die rationelle Lehre von der Landwirtschaft muß also zeigen, wie der möglichst reine Gewinn unter allen Verhältnissen aus diesem Betriebe gezogen werden könne.» [4]

Die Realisierung einer auf größtmöglichen wirtschaftlichen Gewinn orientierten Landwirtschaft war unter den gegebenen feudalen Verhältnissen nicht möglich. Die Agrarreformen mußten daher weitgehende soziale und politische Veränderungen einschließen.

Im Kern zielten die Reformen, die beispielsweise in Preußen 1807 durch das Edikt über die «Bauernbefreiung» eingeleitet wurden, auf die Auflösung der komplizierten feudalen Eigentumsverhältnisse zugunsten bürgerlich-kapitalistischen Grundbesitzes und auf die Umwandlung der feudalen Arbeitsverpflichtungen in «freie» Lohnarbeit.

Mit dem Wachsen der Städte erhielt die Produktion an landwirtschaftlichen Erzeugnissen für – teilweise weit entfernte – Märkte gegenüber der Selbstversorgung, ganz im Sinn der auf Geldgewinn orientierten «rationellen Landwirtschaft», immer mehr Gewicht. Mit der insgesamt steigenden Bevölkerungszahl stiegen die Anforderungen an die Produktivität der Landwirtschaft noch zusätzlich. Mit den landwirtschaftlichen Produkten gelangten wichtige Pflanzennährstoffe vom Land in die Städte, ohne wieder in den natürlichen Stoffkreislauf eingebracht zu werden. Im Gegenteil. In den Städten waren die dort im Müll und in den Fäkalien anfallenden Pflanzennährstoffe ein höchst unerwünschter Nährboden für Krankheitserreger, Nahrungsgrundlage für die Ratten, Ursache für Wasservergiftungen und – wie an anderer Stelle beschrieben – Quelle üblen Gestanks.

In der Landwirtschaft wiederum machte sich der einseitige Entzug von Nährstoffen durch eine zunehmende Verarmung der Böden und sinkende Ernteerträge bemerkbar.

Anfänge der «Chemisierung der Landwirtschaft»

Unter den verschiedenen Bemühungen, der abnehmenden Bodenfruchtbarkeit entgegenzuwirken, setzten sich vor allem die Ansichten Justus von Liebigs durch.

Liebig untersuchte die Zusammenhänge zwischen der chemischen Zusammensetzung der Böden, der Nährstoffaufnahme der Pflanzen und Tiere und der stofflichen Zusammensetzung der Zersetzungsprodukte pflanzlichen und tierischen Ursprungs. Dabei verwendete er die in der anorganischen Chemie bereits mit großem Erfolg eingesetzten Methoden der qualitativen und quantitativen Analyse und übertrug sie erfolgreich auf die Analyse organischer Stoffe. Komplexere molekulare Strukturen im Sinne der organischen Chemie oder der Biochemie waren zur Zeit seiner frühen agrochemischen Arbeiten noch nicht analysierbar. Diesem Erkenntnisstand der Chemie entsprechend, beschränkte sich Liebigs «Mineraltheorie» der Düngung auf die Bilanzierung der elementaren Stoffflüsse. Kernaussage der Mineraltheorie ist die These: «Die Nahrungsmittel aller grünen Gewächse sind unorganische oder Mineralsubstanzen.»[5] Der Mineraltheorie setzten die Vertreter der «rationellen Landwirtschaft», insbesondere die «Stickstöffler», die Humustheorie entgegen, in der sie den Humusgehalt des Bodens als wesentliche Grundlage der Bodenfruchtbarkeit herausstellten.

Liebigs Auffassungen entsprachen einer für die Chemie seiner Zeit charakteristischen buchhalterischen Naturbetrachtung. Durch die chemische Analyse werde der Landwirt in den Stand gesetzt, den Stoffumsatz in und auf seinem Acker zu bilanzieren und durch Düngereinsatz zu optimieren:

> «Der Landwirt wird damit in den Stand gesetzt sein, ähnlich wie in einer wohleingerichteten Manufaktur ein Buch zu führen über einen jeden seiner Äcker, mit Genauigkeit vorauszubestimmen, welche Stoffe und in welcher Menge er sie hinzufügen muß..., um die Fruchtbarkeit für gewisse Pflanzengattungen zu steigern.»[6]

Zu den wichtigsten Ergebnissen von Liebigs bilanzierender Betrachtung landwirtschaftlicher Produktions- und Verwertungsprozesse zählt die Formulierung von Stoffkreisläufen in der Agrarproduktion. Diese Betrachtungsweise interpretierte die abnehmende Bodenfruchtbarkeit als Folge der Ausgliederung wichtiger Pflanzennährstoffe aus dem natürlichen Kreislauf. Liebig zielte mit seinem Engagement für die künstliche Düngung darauf, diesen Raubbau durch die Rückerstattung der dem Boden entzogenen Stoffe zu überwinden. Dabei war er sich darüber im klaren, daß dadurch nur eine Form des Raubbaus durch eine andere ersetzt werden konnte. Ihm war bewußt, daß auch die Rohstoffquellen für künstliche Düngemittel begrenzt sind, ihre Ausbeutung ebenfalls eine Form von Raubbau an Naturschätzen ist. Seine Sorge galt daher, ohne daß er von dem modernen Problem der Überdüngung der Flüsse und Meere etwas hat ahnen können, dem ungeheuren Verlust an Pflanzennährstoffen, der durch die Kanalisationssysteme der heranwachsenden Städte verursacht wurde, die diese in den Fäkalien enthaltenen Stoffe in Flüsse und Meere spülten. Liebig schrieb dazu:

> «Es hat die Einführung der Waterclosets in den meisten Städten Englands die Folge, dass jährlich die Bedingungen für die Wiedererzeugung von Nahrung für 3 ½ Millionen Menschen unwiederbringlich verloren gehen. Die ganze ungeheuere Menge von Düngstoffen, welche England jährlich einführt, fliesst zum bei weitem grössten Theil wieder in den Flüssen dem Meere zu, und die damit erzeugten Produkte reichen nicht aus, um den Zuwachs der Bevölkerung zu ernähren. Das Schlimme ist, daß der nähmliche Process der Selbstvernichtung in allen europäischen Ländern, wenn auch nicht in dem grossen Maasstabe wie in England, statthat.» [7]

In mühsamen Berechnungen stellte Liebig dar, welche Pflanzennährstoffe in welchen Mengen durch die Kanalisation verlorengehen. Er hat sich auch mit den hygienischen Problemen auseinandergesetzt, die einer Wiedernutzbarmachung der Fäkalien entgegenstehen. Er kommt letztlich zu der Einschätzung:

> «Wenn zuletzt genaue statistische Erhebungen ergeben werden, dass auch im günstigsten Fall die Zufuhr von Düngestoffen von aussen in einer verhältnismässig kurzen Zeit (auch ein halbes oder ganzes Jahrhundert ist in dieser Beziehung eine sehr kurze Zeit) ein Ende haben muss, so werden sie die Einsicht gewinnen, dass von der Entscheidung der Kloakenfrage der Städte die Erhaltung des Reichthums und der Wohlfahrt der Staaten und die Fortschritte der Cultur und Civilisation abhängig sind.» [8]

Liebigs Gedanken wurden auch von Karl Marx aufgegriffen und in seine Darstellung der politischen Ökonomie einbezogen:

«Mit dem stets wachsenden Übergewicht der städtischen Bevölkerung, die sie in großen Zentren zusammenhäuft, häuft die kapitalistische Produktion einerseits die geschichtliche Bewegungskraft der Gesellschaft, stört sie andererseits den Stoffwechsel zwischen Mensch und Erde, d. h. die Rückkehr der vom Menschen in der Form von Nahrungs- und Kleidungsmitteln vernutzten Bodenbestandteile zum Boden, also die ewige Naturbedingung dauernder Bodenfruchtbarkeit. (...) Jeder Fortschritt der kapitalistischen Agrikultur ist nicht nur ein Fortschritt in der Kunst, den Arbeiter, sondern zugleich in der Kunst, den Boden zu berauben, jeder Fortschritt in Steigerung seiner Fruchtbarkeit für eine gegebene Zeitfrist zugleich ein Fortschritt im Ruin der dauernden Quellen dieser Fruchtbarkeit.»[9]

Marx bezeichnete es als unsterblichen Verdienst Liebigs, die negative Seite der modernen Agrikultur vom naturwissenschaftlichen Standpunkt herausgearbeitet zu haben.[10]

Die kritischen Beiträge Liebigs zur Düngemittelfrage dürfen nicht darüber hinwegtäuschen, daß Liebig in seiner Auseinandersetzung mit der von Vertretern der «rationellen Landwirtschaft» propagierten Humustheorie in problematischer Weise Wegbereiter einer reduktionistischen Denkweise in den Landwirtschaftswissenschaften wurde, die ganzheitlich-praktische Ansätze zugunsten einer einseitig naturwissenschaftlichen Ausrichtung verdrängte. Nicht zuletzt auf Drängen Liebigs wurden die landwirtschaftlichen Versuchsanstalten, darunter das von Thaer begründete Versuchsgut Möglin, in den 1860er und 1870er Jahren geschlossen. Statt dessen wurden Lehrstühle für Agriculturchemie an Hochschulen eingerichtet: der erste 1862 in Halle, es folgten zwischen 1869 und 1880 Leipzig, Gießen, Göttingen, München, Königsberg, Kiel, Breslau und Berlin.[11]

Die praktischen Anstrengungen der von Liebig bekämpften Vertreter der rationellen Landwirtschaft richteten sich auf den Anbau von Stickstoffsammlern wie beispielsweise Klee (Prinzip der Nährstoffgewinnung), verbesserte Fruchtfolgen und ein optimales Verhältnis von Pflanzenbau und Viehhaltung. Durch konzentrierte Stallmistgaben für eine Kulturart, zumeist eine Hackfruchtart, wurden Düngemethoden entwickelt, die auf die weiteren Fruchtfolgeglieder nachwirkten (Prinzip der Nährstoffumwälzung). Diese im Rahmen der Humustheorie entwickelten Prinzipien trugen in der Praxis wesentlich zur Steigerung der landwirtschaftlichen Erträge bei. Sie wurden durch das Prinzip der Nährstoffzufuhr durch industriell erzeugte Düngemittel entsprechend der Liebigschen Mineraltheorie zunächst nur ergänzt.[12]

Die durch den Einsatz von Mineraldünger ermöglichte Einrichtung von Monokulturen bei drastischer Vereinfachung der Fruchtfolgen brachte ein Problem mit sich, das Anlaß für eine weitere Stufe der Chemisierung der Landwirtschaft wurde: das massenhafte Auftreten von Pflanzenschädlingen wie Pilzen oder Insekten. Gegenüber diesem Problem setzte sich die gleiche reduktionistische Denkweise durch wie hinsichtlich des Problems der Bodenfruchtbarkeit. Die für den modernen «Pflanzenschutz» charakteristische Grundauffassung läßt sich bis auf das Jahr 1853 zurückführen. In diesem Jahr definierte Anton de BARY in seiner Habilitationsschrift das Auftreten der Infektion von Getreide mit Pilzen nicht als *Folge* einer Krankheit, sondern als deren *Ursache*. Mit dieser Festlegung eröffnete BARY ein Ursachendenken in der Phytopathologie (Lehre von den Pflanzenkrankheiten), das bis heute vorherrschend ist. Beim Auftreten einer Pflanzenkrankheit wird nach dem verursachenden Schädling gesucht, nach dessen Bestimmung in logischer Folge seine (chemische) Bekämpfung als Mittel gegen die Krankheit steht. Die Frage nach den Ursachen für die Anfälligkeit gegenüber dem Schädling stellt sich bei dieser Denkweise nicht mehr.[13]

Verflechtung von Industrie und Landwirtschaft

Die Entwicklung der Landwirtschaft weg von natürlichen Lebenszusammenhängen und Stoffkreisläufen zu einer immer größeren Abhängigkeit von Industriedünger und anderen Agrarchemikalien hing auch mit den Strukturen zusammen, die sich hinsichtlich der Verteilung und der Weiterverarbeitung landwirtschaftlicher Produkte entwickelten.

Die frühzeitig im Sinne der «rationellen Landwirtschaft» marktorientiert produzierenden Gutswirtschaften bauten entweder Getreide für den Fernhandel bzw. Export oder Feldfrüchte für die industrielle Verarbeitung an. Zu den ersten Industriezweigen, die in Deutschland entstanden, gehörten Schnapsbrennereien, fabrikmäßig betriebene Bierbrauereien und Zuckerfabriken. Von ihnen gingen zu Beginn der Industrialisierung wichtige Impulse für die technische und wirtschaftliche Gesamtentwicklung aus.

Die Verknüpfung von landwirtschaftlicher und industrieller Produktion und vor allem die Entwicklung der landwirtschaftlichen Verarbeitungsindustrien führte zur regionalen Massenproduktion bestimmter

Erzeugnisse wie Getreide, Kartoffeln oder Zuckerrüben mit einer deutlichen Tendenz zu Monokulturen. Die damit verbundene einseitige Beanspruchung der Böden machte besonders hohe Düngemitteleinsätze erforderlich. Der Düngemitteleinsatz war in der bäuerlich betriebenen Landwirtschaft in der Regel weitaus geringer als in den Gutswirtschaften.

Seit Mitte des 19. Jahrhunderts war die chemische Industrie in der Lage, die Massenproduktion mineralischer Düngemittel aufzunehmen. Die in der Landwirtschaft als Düngemittel verwendbaren Stoffe fielen zum Teil als Nebenprodukte bei industriellen Prozessen an (Ammoniak im Kokereiabwasser, Thomasmehl bei der Stahlerzeugung). Andere konnten bei der weltweiten Jagd nach Rohstoffen erbeutet werden (Guano, Salpeter). Weitere fielen bei der Intensivierung der Ausbeutung einheimischer Rohstoffe an (Kalisalze). Die zur Umwandlung von Rohstoffen in Düngemittel benötigten chemischen Grundstoffe wurden in der Sodaindustrie ohnehin in großen Mengen hergestellt (Schwefelsäure für den Aufschluß von Knochen oder Phosphatgestein). Für die gerade zum eigenen Industriezweig herangewachsene chemische Industrie wurde die Landwirtschaft zu einem lohnenden Absatzmarkt.

Ein ständig wachsender Bedarf an künstlichen Düngemitteln und anderen Agrarchemikalien paßte in die wirtschaftspolitische Zielsetzung einer möglichst raschen Industrialisierung und eines möglichst hohen Wirtschaftswachstums. Gegen diese Wirtschaftsideologie und die Profitinteressen der Großagrarier wie der Industrie konnte sich keine Landwirtschaft entwickeln, die einen langfristig tragfähigen Stoffwechsel zwischen Mensch und Natur und damit die langfristige Sicherung der Lebensgrundlagen der Menschheit in ihre Zielsetzung einbezog.

Zucker: Treibstoff der industriellen Entwicklung

Der zunehmende Zuckerverbrauch in den europäischen Ländern ließ in den Kolonien die Plantagenwirtschaft blühen und machte in Europa die Zuckersiederei zu einem prosperierenden Wirtschaftszweig. Aus den kolonialen Erzeugerländern wurde kein Weißzucker, sondern brauner Rohzucker eingeführt, der dann zu weißem Kristallzucker weiterverarbeitet wurde. Im 18. Jahrhundert waren die meisten Zuckersiedereien noch kleine, handwerklich geführte Betriebe. In Deutschland war wegen seiner günstigen Verkehrslage Hamburg Schwerpunkt der Zuckerraffination. Mitte des 18. Jahrhunderts gab es in Hamburg etwa 350 Zuckersieder, in der Mehrzahl Kleinbetriebe mit bis zu fünf Arbeitskräften. Zulieferer wie Kupferschmieden, Töpfer oder Transportbetriebe eingerechnet, boten Zuckerhandel und Zuckergewerbe um 1800 bei einer Einwohnerzahl von 120000 bis 130000 etwa 8000 bis 10000 Menschen in Hamburg Beschäftigung.[14]

Der aus dem Zuckerrohr gewonnene Rohzucker wurde auf Segelschiffen in Fässern, Kisten oder Säcken nach Hamburg befördert und zunächst in Speicher gebracht. Im Haus des Zuckersieders wurde der Rohzucker mit Wasser, Ochsenblut und Kalk gekocht, filtriert, abgeschäumt und wieder gekocht, bis ein klarer dicker Zuckersirup entstanden war. Der fertige, abgekühlte Zuckersirup wurde in Tonformen gefüllt, in denen der Zucker kristallisierte. Der überschüssige Sirup lief in Töpfe ab, die sich unter den Tonformen befanden. Nach zehn bis zwölf Tagen konnte der Zucker in der bekannten Form des Zuckerhutes aus den Tonformen genommen werden. Vor dem Verpacken mußten die Zuckerhüte noch in einer gut geheizten Trockenstube, bis zu 2000 Stück auf Regalen aufgereiht, trocknen. Die reichlich anfallenden zuckerhaltigen Rückstände und Lösungen wurden vergoren und zu Schnaps verarbeitet.[15]

Die Zuckersiedereien gehörten zu den Betrieben, die relativ früh zu industriellen Arbeitsmethoden und Verfahren übergingen.

Entstehung der Rübenzuckerindustrie in Deutschland

1747 hatte der Berliner Chemiker Andreas Sigismund MARGGRAF (1709–1802) entdeckt, daß in einheimischen Rüben Zucker vorkommt, der chemisch dem Rohrzucker entspricht. Ein halbes Jahrhundert später wurden die ersten Versuche zur wirtschaftlichen Ausnutzung dieser Entdeckung gemacht. MARGGRAFS Nachfolger Franz Karl ACHARD (1753–1821) errichtete auf dem 1801 mit Mitteln des preußischen Staates erworbenen Gut Cunern in Schlesien die erste Rübenzuckerfabrik. Zu wirklicher Bedeutung gelangte die Rübenzuckerfabrikation erst in der Mitte des 19. Jahrhunderts. Um den Rübenzucker gegenüber dem Rohrzucker konkurrenzfähig zu machen, mußten ertragreichere Rübensorten mit hohem Zuckergehalt gezüchtet und eine ausgefeilte Technologie zur Gewinnung des Zuckers entwickelt werden. Die Rübenzuckertechnologie ist im Vergleich zur Rohrzuckergewinnung bedeutend anfwendiger. Ließ sich der Saft aus dem Zuckerrohr durch einfaches Auspressen gewinnen, mußten für die Saftgewinnung aus der Rübe spezielle und komplizierte Extraktionsverfahren entwickelt werden. Auch die weitere Behandlung des Rohsaftes ist bei der Rübenzuckergewinnung arbeitsintensiver. Zur Beseitigung von Verunreinigungen ist eine Behandlung des Zuckersaftes mit Kalk und Kohlensäure und die anschließende Filtration erforderlich. Die Gewinnung des Kristallzuckers aus dem gereinigten Zuckersaft, der etwa 15 Prozent Zucker enthielt, erfolgt durch Verdampfen des größten Teils des Wassers und anschließende kontrollierte Kristallisation. Der Kristallzucker wird durch Zentrifugen von dem eingedickten Saft, der Melasse, getrennt.

Die Maschinen und Apparate, die für verschiedene Arbeitsschritte der Zuckerherstellung entwickelt worden sind, Extraktionsanlagen, Verdampfer, Wasch- und Schnitzelmaschinen, Pressen, Zentrifugen, Trockner, Filterapparate etc., umfassen ein breites Spektrum der in der chemischen Verfahrenstechnik üblichen Grundoperationen. Mit der Zuckerfabrikation als dem neben der Brennerei ältesten Zweig der organisch-chemischen Großindustrie sind auch wichtige verfahrenstechnische und apparative Grundlagen für die chemische Technik im allgemeinen entstanden.

Zum Aufbau einer technisch gut ausgestatteten Rübenzuckerfabrik war in der Mitte des 19. Jahrhunderts ein beträchtliches Kapital erforderlich. Dieses Kapital wurde in der Regel durch die Gründung von Aktiengesellschaften beschafft. Die Rübenzuckerindustrie gehörte während der industriellen Revolution neben Textil- und Maschinenbaubetrieben zu den großen Investitionsträgern in Deutschland.[16] Teilhaber waren neben städtischen Kaufleuten überwiegend Großgrundbesitzer und Großbauern, die ihre aus einer intensiv betriebenen Landwirtschaft erzielten Gewinne investierten. Der Erwerb von Aktien war (und ist heute noch) häufig mit der Verpflichtung zu entsprechenden Rübenlieferungen verbunden. Da der «Rübenhunger» der Zuckerfabriken groß war, wurden ganze Bauernwirtschaften und ausgedehnte Rittergutsländereien mit dem Fabrikbetrieb verbunden. Dadurch entstanden sogenannte Fabrikwirtschaften, kapitalistische industriell-agrarische Gebilde.[17]

Rübenanbau, Monokultur und Mechanisierung

Die Erfordernisse der Zuckerfabrikation bestimmten die Wirtschaftsweise der angegliederten landwirtschaftlichen Betriebe. Der Zuckerrübenanbau mußte in großem Maßstab stattfinden, um die für den rentablen Betrieb einer Zuckerfabrik erforderliche Rübenmenge liefern zu können. Damit war die Notwendigkeit vorgegeben, Zuckerrüben großflächig weitgehend in Monokultur anzubauen. Insofern wurde hier ein besonderer Anreiz zur Mechanisierung der Landwirtschaft geschaffen. Die Notwendigkeit, das Saatgut sehr gleichmäßig in den Boden einzubringen, regte beispielsweise zur Entwicklung von Sämaschinen an. Der Rübenanbau gehört zu den ersten Bereichen der Landwirtschaft, in denen Dampfpflüge eingesetzt wurden.[18]

Die einseitig auf den Rübenanbau orientierte Bodennutzung verursacht einen besonders hohen Nährstoffverlust der Böden. Als «bodenzehrende» Pflanze macht die Zuckerrübe eine intensive Düngung erforderlich. Das folgende «Düngemittel-Menü» entstammt einer Quelle aus den zwanziger Jahren:

> «Alle bekannten Düngemittel finden zu ihrer Zeit und am richtigen Ort Verwendung. Der Stallmist verbessert den Boden im Winter; verdünnte Jauche als Kopfdünger, Gründüngung im Herbst, schwefelsaures Ammoniak vor der Aussaat; der Chilesalpeter ist für die Rübe der beste Stickstoffdünger, er wird auch als Kopfdüngung gegeben. Superphosphat wird vor der Bestellung untergebracht oder gestreut und dann eingeeggt. Kali wird in Form von Kainit oder 40%igem Kalisalz 4 bis 6 Wochen vor der Bestellung gegeben, Kalk in Form von Saturationsschlamm (einem Nebenprodukt der Zuckerfabriken, d. V.).»[19]

Die Entnahme von Pflanzennährstoffen aus den Böden durch die Zuckerrüben wurde Anfang unseres Jahrhunderts bei einer mittleren Ernte von rund 350 Doppelzentnern für einen Hektar folgendermaßen berechnet:[20]

Kalium (als K_2O) = 160 kg
Calcium (als CaO) = 37 kg
Phosphor (als P_2O_5) = 35 kg
Stickstoff (N) = 77 kg

Die einseitige Beanspruchung der Böden durch die Rüben-Monokultur machte nicht nur einen hohen Düngemitteleinsatz nötig. Die Monokultur förderte auch das Auftreten von Pflanzenschädlingen.

Vor allem die durch Nematoden (Fadenwürmer) verursachte «Rübenmüdigkeit» des Bodens führte zu erheblichen Ernteverlusten. Ein Ausweg aus diesem Dilemma wäre die Rückkehr zu einer vielfältigen Fruchtwechselfolge gewesen. Die Einbindung der landwirtschaftlichen Betriebe in das System der «Fabrikwirtschaften» machte die Besinnung auf naturgemäße Methoden der Landwirtschaft jedoch unmöglich. Ein Rückgang der zu verarbeitenden Rübenmenge bedrohte die Existenz der Zuckerfabriken, in denen oft auch Kapital der rübenliefernden Bauern und Gutsbesitzer steckte.

Der Zuckerrübenanbau ist ein frühes Beispiel für die Entwicklung einer industrialisierten Landwirtschaft, die unter dem Zwang der Gewinnmaximierung auf immer stärkeren Einsatz chemischer und mechanischer Hilfsmittel angewiesen ist und sich damit immer stärker von ihren natürlichen Produktionsgrundlagen entfernt.

Die Auswirkungen der Rübenzuckerfabrikation auf die Umwelt

Die einseitige Orientierung der Rübenzuckererzeugung auf die massenhafte Gewinnung eines einzelnen Naturstoffes aus der komplexen Fülle der Inhaltsstoffe der Rübe hatte notwendig beträchtliche ökologische Folgen. In der Kampagne, der Zeit der Rübenverarbeitung nach der Ernte, machten sich die nicht verwertbaren Bestandteile der Rübe in Luft und Wasser höchst unangenehm bemerkbar. Wenn auch der größte Teil der bei der Zuckergewinnung anfallenden Nebenprodukte als Futtermittel oder Dünger verwertet wurde, so gelangten durch die Rübenwaschanlagen, aus den Filterschlämmen und mit den Fabrikationsabwässern große Mengen organischer Substanzen in die Bäche und Flüsse, aus denen die Zuckerfabriken ihren Wasserbedarf deckten und die sie als «Vorfluter» zum Ableiten ihrer Abwässer verwendeten. Diese organischen Reste bildeten einen guten Nährboden für Mikroorganismen, die sich schnell vermehrten, den Sauerstoff im Wasser verbrauchten und das Wasser vergifteten. Üble Gerüche und tote Fische wiesen unübersehbar auf die Folgen des massiven Eingriffs in die natürlichen Stoffkreisläufe hin. Bereits in einem «Handbuch der technischen Chemie» von 1849 heißt es:

«Man bemerkt dann bald, wie mit Anfang der Campagne der Zuckerfabrik an den im Bache befindlichen Gegenständen sich weißliche, schleimige Ueberzüge bilden, die sich rasch vergrößern, schliesslich flottirende Massen bilden. Gleichzeitig macht sich der Geruch nach Schwefelwasserstoff bemerklich, die in ziemlich entfernten Teichen befindlichen Fische sterben, die Anwohner werden von Kopfschmerzen befallen, es fehlt ihnen gesundes Wasser zum Tränken des Viehes und es wird Klage gegen die Fabrik erhoben.»[21]

Die drastischen Auswirkungen der Zuckerfabrikation auf ihre Umgebung und dadurch verursachte juristische Auseinandersetzungen wurden auch zu einem der ersten «ökologischen» Themen der Literatur. Der Erzähler Wilhelm Raabe (1831–1910) lebte in Braunschweig in einem Zentrum der Zuckererzeugung in Deutschland. Auf dem Weg zu seinem Stammlokal «Zum grünen Jäger» östlich von Braunschweig begegnete Raabe an einem Flüßchen den drastischen ökologischen Folgen der Rübenzuckerfabrikation:

«Unübersehbar viele Fische trieben mit nach oben gekehrtem Bauch tot den Bach hinab und in kürzester Zeit waren alle ins Wasser hineinhängenden Gegenstände mit einem schleimig-schlüpfrigen Überzug von ‹dummen Pilzen mit grausamen lateinischen Namen› überwachsen. Der ekelerregende Geruch zeigte, daß es um den Reinheitsgrad der Schunter (kleiner Fluß bei Braunschweig, d. V.) und ihrer Zuflüsse nicht zum Besten stand.»[22]

Die sinnlichen Eindrücke, denen Raabe da ausgesetzt war, waren so stark, daß er eine (historisch belegte) gerichtliche Auseinandersetzung zwischen zwei arg geschädigten Wassermühlenbesitzern und einer Zuckerfabrik zur Vorlage für die Erzählung «Pfisters Mühle» wählte.[23]

Der Schnaps und die industrielle Revolution

Zu Beginn der industriellen Revolution hatte der Schnaps eine beträchtliche wirtschaftliche und strategische Bedeutung bei der Ausbeutung der Kolonien. Das «Feuerwasser» übte auf die einheimischen Bevölkerungen in den Kolonien eine ebenso furchtbare Wirkung aus wie die Feuerwaffen. In Europa nahm der Branntweinkonsum im 18. Jahrhundert mit dem Aufkommen des Kartoffelanbaus und der Einführung des billigen und massenhaft erzeugten «Kartoffelsprits» neue, beängstigende Dimensionen an. In England nahm zu Beginn der Industrialisierung die Trunksucht so zu, daß von einer «Branntwein-Epidemie» gesprochen wurde. Der Sozialhistoriker Wolfgang SCHIVELBUSCH stellt den Branntwein in folgenden Zusammenhang mit den großen sozialen Umwälzungen der industriellen Revolution:

> «Man hat die Branntwein-Epidemie (in England im 18. Jahrhundert, d. V.) mit Recht eine «soziale Katastrophe von ungeheuren Ausmaßen» (MONCKTON) genannt. Doch in der massenhaften Trunkenheit dieser Zeit spiegelt sich nur eine andere soziale Katastrophe wider. Was man euphemistisch Landflucht nennt, die Vertreibung ganzer Dorfbevölkerungen von ihrem angestammten Grund und Boden durch die sogenannten Einhegungen (ein anderer Euphemismus für die Enteignung durch die Großgrundbesitzer), bildet den Hintergrund oder vielmehr den Nährgrund für die Branntwein-Epidemie. Die entwurzelten Massen strömen in die Städte. Sie sehen sich einer unheimlich-fremden Welt ausgesetzt. Das überlieferte Selbstverständnis, die alten Normen und Lebensformen gelten mit einemmal nicht mehr. Totale Orientierungslosigkeit ist die Folge. Der Branntwein muß herhalten, diese unerträgliche Lebenssituation wenigstens zeitweise zu vergessen.»[24]

Während der Branntwein den verelendeten Massen als Betäubungsmittel diente und die Eingeborenen in den eroberten Kolonien in Lethargie versetzte, war er für Großgrundbesitzer und Kaufleute eine ergiebige Einnahmequelle. Vor allem die Kartoffelbrennerei, die gegenüber der Getreide-, Obst- und Weinbrennerei quantitativ immer größere Bedeutung gewann, war ein lohnendes Geschäft, dem sich die preußischen Gutsherren mit besonderem Eifer zuwandten. Friedrich ENGELS schrieb 1876 in einem Aufsatz zum Thema «Preußischer Schnaps im deutschen Reichstag»[25]: «Kartoffelsprit ist für Preußen das, was Eisenwaren und Baumwollwaren für England sind, der Artikel, der es auf dem Weltmarkt repräsentiert.»

Die größten Alkoholproduzenten in Deutschland waren im 19. Jahrhundert die Kartoffelbrennereien im preußischen Ostelbien. Sie entwickelten sich zum typischen landwirtschaftlichen Nebengewerbe der großen Güter im Bereich der leichten Bodenarten, auf denen sich die Roggen-Kartoffel-Wirtschaft entwickelt hatte. Der Schwerpunkt der Kartoffelspritproduktion lag in der damaligen Provinz Posen.

Mit steigendem Produktionsumfang entwickelte sich ein Teil der

Brennereien von einem eher handwerklich betriebenen landwirtschaftlichen Nebengewerbe zu industriellen Betrieben. Die Chemie verdankt der industriellen Schnapsbrennerei vor allem die Entwicklung einer leistungsfähigen Destillationstechnik.

Der Kartoffelanbau für die industrielle Spiritusgewinnung und die Brennerei selber sind weitere Beispiele für eine einseitig auf die maximale Erzeugung eines einzigen Produktes ausgerichtete Form der Naturnutzung. Die ökologischen Folgen sind denen des Zuckerrübenanbaus und der Rübenzuckerfabrikation vergleichbar. Die Betriebsabwässer der Brennereien riefen beispielsweise ganz ähnliche Erscheinungen hervor wie die der Zuckerfabrikation.

Rationelle Forstwirtschaft

Die Entwicklung der «rationellen Forstwirtschaft» erfolgte ebenso wie die der «rationellen Landwirtschaft» unter der Zielsetzung maximaler Gewinnerwirtschaftung. Der neuen, auf höchsten Holzertrag orientierten Forstökonomie entsprach eine auf Kahlschlag und künstliche Aufforstung mit Reinkulturen angelegte Forstwirtschaft. Bei der Anlage von Reinkulturen konnte man sich auf die unter den gegebenen Marktbedingungen wertvollste Holzart konzentrieren und versuchen, deren Erträge durch Züchtung von besonders «leistungsfähigen» Sorten, durch optimierte Anlage der Bestände und rationelle Durchforstung zu steigern. Die Umtriebszeiten, die Zeitspanne zwischen Anpflanzung und Schlag, wurden nach dem optimalen Wachstumsverlauf einer Baumart und den Anforderungen an die Holzqualität bestimmt.

Als besonders wirtschaftliche und gut berechenbare Baumart erwies sich die Fichte. Die vielseitige Nutzbarkeit ihres Holzes, ihre Anspruchslosigkeit hinsichtlich der Bodenbeschaffenheit und ihr schnelles Wachstum haben sie zum «Brotbaum der deutschen Waldwirtschaft»[26] werden lassen. Überwogen am Anfang des 19. Jahrhunderts in Deutschland noch deutlich die Laubbäume, hatte sich das Verhältnis am Ende des Jahrhunderts deutlich umgekehrt. 1883 betrug der Nadelholzanteil bereits 65 Prozent.

Die Umwandlung der Wälder in Nadelholzplantagen war ein wichtiger Entwicklungsschritt auf dem Weg zur modernen Forstwirtschaft, deren Leitziele «Optimieren, Maximieren, Steigerung der Rentabilität, orientiert an den Anforderungen der Holzwirtschaft und durchgesetzt mit allen zur Verfügung stehenden Mitteln intensiver Pflanzenproduktion»[27] sind.

Für artenreiche Mischwälder war bei einer solchen Betrachtungsweise kein Platz, obwohl weitsichtige Forstwissenschaftler die Vorzüge solcher Wälder immer betont haben.

Ökologische Folgen forstlicher Monokulturen

Die atomistische, auf die maximale Gewinnung der einzelnen Naturkomponente «Holz» gerichtete Umgestaltung der Wälder, wie sie sich in der Anlage ausgedehnter Nadelholz-Reinbestände manifestierte, hatte von Anfang an gravierende ökologische Folgen. Sie zeigten sich in ausgedehnten Windbrüchen, in der katastrophalen Massenvermehrung von Schadinsekten, in der Verarmung der Waldböden und großflächigen Bodenerosionen. Gleichzeitig wurde mit den Fichtenmonokulturen eine Voraussetzung zur langfristigen Versauerung der Waldböden geschaffen, die im Zusammenwirken mit dem sauren Regen den traurigen Zustand der heutigen Wälder mitverursachte. Der Übergang vom Mischwald zur Nadelholzkultur war ein massiver Eingriff in gewachsene ökologische Strukturen, der nicht ungestraft stattfinden konnte. Die herabgesetzte Widerstandsfähigkeit gegen extreme Wetterbedingungen und Schädlinge hatte erhebliche Verluste zur Folge. In einer Veröffentlichung aus dem Jahr 1875 heißt es dazu:

> «Aus den Thatsachen... scheint hervorzugehen, daß allerdings seit 1770 eine bedeutende Vermehrung der Insektenbeschädigungen eingetreten ist. Ja, seit jenem Jahr scheint im Nordosten unseres Vaterlandes die Massenvermehrung schädlicher Insekten öfter wiederzukehren, gefährlicher zu verlaufen, als in irgend einem früheren Zeitraume. (...) So finden wir eine fast chronisch gewordene excessive Vermehrung schädlicher Insekten, und können uns der Ueberzeugung nicht verschließen, daß in den zur Herrschaft gelangten Wirthschaftssystemen das dieselbe begünstigende Moment liegen muß. Kahlschlag und Massenanbau derselben Holzart, Erziehung von Beständen, welche streng in derselben Etage ihren gesamten Wipfelraum finden, in denen alle Individuen, in den Kronenschluß eingekeilt, den normalen Athmungsraum und das volle Blattvermögen nicht gewinnen können, mit einem Worte: Die schulgerechte Hochwald-

wirthschaft der Forstwissenschaft der Mittelstufe mit ihrer mechanisierenden und schematisierenden Tendenz haben sicherlich in erster Linie dazu beigetragen, die Massenvermehrung der Insekten herbeizuführen, weil sie in den mit der Schere abgeschnittenen, schwindsüchtigen Kunstwäldern, in der Unnatur der mathematischen Bestandsausformung jenen die Existenzbedingungen geschaffen haben.»[28]

Um die Wende zum 20. Jarhundert wurden von weitsichtigen Forstleuten auch «Waldbaumodelle» entwickelt, die die offensichtlichen Schwächen reiner, schlagweiser Nadelholz-Hochwälder mildern sollten und die natürlichen Komponenten eines Waldes mehr in den Vordergrund stellten, ohne jedoch grundsätzlich von dem Prinzip des schlagweisen Hochwaldes abzugehen. Erst um 1950 wurden in der Bundesrepublik die Grundsätze für eine «Naturgemäße Waldwirtschaft» aufgestellt und seitdem von einer kleinen Minderheit unter den Forstleuten auch praktiziert.[29] Sowohl in den staatlichen als auch in privaten Wäldern wird jedoch bis heute fast ausschließlich nach den Prinzipien der «rationellen Forstwirtschaft» mit berechenbaren Monokulturen gewirtschaftet, obwohl der naturnahe Waldbau nicht nur ökologische Vorteile mit sich bringt, sondern auch unter wirtschaftlichen Gesichtspunkten ermutigende Erfahrungen vorliegen.[30]

Industrielle Naturnutzung und Entwicklung der Chemie als Wissenschaft

Mit der Industrialisierung wandelte sich der Charakter der Wirtschaft von einer weitgehend dezentralen und regionalen zu einer auf den Welthandel orientierten Ökonomie mit Produktionsschwerpunkten in industriellen Zentren. Die Ausbeutung der Natur erreichte neue Dimensionen, und der Stoffwechsel zwischen Mensch und Natur nahm globale Formen an. Mit der massenhaften Nutzung von Kohle und Erzen, der Entwicklung der Industrien und der Industrialisierung der Landwirtschaft waren vielfältige Veränderungen der stofflichen Grundlagen des Wirtschaftens verbunden. Aus dem wachsenden Bedürfnis nach Chemikalien entstand die chemische Grundstoffindustrie als neuer eigener Industriezweig. Für die Wissenschaft Chemie als Lehre von den Stoffen und Stoffumwandlungen ergaben sich vielfältige neue Betrachtungsgegenstände und Aufgaben.

Seit der Renaissance hatte sich die Naturwissenschaft als eigenständige geistige Kraft entwickelt. Ein herausragender Vertreter der neuen Naturwissenschaft, deren Ziel neben der philosophisch motivierten Erkenntnis von Naturgesetzen die Beherrschung der Natur durch technische Mittel war, war Francis Bacon (1561–1626). In seinem «Novum Organum» schreibt er:

> «Es handelt sich nicht bloß um das Glück der Wissenschaften, sondern in Wahrheit um die Lage und das Glück der Menschheit und um die Macht zu allen Werken. Denn der Mensch, als Diener und Dolmetscher der Natur, wirkt und erkennt nur so viel, als er von der Ordnung der Natur durch seine Werke oder seinen Geist beobachtet hat; darüber hinaus weiß und vermag er nichts. Denn keine Kraft vermag die Kette der Ursächlichkeit zu lösen und zu brechen, und sie wird nur besiegt, wenn man ihr gehorcht. Deshalb fallen jene Zwillingsziele, die menschliche Wissenschaft und die menschliche Macht, in eins zusammen, und die meisten Werke mißlingen aus Unkenntnis der Ursachen. Wissen und Können fallen bei dem Menschen in eins, weil die Unkenntnis der Ursache die Wirkung verfehlen läßt. Die Natur wird nur durch Gehorsam besiegt.»[1]

Im 17. und 18. Jahrhundert war es zunächst die Physik, die große Erfolge verbuchen konnte. Die Erfolge der Astronomie erschütterten die Grundlagen des starren mittelalterlichen Weltbildes und trieben die weltanschaulich-philosophischen Auseinandersetzungen voran. Die Mechanik, die bereits durch Sir Isaac NEWTON (1642–1727) einen Höhepunkt ihrer Entwicklung erreichte, trug wesentlich zur theoretischen Fundierung der Technik bei.

Der Erforschung der stofflichen Welt war ein durchgreifender Erfolg nicht so schnell beschieden. Das lag einerseits an der außerordentlichen Vielfalt und der Widrigkeit des Untersuchungsgegenstandes und andererseits daran, daß sich die Chemie mit den traditionsreichen mythologisch geprägten Auffassungen von den Eigenschaften und Umwandlungen der Stoffe auseinandersetzen mußte, die in der Alchimie überliefert worden waren.

Im 18. Jahrhundert hatten die Naturwissenschaften den experimentellen und theoretischen Stand erreicht, der zur Herausbildung einer neuen Wissenschaft von den Stoffen und ihren Umwandlungen, der modernen Chemie, erforderlich war. Die praktischen Schwierigkeiten, die der Entwicklung der modernen Chemie zunächst im Wege standen, waren vor allem dadurch verursacht, daß bei den meisten Stoffumwandlungen Gase als Ausgangsstoffe oder Produkte beteiligt sind. Diese Gase waren zunächst aus praktisch-experimentellen Gründen im wörtlichen Sinn ziemlich unfaßbar. Damit war aber auch das vollständige mengenmäßige Erfassen von Stoffumwandlungen noch nicht möglich.

Im 17. und 18. Jahrhundert wurden erhebliche Fortschritte bei der Erforschung der Gase erzielt. Dazu gehören die Entwicklung der Luftpumpe und der Nachweis des Vakuums durch Otto von GUERICKE (1602–1686), die Entdeckung des Luftdrucks durch Evangelista TORRICELLI (1608–1647) und die Erkenntnisse Robert BOYLES (1627–1691) über das Verhalten der Gase.

Die Gase standen nicht nur im Zentrum des theoretischen Interesses, sondern waren auch Gegenstand praktischer Probleme und Entwicklungen. Von den vielen Versuchen, den Druck von Gasen zum Antrieb von Maschinen zu nutzen, sollen hier nur die atmosphärische Schießpulvermaschine von Christian HUYGENS (1629–1695) und die atmosphärische Dampfmaschine von Denis PAPIN (1647–1712) erwähnt werden.[2]

Mit den Heißluftballons hatte am Ende des 18. Jahrhunderts die Luftfahrt ihren Anfang genommen. Das bei der «Steinkohlendestillation» bzw. Verkokung frei werdende Gas fand um 1800 als Leuchtgas Verwendung. Im Kohlenbergbau traten Grubengase auf, die zu Explosionen führen konnten. Für Chemiker, Biologen und Mediziner wurde die Rolle der Luft bei Verbrennungsvorgängen und für das Leben von Pflanzen, Tieren und Menschen von praktischem und theoretischem Interesse.

Die theoretische Diskussion in der Chemie des 18. Jahrhunderts war von der Phlogistontheorie Georg Ernst Stahls (1659–1734) beherrscht. Sie basierte auf der systematischen Beobachtung von stofflichen Vorgängen im Bereich der Metallurgie. Die Hüttenleute beklagten die Verluste an unedlen Metallen, die beim Schmelzen und Gießen durch die Bildung von «Metallkalken» (= Metalloxiden) auftraten. Stahl beobachtete und untersuchte die Bildung verschiedener «Metallkalke» und deren Rückverwandelbarkeit in die Metalle durch Erhitzen mit Holzkohle. Die Umkehrbarkeit der Bildung von «Metallkalken» aus Metallen erklärte er mit der Aufnahme bzw. Abgabe von «Phlogiston». Das Schema soll diese Vorstellung verdeutlichen:[3]

Zerlegung durch Erhitzen

Metall ——————————> Metallkalk + Phlogiston

Metall <—————————— Metallkalk + Phlogiston

Aufnahme von Phlogiston aus der Kohle

Das «Phlogiston», der Feuerstoff, sollte in der Holzkohle enthalten sein und bei der Reaktion mit den «Metallkalken» unter Bildung der Metalle aufgenommen werden.

Es mag heute schwer verständlich scheinen, warum diese Theorie, die die wahren Verhältnisse auf den Kopf stellte – bei der Verbrennung wird nichts abgegeben, sondern Sauerstoff aufgenommen –, fast ein Jahrhundert lang Anerkennung fand. Man bedenke jedoch, daß sich die genaue Bilanzierung der an einer Reaktion beteiligten Stoffmengen als Grundprinzip der Chemie noch nicht durchgesetzt hatte und daß die Luft noch als einheitlicher Stoff angesehen wurde. Die Tatsache, daß die Metalle beim «Verkalken» (= Oxidieren) schwerer wurden, verwunderte zwar, die meisten anderen Stoffe wurden beim Verbrennen jedoch scheinbar leichter, da man die Masse der Verbrennungsgase nicht mit berücksichtigte. Daher wurde die Massenzunahme bei der Verbrennung der Metalle als unerklärliche Ausnahme von der Regel angesehen, daß Stoffe beim Verbrennen Phlogiston abgeben und dadurch leichter werden. Wer weiß, wie schwer es Schülern im Chemieunterricht fällt, zu akzeptieren, daß die Verbrennungsprodukte einer Kerze mehr Masse haben als die Kerze selbst, kann nachvollziehen, warum die Phlogistontheorie bis zur Entdeckung des Sauerstoffs und der Entwicklung experimenteller Methoden zur Bestimmung der Masse von Gasen so plausibel erschien.

In der zweiten Hälfte des 18. Jahrhunderts gelang es einer Reihe von Naturwissenschaftlern, die wichtigsten Gase: Sauerstoff, Wasserstoff, Stickstoff, Kohlendioxid, Chlor u. a. zu isolieren, zu identifizieren und in ihren chemischen und physikalischen Eigenschaften zu beschreiben. Diese Forschungsaufgaben lagen sozusagen in der Luft, daher ist es nicht verwunderlich, daß viele wichtige Entdeckungen fast gleichzeitig von Forschern in verschiedenen Ländern Europas gemacht wurden. Es soll daher darauf verzichtet werden, systematisch darzustellen, welche Forscher wann was entdeckt haben.

Interessanter ist es, die unterschiedliche Herkunft und die verschiedenen Arbeitsweisen und -bedingungen einiger beteiligter Naturwissenschaftler zu betrachten, um einen Einblick in die Eigenart des damaligen Wissenschaftsbetriebes zu erhalten.

Henry CAVENDISH (1731–1810) entstammte dem englischen Hochadel und verfügte über Reichtümer, die selbst in seiner Gesellschaftsschicht ungewöhnlich waren. Nach einem vierjährigen naturwissenschaftlichen Studium in Cambridge richtete er sich in den Stallungen des Londoner Stadthauses seiner Familie ein Laboratorium ein. Dort forschte er in menschenscheuer Zurückgezogenheit. CAVENDISH war nach dem Urteil seiner Zeitgenossen wortkarg, unbeholfen und schüchtern. Er sah seinen Lebensinhalt in seinen naturwissenschaftlichen Arbeiten, die sich nicht nur auf die Chemie beschränkten, sondern auch Physik, Astronomie, Mathematik und Meteorologie umfaßten. Sein Wahlspruch war: «Alles ist nach Maß, Zahl und Gewicht geordnet.» Über seine Arbeiten führte CAVENDISH exakt Tagebuch, und die ihm wichtig erscheinenden Ergebnisse publizierte er in den «Philosophical Transactions» der Royal Society.

Seine exakte Arbeitsweise, verbunden mit den erforderlichen finanziellen Mitteln für aufwendige Apparaturen, und die geradezu fanatische Hingabe an die naturwissenschaftliche Arbeit waren die Grundlage vieler wichtiger Entdeckungen, darunter die Bestimmung der Zusammensetzung der Luft, die Entdeckung des Wasserstoffes und die Aufklärung der Bildung von Wasser aus Wasserstoff und Sauerstoff.

Von völlig anderer Herkunft und gänzlich anderem Charakter als

Cavendish war sein Zeitgenosse Joseph Priestley (1733–1804). Er war der Sohn eines armen Tuchmachers. Priestley war in seinen Interessen außerordentlich vielseitig und studierte neben seinem Hauptfach, der Theologie, auch noch Naturwissenschaften, Philosophie und neun (!) Fremdsprachen. Als freisinniger Geist und Anhänger der Ideen der Französischen Revolution war er an vorderster Front an den theologischen und politischen Auseinandersetzungen seiner Zeit beteiligt. Das brachte ihm den Zorn des konservativen Bürgertums und des Adels ein, die ein Übergreifen der Ideen der Französischen Revolution auf England fürchteten. Durch sein politisches Engagement exponierte sich Priestley so sehr, daß er der wütenden Menge seiner Gegner, die ihm das Haus mit dem bescheidenen Laboratorium in Brand steckten, nur mit knapper Not entfliehen konnte. Seinen Lebensunterhalt verdiente Priestley in verschiedenen Stellungen als Lehrer, Prediger und Privatsekretär des Earl of Shelbourne, dem späteren Marquis of Lansdowne. Die Mittel, die ihm für Bücher und Geräte zur Verfügung standen, waren sehr bescheiden, so daß er zeitweilig auf die Unterstützung von Freunden angewiesen war. Priestleys naturwissenschaftliche Arbeiten beschränkten sich nicht nur auf die Chemie, sondern umfaßten auch physikalische Themen. Trotz seiner bescheidenen Mittel gelang es Priestley, erhebliche Verbesserungen an den Apparaturen vorzunehmen, die zu seiner Zeit bei der Untersuchung von Gasen verwendet wurden. Durch die Verwendung von Quecksilber als Sperrflüssigkeit konnte er auch wasserlösliche Gase wie Chlorwasserstoff, Ammoniak, Stickstoffoxide oder Schwefeldioxid untersuchen. Berühmt wurde er durch sein sechsbändiges Werk «Untersuchungen der Luft» und vor allem durch die Entdeckung des Sauerstoffs, die ihm 1774 gelang. Er untersuchte auch die Rolle des Sauerstoffs und des Kohlendioxids bei der Atmung und dem Wachstum grüner Pflanzen.

Ganz im Gegensatz zu dem menschenscheuen Cavendish war Priestley um persönliche Kontakte und direkte Diskussion bemüht. Er verkehrte in der berühmten «Lunar-Society» («Mond-Gesellschaft») in Birmingham. Diese Gesellschaft hatte ihren Namen nach der Gewohnheit ihrer Mitglieder, sich jeden ersten Montag nach Vollmond zu treffen, um nicht in völliger Dunkelheit nach Hause gehen zu müssen. Eine öffentliche Straßenbeleuchtung gab es noch nicht. Zu deren Einrichtung trug später ein Mitglied der «Lunar-Society», William Murdock, als Erfinder einer leistungsfähigen Gasbeleuchtung bei. Diese Gasbeleuchtung wurde zuerst in der Fabrik zweier weiterer bedeutender Mitglieder dieser Gesellschaft, James WATT (1736–1819) und Matthew BOULTON (1728–1809), verwendet. Die Dampfmaschinen, die in dieser Fabrik gebaut wurden, können im wahrsten Sinne des Wortes als treibende Kraft der industriellen Revolution bezeichnet werden. In der «Lunar-Society» waren in einmaliger Weise führende Wissenschaftler, Literaten, Techniker und Fabrikanten versammelt. Zu den Wissenschaftlern und Literaten, die mit diesem Kreis verbunden waren, zählten Erasmus DARWIN, der politisch engagierte Großvater des großen Evolutionstheoretikers Charles DARWIN, Joseph BLACK, Wegbereiter der modernen Gastheorie, und Adam SMITH, der geistige Vater der liberalen Wirtschaftstheorie.

Während PRIESTLEY in engem Kontakt mit Männern stand, die wesentliche Elemente der industriellen Revolution schufen, war der schwedische Chemiker Carl Wilhelm SCHEELE (1742–1786), der etwa zur gleichen Zeit wie PRIESTLEY ebenfalls den Sauerstoff entdeckte, in anderer, für die damalige Chemie typischer Weise mit der Praxis verbunden.

SCHEELE, der aus dem zur damaligen Zeit schwedischen Stralsund stammte, hatte als Apothekerlehrling seine ersten chemischen Experimente durchgeführt. Die für seine wissenschaftlichen Erfolge erforderlichen Kenntnisse erwarb er durch das Studium einiger Chemiebücher teils recht ehrwürdigen Alters und durch die genaue Untersuchung der etwa 80 in der Apotheke vorhandenen Chemikalien. Diese geringe theoretische und materielle Basis von SCHEELES Arbeiten – ein gut eingerichtetes Schullabor verfügt heute über mehr Chemikalien – zeigt, wie gering die Kenntnisse in der Chemie im 18. Jahrhundert noch waren. SCHEELE führte auch später seine Experimente als Angestellter und ab 1775 als Eigentümer im Apothekenlabor durch. Er war zwar Mitglied der Schwedischen Akademie der Wissenschaften geworden und hatte auch von verschiedenen Universitäten, unter anderem (auf Veranlassung von FRIEDRICH II.) aus Berlin, Angebote erhalten, zog es aber vor, unabhängig zu forschen.

Neben seinen Arbeiten über die Luft, die Verbrennungsvorgänge und den Sauerstoff waren die für die Praxis wichtigsten Forschungen SCHEELES die Untersuchungen der Blausäure und die Entdeckung des Chlors, das er allerdings ebenso wie den Sauerstoff noch nicht als chemisches Element erkannte.

SCHEELES Werdegang zeigt deutlich, wie sehr die wissenschaftliche Chemie Ende des 18. Jahrhunderts auf dem traditionsreichen Erfahrungsschatz der Pharmazie aufbaute. Von gleicher Bedeutung als Erfahrungsgrundlage für die Chemie war die Metallurgie. Zwischen beiden

Gebieten bestand unter anderem durch die pharmazeutische Verwendung von Quecksilber-, Arsen- und Bleiverbindungen ein sachlicher Zusammenhang.

Zur exakteren Durchdringung der chemischen Vorgänge bei metallurgischen Prozessen trug der französische Chemiker Joseph Louis PROUST (1754–1826) bei. PROUST hatte zunächst den väterlichen Beruf des Apothekers erlernt und dann Chemie studiert. Beeinflußt von den Ideen der französischen Aufklärung, war sein Ziel, dem kommenden bürgerlich-freiheitlichen Staat durch praktische und wissenschaftliche Fortschritte zu dienen. In diesem Sinne beschäftigte er sich bald mit der Metallurgie und unterbreitete Vorschläge zur Verbesserung des französischen Hüttenwesens. Diese Bemühungen wurden durch eine Berufung nach Spanien unterbrochen, wo PROUST zur Entwicklung der Industrie beitragen sollte. Er erforschte unter anderem die Vorgänge bei der Quecksilbergewinnung aus Zinnober im spanischen Almadén. Während seiner sehr exakten quantitativen Experimente entdeckte PROUST das Gesetz der konstanten Proportionen. Dieses Gesetz besagt, daß das Massenverhältnis, in dem zwei oder mehr Elemente zu einer bestimmten Verbindung reagieren, immer gleich ist.

Ein anderes fundamentales Gesetz der modernen Chemie, das Gesetz von der Erhaltung der Masse, wurde von Antoine Laurent LAVOISIER (1743–1794) formuliert. Dieses Gesetz besagt, daß die Gesamtmasse aller Stoffe vor und nach einer Reaktion konstant ist. LAVOISIER, Sohn eines Rechtsanwalts, war neben seinen wissenschaftlichen Interessen sehr um seine gesellschaftliche Stellung und seine materiellen Einkünfte bemüht. Die Sicherung eines gehobenen Lebensstandards garantierte ihm bis zur Französischen Revolution seine Stellung als Generalsteuerpächter. Außer in seine recht aufwendige Lebensführung investierte LAVOISIER große Teile seiner Einkünfte in seine Forschung. Ohne beträchtliche private Mittel (und die Mitarbeit seiner Frau!) wären LAVOISIERS Arbeiten ebensowenig möglich gewesen wie die seines betuchten Zeitgenossen CAVENDISH. Es kann überhaupt festgestellt werden, daß gegen Ende des 18. Jahrhunderts erst sehr wenige bedeutende Naturwissenschaftler für ihre Forschungen von Hochschulen oder wissenschaftlichen Institutionen bezahlt wurden. Die meisten betrieben die Wissenschaft als zeit- und geldraubende Nebenbeschäftigung neben anderweitiger Berufstätigkeit, wie PROUST, PRIESTLEY oder SCHEELE, oder eben auf der Grundlage vorhandenen Reichtums. Die Einkünfte LAVOISIERS aus seiner Stellung als Generalsteuerpächter waren eine notwendige Voraussetzung für seine wissenschaftlichen Arbeiten, da seine exakten quantitativen Experimente sehr aufwendige und damit teure Apparaturen erforderten. Allerdings gehörte LAVOISIER durch diese Stellung zu einer der verhaßtesten Schichten des absolutistischen Frankreich und mußte dafür 1794 in der Französischen Revolution unter der Guillotine sein Leben lassen.

LAVOISIERS wissenschaftliche Leistungen standen in engem Zusammenhang mit den Arbeiten seiner bereits erwähnten Zeitgenossen. Die Zahl der Naturwissenschaftler (und der wissenschaftlichen Zeitschriften) war noch so klein, daß die Forscher gegenseitig über den Stand ihrer Arbeiten informiert waren und vielfach miteinander korrespondierten. LAVOISIERS Leistung bestand auch darin, daß er die Ergebnisse anderer Forscher wie die SCHEELES, CAVENDISHS oder PRIESTLEYS, aufgriff, um eigene experimentelle Ergebnisse erweiterte und auf eine neue theoretische Basis stellte. Er erkannte die wahre Rolle des Sauerstoffs bei Verbrennungsvorgängen und ersetzte die Phlogistontheorie durch die Erkenntnis, daß bei der Verbrennung Sauerstoff aufgenommen wird und Oxide gebildet werden, die bei der Reduktion den Sauerstoff wieder abgeben. Er prägte auch den modernen Elementbegriff:

> «Verbinden wir mit dem Namen Element oder Grundstoff den Begriff dessen, was unsere Analyse als höchstes Ziel erreichen kann, so sind alle Substanzen, die wir auf keine Weise haben zerlegen können, für uns Elemente; eben weil wir keine Mittel haben, sie zu zerlegen, erscheinen sie uns als Elemente, als einfache Körper, und wir dürfen sie nicht eher für zusammengesetzt halten, als in dem Augenblick, wo Erfahrungen und Beobachtungen uns das Gegenteil beweisen.»[4]

Auf der Basis dieses Elementbegriffs machte LAVOISIER Vorschläge für eine rationelle Bezeichnung chemischer Verbindungen.

Die in LAVOISIERS Werken zusammengefaßten Ergebnisse der Chemie des späten 18. Jahrhunderts waren sowohl für die weitere wissenschaftliche wie auch für die praktische Entwicklung von revolutionärer Bedeutung, weil sie

1. die Grundlage für vollständige Stoffbilanzen bei chemischen Reaktionen bildeten und
2. mit dem neuen Elementbegriff klare Vorstellungen über die stoffliche Zusammensetzung chemischer Verbindungen ermöglichten.

Diese neue Entwicklungsstufe der Chemie wurde vor allem durch die Arbeiten von Jeremias Benjamin RICHTER (1762–1807) und John DAL-

TON (1766–1844) ausgebaut. RICHTER, der sich in Preußen als Landvermesser und Berater auf einem Gut und als Angestellter im Farbenlaboratorium der Königlichen Porzellanmanufaktur recht kümmerlich durchs Leben schlug, hatte mit einer Arbeit über den Nutzen der Mathematik in der Chemie promoviert. In seinem Werk «Stöchyometrie oder Meßkunst chemischer Elemente» schuf er die Grundlage für das chemische Rechnen.[5]

DALTON faßte die neuen Erkenntnisse der Chemie in einer umfassenden Theorie zusammen, indem er sie mit der alten philosophischen Vorstellung von kleinsten, unveränderlichen Bausteinen der Materie, den Atomen, verknüpfte.

DALTON, der aus armen Verhältnissen stammte und bereits mit zwölf (!) Jahren seinen Unterhalt als Dorfschullehrer selbst verdienen mußte, begann seine naturwissenschaftlichen Arbeiten mit der Untersuchung von Gasen. Da er in Manchester wirkte, dem Zentrum der damaligen industriellen Entwicklung, ist anzunehmen, daß ihn auch die praktischen Fragestellungen des Umganges mit Gasen in Bergbau, Metallurgie und Kokereien beschäftigten. DALTONS Überlegungen knüpften an Vorstellungen NEWTONS an, der die Eigenschaften von Gasen mit der Annahme kleiner materieller Partikel oder Atome zu erklären versuchte. Mit der Vorstellung, daß jedes Element aus unveränderbaren kleinsten Teilchen gleicher Masse und gleicher Art, den Atomen, besteht, konnten die Erkenntnisse LAVOISIERS, PROUSTS und anderer gut gedeutet werden:

Wird die Bildung einer Verbindung aus den Elementen als Verknüpfung der Atome dieser Elemente zu den kleinsten Teilchen der Verbindung gedeutet, ist das sowohl mit PROUSTS Gesetz von den konstanten Proportionen (Massenverhältnissen) als auch mit LAVOISIERS Gesetz von der Erhaltung der Masse gut in Übereinstimmung zu bringen. Die Bildung von Kohlendioxid aus Kohlenstoff und Sauerstoff ist dann zum Beispiel als Zusammenlagerung von je einem Kohlenstoffatom mit je zwei Sauerstoffatomen zu verstehen.

Da die Atome nach DALTON dabei nicht verändert werden, muß ihre Gesamtmasse vor und nach der Reaktion gleichbleiben. Das stimmt mit dem Gesetz von der Erhaltung der Masse überein. Die Tatsache, daß Kohlenstoff und Sauerstoff immer im Massenverhältnis 3 : 8 zu Kohlendioxid reagieren, läßt sich zwanglos mit der Annahme erklären, daß auch das Massenverhältnis von einem Kohlenstoffatom zu zwei Sauerstoffatomen 3 : 8 bzw. das Massenverhältnis eines Kohlenstoffatoms zu einem Sauerstoffatom 3 : 4 beträgt.

Die große Bedeutung von DALTONS Atomvorstellung lag in ihrer Erklärungsmächtigkeit, die es gestattete, die wichtigsten Erkenntnisse der Chemie des 18. Jahrhunderts in einer einheitlichen Theorie zusammenzufassen. Die Frage, ob die Materie wirklich aus Atomen aufgebaut ist bzw. wie die Atome beschaffen sind, konnte erst gut 100 Jahre später beantwortet werden.

DALTONS Symbolik wurde von dem Schweden Jöns Jakob von BERZELIUS (1779–1848) durch Einführung der Buchstabensymbole vereinfacht. Damit wurde die heute übliche Formelschreibweise begründet. BERZELIUS verbesserte die bei DALTON noch sehr ungenauen Angaben für die relativen Atommassen durch exakte analytische Bestimmungen.

Mit der Kenntnis der wichtigsten chemischen Elemente, den Zahlen für die relativen Atommassen, der Formelschreibweise, exakten analytischen Methoden und dem stöchiometrischen Rechnen hatte die Chemie Anfang des 19. Jahrhunderts das Handwerkszeug entwickelt, Stoffumwandlungen qualitativ richtig zu beschreiben und quantitativ zu bilanzieren. Mit diesem Handwerkszeug wurden nicht nur weitere Fortschritte der wissenschaftlichen Chemie erzielt, sondern auch wichtige Ergebnisse in der angewandten Chemie ermöglicht.

In Deutschland hatte Justus von LIEBIG hervorragenden Anteil an der Einführung der modernen Chemie als neuer Wissenschaft und theoretischer Grundlage gewerblich-technischer Neuerungen. LIEBIG verbesserte und systematisierte die Methoden zur Analyse organischer Substanzen. Damit schuf er wesentliche Grundlagen für die Entwicklung der organischen Chemie.

LIEBIG betonte die Bedeutung der modernen Chemie für die rationelle Durchführung gewerblicher Stoffumwandlungen. Seine Beiträge zum Aufbau des Chemiestudiums an den Hochschulen dienten auch der Ausbildung für die betriebliche Praxis, beispielsweise in der zu seiner Zeit expandierenden Sodaindustrie. Wie es um diese Praxis bisweilen bestellt war, macht der folgende Abschnitt aus dem Bericht LIEBIGS über seine Englandreise deutlich:

«Ich fand die Einrichtung der Fabriken in Beziehung auf Apparate und Arbeitersparung jedesmal besonders würdig, aber die wissenschaftliche Grundlage des Betriebes bewies in der Regel eine kaum glaubliche Unwissenheit. So zeigte mir u. a. Herr Macintosh (bekannt durch seine Einführung wasserdichter Kleidungsstücke) seine Blutlaugensalz- und Berliner-Blau-Fabrik bei Glasgow, und ich war beim Eintritt überrascht und betäubt von einem furchtbaren Lärm, der durch die Reibung von eisernen Rührern zum Umrühren der in den eisernen Töpfen schmelzenden Masse von tierischen Substanzen und Pottasche verursacht wurde; bei näherer Erkundigung sagte mir Herr Macintosh mit einem pfiffigen Gesichte: ‹Da haben Sie etwas, Professor, was keine Thoerie erklärt. Wenn meine Töpfe recht schreien, bekomme ich das meiste Blutlaugensalz!› Er rieb mit dem Aufwande von einigen Pferdekräften das zur Bildung notwendige Eisen von seinen Töpfen ab! Mit einer Handvoll Eisenfeilspänen konnte er seinen Zweck viel besser erreichen.»[6]

Da LIEBIG die Zusammensetzung bzw. die Formel von Blutlaugensalz – Kalium-hexacyanferrat (II), $K_4[Fe(CN)_6]$ – kannte, wußte er, daß zur Bildung dieser Substanz Eisen (Fe) nötig war. Er konnte aus der Formel auch errechnen, wieviel Eisen zur Bildung einer bestimmten Menge Blutlaugensalz erforderlich war. Das Blutlaugensalz wurde zur Herstellung des Farbstoffs Berliner Blau benötigt.

Zu den wichtigsten Arbeitsweisen der Chemie, die damals entwickelt wurden, gehört die experimentelle Bestimmung und Berechnung der «Ausbeute» chemischer Reaktionen. Darunter versteht man das Verhältnis der bei einer Reaktion tatsächlich erhaltenen Stoffmenge zu der theoretisch maximal möglichen. Der Begriff «Ausbeute» verrät einen bestimmenden Wesenszug der modernen Chemie, die sich gegen Ende des 18. Jahrhunderts, also etwa gleichzeitig mit den Anfängen der industriellen Technik, entwickelt hat. Mit den neuen ökonomischen Betrachtungsweisen und den neuen qualitativen und quantitativen Dimensionen des Stoffwechsels zwischen Mensch und Natur setzte sich eine bilanzierende Betrachtungsweise von Naturvorgängen durch. Diese Betrachtungsweise begründete einerseits die theoretische Grundlage für eine effektive Ausbeutung der Natur, sie lieferte andererseits auch die methodische Grundlage für eine kritische Bestimmung der Folgen und Grenzen der Naturnutzung im Sinne ökologischer Stoffbilanzen.

Synthetische Soda – Ursprung der chemischen Grundstoffindustrie

Mit der massenhaften Verarbeitung der Baumwolle in der expandierenden Textilindustrie stieg der Bedarf an Chemikalien stark an. Die traditionell für das Waschen, Bleichen oder Färben verwendeten Substanzen konnten auf herkömmliche Weise nicht in der erforderlichen Menge beschafft werden: «Das Bedürfnis zur Herstellung chemischer Präparate in großen Mengen entstand zuerst, als die Verarbeitung der Spinnstoffe aus häuslicher Nebenbeschäftigung zur Industrie entwickelt wurde. Da bedurfte man zur Wollwäsche der Seifen, zum Bleichen der Baumwolle der Hypochlorite und der Schwefelsäure. Soda für die Seifenbereitung, Chlor für Chlorkalk und Chlornatron und die sogenannte englische Schwefelsäure, das sind die Grundpfeiler der chemischen Industrie geworden.»[1]

Grundstoffe, bei denen sich die Grenzen der Erzeugung aus natürlichen Vorkommen bereits zu Beginn der Industrialisierung besonders deutlich bemerkbar machten, waren die Alkalien, insbesondere Soda und Pottasche (arab. al kali = die Pottasche). Diese beiden Stoffe, das Natrium- bzw. Kaliumsalz der Kohlensäure, waren für viele Verwendungszwecke einsetzbar. Sie wurden traditionell vor allem durch Auslaugen bestimmter Pflanzen- bzw. Holzaschen gewonnen.

Bei der Textilherstellung wurden Alkalien für das Waschen, beim Bleichen und beim Färben benötigt. Das Ausmaß, in dem sich die Textilindustrie und damit auch ihr Alkalibedarf im 18. Jahrhundert entwickelte, wird aus dem Anstieg der zur Verarbeitung nach England eingeführten Baumwollmenge deutlich (siehe Tabelle 4 auf Seite 78).

Die Seifensiedereien, ebenfalls traditionelle Großverbraucher von Alkalien, hatten auch durch das schnelle Bevölkerungswachstum hohe Steigerungsraten ihrer Produktion zu verzeichnen (siehe Tabelle 5 auf Seite 78).

Soda ist weiterhin einer der wichtigsten Grundstoffe für die Glaserzeugung. Die Nachfrage nach Glas war mit der Herausbildung der industriellen Zentren und der entsprechenden Zunahme der Bautätigkeit ebenfalls stark angestiegen.

Die französische Akademie der Wissenschaften setzte 1775 einen Preis

Tabelle 4: Baumwollimporte Englands[2]

Jahr	Importe in Pfund	Technische Neuerungen
1730	1545472	
1750	2976610	
1770	4764589	1767 Spinning Jenny
1780	6766613	1779 Mule-Spinnmaschine
1790	31447605	1785 Cartwrights mechanischer Webstuhl

Tabelle 5: Seifenverbrauch in England[3]

Jahr	Seifenverbrauch in Tonnen
1801	23600
1811	32800
1821	41500
1831	46000
1841	76000
1851	85900

in Höhe von 12000 Livres für die beste Methode, aus Kochsalz Soda zu bereiten, aus. Die Suche nach einem solchen Verfahren fiel in die Zeit, in der die Chemie zur modernen Naturwissenschaft und damit zu einer verläßlichen Stütze der chemischen Technik wurde. Die Erfüllung der von der französischen Akademie gestellten Aufgabe erwies sich jedoch in der Praxis weniger als wissenschaftliches, sondern vielmehr als sehr anspruchsvolles technisches Problem. Vierzehn Jahre nach Verkündigung des Wettbewerbes und nach vielen vergeblichen Anstrengungen war 1789 Nicolas Leblanc (1742–1806) so weit, daß er die technische Erprobung einer Synthese von Soda aus Kochsalz mit Hilfe von Schwefelsäure, Kalk und Kohle wagen konnte. Mit finanzieller Unterstützung des Herzogs von Orleans wurde in St. Denis nahe Paris die erste Sodafabrik der Welt gebaut, die 1792 mit einer Tagesproduktion von 250 bis 300 Kilogramm den Betrieb aufnahm.

Sodaherstellung nach Leblanc: Schwerchemie des vorigen Jahrhunderts

Die Entwicklung des LEBLANC-Verfahrens begründete einen neuen Industriezweig, die anorganische Grundstoffindustrie. Justus von LIEBIG begann 1859 die Beschreibung der Sodaindustrie im elften seiner berühmten «Chemischen Briefe» so:

> «Die Fabrikation der Soda aus gewöhnlichem Kochsalz kann als Grundlage des außerordentlichen Aufschwungs betrachtet werden, welchen die moderne Industrie nach allen Richtungen genommen hat; sie wird Ihnen, hoffe ich, ein belehrendes Beispiel des innigen Zusammenhanges gewähren, welcher die verschiedensten Zweige der Industrie und des Handels untereinander und wiederum mit der Chemie verbindet.»[4]

Den innigen Zusammenhang zwischen der Entwicklung von Baumwollindustrie und Sodaindustrie zeigen die Produktionszahlen für Baumwolle und für die zu ihrer Verarbeitung benötigten Chemikalien:[5]

Tabelle 6

Jahr	Baumwollproduktion in Nordamerika t	dadurch hervorgerufene Produktion an Schwefelsäure t	Soda t	Chlorkalk t
1800	15820	1440	744	74
1810	38420	3496	1790	179
1820	72320	6581	3370	337
1830	158200	14400	7380	738
.....				
1896	1441880	131200	67320	6732

Die Sodaerzeugung nach dem LEBLANC-Verfahren und die damit verbundenen Produktionsbereiche, die «Nebenzweige der Sodaindustrie», bildeten im vorigen Jahrhundert den Hauptbereich der anorganisch-chemischen Industrie. Zu den Nebenzweigen der Sodaindustrie gehörten die Herstellung von Schwefelsäure, Salpetersäure, Salzsäure, Chlor, Natronlauge und Schwefel. Die LEBLANC-Sodaindustrie war der Industriezweig, in dem die wichtigsten Entwicklungen der chemischen Verfahrenstechnik im 19. Jahrhundert erfolgten. Einige der damals entwickelten verfahrenstechnischen und apparativen Prinzipien gehören heute zu den Grundlagen der chemischen Technik.

Das LEBLANC-Verfahren zur Umwandlung des Ausgangsstoffs Kochsalz (Natriumchlorid) in das Produkt Soda (Natriumkarbonat) umfaßt mehrere Stufen:

1. Kochsalz wird im Sulfatofen mit Schwefelsäure zu Natriumsulfat und Salzsäuregas umgesetzt.
2. Natriumsulfat wird im Sodaofen mit Kohle und Kalk zu Rohsoda, einer Mischung aus Soda und Calciumsulfid, und Kohlendioxid umgesetzt.
3. Die Rohsoda kommt in ein Lösebecken. Dabei löst sich die Soda, und das Calciumsulfid bleibt ungelöst.
4. Die Sodalösung wird durch Filtration von den unlöslichen Rückständen getrennt.
5. Die Sodalösung wird bis zur Kristallisation der Soda eingedampft.
6. Die Kristallsoda wird durch Filtration von der Mutterlauge getrennt und durch Erhitzen (Kalzinieren) in einem Ofen wasserfrei gemacht.

Mit der kalzinierten Soda war das Hauptprodukt des Verfahrens gewonnen. Die stark sodahaltigen Mutterlaugen oder Rohsodalösungen wurden durch Reaktion mit Kalkmilch zu Natronlauge weiterverarbeitet. Als Nebenprodukte fielen Salzsäuregas, Calciumsulfid und Kohlendioxid an (siehe Seite 81). Außerdem entstanden durch Verunreinigungen in den Rohstoffen und die Verbrennung der Kohle zur Deckung des beträchtlichen Energiebedarfs verschiedene Abfälle und Abgase.

Der große Bedarf an Schwefelsäure für den ersten Reaktionsschritt machte es erforderlich, beim Bau einer Sodafabrik nach dem LEBLANC-Verfahren auch eine Schwefelsäurefabrik zu errichten. Auf die Entwicklung der Schwefelsäureherstellung wird an anderer Stelle eingegangen. Die Nebenprodukte der Sodaerzeugung wurden zu Beginn als lästiger Abfall angesehen. Im Verlauf der weiteren Entwicklung erzwangen ökonomische und ökologische Gründe ihre Weiterverarbeitung.

Stoff- und Verfahrensverbund der Leblanc-Sodaindustrie ohne Nebenproduktverwertung:

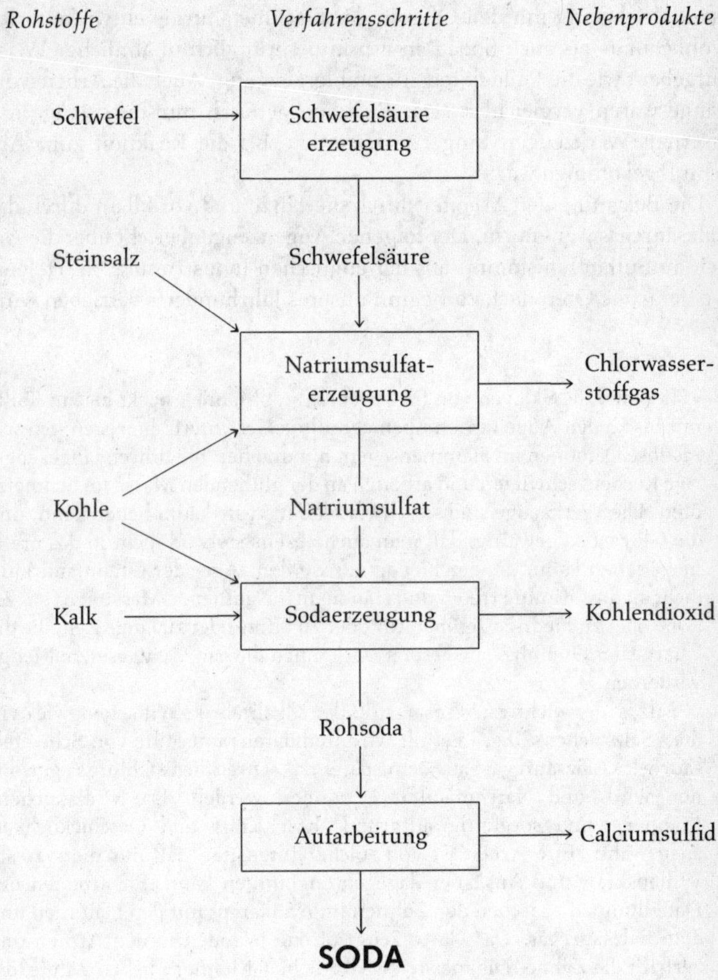

Die Sulfat- und Sodaöfen: Hölle auf Erden

Die Sulfat- und Sodaöfen wurden nach ähnlichen Prinzipien und auch etwa gleichzeitig mit den Öfen in der Eisenmetallurgie entwickelt. Sowohl Sulfat- als auch Sodaöfen waren ursprünglich in ähnlicher Weise aufgebaut wie die Puddelöfen zur Stahlerzeugung. Auch die Arbeitsvorgänge waren vergleichbar. Das Reaktionsgemisch mußte so lange mit eisernen Werkzeugen umgerührt werden, bis die Reaktion zum Abschluß gekommen war.

Die Belastung der Arbeiter durch die Hitze und vor allem durch das Salzsäuregas war enorm. Der folgende Augenzeugenbericht über die Arbeit an Sulfatöfen stammt aus der englischen Industriestadt St. Helens, wo derartige Öfen noch zu Beginn unseres Jahrhunderts betrieben wurden:

«Hier sind die Sklaven von St. Helens. (...) Männer, nackt bis zur Taille mit bis zu den Augen in Lumpen gehüllten Gesichtern, bewegen sich wie rastlose Dämonen im Flammenschein hin und her. Sie führen lange, sperrige Rechen, schwitzen und arbeiten an der glühenden Masse im Schmelzofen. Die Werkzeuge sind so schwer, daß man sie kaum heben kann, und die Glut ist so gewaltig, daß man auch abseits stehend nicht in das grelle Licht sehen kann, ohne geblendet zu werden. Aber der Ofenmann muß dicht an die Öffnung treten und ständig in die glühende Masse starren. Zu hohe oder zu niedrige Temperatur oder zu kurze oder zu lange Zeit, die die Charge der Ofenhitze ausgesetzt ist, können die ganze eingesetzte Menge verderben.

Salz ist der wichtigste Einsatzstoff der Alkalifabrik. Wir sehen, wie es in die «Salzkuchen-Öfen» gefüllt wird und daraus mit Hilfe von Schwefelsäure das Salzsäuregas, aus dem später das schreckliche Chlorgas gewonnen wird, und Natriumsulfat gewonnen werden. Die «Salzkuchen-Männer» sind sorgfältig aufgrund ihrer Kraft und Geschicklichkeit ausgewählt. Ihre Arbeit ist von solcher Intensität, daß nur die stärkste Willenskraft und Ausdauer dagegen ankommen kann. Sie arbeiten mit Flanellumpen zwischen den Zähnen im Nahkampf mit den Flammen und dem Salzsäuregas. Das Gas erzeugt offene Wunden in den Armen und zerfrißt die Zähne. Die meisten «Salzkuchen-Männer» haben Zähne, die schwarz wie Kohlen sind. Ihre Münder werden extrem empfindlich. «Ich bin erst sechs Jahre hier», sagt einer, «und hatte so gute Zähne wie andere, als ich in die Fabrik kam. Sieh sie dir jetzt an!» Da ist nur noch ein dünner schwarzer Kamm, von dem jedes Atom Schmelz verlorenging, übriggeblieben. Es ist abzusehen, wann sie bis auf das Zahnfleisch zerfallen sind. Sie beginnen auch mit tödlicher Sicherheit an Brustschmerzen zu leiden, wenn sie einige Zeit in der Fabrik sind.»[6]

Die Arbeit an den Sodaöfen war ähnlich hart wie die Arbeit an den Sulfatöfen. Die zur Bereitung der Soda erforderliche Mischung aus Natriumsulfat, Kalk und Kohle mußte in den Ofen geschaufelt und unter beständigem Umrühren mit schweren eisernen Werkzeugen auf 900 Grad Celsius erhitzt und einige Zeit auf dieser Temperatur gehalten werden. Die Hitze und die erforderliche Kraftanstrengung war an den Sodaöfen noch größer als an den Sulfatöfen. Die Beeinträchtigung durch Salzsäuregase war indes geringer.

Außer den harten Arbeitsbedingungen wiesen die Handsodaöfen eine Reihe weiterer Unvollkommenheiten auf. Georg LUNGE (1839–1923), Professor für technische Chemie und Autor eines Standardwerkes über die Sodaindustrie, äußerte sich dazu so:

«Der Schmelzer muß es gewissermaßen im Gefühle haben, wann die Schmelze fertig ist; zwei oder drei Minuten mehr oder weniger können sie verderben, ebenso zu viel oder zu wenig Feuer, zu viel oder zu wenig Zug, und man ist daher auf die Erfahrung, die Geschicklichkeit und den guten Willen der Schmelzer sehr angewiesen. (...) Eine der wichtigsten Hauptsachen bei der Sodaarbeit ist das fleißige und gründliche Durcharbeiten der Masse; erstens, um ihre Erhitzung gleichmäßig zu bewirken; alsdann, um die Teile der Masse miteinander in innige und verschiedenartige Berührung zu bringen und die Reaktion möglichst vollständig zu machen. (...) Auf der anderen Seite sind freilich mit dem Umkrücken unvermeidliche Übelstände verbunden. Beim Offenstehen der Arbeitstür geht natürlich durch Einströmen kalter Luft sehr viel Wärme verloren; die Beschädigung der Ofensohlen durch die schweren Gezähe ist sehr stark; vor allem aber ist die Arbeit eine ungemein mühsame und nur von sehr starken Männern, dabei auch nur mit sehr beschränkten Beschickungsmengen, gehörig zu verrichten. Dies macht den Fabrikanten von den Arbeitern sehr abhängig, da sie bei Arbeitseinstellungen (gemeint sind Streiks, d. V.) nicht leicht durch frisch angelernte Leute zu ersetzen sind; freilich ist die Arbeit eine rein mechanische, und bei gehöriger Körperkraft, wie schon gesagt, in sehr kurzer Zeit zu erlernen, aber gerade dieses legt den Gedanken sehr nahe, die teure Menschenkraft überhaupt durch die billigere und zuverlässigere Maschinenkraft zu ersetzen, wie es in den rotierenden Sodaöfen geschehen ist, ...»[7]

Arbeit am Handsodaofen

Um 1850 hatte der Maschinenbau den Entwicklungsstand erreicht, der zur Realisierung mechanischer Sulfat- und Sodaöfen erforderlich war. Die Mechanisierung der Sodaindustrie fand in der gleichen Zeit und auf der gleichen technischen Entwicklungsstufe statt wie die der Stahlerzeugung mit Einführung des BESSEMER-Verfahrens. Das wichtigste Beispiel ist der rotierende Sodaofen, bei dem das Reaktionsgemisch durch ständige Drehung gleichmäßig durchmischt wird, während es durch Flammengase, die durch den Ofen geleitet werden, auf die optimale Reaktionstemperatur erhitzt wird.

Die rotierenden Sodaöfen setzten sich trotz ihrer Vorteile in England in Mitteleuropa zunächst nur zögernd durch. Ursache dafür waren in erster Linie die hohen Investitionskosten, die sich bei dem geringen Lohnniveau nur langsam amortisierten.

Das lästige Salzsäuregas: Ursprung der Chlorchemie

Das in den Sulfatöfen entstehende Salzsäuregas zog in den alten Sulfatöfen mit den Rauchgasen durch den Schornstein ab. Den dadurch verursachten Problemen versuchte man zunächst in der anderweitig bewährten Weise durch hohe Schornsteine zu begegnen. Diesen Versuchen war jedoch kein Erfolg beschieden:

> «In der Kindheit der Sulfatfabrikation wurde häufig gar kein Versuch gemacht, die Salzsäure zu kondensieren, und so lange als die Fabriken sehr klein waren, ertrugen die Nachbarn die Unannehmlichkeit; aber als dieses schädliche Gas z. B. aus Muspratts Kaminen in Liverpool in Strömen entwich, zwang ihn die Stadtbehörde von Liverpool, seine Fabrik einzustellen, die er dann in Newton Heath, einige Meilen entfernt, wieder aufbaute, um auch von da durch Prozesse wieder vertrieben zu werden. Man suchte eine Abhilfe zunächst in der Errichtung von enorm hohen Schornsteinen (bis beinahe 150 m Höhe), um das Salzsäuregas durch Verdünnung mit anderen Rauchgasen und Luft unschädlich zu machen, aber es fand sich, daß dies nicht geschah, daß vielmehr das Gas in kompakten Wolken sich auf den Boden senkte und nur auf um so weitere Entfernungen den Pflanzenwuchs verwüstete.»[8]

Die Eigenheit des Salzsäuregases, sich unter Aufnahme von Luftfeuchtigkeit in kompakten Wolken auch aus den höchsten Höhen schnellstens auf den Boden zu senken, machte die Anwendung der sonst so beliebten Hochschornsteinpolitik unmöglich.

Die Belästigung der Umgebung der Sodafabriken durch Salzsäuregas war so stark, daß sich das englische Parlament zu gesetzlichen Maßnahmen veranlaßt sah. In der «Alkaliakte» von 1863 wurde verfügt, daß höchstens fünf Prozent der anfallenden Salzsäure in die Umgebung abgegeben werden durften.[9] Damit wurde bereits in der Frühzeit der chemischen Industrie ein Gesetz erlassen, das die Verminderung der Emission eines umweltbelastenden Stoffes um 95 Prozent verlangte. Und auch dieser Wert mußte bald verschärft werden.

Die Beseitigung von Salzsäuregas aus einem Gasgemisch stellt an sich kein besonders schwieriges Problem dar, da das Salzsäuregas in Wasser leicht absorbierbar ist. Die bei einer einfachen Wäsche der Abgase anfallende stark verdünnte Salzsäure war jedoch unverkäuflich und wurde zunächst mit dem sonstigen Abwasser in den nächsten Fluß geleitet. Das Wasser in den Flüssen und Kanälen, an denen Sodafabriken lagen, wurde darauf stellenweise so sauer, daß zum Beispiel Schleuseneinrichtungen nur mehr aus Holz errichtet werden konnten, weil Eisen von der Säure zu schnell zerfressen wurde. Diese Situation war auf Dauer untragbar. Außerdem bestand ein ökonomisches Interesse, die Salzsäure als kommerziell verwertbares Produkt zu erhalten.

Die Aufgabe, gleichzeitig eine möglichst konzentrierte Salzsäure und ein möglichst salzsäurefreies Abgas zu erhalten, wurde durch die Anwendung des Gegenstromprinzips gelöst. Wasser und salzsäurehaltige Gase werden dabei über möglichst viele Stufen und eine große Austauschfläche im Gegenstrom einander entgegen geführt. Dabei kommt das stark salzsäurehaltige Gas zunächst mit einer bereits stark gesättigten Salzsäure in Berührung und erhöht deren Konzentration noch weiter. Das zu reinigende Gas gibt über die weiteren Stufen seinen Salzsäuregehalt an immer weniger konzentrierte Salzsäure ab, bis es zuletzt in Kontakt mit frisch zulaufendem Wasser nahezu vollständig gereinigt wird.

Das Ende des vorigen Jahrhunderts gebräuchliche Absorptionssystem für Salzsäure, die «Aussiger Kondensation», arbeitete mit Rieseltürmen, in denen das Wasser über sehr oberflächenreiche Füllkörper dem aufsteigenden Gasstrom entgegenfloß. Die Füllung der Rieseltürme zur Salzsäureabsorption bestand aus Tonschalen, Tonscherben oder Koks. Zur weiteren Aufkonzentration wurde die aus den Rieseltürmen fließende Salzsäure noch durch ein System von bis über 50 Tonflaschen geleitet, in denen sie im Gegenstrom mit konzentrierten Salzsäuregasen in Kontakt gebracht wurde.

Auch mit der Entwicklung effektiver Absorptionsanlagen wie der «Aussiger Kondensation» war das Salzsäureproblem immer noch nicht zufriedenstellend gelöst. Die Sodaproduktion nahm so stark zu, daß die anfallende Menge des Kuppelproduktes Salzsäure weit über die Nachfrage hinaus anstieg. Die Sodafabrikanten mußten sich neue Verwendungsmöglichkeiten für die Salzsäure einfallen lassen. Dabei erwies sich die Umwandlung in Chlorgas und dessen Bindung an Löschkalk als erfolgreich. Das so entstehende Produkt, der Chlorkalk, wurde als «Bleichpulver» zu einem gängigen Handelsartikel. Textilhersteller und Papierfabrikanten erkannten bald die Vorteile dieses agressiven Bleichmittels, mit dem Bleichvorgänge erheblich schneller und radikaler zu bewerkstelligen waren als mit herkömmlichen Mitteln.

Auch hygienischen Problemen konnte man mit dem Chlorkalk radikal zu Leibe rücken, sogar in wörtlichem Sinn: Am 1. August 1823 bewies der französische Apotheker LABARRAQUE in einem denkwürdigen Experiment an einer exhuminierten Leiche, daß mit Chlorkalk Fäulnisprozesse selbst in einem weit fortgeschrittenen Stadium unterbunden werden können. Der unerträgliche Gestank der Leiche verschwand nach Besprengen mit einer Chlorkalklösung «auf der Stelle». 1830 fand LABARRAQUES Entdeckung Anwendung, als sich die notdürftig verscharrten Leichen der Opfer der Juli-Revolution in Paris geruchlich zu sehr bemerkbar machten. Seitdem fand der Chlorkalk nicht nur zur Desodorierung und Desinfektion von Schlachtfeldern und Friedhöfen breite Verwendung, sondern auch bei der Seuchenbekämpfung und der Reinigung von Marktplätzen, Abflußrinnen und Kanälen. In Sektionssälen, Hospitälern, Latrinen und Abdeckereien bekämpfte man mit dem neuen Mittel Geruchsbelästigungen und Ansteckungsgefahren.[10]

Die durchschlagende Wirkung des Chlors bzw. des Chlorkalks beschränkte sich indessen nicht nur auf die zu bleichenden Stoffe und die Erreger von Fäulnis, Krankheit und schlechten Gerüchen. Auch die Arbeiter in den Sodafabriken, die mit der Herstellung des «Bleichpulvers» beschäftigt waren, waren dieser Wirkung ausgesetzt.

Zur Herstellung des Chlorkalks wurde in geräumigen Kammern eine Schicht Löschkalk auf dem Boden ausgebreitet. Dann wurden die Kammern mit Chlorgas gefüllt. Nach Sättigung des Kalks mit Chlor wurden die Kammern gelüftet, und der fertige Chlorkalk mußte in Säcke oder Fässer geschaufelt werden. Bei dieser Tätigkeit waren die Arbeiter den unvermeidlichen Chlorgasresten und feinem Chlorkalkstaub ausgesetzt. Die «Schutzkleidung» aus mehreren Schichten dichtgewebtem Sackleinen und Baumwollstoff, Gamaschen, Schutzbrille und einem feuchten Flanellappen als Atemfilter verlieh den Arbeitern das Aussehen von Polarforschern oder Astronauten, konnte aber keinen wirksamen Schutz bieten. Heftiges Nasenbluten und Hautschäden waren nur erste sichtbare Symptome der Vergiftungen. Die Sterblichkeit unter diesen Arbeitern war erschreckend.[11]

Lunge bezeichnete das Öffnen der Kammern zu den in der Frühzeit der

Chlorkalkfabrikation schlimmsten Arbeiten einer Sodafabrik, «bei der nicht nur in dieser selbst, sondern manchmal in einer Entfernung von mehreren Kilometern eine unerträgliche Belästigung durch das ausströmende Chlorgas erzeugt wurde.»[12]

Die Herstellung von Bleichpulver zur Verwertung des lästigen Nebenprodukts Salzsäure in der Sodaindustrie war der Anfang der Chlorchemie, die Ende des vorigen Jahrhunderts mit der Chlor-Alkali-Elektrolyse weiterentwickelt wurde und in unserem Jahrhundert durch die Verbindung mit der organischen Chemie zu einem ebenso weitverzweigten wie problematischen Zweig der chemischen Industrie expandierte.

Der Sodarückstand: Quelle großer «Unannehmlichkeiten» und Anstoß zur Entwicklung der Entschwefelungstechnik

Das in den Sodaöfen gewonnene Rohprodukt enthielt nur etwa 40 Prozent Soda. Sie wurde durch Herauslösen mit Wasser von den wasserunlöslichen Bestandteilen der Rohsoda getrennt. Bei der Herstellung von einer Tonne Soda blieben eine bis anderthalb Tonnen unlöslicher Rückstand übrig. Dieser Rückstand war eine stinkende graue Masse, die knapp zur Hälfte aus Calciumsulfid bestand und ansonsten aus Asche, Kalk- und Kohleresten, Sand und diversen weiteren Verunreinigungen zusammengesetzt war. Der problematischste Bestandteil dieser unerfreulichen Mixtur war das Calciumsulfid, aus dem beim Zusammentreffen mit Säuren das außerordentlich giftige Schwefelwasserstoffgas, das «duftende Prinzip» fauler Eier, freigesetzt wurde.

An Säuren herrschte in der Umgebung der Sodafabriken kein Mangel: Die aus den Schornsteinen entweichenden Salzsäuregase wirkten ebenso auf die Sodarückstände ein wie die aus der Verbrennung der Kohle stammende Kohlensäure und das aus der Selbstentzündung der Sodarückstände stammende Schwefeldioxid.

Die Neigung zur Selbstentzündung war eine weitere unerfreuliche Eigenschaft der Sodarückstände. Dazu kam das Problem der Wasserverschmutzung durch verschiedene Schwefelverbindungen, die durch Reaktion des Calciumsulfids mit Luft und Wasser und durch Folgereaktionen der primären Reaktionsprodukte untereinander entstanden:

> «Der feuchte Rückstand verändert sich an der Luft sehr bald unter dem Einfluß des Wassers, des Sauerstoffs und der Kohlensäure, je nach den Umständen mehr oder weniger rasch. Bei größeren Mengen steigert sich die Hitze in einem losen Haufen des Rückstandes schon nach einigen Tagen so sehr, daß er ins Glühen kommt; da inzwischen schon Schwefel ausgeschieden worden ist, so verbrennt dieser dabei und man gewahrt den Geruch nach schwefliger Säure (Schwefeldioxid, d. V.). Daneben tritt infolge der Einwirkung der Luftkohlensäure auf das löslich gewordene Schwefelcalcium, weit mehr aber derjenigen der schwefligen Säure und der Schwefelsäure, eine Entwicklung von Schwefelwasserstoff auf.»[13]

Trotz der schweren Umweltschäden, die vor allem durch die aus den Sodarückständen austretenden und in Bäche und Flüsse abfließenden Schwefelbrühen verursacht wurden, und trotz des bestialischen Gestanks, der von den Sodarückständen ausging, wurden diese lange Zeit weiter auf Halden geschüttet:

> «So haben sich in der Nähe von größeren Sodafabriken ganze Hügel erhoben; ... Es kommt aber bei diesen Halden vor, daß sie ins Brennen kommen, indem die Oxydation von innen, anfangs ganz unbemerkt, so heftig wird, daß sich Klüfte öffnen, durch welche man dann das glühende Innere sieht; zugleich entwickelt sich sehr viel schweflige Säure und Schwefelwasserstoff. Ein solches Feuer ist ungemein schwer zu löschen und kann bei Zuleitung von Wasser sogar Detonationen verursachen. (...) In Schalke versank ein Arbeitspferd plötzlich in eine glühende, oben nur mit einer Kruste bedeckte Grube.»[14]

Die unzumutbaren Belästigungen, die von den Rückstandshalden der Sodafabriken ausgingen, zwangen auf Dauer dazu, nach anderen Wegen zu suchen, wie man sich der Unmengen dieser lästigen Abfallstoffe entledigen könnte. Hierbei hatten die nahe am Meer gelegenen Sodafabriken, vor allem die englischen Sodafabriken am Fluß Tyne, gegenüber ihren inländischen Konkurrenten einen wesentlichen Vorteil: Sie kippten ihre Sodarückstände einfach ins Meer – nicht ohne über die hohen Kosten für die «Verklappung» zu klagen.[15] Anderenorts versuchte man sich der Sodarückstände durch Vergraben zu entledigen: Man hob auf den die Sodafabrik umgebenden Ackerflächen große Gruben aus, füllte diese bis zu einem Meter unter der Oberfläche mit den Rückständen und bedeckte diese mit Ackerboden. Die Behauptung Lunges, daß dieses Verfahren der anschließenden landwirtschaftlichen Nutzung der Flächen keinen Abbruch getan hätte, darf bezweifelt werden.[16]

Angesichts der großen Mengen, die Welt-Jahresproduktion an LEBLANC-Soda betrug zeitweise eine halbe Million Tonnen, und der problematischen Eigenschaften des Sodarückstandes waren alle Versuche, diesen sicher zu deponieren, völlig aussichtslos. Es blieb nichts anderes übrig, als nach einem Verfahren zu suchen, diesen Rückstand durch eine weitere chemische Umwandlung, möglichst unter Gewinnung eines verkäuflichen Produkts, unschädlich zu machen. Der einzige wirtschaftlich interessante Bestandteil der Rückstände war der Schwefel:

> «Die rationellste Verwendung des Sodarückstandes ist jedenfalls die, welche sich auf seinen Gehalt an Schwefel gründet. Der sämtliche Schwefel, welcher in den Zyklus der Sodafabrikation als gediegener (sizilianischer) Schwefel oder Schwefelkies eingetreten ist, geht im Laufe der Fabrikation verloren; ... der größere Teil aber, 80 Prozent oder bei Zylinderöfen bis 90 Prozent des Schwefels, findet sich im Auslaugerückstande, wo ja eben alle beschriebenen Unannehmlichkeiten durch die Gegenwart des Schwefels hervorgebracht werden. Nichts liegt also näher als das Streben, den Schwefel im Sodarückstande wieder nützlich zu verwerten...»[17]

Ergebnis dieses Strebens war das Entschwefelungsverfahren nach CLAUS, das heute in modernisierter Form in der Erdgas- und Erdölindustrie weit verbreitet ist. Das CLAUS-Verfahren zur Verarbeitung der Sodarückstände umfaßte folgende Reaktionsschritte:

1. Umsetzung der schlammförmigen Sodarückstände mit Kohlendioxid zu Kalk und Schwefelwasserstoffgas in speziellen Reaktionstürmen.
2. Partielle Verbrennung des Schwefelwasserstoffs mit einer genau dosierten Menge Luft zu Schwefeldioxid in speziellen Öfen.
3. Reaktion des Schwefeldioxids mit unumgesetztem Schwefelwasserstoff zu Schwefel und Wasser.
4. Abscheidung flüssigen Schwefels aus dem Reaktionsofen und Abtrennung von Schwefelnebeln aus dem Dampf und mitgeführtem Luftstickstoff in Absetzkammern und Wäschern.

Das CLAUS-Verfahren und die Salzsäure- und Chlorgewinnung sind Beispiele für die Entwicklung einer komplexen Nutzung von Rohstoffen in der chemischen Industrie. Schädliche Auswirkungen unerwünschter Neben- bzw. Kuppelprodukte auf Umwelt und Gesundheit konnten durch deren Aufarbeitung und Nutzung begrenzt werden.

Diese Tendenz zur Verringerung der spezifischen Umweltbelastungen durch die Produktionsprozesse in der chemischen Industrie wurde durch den rasanten Anstieg der Produktionsmengen und die Verschiebung von Problemen in nachgelagerte Bereiche wie Anwendung und Entsorgung der produzierten Chemikalien konterkariert.

Zwischenbilanz: Umwelt und Gesellschaft um 1900

Am Ende des 19. Jahrhunderts wies der Stoffwechsel zwischen Mensch und Natur in den Industrieländern bereits wesentliche Merkmale der heutigen Situation auf. In der Schwerindustrie hatten sich die Grundprinzipien der modernen Techniken der Nutzung von Kohle und Erz herausgebildet. Land- und Forstwirtschaft produzierten nach «rationellen» Grundsätzen für den Markt und die industrielle Weiterverarbeitung. Die chemische Industrie war als neuer Industriezweig entstanden, dessen Produktpalette ständig wuchs. Neben der Nachfrage nach neuen Chemikalien, die durch die Entwicklung der Abnehmerindustrien von außen an die Chemieindustrie herangetragen wurde, führte vor allem die immer komplexere Nutzung der Rohstoffe zu immer neuen Chemieprodukten. Wie am Beispiel der Sodaindustrie gezeigt wurde, führte die Notwendigkeit der Nutzung oder zumindest der Behandlung von Neben- und Abprodukten zu einer ständigen Verbreiterung der Produktpalette. In ähnlicher Weise hatte sich in der zweiten Hälfte des vorigen Jahrhunderts die Teerfarbenindustrie entwickelt. Durch die Verknüpfung der Abproduktprobleme der Schwerindustrie mit den von den chemischen Wissenschaften und der chemischen Technik eröffneten neuen Möglichkeiten der Stoffnutzung entstand auch hier ein geradezu explosionsartig wachsendes Spektrum neuer Produkte. Mit diesen Entwicklungen wurde allmählich auch die Ambivalenz des Beitrages erkennbar, den die Chemie zur Entwicklung des Stoffwechsels zwischen Mensch und Natur liefert. Neue Stoffumwandlungsverfahren nutzten die Rohstoffe besser aus, hatten einen geringeren spezifischen Energieverbrauch und erzeugten pro Einheit eines erzeugten Produktes weniger lästige Nebenprodukte. Die wachsenden Kenntnisse von der stofflichen Zusammensetzung der Natur und den Eigenschaften der Stoffe ermöglichte es, den Ursachen von Störungen des Stoffwechsels zwischen Mensch und Natur nachzugehen. LIEBIGS warnende Ausführungen über die Nährstoffkreisläufe sind ein Beispiel dafür.

Auf der anderen Seite führten die Faszination neuer Produkte, der Triumph wissenschaftlich-technischer und wirtschaftlicher Erfolge und das Gefühl, der Natur die letzten Geheimnisse entreißen und sie damit menschlicher Verfügung total unterwerfen zu können, zur Mißachtung von deutlichen Zeichen schwerer Störungen empfindlicher Gleichgewichte im Naturhaushalt. Die Steigerung der Fördermengen an Kohle und Erzen und die rasante Zunahme der Zahl neuer synthetischer Stoffe wurden als Gradmesser des Fortschritts aufgefaßt. Dabei auftretende Belastungen von Umwelt und menschlicher Gesundheit wurden als notwendiger Preis für den technischen Fortschritt dargestellt und weitgehend auch akzeptiert. Im Zusammenhang mit dem blinden Fortschrittsglauben entwickelte sich eine Gründermentalität, der gegenüber sich weitsichtige Kritiker, die die Grenzen der Ausbeutbarkeit und Belastbarkeit der Natur bereits früh erkannt hatten, kein Gehör verschaffen konnten.

In diesem kulturellen und politischen Klima entstanden die gesellschaftlichen Rahmenbedingungen, unter denen sich Umweltnutzung und Umweltpolitik im 20. Jahrhundert weiter entwickelten.

Die Vorrangstellung, die der freien Entfaltung von Industrie und Gewerben eingeräumt wurde, fand ihre rechtliche Ausprägung in der Gewerbeordnung. In ihr wurden die Unternehmerrechte, die sich aus dem Prinzip der Gewerbefreiheit ergaben, und die Beschränkungen dieser Rechte im Sinne des Gemeinwohles festgeschrieben. Zu den Rechten, die für eine ungehemmte industrielle Entwicklung von maßgeblicher Bedeutung sind, gehört nicht zuletzt das auf den ungehinderten Zugriff auf Rohstoffe und Umweltmedien.

Die Gewerbeordnung: Rechtliche Grundlage der industriellen Produktionsweise

Die Gewerbefreiheit fand ihren rechtlichen Ausdruck in der Gewerbeordnung. Die 1869 formulierte Gewerbeordnung des Norddeutschen Bundes wurde nach der Reichsgründung 1871 für das Deutsche Reich übernommen und neu verkündet. Seither hat sie zahlreiche Änderungen und Ergänzungen erfahren. Sie ist in ihrer Grundstruktur auch heute gültig.

Mit der Gewerbeordnung wurde auch geregelt, in welchem Ausmaß und mit welchen Folgen die Natur als materielle Basis der gesellschaftlichen Existenz für wirtschaftliche Tätigkeiten in Anspruch genommen werden durfte. § 1 Abs. 1 der Gewerbeordnung (GewO) lautet (in moderner Fassung): «Der Betrieb eines Gewerbes ist jedermann gestattet, soweit nicht durch dieses Gesetz Ausnahmen oder Beschränkungen vorgeschrieben oder zugelassen werden.»

Indem die Gewerbeordnung keine Regelung enthält, die ein Maß für die Beanspruchung der Natur festlegt, unterstellt sie prinzipiell ein Recht auf unbegrenzte Naturausbeutung. Die einschränkenden Anordnungen der Gewerbeordnung haben lediglich eine Störungsminderung zum Ziel. § 16 bestimmt, daß zur Errichtung von Anlagen, die durch ihre Lage oder ihre Beschaffenheit «für die Besitzer oder Bewohner der benachbarten Grundstücke oder für das Publikum überhaupt erhebliche Nachteile, Gefahren oder Belästigungen herbeiführen können», eine Genehmigung erforderlich ist. Die Genehmigung erfolgt auf der Grundlage eines Antrages, dem eine ausführliche Beschreibung der geplanten Anlage beizufügen ist. Wenn die Unterlagen vorliegen, wird das Vorhaben öffentlich bekanntgemacht. Die Betroffenen haben dann 14 Tage Zeit, Einwendungen gegen die geplante Anlage vorzubringen (§ 17). Werden keine Einwendungen erhoben, «so hat die Behörde zu prüfen, ob die Anlage erhebliche Gefahren, Nachteile oder Belästigungen für das Publikum herbeiführen könne» (§ 18). Liegen Einwendungen vor, die auf privatrechtlichen Titeln beruhen, so wird das Verfahren zur richterlichen Entscheidung überwiesen. Alle anderen Einwendungen sind «mit den Parteien vollständig zu erörtern» (§ 19 Abs. 2).

Sind sie erörtert, nimmt das Genehmigungsverfahren nach § 18 GewO seinen Gang.[1]

Für den Ausgang eines Genehmigungsverfahrens ist die Frage der Zumutbarkeit auftretender Gefahren, Nachteile oder Belästigungen ein ausschlaggebendes Kriterium. Hierfür haben die – später noch genauer zu hinterfragenden Begriffe «ortsübliche Belastung» und «Überschreitung des Gemeinüblichen und Regelmäßigen» eine entscheidende Bedeutung erlangt.

Der Genehmigung einer gefährlichen Industrieanlage stand in der Regel, sofern nicht allzu gravierende Auswirkungen auf die Umgebung zu befürchten waren oder die Interessen privilegierter Kreise berührt wurden, wenig im Wege.

Oft stellten sich jedoch erhebliche Auswirkungen einer Fabrikation erst nach der Genehmigung während des Betriebes heraus. Welche Eingriffe sah die Gewerbeordnung für diesen Fall vor?

§ 26 GewO legt vor allem fest, welcher Eingriff *nicht* vorgesehen ist:

> «Soweit die bestehenden Rechte zur Abwehr benachteiligender Einwirkungen, welche von einem Grundstück aus auf ein benachbartes Grundstück geübt werden, dem Eigentümer oder Besitzer des letzteren eine Privatklage gewähren, kann diese Klage einer mit obrigkeitlicher Genehmigung errichteten gewerblichen Anlage gegenüber niemals auf Einstellung des Gewerbebetriebes, sondern nur auf Herstellung von Einrichtungen, welche die benachteiligende Wirkung ausschließen, oder, wo solche Einrichtungen untunlich oder mit einem gehörigen Betriebe des Gewerbes unvereinbar sind, auf Schadloshaltung gerichtet werden.»

Nicht genug, daß private Klagen mit dem Ziel der Einstellung eines belastenden Gewerbebetriebes ausdrücklich ausgeschlossen wurden. Auch nachträgliche Anordnungen, die die Herstellung von Einrichtungen zur Abwehr benachteiligender Wirkungen zum Ziel hatten, wurden nur im Rahmen bestimmter Einschränkungen zugelassen. § 25 Abs. 3 S. 2 GewO bestimmte, daß die von der Behörde getroffenen Anordnungen «nach dem jeweiligen Stand der Technik erfüllbar und für Anlagen dieser Art wirtschaftlich vertretbar» sein müssen.

Mit den Begriffen «Stand der Technik» und «wirtschaftliche Vertretbarkeit» finden sich in der Gewerbeordnung zwei weitere Schlüsselbegriffe der Umweltpolitik, die bis zum heutigen Tag von erheblichem Gewicht sind.

Die Stillegung einer Anlage wurde nach § 51 Abs. 1 GewO nur bei Vorliegen «überwiegender Nachteile und Gefahren für das Gemeinwohl» vorgesehen. In einem solchen Fall sei dem Besitzer für den erweislichen Schaden Ersatz zu leisten.

Bei der Aufnahme einer gefährlichen Produktion hat also nicht etwa der Betreiber den Nachweis zu erbringen, daß die Risiken, gemessen an dem Nutzen der beabsichtigten Produktion, tragbar und beherrschbar sind, sondern die Behörde hat zu prüfen, «ob die Anlage erhebliche Gefahren, Nachteile oder Belästigungen für das Publikum herbeiführen könne» (§ 18).[2]

Dementsprechend trug auch nicht der Betreiber die Verantwortung, wenn sich nachträglich herausstellte, daß die Schäden für die Gemeinschaft in keinem vertretbaren Verhältnis zum Nutzen standen. Kam es wirklich einmal zu einer Betriebsstillegung, ging der wirtschaftliche Schaden zu Lasten der Allgemeinheit.

Mit der Gewerbeordnung wurde der rechtliche Rahmen für eine wirtschaftliche Entwicklung geschaffen, bei der der industriellen Ausbeutung der Natur der eindeutige Vorrang vor allen anderen Formen der Nutzung oder der Schonung der natürlichen Umwelt eingeräumt wurde.

Ortsübliche Belastung

Die juristische Beurteilung der Zumutbarkeit von Belastungen durch die Errichtung und den Betrieb einer Industrieanlage richtete sich um die Jahrhundertwende wesentlich danach, wem diese Belastungen zuzumuten waren. Hier wurden zwischen Angehörigen unterschiedlicher Gesellschaftsschichten sowie zwischen Primärproduktion (Land- und Forstwirtschaft, Fischerei) und industrieller Produktion erhebliche Unterschiede gemacht.

Unter Berufung auf die «ortsübliche Belastung» wurden in den Industrierevieren Entschädigungsklagen und Einsprüche gegen die Errichtung neuer Industrieanlagen abgewiesen. In der Nähe von Wohngebieten der privilegierten Bevölkerungsschicht, Villenvororten und Kurorten konnten dagegen Industrieansiedlungen unter Bezug auf die ortsübliche Belastung bzw. Nichtbelastung verhindert werden.

Unter Berufung auf drohende «ortsunübliche Belastung» wurde 1891 die Errichtung einer Bleihütte in Schulau / Blankenese bei Hamburg verhindert. Die Einsprüche von Hamburgern, die die Wohnqualität ihrer Elbufervillen gefährdet sahen, hatten Erfolg.[3]

Ähnlich dehnbare Begriffe wie die «ortsübliche Belastung» waren die «Überschreitung des Gemeinüblichen und Regelmäßigen» oder die «Grenze des Erträglichen bzw. Zumutbaren». Diese Begriffe haben vor allem bei der Entwicklung der Gewässerbelastungen bzw. des Wasserrechts eine Rolle gespielt.

Die Überschreitung des Gemeinüblichen und Regelmäßigen: Flußverunreinigungen um 1900

In einer zeitgenössischen Publikation zum Problem der Flußverunreinigungen heißt es:

«Fast noch gefahrdrohender für die Flüsse als die Hineinleitung der gar nicht oder ungenügend gereinigten Jauchen der Städte werden von Jahr zu Jahr in rapid wachsendem Maße die Abwässer unserer Industrien. Fast wie ein Hohn nehmen sich unsere zum Schutz der Gewässer gegebenen Gesetze und Verordnungen gegenüber der im ganzen Reiche mit unglaublicher Laxheit geübten Handhabung derselben aus.»[4]

Der sich angesichts der zunehmenden industriellen Verschmutzung der Flüsse verschärfende Konflikt zwischen den gegensätzlichen Interessen unterschiedlicher Flußanlieger prägte die Entwicklung wasserrechtlicher Bestimmungen: Am 19. April 1882 wurde in einem Urteil des Reichsgerichts festgestellt, daß Uferbesitzer an einem Privatfluß das Recht hätten, jeder oberhalb ihres Besitzes stattfindenden Zuleitung außer derjenigen von Regen- und Quellwasser zu widersprechen. Diese Rechtsauffassung wurde von der Industrie als «praktisch ganz undurchführbar» angesehen.[5] In den folgenden Jahren, in denen sich die Bildung großer Konzerne und einflußreicher industrieller Interessenverbände vollzog, näherte sich die Rechtsprechung immer stärker den Auffassungen der Industrie an.

«Im Reichsgerichtsurteil vom 2. Juni 1886 wird der... Grundsatz aufgestellt, daß der Uferbesitzer eines Privatflusses sich diejenigen Zuleitungen in den Fluß gefallen lassen muß, die das Maß des Regelmäßigen, Gemeinüblichen nicht übertreffen. In den Reichsgerichtsurteilen vom 18. September 1886 und 5. Februar 1887 wird dann bestimmt, daß es Sache des Klägers sei, den Nachweis zu führen, daß eine Überschreitung des Gemeinüblichen und Regelmäßigen tatsächlich stattgefunden habe. Im Urteil vom 22. Dezember 1897 schließlich wird dann ganz eindeutig folgendes festgelegt: ‹Das Wasser eines öffentlichen wie eines Privatflusses ist die von der Natur gegebene Abflußrinne, nicht nur für das vom Boden selbst abfließende, sondern auch für das vielfach mit fremden Stoffen vermischte Wasser, welches zu Wirtschaftszwecken gedient hat und künstlich fortgeschafft werden muß.›»[6]

Nachdem die Rechtslage in diesem Sinne geklärt war, stellte sich das Problem der Gewässerverschmutzung aus der Sicht der Industrie so dar:

> «Die Städte müssen ebenso wie die Industrie ihre Abwasser den Flüssen zusenden und damit denjenigen Anteil der darin enthaltenen verunreinigenden Stoffe, der sich mit den vernünftigerweise für die Reinigung aufzuwendenden Geldmitteln nicht mehr beseitigen läßt. Mit dem fortschreitenden Anwachsen der Städte und dem unausgesetzt zunehmenden erfreulichen Aufschwunge unserer Industrie wächst dieser Anteil von Jahr zu Jahr. Andererseits ist nicht zu verkennen, daß zahlreiche Flüsse und Bäche längst unter stillschweigender und *übrigens durchaus zu billigender Duldung* der Behörden über das zulässige Maß hinaus verunreinigt sind. Man sollte aber überall dort, wo es vom wirtschaftlichen Standpunkte erträglich ist, mit äußerster Energie vorgehen, um die Schäden nach Möglichkeit zu mildern.»[7] (Hervorhebung durch den Verfasser).

Noch deutlicher formulierte der Gutachter für den Verein zur Wahrung der Interessen der Chemischen Industrie, K. JURISCH, den Anspruch auf unbegrenzte Einleitung von Abfallstoffen in die als natürliche Abwasserkanäle anzusehenden Flüsse. Neben der strikten Ablehnung allgemeiner Grenzwerte der Belastung verlangte er «eine Abwägung der Interessen» und forderte «bei entgegenstehenden und nicht zu versöhnenden, ... das größere wirtschaftliche Interesse zu schützen». Derselbe an anderer Stelle:

> «Die Fischerei hat auf ein Flußgebiet, an dem gewerbliche und industrielle Anlagen errichtet worden sind oder werden, keinen Anspruch auf alleinige Berechtigung; ... Es liegt ... im wohlverstandenen Interesse eines jeden armen Landstriches, das Aufblühen der Industrie zu fördern, selbst auf Kosten der Fischerei.»[8]

Die unhaltbaren Zustände der Flüsse motivierten verschiedene gesellschaftliche Gruppen, eine gesetzliche Regelung der Abwasserfrage zu fordern. Bereits 1878 beschloß der Deutsche Landwirtschaftsrat:

> «An den Herrn Reichskanzler die Bitte zu richten, durch ein Reichsgesetz aufgrund der Reichsverfassung Art. 4 Nr. 15 Normativbestimmungen festsetzen zu wollen, unter denen die Einleitung des Kloakenwassers und schädlicher Abgänge aus Fabriken und technischen wie anderen Gewerben in die Flüsse gestattet werden kann.»[9]

Die Reichsregierung reagierte auf diesen Vorstoß, wie auch auf spätere, sehr zurückhaltend und überließ die Abwässerfrage sich selbst bzw. den Bundesstaaten.

Unter Druck öffentlicher Proteste kam es 1899 zu einem Reichstagsbeschluß, der die Reichsregierung aufforderte, eine Kommission für die Aufsicht über die zwischenstaatlichen Gewässer zu bilden. Auch dazu war die Regierung nicht bereit. Es kam lediglich 1901 zur Einrichtung eines Reichsgesundheitsrates. Eine seiner Abteilungen sollte sich gutachterlich mit Wasserversorgung und Abwasserfragen beschäftigen.

Gegen eine verbindliche gesetzliche Regelung der Abwässerfrage wehrte sich vor allem die Industrie: «Der Himmel bewahre uns... vor einem Reichsabwässergesetz», beschwor beispielsweise Carl DUISBERG (1861–1935), der als Direktor der Farbenfabriken Bayer in Leverkusen bei Köln damals einer der führenden Industriellen Deutschlands war.

Unter dem Druck der sich weiter verschärfenden Probleme blieb der Gedanke an eine einheitliche Regelung für das ganze Gebiet des Deutschen Reiches weiter akut. Entsprechende Vorstöße scheiterten jedoch, ebenso wie die Verabschiedung eines verschärften preußischen Wassergesetzes, als 1914 der Erste Weltkrieg ausbrach.[10]

Zur ideologischen Rechtfertigung ihres Anspruches auf möglichst unreglementierte Umweltbelastung bediente sich die Industrie zur Jahrhundertwende vor allem der Theorien von der «uneingeschränkten Selbstreinigungskraft der Natur» und der «Unschädlichmachung durch Verdünnung». Diese Auffassungen fanden nicht nur in Hinblick auf die Gewässerbelastung, sondern auch auf die beiden anderen relevanten Umweltmedien, Luft und Boden, Anwendung und Verbreitung. Sie bildeten den ideologischen Hintergrund für die Entwicklung von «Entsorgungs»verfahren, die bis in unsere Zeit den Stand der Technik bestimmten.

Stand der Technik und Wirtschaftlichkeit

Der bereits in der Gewerbeordnung von 1869 verwendete Begriff «Stand der Technik» wurde zu einem Schlüsselbegriff in der Auseinandersetzung um Verfahren zur Minderung von Umweltbelastungen:

«Damit waren die Verfahren gemeint, die üblich und gebräuchlich und damit auch wirtschaftlich, nicht hingegen diejenigen, die technisch möglich waren. Im Gegenteil, neue Verfahren konnten sich häufig deshalb nicht durchsetzen, weil sie nicht als allgemein erprobt bezeichnet wurden. Allgemein erprobt wiederum wurden sie nicht, weil ihre Einführung Kosten verursacht hätte. Selbst in den Fällen, wo praktische Erfahrungen bestanden und der Nachweis erbracht war, daß neu entwickelte Verfahren technisch beherrscht wurden, bestimmte sich der Stand der Technik weiterhin nach der gängigen Praxis, wie unbefriedigend und überholt sie auch immer war. Hinzu kam, daß bis in die jüngste Zeit (bis in die 1980er Jahre – d. V.) der Gesetzgeber keine wirksamen Grenzwerte festsetzte, so daß auch von dieser Seite kein Anlaß bestand, von den gängigen Verfahren abzugehen oder gezielt nach Möglichkeiten zu suchen, Belastungen zu vermeiden.»[11]

Die Durchsetzung hoher Schornsteine zur vermeintlichen Beseitigung schädlicher Industrieabgase ist ein wichtiges Beispiel für die Etablierung eines «Standes der Technik», der trotz lange bekannter katastrophaler Auswirkungen auf die Natur erst in unseren Tagen allmählich durch die Einführung wirkungsvollerer Techniken überwunden wird.

Trotz anfänglicher Mißerfolge bei Versuchen, den Ausstoß von Schwefeldioxid und anderen schädlichen Bestandteilen der Rauchgase durch Reinigung der Abgase zumindest zu mildern, war die Durchsetzung der Hochschornsteinpolitik keine technisch bedingte Notwendigkeit. Die wissenschaftlichen und technischen Voraussetzungen für eine wirkungsvollere Abgasreinigung waren bereits Ende des 19. Jahrhunderts geschaffen worden. Verfahren zur Reinigung und Entschwefelung von Rauchgasen, zum Beispiel Kalkwäschen oder Katalysetechniken, waren im Prinzip bekannt, seitdem das Kontaktverfahren zur goßtechnischen Schwefelsäureherstellung entwickelt worden war. Praktische Auswirkungen auf das Rauchgasproblem hatten diese technischen Entwicklungen nicht.

Technische Möglichkeiten, Umweltbelastungen zu vermeiden oder zumindest einzuschränken, wurden nur dann wahrgenommen, wenn die Probleme so gravierend wurden, daß überwiegende Nachteile und Gefahren für das Gemeinwohl offenkundig waren und eine Lösung nach dem Verdünnungsprinzip nicht möglich war.

Die Absorption der Salzsäure aus den Abgasen der LEBLANC-Sodafabriken und die Entwicklung einer Technik zur Wiederverwertung der schwefelhaltigen Sodarückstände sind Beispiele dafür, daß die Industrie im 19. Jahrhundert sehr schnell effektive Techniken zur Vermeidung von schädlichen Abfallstoffen entwickeln konnte, wenn andere Wege nicht gangbar waren.

Der Kampf um die Reinhaltung der Flüsse, des Bodens und der Luft

Die zunehmenden gesundheitlichen Belastungen und Umweltzerstörungen, die mit der Einführung neuer industrieller Methoden der Naturausbeutung auftraten, hatten bei weitblickenden Zeitgenossen Ende des 19. Jahrhunderts wachsende Besorgnis hervorgerufen. 1878 wurde der «Internationale Verein zur Reinhaltung der Flüsse, des Bodens und der Luft» gegründet. In einem Aufruf des Vereins, der 1905 anläßlich der 27. Generalversammlung verfaßt wurde, heißt es:

> «Wir führen seit Jahren Krieg gegen Unwissenheit, Eigennutz, Rücksichtslosigkeit, Gleichgültigkeit und Vorurteile. So ist unser Kampf für die Reinhaltung unserer Gewässer gegen den Eigennutz der Industrien und Städte, ... ein schwerer und kostspieliger.»[12]

Im Vordergrund des Kampfes der Vorväter[13] heutiger Umweltschützer stand der Widerstand gegen die zunehmende Gewässer- und insbesondere Flußverschmutzung. Der Hamburger Arzt Georg BONNE, Vorstandsmitglied des Vereins, trat 1907 mit einer Kampfschrift «Deutsche Flüsse oder Deutsche Kloaken? Eine ernste Mahnung in letzter Stunde an unsere Regierungen und an unser Volk.»[14] an die Öffentlichkeit. In dieser Schrift wird das Problem der Flußverunreinigungen zunächst mit dem Problem des Nährstoffentzugs landwirtschaftlich genutzter Böden in Verbindung gebracht:

> «Und während so ein Gewerbe, welches über 50000 deutschen Männern ein gesundes und auskömmliches Brot gibt, ... seinem sicheren Ruin entgegensteht (die bereits damals arg bedrängte Binnenfischerei, d. V.), verliert die Landwirtschaft durch die Abschwemmung der Fäkalien der Stadtbewohner in die Flüsse alljährlich viele, viele Millionen an Dungwerten... Während unser lebensstarkes, schnellwachsendes deutsches Volk jedes Jahr um über eine Million hungrige Mägen zunimmt, vergeuden wir so alljährlich viele Millionen Dungstoffe und verpesten mit ihnen unsere

> Flüsse, anstatt unserer Landwirtschaft zu helfen ... und aus unseren Binnengewässern ungezählte Schätze bester Fleischnahrung herauszufischen! Und das nennt sich moderne Volkswirtschaft!»[15]

In der zweiten Hälfte des 19. Jahrhunderts hatte sich das moderne System der «Schwemmkanalisation» durchgesetzt, bei dem Fäkalien, Haushaltsabwässer und industrielle Abfallstoffe durch Spülung mit oder ohne Zwischenschaltung eines Klärwerks in den nächsten Wasserlauf geschwemmt werden. Damals standen auch andere realisierbare «Entsorgungskonzepte» zur Diskussion, die eine Rückführung der Pflanzennährstoffe auf hygienisch vertretbare Art erlaubt hätten.[16]

In diesem Zusammenhang stellte BONNE folgende, angesichts der heute kaum noch lösbaren Abfallprobleme und der bis in die Meere fortgeschrittenen Umweltzerstörung durch Überdüngung und Vergiftung der Gewässer hochaktuellen Überlegungen an,

> «daß die Unkultur sich um die Abgänge überhaupt nicht kümmere, die niedere Kultur wohl ihre Beseitigung anstrebe, ... daß es aber erst der höheren Kultur vorbehalten sei, die Abfallstoffe zu verwerten, das heißt in wirtschaftlich und hygienisch einwandfreier Form dem Kreislauf der Natur und des Nationalhaushaltes wieder zuzuführen.»[17]

Die gesellschaftlichen Verhältnisse in den Industrieländern ließen um 1900 und weitestgehend bis heute nur den Übergang von der «Unkultur» zur «niederen Kultur» zu. Wirtschaftliche Einzelinteressen siegten über das gesamtgesellschaftliche Interesse an einem langfristig verantwortbaren Stoffwechsel zwischen Mensch und Natur.

In der Arbeiterbewegung meldeten sich neben einer Mehrheit, die auf eine forcierte Industrialisierung unter ihrer Führung hinstrebte, auch Stimmen zu Wort, die auf die zunehmende Naturzerstörung hinwiesen. Im Märzheft 1914 des *Wanderfreund*, der Monatsschrift des Arbeiter-Wanderbundes «Naturfreunde», erschien ein leidenschaftlicher Artikel über «Natur- und Heimatschutz». Als Ergebnis der wissenschaftlich-technischen Entwicklung habe der Mensch es verstanden, die «Natur zu unterjochen und ihr seinen unbeugsamen Willen aufzuzwingen, nur zu gründlich ist er dabei zu Werke gegangen». Der Verfasser fährt fort:

> «Niemals aber hat der Mensch unsinniger, unerbittlicher, grausamer, rücksichtsloser unter der Tier- und Pflanzenwelt gehaust als seit Mitte des vorigen Jahrhunderts, d. h. seit der besonderen Entfaltung der kapitalisti-

schen Produktionsweise. (...) Man hört zwar oft mit Stolz das 19. Jahrhundert das «naturwissenschaftliche» nennen und zum Teil zu Recht... Doch scheint es fast, als hätte man bei alledem nur eines vergessen: die Natur selbst.

Denn was bedeuten alle diese schönen Errungenschaften und Fortschritte auf dem Gebiete der Naturwissenschaften gegenüber der unglaublichen Naturverwüstung und Naturverschandelung, wie wir sie heute tagtäglich erleben müssen. Es wäre blutiger Hohn, grausame Ironie, wollte man hier vom Zeitalter der Naturwissenschaften sprechen, sondern es ist das Zeitalter der rohen, nackten Profitgier, es ist das Zeitalter des Kapitalismus, in dem wir leben.

Unsere moderne Land- und Forstwirtschaft, die aus jedem Zollbreit unbedingt Kapital schlagen will, ist eben der Todfeind der Lebewesen, denen sie keine ungestörte Zufluchtsstätte mehr gönnt. Dazu kommt dann die Industrie mit ihren verheerenden Wirkungen, mit ihrem betäubenden Lärm, ihren giftigen Gasen und Abwässern. Wirtschaftliche und materielle Interessen traten so sehr in den Vordergrund, daß man den Wert des natürlich Gewordenen völlig vergaß.»[18]

Der Weltkrieg, der wenige Monate nach dem Erscheinen dieses Artikels begann, und die darauf folgenden sozialen und politischen Umwälzungen ließen diese Diskussion für Jahrzehnte in den Hintergrund treten.

Umweltpolitik und behördlicher Handlungsspielraum

Die durch die Gewerbeordnung und ein industriefreundliches Wasserrecht juristisch abgesicherte Durchsetzung industrieller Nutzungs- und Entsorgungsinteressen gegenüber Konzepten, die einen langfristig geregelten Stoffwechsel mit der Natur im Auge hatten, bestimmte auch den behördlichen Handlungsspielraum in Umweltangelegenheiten. Die behördlichen Eingriffsmöglichkeiten beschränkten sich im wesentlichen (nach der zitierten Einteilung Bonnes) auf die «niedere Kulturstufe» einer möglichst gefahrlosen Beseitigung von Abfallstoffen. Der Umweltschutz wurde auf der unteren Ebene einer «Politik des peripheren Eingriffs» angesiedelt.[19]

Trotz des sehr begrenzten Handlungsspielraumes wurden im Rahmen der behördlichen Aktivitäten wichtige Beiträge zur Erforschung der Ursachen von Umweltbelastungen und zur Entwicklung von Umwelttechniken geleistet.

Am 1.4.1901 wurde die preußische «Königliche Versuchs- und Prüfanstalt für Wasserversorgung und Abwasserbeseitigung» (heute Institut für Wasser-, Boden- und Lufthygiene des Bundesgesundheitsamtes in Berlin) gegründet.[20] Die Anstalt hatte die Aufgabe,

> «alle Vorgänge, welche sich auf dem Gebiete der Wasserversorgung und Abwässerbeseitigung abspielen, fortdauernd auf deren gesundheitlichen und wirtschaftlichen Wert zu verfolgen, weiterhin etwa erforderlich werdende, dahin gehörige Versuche im allgemeinen Interesse aus eigenem Antriebe auszuführen, ferner Untersuchungen und Begutachtungen der in den Geschäftsbereich der Anstalt fallenden Angelegenheiten gegen Gebühr im Auftrage von Behörden und Privaten auszuführen und schließlich den Zentralbehörden Auskunft zu erteilen und ihnen Gutachten im öffentlichen Interesse zu erstatten.»[21]

Obwohl die Versuchsanstalt ihre Gutachten sehr vorsichtig formulierte und sich auf eine sachlich-wissenschaftliche Darstellung der Sachverhalte beschränkte, geriet sie gelegentlich unter heftigsten Druck, wenn ihre Untersuchungsergebnisse bestimmten Privatinteressen entgegenstanden. Unter den Kritikern der Anstalt war auch der an anderer Stelle bereits als scharfer Gegner einer Regelung der Abwasserfrage erwähnte Vorsitzende der Farbenfabriken Bayer, Carl Duisberg. Auf der Verbandstagung des Vereins zur Wahrung der Interessen der Chemischen Industrie Deutschlands im Jahre 1912 griff er die Arbeitsweise der Versuchsanstalt scharf an und diffamierte sie als «Polizeibüttel».[22]

Standen schon die wissenschaftlichen und gutachterlichen Tätigkeiten der Behördenvertreter unter dem Druck einer Kritik seitens der Industrie, die sich auch auf höchster Regierungsebene Gehör zu verschaffen wußte, so war an umfassendere Eingriffe des Staates in die Gestaltung wirtschaftlicher Stoffströme überhaupt nicht mehr zu denken. Eine gesamtgesellschaftliche Verantwortung für den Stoffwechsel zwischen Mensch und Natur war damit nicht mehr vorstellbar.

Mit dem Verzicht des Staates auf eine gestaltende Funktion, mit der Durchsetzung der Auffassung von der «natürlichen» Funktion der Flüsse als Abwasserkanäle sowie der Anerkennung des «Verdünnungsprinzips», deren Fragwürdigkeit von kritischen Zeitgenossen klar erkannt worden war, schließlich mit der Etablierung eines höchst unbefriedigenden «Standes der Technik» sind bereits vor etwa hundert Jahren die Weichen in Richtung auf die Umweltsackgasse gestellt worden, an deren Ende wir heute stehen.[23]

Auch drastische Folgen industrieller Schadstoffemissionen führten nicht zu grundsätzlichen Lösungsansätzen, sondern nur zu Versuchen, die schlimmsten Symptome zu mildern. Als Beispiel kann die Auseinandersetzung des Siedlungsverbandes Ruhrkohlenbezirk, eines 1920 gegründeten Zusammenschlusses der Kommunen, mit dem Problem des Waldsterbens in den zwanziger Jahren herangezogen werden.

Das Sterben der Wälder hatte alarmierende Ausmaße angenommen. Als Hauptverursacher der Vegetationsschäden wurde die schweflige Säure erkannt. Mittel zu ihrer Entfernung aus den Rauchgasen wurden in den Erörterungen des Siedlungsverbandes erst gar nicht mehr in Erwägung gezogen. Da eine grundsätzliche Lösung des Problems nach dem «Stand der Technik» für unmöglich gehalten wurde, kam man zu der folgenden zusammenfassenden Tatsachenfeststellung,

> «daß schweflige Säure derjenige Stoff ist, welcher im hiesigen Industriebezirk die Tannenwälder verwüstet und den Obstbau fast unmöglich macht, und wenn andererseits feststeht, daß es bis jetzt kein Mittel gibt, diese Säure aus den Verbrennungsgasen auszuscheiden, dann kann der Weg zur Erhaltung des Waldbestandes nur in der Richtung liegen, daß nur säurefeste Baumarten gepflanzt werden, jeder Versuch aber, empfindliche Nadelhölzer zu erhalten, als aussichtslos aufgegeben wird.»[24]

Man hatte sich damit abgefunden, daß «die Schornsteine rauchen mußten» und die lebendige Natur dabei weitgehend auf der Strecke blieb.

Die Teerfarbenindustrie: Keimzelle der modernen Chemieindustrie

Als sich die aufblühende neue Wissenschaft Chemie dem problematischen Nebenprodukt der Schwerindustrie, dem Teer, zuwandte, entstand ein neuartiger Industriezweig auf der Basis einer neuen Technologie: der synthetischen organischen Chemie.

Die Teerfarbenindustrie brachte eine neue Qualität in den Stoffwechsel zwischen Mensch und Natur, die eng mit anderen Problemen der Industrialisierung zusammenhing. Auf der Rohstoffseite entwickelte sich die neue Industrie durch die Nutzung des fragwürdigen Abprodukts der extensiven Kohlenutzung – des Teers – im Kontext mit dem Raubbau an nicht regenerierbaren Rohstoffen.

Mit der Industrialisierung der lebendigen Natur ist die Entstehungsgeschichte der Teerfarbenindustrie in doppelter Weise verknüpft. Da sie auf der Abnehmerseite, ähnlich wie die Sodaindustrie, eng mit der Textilindustrie verbunden ist, besteht der Bezug zu Plantagenwirtschaft und Monokulturen beim Baumwollanbau und zur Industrialisierung der Faserverarbeitung. Durch die Verdrängung pflanzlicher Farbstoffe wirkte sich die Teerfarbenherstellung auch auf landwirtschaftliche Produktionsstrukturen aus.

Durch die Nutzung von isolierten Bestandteilen komplexer Naturprodukte für die Synthese hat die Teerfarbenindustrie eine faszinierende Welt neuer Stoffe zugänglich gemacht, die ohne die künstliche Inszenierung mittels der chemischen Technik nicht vorkommen. Mit den Produkten und dem Abfall der chemischen Industrie wurden Stoffe in die Umwelt eingebracht, deren ökologische und toxikologische Eigenschaften bis heute erst zu einem geringen Teil bekannt sind.

Entstehung der Teerfarbenindustrie

Der englische Chemiker William Henry PERKIN (1838–1907), ein Assistent des LIEBIG-Schülers August Wilhelm HOFMANN (1818–1892), entdeckte 1856 bei Arbeiten mit Anilin, einem übelriechenden, giftigen Teerbestandteil, im Londoner Royal College of Chemistry durch Zufall einen kräftig violett leuchtenden Farbstoff. Eigentlich war PERKIN auf der Suche nach einer Synthese für Chinin, den Wirkstoff aus der Rinde des Chinonabaumes, der als Malariamittel in der Blütezeit des englischen Kolonialismus sehr begehrt war. Den statt des Chinins gefundenen Farbstoff, der sich vor allem zum Färben von Seide eignete, nannte PERKIN nach der Farbe der Malvenblüte «Mauvein». Ende 1857 wurde es von der eiligst errichteten Firma Perkin & Sons mit glänzendem Erfolg an die Londoner Seidenfärber verkauft. Die Neuheit erregte beträchtliches Aufsehen. Heinrich CARO (1834–1910), Chemiker und Direktor der BASF, schrieb in seinen Erinnerungen:

> «Eine neue Welt war erschlossen, voll märchenhaften Reizes, für den Einen ein Goldland, für den Anderen ein aussichtsreiches Forschungsgebiet. Alles eilte dahin, ... der Fabrikant, der Gelehrte, der Kaufmann, der Abenteurer. Die Schönheit, die Echtheit, der durchschlagende Erfolg der ersten Anilinfarbe wirkten zündend.» [1]

Die Entdeckung des Mauveins durch PERKIN war das auslösende Moment, richtig in Schwung kam die Teerfarbenindustrie durch einen anderen Farbstoff: das nach der Blütenfarbe der Fuchsie benannte Fuchsin.

Fuchsin

In *Dinglers polytechnischem Journal* erschien 1859 folgende Mitteilung: «Die H. Hrn. Gebrüder RENARD und FRANC, Fabrikanten chemischer Produkte in Lyon, haben... einen neuen Farbstoff erhalten, welchen sie Fuchsin nennen. Sie ließen sich die industrielle Anwendung dieses Farbstoffes patentieren und fabricieren denselben gegenwärtig in bedeutenden Quantitäten. Man wendet diese schöne Farbe jetzt hauptsächlich in der Seiden-, Wollen- und Baumwollenfärberei an, sie wird aber auch schon für den Kattundruck benutzt. Dieser neue Farbstoff ist sehr echt, hat eine sehr intensive und außerordentlich lebhafte Farbe und ersetzt vorteilhaft die Cochenille und den Safflor; ... mit dieser Farbe gefärbte Stoffe sind bereits in den Handel gekommen und erregten ebenso großes Erstaunen als Bewunderung.»[2]

CARO beschreibt die Situation so: «Der Erfolg des Fuchsins ist momentan viel größer als der des PERKINschen Violetts. Einen solchen Farbstoff hatte man nie zuvor gesehen. Wie matt erscheint dagegen das Rosa der Cochenille! Sein verführerischer Glanz drängt alle Bedenken gegen seine mangelnde Echtheit zurück, ... die Mode will es. (...) Alles wendet sich jetzt den so leichten und dankbaren Schmelzprozessen zu. Die Ära der Massenerfindungen beginnt. Alles wird probiert. Alles gibt Rot. Alles wird patentiert, ... jeder träumt von Ehre und Schätzen. Das Goldfieber tritt auf...»[3]

Die einem Goldrausch ähnliche Suche nach neuen Anilinfarben oder verbesserten Verfahren zur Herstellung des Fuchsins ließ Chemiker und Erfinder auf Versuche mit allen möglichen exotischen und gefährlichen Reagenzien kommen. Dazu gehörten auch solche Stoffe, die in der Metallurgie als lästige und gefährliche Nebenprodukte auftraten und zuvor bestenfalls als Rattengift zu gebrauchen waren. Ein solcher Stoff war das Arsen. Im Januar 1860 meldete der englische Arzt Henry MEDLOCK die Fuchsinherstellung durch Erhitzen von arsensaurem Anilin zum Patent an.[4]

Zur Herstellung von Fuchsin nach dem Arsensäureverfahren wurde ein in bestimmter, zunächst noch unbekannter Weise mit Nebenprodukten verunreinigtes Anilin, das «Anilinöl für Rot», benötigt. Dieses Anilinöl mußte zusammen mit Arsensäurelösung in gußeisernen, emaillierten Kesseln über offenem Feuer sechs bis acht Stunden bei 170 bis 180 Grad Celsius gerührt werden. Die grüngolden schimmernde Schmelze wurde nach dem Öffnen der Kessel mit großen eisernen Löffeln ausgeschöpft und in Schubkarren ausgetragen, die mit Strohpapier ausgelegt waren. Anschließend wurde die erstarrte Schmelze in eisernen Kochern in Wasser gelöst und mit Kochsalz und Salzsäure versetzt. Dabei entstand salzsaures Fuchsin, das man auskristallisieren ließ. Um durch langsames Abkühlen möglichst große Kristalle zu erhalten, deckte man die Lösung mit Holzdielen ab, an denen sich die schönsten Kristalle absetzten. Die Kristalle wurden getrocknet und in Handarbeit sortiert.[5]

Die Verwendung der Arsensäure verdrängte bald die älteren Verfahren, «der Leichtigkeit und Sicherheit wegen».[6]

Bald hatte sich die chemische Wissenschaft genauer mit der Chemie der zunächst empirisch gefundenen Anilinfarben beschäftigt. Besondere Verdienste kamen hierbei August Wilhelm HOFMANN zu. Er wies nach, daß Fuchsin nicht aus reinem Anilin gebildet wird, sondern aus einem Gemisch, das neben Anilin auch Toluidine enthält. Diese Substanzen waren in dem unreinen Handelsanilin enthalten, jedoch nicht in dem für einen optimalen Reaktionsverlauf erforderlichen Mengenverhältnis. HOFMANNS Erkenntnisse ermöglichten durch den genau berechneten Einsatz der notwendigen Vorprodukte eine weit bessere Fuchsinausbeute.

Welch gewaltiger stofflicher Aufwand selbst bei einer optimierten Vorgehensweise noch erforderlich war, um aus den Teerbestandteilen Farbstoffe zu machen, ist einer Verfahrensbeschreibung aus dem Jahr 1885 zu entnehmen: Zur Herstellung von 100 kg reinem Fuchsin wurden 500 kg Aniline (Anilin und Toluidine) und 1000 kg Arsensäure (As_2O_5) eingesetzt. So entstanden nach einer 36stündigen Schmelze 886 kg Feststoff und 400 l Destillat, davon 220 kg Öl. Die weitere Aufarbeitung dieses Öls ergab 220 kg Destillatanilin, von denen 200 kg für den nächsten Ansatz zurückgeführt wurden. Die Anilinreste in der wässerigen Phase wurden zu Azo-Farbstoffen, zum Beispiel Naphtholorange, weiterverarbeitet.

Durch Auslaugen des festen, gemahlenen Schmelzprodukts mit kaltem Wasser konnten rund 258 kg Arsenik (As_2O_3) abgetrennt werden, die nach Regeneration (Oxidation mit Salpetersäure) 300 kg wiederverwendbare Arsensäure ergaben. Durch Auslaugen des Rückstandes mit heißem Wasser und mehrfache Kristallisation erhielt man 100 kg Kristallfuchsin (eine sehr reine Qualität), 20 kg unreines Fuchsin und weitere Gelb- und Braunfarbstoffe (Cerise, Marron, Zimtbraun, Grenadine u. a.) in nicht angegebener Menge.[7]

Die Aufarbeitung der Schmelze (Isolierung und Reinigung der Farbstoffe) erforderte 2100 kg Kochsalz, 200 kg Soda, nicht exakt ermittelbare Mengen an Kalkmilch, Natronlauge und Salzsäure sowie 41 Kubikmeter Wasser. Daneben erhielt man 80 kg unverwendbarer, zum Teil stark arsenhaltiger Harze. Die insgesamt bei einem solchen Produktionsansatz verbrauchte und mit dem Abfall und dem Abwasser zu entsorgende Menge an Arsensäure lag bei 700 kg. Zusätzlich müssen 300 kg Salpetersäureverluste bei der Herstellung von 1000 kg Arsensäure berücksichtigt werden. Bei der Herstellung von 100 kg Kristallfuchsin entstanden demzufolge mehr als drei Tonnen hochgiftigen Abfalls, der nach Lage der Dinge beziehungsweise der Farbenfabriken zu einem beträchtlichen Teil im Rhein landete.

Nach der Aufklärung von Struktur und Bildungsweise des Fuchsins wurden in den folgenden Jahrzehnten eine Vielzahl neuer Farbstoffe und Farbstoffgruppen mit gleicher Grundstruktur, die Triphenylmethanfarbstoffe, entwickelt und auf den Markt gebracht. Bekannte Vertreter sind das Eosin, das Kristallviolett, das Malachitgrün, die Patentblau-Farbstoffe und die Phthaleine.

Um 1880 betrug die Jahresproduktion an Fuchsin etwa 750 Tonnen. Wenn auch in der Folgezeit die relative Bedeutung des Fuchsins durch die Einführung zahlreicher neuer und besserer Farbstoffe stark abnahm, so produzierte der I.G.-Farben-Konzern 1930 noch 450 Tonnen. In den 1960er Jahren wurde Fuchsin in der BRD nur noch von Bayer in Uerdingen hergestellt.[8] Heute wird Fuchsin in geringen Mengen für Spezialzwecke wie die Mikroskopie produziert.

Die Produktion von Farbstoffen aus giftigen Teerbestandteilen mit nicht minder giftigen Reagenzien wie dem Arsenik hatte erhebliche Auswirkungen auf Arbeiter, Anwender und Umwelt. Beim Schmelzen des krebserregenden, giftigen Anilins mit der Arsensäure entstand eine Arbeitsatmosphäre, die ein wahrer Höllendunst gewesen sein muß:

> «Da es notwendig ist, die Apparate zu öffnen, solange der Inhalt derselben noch heiß ist, so haben die Arbeiter durch die sich aus der heißen Masse entwickelnden giftigen Dämpfe nicht wenig zu leiden ... Nach den älteren Methoden arbeitete man mit kleineren Mengen und hatten die Apparate eine solche Einrichtung, daß die Arbeiter sehr stark der Einwirkung der giftigen Dämpfe ausgesetzt waren und die Fabrikation der Anilinfarben hierdurch in den Ruf einer höchst gesundheitsschädlichen Manipulation kam.»[9]

Zur Giftigkeit des Arseniks heißt es in einer zeitgenössischen Darstellung, daß «0,1 g arsenige Säure eine sehr schmerzhafte Vergiftung (erzeugen), die in wenigen Stunden, oft auch erst in einigen Tagen oder Wochen zum Tode führt. Äußerlich ruft Arsenik Geschwüre hervor. Bei Vergiftungen muß sich der Arzt darauf beschränken, den noch nicht von den Organen gebundenen Anteil des Arseniks unschädlich zu machen, indem er ihn durch Brechmittel aus dem Magen entfernt oder ihn durch Eingabe chemischer Mittel bindet.»[10]

Das tonnenweise Hantieren mit giftigen Arsenverbindungen und aromatischen Aminen (Anilin und Toluidine) konnte für die Umwelt nicht folgenlos bleiben. Die Fuchsinfabrikation von J. J. Müller & Cie., einem 1860 in Basel gegründeten Unternehmen, ist ein besonders gut dokumentiertes Beispiel. In der Fabrik verarbeitete man pro Tag 200 kg

Arsensäure; die leicht rot gefärbten Abgänge wurden zweimal täglich, mittags von 12 bis 13 Uhr und nachts von 22 bis 23 Uhr, in einen benachbarten Teich entleert. Vom Baseler Sanitätskollegium beauftragte Gutachter stellten fest: «Es fließen... in den Teich täglich größere Quantitäten der Lösungen höchst giftiger Substanzen: Die Lösung von arsensaurem Natron und in größerer Menge die von arseniksaurem Natron. Mögen auch diese Gifte nach kurzer Zeit in die größere Wassermasse des Rheins geschwemmt werden, so bleibt doch immer ein ängstliches Gefühl vorhanden, wenn man an diejenigen denkt, welche das Teichwasser zu benutzen auch berechtigt sind...» [11]

Tatsächlich wurden bei mehreren Anwohnern Symptome einer Arsenvergiftung festgestellt und im Brunnenwasser unterhalb der Fabrik hohe Arsengehalte nachgewiesen. Auch Tote waren in Folge dieser Brunnenvergiftung zu beklagen.[12]

Auch nach 1880 war das Problem der Arsenbelastung durch die Fuchsinfabrikation keineswegs gelöst. Josef KÖNIG, Verfasser eines zeitgenössischen Standardwerkes über Gewässerverunreinigung, referiert aus einem Bericht über die Verunreinigung des Rheines 1883 durch die Fuchsinfabrik von P. Petersen zu Schweizerhalle, «daß dieselbe täglich zwischen 700–900 kg oder jährlich 225000 kg Arsensäure verarbeitet und dabei ein konzentriertes Abwasser von intensiv fuchsinroter Farbe und saurer Reaktion abläßt, welches 18,8 g Arsensäure und 29,45 g arsenige Säure pro 1 Liter enthält. In dem Abwasser aus dem Sammler fand er 7,52 g arsenige Säure pro Liter und in einem teigigen Rückstande nach dem Austrocknen 14,7 % Arsenverbindungen als arsenige Säure berechnet.» [13] Über die Wirkung dieses Abwassers heißt es dann, «daß dasselbe kleine Fische sofort tötete». Selbst in hundertfacher Verdünnung starb ein kleiner Fisch nach vier Stunden. [14]

Die Situation veranlaßte die Obrigkeit zum Eingreifen. Nach einer Verordnung des preußischen Handelsministeriums durften «die arsenhaltigen Laugen oder Residua weder den Gewässern durch Gräben oder Kanäle zugeführt, noch in Senkgruben gebracht werden, sondern müssen mit Kalk eingedampft und nur an solche Orte, welche von der Behörde als geeignet anerkannt sind, abgeladen werden. Meistenteils werden derartige Rückstände, wenigstens von Berlin aus, in Fässern in die Nordsee von den Schiffen aus über Bord geworden.» [15] Das klappte nur bedingt: In einem Bericht aus dem Jahr 1887 heißt es dazu, daß «die Versenkung der Rückstände ins Meer nur den in nächster Nähe desselben gelegenen Fabriken möglich (ist). In der Tat entledigt sich der größte

Teil der englischen Werke in dieser Weise der Rückstände. Die inländischen Werke, sofern dieselben in abgelegener Gegend und an großen wasserreichen Strömen angelegt sind, häufen ihre festen Rückstände heute noch wie vor 25 Jahren auf der Halde an oder verstürzen sie in Gruben und lassen die mit Kalk versetzten, zum größten Teil des Arsens beraubten Laugen in den Strom ablaufen.»[16]

Da Fuchsin trotz seiner giftträchtigen Herstellungsweise zum Färben von Likören, Konfitüren, Fruchtsäften, Tafeleis oder Rotwein verwendet wurde, ist es nicht verwunderlich, daß zahlreiche Vergiftungsfälle beschrieben sind, die auf Arsen zurückzuführen waren, das mit dem Fuchsin in die derart verschönten Produkte gelangt war.[17] So erlitt eine Färberfamilie nach dem Verzehr von Kartoffeln so schwere «Magen-Darm-Entzündungen», daß die drei Kinder starben. Der Kessel, in dem die Kartoffeln gekocht worden waren, war vorher zum Färben von Wollgarn mit Fuchsin benutzt worden. Wollgarn und Kartoffeln erwiesen sich als stark arsenhaltig.[18] Die Arsenkonzentrationen in käuflichem Fuchsin waren beachtlich. In zwei Proben wurden beispielsweise 2,07 Prozent arsenige Säure und 7,59 Prozent Arsensäure bzw. 1,01 Prozent und 4,47 Prozent gefunden.[19]

Heute gelten Arsentrioxid, arsenige Säure und Arsensäure sowie deren Salze nicht nur als akut toxische, sondern auch als krebserregende Arbeitsstoffe.[20]

Die rufschädigenden Begleiterscheinungen des Arsensäureverfahrens animierten die Farbenfabriken zur Suche nach einem weniger gefährlichen Verfahren zur Fuchsinherstellung.

A. Brüning von den Farbwerken Meister, Lucius & Brüning (ML&B) in Hoechst teilte in den Berichten der Deutschen Chemischen Gesellschaft 1873 die Entwicklung einer alternativen Methode zur Darstellung von Fuchsin aus Nitrobenzol (-toluol) und Anilin (Toluidin) unter Vermeidung von Arsensäure mit.[21] Bei der Produktionsaufnahme in Hoechst 1872 traten allerdings Probleme auf. Das Verfahren konnte erst 1876 mit Gewinn eingesetzt werden.[22]

Beim Nitrobenzolverfahren ersetzte das Nitrobenzol die Arsensäure als Oxidationsmittel. Nitrobenzol ist das Zwischenprodukt bei der Herstellung von Anilin aus Benzol. Es war daher für die Farbenhersteller leicht verfügbar.

Gegen Ende der 1870er Jahre produzierten in Deutschland erst drei, allerdings größere Farbenfabriken Fuchsin nach dem Nitrobenzolverfahren. Das waren die Farbwerke in Hoechst (ML&B), die Badische Anilin- und Sodafabrik (BASF) und die Aktiengesellschaft für Anilinfabrikation (Agfa) in Berlin. Neben Vorurteilen und technischen Schwierigkeiten haben vor allem Kostenargumente eine allgemeine Durchsetzung des neueren, arsenfreien Prozesses verhindert. Nitrobenzol war teurer als die Arsensäure. 1879 wandte noch die Mehrzahl der Farbenfabriken das Arsensäureverfahren an, und nur Unternehmen, die ihr Nitrobenzol selber herstellten, produzierten Fuchsin ohne Arsensäure. Anders, als es etwa OSTERROTH darstellt, war mit der Entwicklung des Nitrobenzolverfahrens die Verwendung von Arsen nur eingeschränkt, aber noch lange nicht beendet worden.[23]

Für die Arbeiter und die Umwelt war der Ersatz von Arsensäure durch Nitrobenzol nur eine relative Verbesserung.

Nitrobenzol («Mirbanöl»), das erstmals 1834 von Eilhard MITSCHERLICH (1794–1863) aus Benzol und Salpetersäure erhalten wurde, ist ein starkes Blutgift («Blausucht»), schädigt das Zentralnervensystem und den peripheren Stoffwechsel und führt zu Hautreizungen mit Ekzemen.

ULLMANN beschrieb seine Wirkung 1915 so:

> «Das Nitrobenzol ist wie alle Nitroverbindungen giftig und kann sowohl durch die Haut als auch durch die Atmungs- und Verdauungsorgane vom Körper aufgenommen werden. Die Vergiftungserscheinungen können sich nach 8–24 Stunden einstellen. In leichten Fällen erzeugt Nitrobenzol Kopfschmerz, Schwindelgefühl, bei schweren Vergiftungen Angstgefühl, Erbrechen, Lähmungserscheinungen und Konvulsionen.»[24]

Heute darf Nitrobenzol in der Luft am Arbeitsplatz nach der MAK-Werte-Liste höchstens in einer Konzentration von fünf Milligramm pro Kubikmeter enthalten sein.

Im Abwasser und in den Produktionsrückständen sind Nitrobenzol und andere Nitroaromaten kaum weniger problematisch als Arsenverbindungen.

Die Entstehung der deutschen Teerfarbenindustrie

Von 1860 an kam es in Deutschland zur Gründung einer größeren Zahl von Teerfarbenfabriken. 1863 gründeten die Chemiker Eugen LUCIUS und Adolf BRÜNING mit den Kaufleuten Wilhelm MEISTER und August MÜLLER in Hoechst bei Frankfurt eine «Rotfabrik», die in den er-

Teerfarbenherstellung um 1870

sten Jahren täglich etwa zehn Pfund Fuchsin nach dem Arsensäureverfahren produzierte. Die Firma wurde unter dem Kürzel ML&B (Meister, Lucius & Brüning) und später unter dem Namen Farbwerke Hoechst bekannt.

Im gleichen Jahr gründeten der Kaufmann Friedrich Bayer und der Färber Johann Friedrich Weskott in Barmen eine Fabrik zur Fabrikation von Anilinfarben, die Firma Friedr. Bayer & Co. Die Fuchsinproduktion stieg 1865 bereits auf fünfzig bis hundert Pfund täglich, und 1866 erwarb Bayer in Elberfeld ein Grundstück für eine neue Fuchsinfabrik.

Die deutsche Teerfarbenindustrie profitierte zunächst vor allem von der Nachahmung englischer oder französischer Verfahren und Produkte. Ein wirksamer Patentschutz war in den deutschen Staaten nicht zu erreichen. So konnten sich hiesige Unternehmungen ihren Anteil an dem großen Markt für die neuen Farbstoffe sichern, zumal in Deutschland die

Industrialisierung und damit die Expansion der Textilproduktion in dieser Zeit gerade erst begonnen hatte.

Solange die Größe der Betriebe den Umfang von Werkstätten, wie sie Gerber oder Färber betrieben, kaum überschritt und die Produktionsverfahren noch weitgehend empirisch waren, konnte jeder einigermaßen kapitalkräftige Unternehmer mit etwas gewerblich-chemischen Kenntnissen eine Farbenfabrik errichten. Immer neue Produzenten drängten auf den Markt, imitierten die Produkte der Konkurrenz, entwickelten neue Farbstoffvarianten oder ersannen rentablere Produktionsmethoden.

Bald kristallisierten sich jedoch ökonomisch überlegene Betriebe mit eigener Vorproduktherstellung, eigenem Vertriebssystem und Kontakten zur wissenschaftlichen Forschung heraus, die die Mehrzahl der übrigen Bewerber vom Markt verdrängten. Neben Faktoren, die auch in anderen Branchen zur wirtschaftlichen Konzentration führten – bessere Kapitalausstattung oder effektivere Betriebsorganisation zum Beispiel – wurde in der chemischen Industrie die Verfügung über technisch umsetzbare wissenschaftliche Erkenntnisse ein wichtiger Faktor.

Besonders erfolgreich nutzte die Badische Anilin- und Sodafabrik (BASF) die Chancen, die sich für den neuen Industriezweig boten. Die BASF hat ihre Wurzeln in der 1861 gegründeten «Chemischen Fabrik Dykerhoff, Clemm & Comp.», 1863 umbenannt in «Sonntag, Engelhorn & Clemm». Treibende Kraft in diesen Unternehmungen, die sich mit der Teerfarbenerzeugung beschäftigten, war Friedrich Engelhorn (1821–1902), der bereits seit 1848 an einer Gasanstalt beteiligt war und daher mit dem Teer und mit dessen Aufbereitung und Weiterverarbeitung vertraut war. Mit den Brüdern Clemm waren zwei Chemiker aus der Schule Liebigs an Engelhorns Unternehmen beteiligt. Um sich gegenüber der zahlreich heranwachsenden Konkurrenz Wettbewerbsvorteile zu verschaffen, strebte Engelhorn die Produktion der für die Teerfarbenfabrikation erforderlichen anorganischen Grundchemikalien in eigener Regie an. Für die hierzu unvermeidliche Betriebsausweitung reichten die Mittel von Engelhorn und seinen Teilhabern nicht aus. Für die Finanzierung des Vorhabens konnte das Bankhaus Ladenburg gewonnen werden. Weitere wichtige Teilhaber waren die Stuttgarter Farbenhändler Rudolph Knosp und Gustav Siegle. Knosp hatte schon 1859 von William Perkin das Alleinverkaufsrecht für Mauvein «in Deutschland, Preußen, Österreich, der Schwiez, Frankreich, Belgien und Holland»[25] erworben. Außerdem fabrizierte er seit 1859 Anilinviolett und

Fuchsin und war damit der erste deutsche Teerfarbenfabrikant. Die Beteiligung der Farbenhändler KNOSP und SIEGLE sicherte dem 1865 als Aktiengesellschaft gegründeten Unternehmen von vornherein einen breiten Absatz.

Der Standort am Ludwigshafener Rheinufer war nahezu ideal. Der Rhein lieferte Brauch- und Kühlwasser, diente zur Aufnahme der Abwässer und verband das Unternehmen als zentrale Wasserstraße mit Rohstofflieferanten und Absatzgebieten. Nach dem Bau der Rheinbrücke bei Ludwigshafen 1867 war die Firma zudem an das Eisenbahnnetz angeschlossen. Die bedeutendsten Zentren des damaligen Farbenhandels, Frankfurt a. M. und Stuttgart, waren so gut erreichbar, ebenso der große französische Wirtschaftsraum. Dank der guten finanziellen Ausstattung wurde ein großzügiger Aufbau der neuen Fabrikanlagen am Ludwigshafener Rheinufer möglich.

Die wichtigsten Betriebsteile waren im organischen Bereich die

- Anlagen zur Herstellung von Anilin aus Benzol und die Farbenfabrikation.

Die anorganischen Fabriken, die etwa zwei Drittel des Betriebsgeländes beanspruchten, umfaßten eine

- Schwefelsäurefabrik, die nach dem Bleikammerverfahren arbeitete, eine
- LEBLANC-Sodafabrik einschließlich der Nebenbetriebe zur Herstellung von Natronlauge und Chlor bzw. Chlorkalk und eine
- Salpetersäureanlage.[26]

Obwohl die anorganischen Chemikalien mengenmäßig den größten Teil der Produktion ausmachten, brachten die Farbstoffe und darunter vor allem das Fuchsin die größten Gewinne. Die Jahresproduktion an Fuchsin stieg zwischen 1865 und 1871 von 50 auf 100 Tonnen.

Die Alizarinsynthese

1868 entdeckten Carl GRAEBE (1841–1927) und Carl LIEBERMANN (1842–1914), Mitarbeiter von Adolf von BAEYER (1835–1917) am Berliner Gewerbeinstitut (der späteren Technischen Hochschule), daß die Grundstruktur des natürlichen Krappfarbstoffes, des Alizarins, der des Teerbestandteils Anthracen gleicht. Krapp, ein Rötegewächs, war die wichtigste Färbepflanze für roten Farbstoff. Der Krappanbau wurde im 18. und 19. Jahrhundert vor allem in Frankreich stark ausgedehnt, noch gefördert durch Louis PHILIPPE (1773–1850), «Bürgerkönig» von 1830 bis 1848, der befohlen hatte, die Militärhosen mit Krapp rot zu färben.[27]

Im Januar 1869 konnten GRAEBE und LIEBERMANN berichten, daß ihnen die Synthese von Alizarin aus Anthracen gelungen sei. Ihnen war die Tragweite ihrer Entdeckung bewußt:

> «Von welcher Wichtigkeit unsere Entdeckung für die Krappindustrie sein wird, wenn es gelingt, dieselbe technisch verwendbar zu machen, brauchen wir nicht ausführlich hervorzuheben. Der enorme Verbrauch von Krapp in der Kattundruckerei, die großen Strecken fruchtbaren Bodens, die zu dessen Anbau nötig sind, sprechen hinreichend klar für die Bedeutung, welche ein neuer Industriezweig erlangen würde, der auf der künstlichen Darstellung des Alizarins aus einem Bestandteil der Steinkohle beruht.»[28]

Sie wußten aber auch, daß ihnen für die eigenständige Realisierung einer technischen Alizarinsynthese die ökonomische Grundlage fehlte.

Nachdem sich GRAEBE und LIEBERMANN ihre Entdeckung durch Patente in England, Frankreich, Amerika und Preußen hatten sichern lassen, traten sie zunächst erfolglos mit den Farbwerken Hoechst in Verbindung. Die Übernahme der Alizarinsynthese durch Hoechst scheiterte daran, daß die Firma nicht auf LIEBERMANNS Forderung nach Umsatzbeteiligung eingehen wollte und nur eine Beteiligung am Reingewinn anbot.[29]

Durch Vermittlung von Heinrich CARO traten GRAEBE und LIEBERMANN dann mit der BASF in Verbindung. Der Chemiker CARO war nach erfolgreicher Arbeit in einer englischen Farbenfabrik in Manchester nach Deutschland zurückgekehrt. Er trat 1868 in die Geschäftsleitung der BASF ein, um dort die Aufgaben eines «Forschungsleiters» zu übernehmen.

GRAEBE und CARO arbeiteten mit Hochdruck an der Entwicklung eines wirtschaftlichen Verfahrens für die Alizarinsynthese. Am 25.6.1869 meldeten sie ihr Verfahren in England zum Patent an. England war damals mit seiner hochentwickelten Textilindustrie der wichtigste Farbstoffverbraucher, der etwa ein Drittel der gesamten Krappernte verarbeitete. Nur einen Tag später meldete William H. PERKIN, der mit dem Mauvein den ersten Teerfarbstoff industriell erzeugt hatte, ein ganz ähnliches Verfahren für die Alizarinsynthese zum Patent an. Diese Tatsache und der Umstand, daß auch Ferdinand RIESE bei den Farbwerken Hoechst im April 1869 ein Verfahren zur Herstellung von Alizarin gefunden hatte, zeigt, wie sehr die Alizarinsynthese damals ‹in der Luft lag›.

In Preußen wurde der Patentantrag von CARO, GRAEBE und LIEBERMANN abgewiesen. Damit konnten in Deutschland von Anbeginn mehrere Konkurrenten die Alizarinsynthese aufnehmen. In England einigten sich die Vertreter der BASF mit PERKIN über eine Respektierung der gegenseitigen Patente und eine Aufteilung des Marktes.

Da infolge des fehlenden Patentschutzes gleichzeitig mehrere Konkurrenten in Deutschland die Alizarinproduktion aufnahmen, kam es zu einem schnellen Anstieg der Produktionsmenge bei gleichzeitig stark sinkenden Preisen. Die Produktionsmenge stieg von 15 Tonnen 1871 auf 750 Tonnen 1877, berechnet auf den reinen Farbstoff.[30] In der gleichen Zeit fiel der Preis für ein Kilogramm zehnprozentiger Paste von 13 bis 14 Mark auf 3,50 Mark.[31] Infolge des jähen Preisverfalls gab es schließlich Preisabsprachen, die sogenannten Konventionen. 1881 wurde die erste Alizarin-Konvention von sieben deutschen und einer englischen Firma abgeschlossen. 1900 folgte die zweite Alizarin-Konvention mit Meister, Lucius & Brüning (ML&B, Hoechst), BASF, Bayer und British Alizarin Co. als Mitgliedern.

Mit dem immer preisgünstiger auf den Markt drängenden synthetischen Alizarin konnte der natürliche Krapp nicht lange konkurrieren. Der Krappanbau kam innerhalb kurzer Zeit nahezu vollständig zum Erliegen.

Die Grundstoffe der Alizarinsynthese, das Anthracen beziehungsweise das daraus gewonnene Zwischenprodukt Anthrachinon, wurden zum Ausgangspunkt einer neuen Klasse synthetischer Farbstoffe, der Klasse der Anthrachinonfarbstoffe. Herausragender Vertreter dieser Farbstoffklasse ist das Indanthrenblau, das wegen seiner hohen Wasch- und Lichtechtheit besondere Bedeutung erlangte. Seit 1923 wird die Bezeichnung «Indanthren» als Handelsname für Farbstoffe beliebiger Struktur verwendet, die bestimmten Qualitätsanforderungen genügen.

Farbenindustrie und Wissenschaft

Die bis Anfang des 19. Jahrhunderts erarbeiteten theoretischen Grundlagen der Chemie, der von LAVOISIER formulierte Elementbegriff, die DALTONsche Atomtheorie und die Stöchiometrie lieferten die Methoden, mit denen aus den Ergebnissen exakter qualitativer und quantitativer Analysen die elementare Zusammensetzung organischer Substanzen ermittelt werden konnte. An dieser Entwicklung hatte Justus von LIEBIG unter anderem durch die Entwicklung spezieller Analyseapparate beträchtlichen Anteil. Man erkannte beispielsweise, daß Benzol nur aus den Elementen Kohlenstoff und Wasserstoff aufgebaut ist. Weiter konnte aus experimentellen Ergebnissen darauf geschlossen werden, daß ein Molekül Benzol aus sechs Atomen Wasserstoff und sechs Atomen Kohlenstoff besteht. Diese Erkenntnis wurde in Form der sogenannten Summenformel, für Benzol C_6H_6, dargestellt. Die Summenformeln lieferten eine erste Möglichkeit, organische Stoffe systematisch zu erfassen.

Bei der Untersuchung von Farbstoffen, Wirkstoffen aus Heilpflanzen und anderen organischen Naturstoffen erkannte man interessante Ähnlichkeiten mit Stoffen, die man aus dem Steinkohlenteer isolieren konnte. So wurde Anilin erstmalig 1826 von Otto UNVERDORBEN (1806–1873) bei der Zersetzung von Indigo, dem wirtschaftlich wichtigsten Farbstoff der damaligen Zeit, erhalten. Er nannte den neuen Stoff «Krystallin». Friedlieb Ferdinand RUNGE (1794–1867) erhielt 1834 das Anilin bei der Destillation von Steinkohlenteer. Er nannte den Stoff nach dem griechischen Wort für Veilchenblau «Kyanol», nachdem er beobachtet hatte, daß Anilin mit Chlorkalk eine veilchenblaue Färbung ergab. 1842 erhielt Nicolai N. ZININ (1812–1880) bei der Reduktion von Nitrobenzol Anilin, das er «Benzydam» nannte. Ein Jahr später konnte HOFMANN zeigen, daß alle drei Produkte identisch sind.[32]

Die Ähnlichkeit von Reaktionsprodukten pflanzlicher Stoffe mit Teerbestandteilen ist nicht weiter verwunderlich, wenn man bedenkt, daß Kohle ein unter Druck und bei erhöhten Temperaturen aus dem organischen Material prähistorischer Wälder entstandenes Stoffgemisch ist. Als dieser Zusammenhang durch geologische und chemische Forschungen immer klarer wurde, entstand frühzeitig die Vision, man könne wertvolle Naturstoffe aus Kohlebestandteilen synthetisch herstellen.

1828 war Friedrich WÖHLER (1800–1882) die Synthese des Harnstoffs gelungen – die erste Synthese eines organischen Naturstoffs. Es folgten eine Reihe weiterer Naturstoffsynthesen, und in den vierziger

Jahren des vorigen Jahrhunderts äußerte sich Justus v. LIEBIG in seinen berühmten «Chemischen Briefen» optimistisch über die Möglichkeit, wirtschaftlich bedeutende organische Naturstoffe aus Teerbestandteilen synthetisch herzustellen.

Hierzu bedurfte es jedoch zunächst einer weiteren Verfeinerung der wissenschaftlichen Grundlagen. Auf der Basis von Strukturformeln und Ähnlichkeiten chemischer und physikalischer Eigenschaften konnten die Beziehungen zwischen verschiedenen organischen Stoffen, beispielsweise zwischen Benzol und einem Farbstoff, nicht hinreichend genau ermittelt werden, um gezielt Synthesen entwickeln zu können. Dazu mußten exaktere Kenntnisse über den chemischen Aufbau der betreffenden Stoffe gewonnen werden. Es reichte nicht aus, Art und Anzahl der Atome zu kennen, aus denen ein Molekül zusammengesetzt ist. Man mußte auch etwas über die Anordnung der Atome in den Molekülen organischer Substanzen wissen, um sie gezielt umwandeln zu können. Dieses Wissen lieferte die klassische organische Strukturtheorie, deren Prinzipien als erster Alexander M. BUTLEROW (1828–1886) in einer Rede auf der Jahresversammlung der Gesellschaft deutscher Naturforscher und Ärzte 1861 umfassend dargestellt hat.[33]

Die *Grundannahmen* der Strukturtheorie (in moderner Formulierung):

1. Die chemischen Eigenschaften eines Stoffes werden durch die Art, die Menge und die Anordnung der Atome in den Molekülen dieses Stoffes bestimmt. Die Anordnung der Atome, die chemische Struktur, ist in allen Molekülen eines reinen Stoffes gleich.
2. Die Grundfrage der Strukturtheorie lautet: Welche Atome sind mit welchen anderen Atomen chemisch verbunden?
3. Die Atome der verschiedenen Elemente bilden eine ihrer Wertigkeit entsprechende Zahl chemischer Bindungen aus. Kohlenstoff ist vierwertig, Stickstoff dreiwertig, Sauerstoff zweiwertig und Wasserstoff einwertig.
4. Zwischen zwei Atomen können auch zwei oder drei Bindungen (Doppel- und Dreifachbindungen) ausgebildet werden.
5. Kohlenstoffatome gehen auch miteinander Bindungen ein, dabei können Ringe und Mehrfachbindungen ausgebildet werden.
6. Die Gesamtstruktur eines Moleküls wird bei einer Reaktion in der Regel nur wenig verändert.

Für die Farbstoffchemie war vor allem die Aufklärung der Struktur des Benzols und verwandter Verbindungen (der Aromaten) wichtig. Den entscheidenden Schritt hierzu tat August Kekulé (1829–1896) mit seiner 1865 veröffentlichten Hypothese, daß die sechs Kohlenstoffatome im Benzolmolekül ringförmig verbunden seien und daß im Benzolring Einfach- und Doppelbindungen abwechselten.

Durch Aufklärung der Molekülstruktur sowohl der Teerbestandteile als auch der Naturfarbstoffe konnten die chemischen Beziehungen zwischen diesen Substanzen immer genauer erkannt werden. Der Versuch, aus entsprechenden Teerbestandteilen Naturfarbstoffe synthetisch herzustellen, konnte gewagt werden. Den größten Gewinn versprach dabei die Synthese der beiden Naturfarbstoffe, die von größter wirtschaftlicher Bedeutung waren, Alizarin und Indigo. Aber auch die Aufklärung der Struktur der empirisch gefundenen Teerfarbstoffe eröffnete neue Möglichkeiten zur Synthese dieser und weiterer Farbstoffe. Von besonderem Interesse war die Aufklärung der Struktur neuer, von der Konkurrenz auf den Markt gebrachter Farbstoffe.

Die durch Anwendung der wissenschaftlichen Chemie winkenden wirtschaftlichen Möglichkeiten wirkten sich entsprechend positiv auf die Entwicklung der Hochschulchemie aus, deren Förderung Industrie und Staat gleichermaßen am Herzen lag. In Deutschland hatte Justus von Liebig nach seiner Berufung zum Professor der Chemie an die Universität Gießen 1824 seine besondere Aufmerksamkeit dem Aufbau eines praktischen Laboratoriumsunterrichts für die Studierenden der Chemie gewidmet.

An den organisch-chemischen Instituten der deutschen Universitäten und Technischen Hochschulen wurde die Erforschung der Farbstoffchemie in Kooperation mit den Forschungslaboratorien der großen Teerfarbenfabriken systematisch vorangetrieben. Unter den Farbstoffchemikern dieser Zeit sind vor allem Hofmann und Baeyer zu nennen.

Zwischen Hochschul- und Industriechemikern entwickelte sich eine enge Kooperation, in deren Rahmen sich die Hochschulchemiker stärker auf die Grundlagenforschung und die Industriechemiker auf die angewandte Forschung spezialisierten. Dieser Kooperation diente 1867 auch die Gründung der «Deutschen Chemischen Gesellschaft» (DChG). Sie erfolgte nicht zuletzt, «um auf diese Weise die Allianz zwischen Wissenschaft und Industrie aufs neue zu besiegeln».[34] Eine Vereinigung mit ähnlicher Zielsetzung war der Verein deutscher Chemiker (VDCh), der 1896 auf Antrag des Bayer-Chefchemikers Carl Duisberg

(1861–1934) aus der «Deutschen Gesellschaft für angewandte Chemie» hervorgegangen war.[35] Die chemische Industrie war an der Entwicklung der Hochschulchemie aus zwei Gründen interessiert. Sie brauchte wissenschaftlich geschulte Chemiker für ihre eigenen Laboratorien und erhoffte sich von den Ergebnissen der Hochschulforschung Anregungen für neue Synthesen. Zur Sicherstellung ihrer Anforderungen an die Ausbildung der Industriechemiker nahm die chemische Industrie über die Verbände Einfluß auf die Gestaltung der universitären Ausbildungsgänge.

Nicht zuletzt die Kooperation von Industrie- und Hochschulforschung verschaffte der deutschen Farbstoffchemie und -industrie einen deutlichen Vorsprung auf dem Weltfarbstoffmarkt. Als verstärkte Forschungsanstrengungen im Ausland (insbesondere den USA) diesen Vorsprung zu gefährden drohten und zunehmende Lehrverpflichtungen die Forschungsmöglichkeiten der Hochschullehrer begrenzten, kam die Befürchtung auf, daß umfangreiche Forschungsvorhaben nicht mit hinreichender Intensität verfolgt werden könnten. In der Zeit des aufblühenden Nationalismus zu Beginn unseres Jahrhunderts wurde die Schließung dieser «Forschungslücke» zu einer nationalen Aufgabe deklariert, für die fast jedes Mittel angebracht erschien. Seit 1905 betrieb das «Comité Chemische Reichsanstalt» die Errichtung einer chemischen Großforschungseinrichtung nach dem Muster der «Physikalisch technischen Reichsanstalt». Verwirklicht wurden diese Bestrebungen 1912 mit der Gründung des «Kaiser-Wilhelm-Instituts für Chemie», dem heutigen Fritz-Haber-Institut der Max-Planck-Gesellschaft. Die Industrie erhoffte von diesem Institut die Lösung größerer Forschungsaufgaben, die für die ganze Branche bedeutsam waren, das Leistungsvermögen einzelner Firmen oder Hochschulinstitute jedoch überstiegen.[36]

Azo-Farbstoffe

Bereits 1858 entdeckte Peter Griess in Hofmanns Londoner Laboratorium «eine neue Klasse von organischen Verbindungen, in denen der Wasserstoff durch Stickstoff ersetzt ist»[37]. Damit begann die Entwicklung der Azo-Farbstoffe (von franz. azote = Stickstoff). Nachdem die Chemie dieser neuen Verbindungsklasse, deren Grundstruktur in der Verknüpfung zweier aromatischer (= benzolähnlicher) Komponenten durch zwei Stickstoffatome besteht, erforscht war, war die Tür zu einer weiteren umfangreichen Farbstoffklasse geöffnet.

Der erste, 1863 in den Handel gebrachte Azo-Farbstoff, das Anilingelb, war wegen seiner Säureempfindlichkeit noch von keinem besonderen Wert. Etwas größere Bedeutung erlangte das 1875 von Heinrich CARO synthetisierte und zuerst von der BASF produzierte Chrysoidin, ein basischer Azo-Farbstoff, der auf Baumwolle ein «billiges, unechtes Orange, das durch Nachkupfern und Nachchromieren etwas echter wird», ergab.[38] Bayer brachte seinen ersten Azo-Farbstoff mit dem von GRIESS entdeckten Brillantorange G 1878 auf den Markt. Im gleichen Jahr nahm ML&B die Produktion der von Heinrich BAUM entdeckten roten Ponceau-Farbstoffe auf. Diese gehören zur Gruppe der sauren Azo-Farbstoffe, die völlig neue Färbeverfahren für Wolle ermöglichten. Sie gestatten die überaus einfache direkte Färbung, die zuvor nur mit sehr wenigen Farbstoffen möglich war. Die vorteilhaften Färbeeigenschaften der sauren Azo-Farbstoffe überwogen die schlechten Echtheitseigenschaften (geringe Wasch- und Lichtechtheit), die bei der Fabrikation billiger Massenware nicht so wichtig waren. Wirtschaftliche Bedeutung erlangten vor allem die roten Farbstoffe wie Echtrot A und B von der BASF, Ponceau 2 R von ML&B oder Crocein-Scharlach von Bayer.

Die Entwicklung der direkt färbenden (substantiven) Baumwollazo-Farbstoffe ermöglichte auch für Baumwollgewebe die Einführung entsprechend billiger Färbeverfahren. «Trotzdem die Echtheit der Färbungen anfangs recht viel zu wünschen übrig ließ, verführte das überaus bequeme Färbeverfahren dazu, sich zunächst hierüber hinwegzusetzen, und sehr bald konnten auch Methoden ausgearbeitet werden, um die Echtheit der Färbungen durch eine Nachbehandlung auf der Faser in befriedigender Weise zu erhöhen.»[39] Der bekannteste substantive Baumwollazo-Farbstoff ist das von der Agfa herausgebrachte Kongorot.

Durch gezielte Variation der beiden aromatischen Komponenten, die aus unterschiedlichen Teerbestandteilen durch chemische Veränderungen in großer Zahl verfügbar gemacht werden konnten, konnte man ein breites Spektrum von Azo-Farbstoffen mit den unterschiedlichsten Farbtönen und Echtheitseigenschaften für die Anwendung auf den verschiedensten Textilien erzeugen.

Die Zahl der von den Teerfarbenunternehmen auf den Markt gebrachten Farben und Farbnuancen ging bereits Ende des vorigen Jahrhunderts in die Tausende. Neue Farbnuancen sollten die Mode beeinflussen und dadurch neue Absatzmöglichkeiten erschließen. Neben den Forschungs- und Entwicklungsabteilungen und der Produktion gewannen die Verkaufsabteilungen, die die Aufgabe hatten, immer neue Märkte zu erschließen und neue Bedürfnisse zu wecken, wachsende Bedeutung als charakteristische Elemente der chemischen Industrie.

Die Teerfarbenindustrie konnte mit den Azo-Farbstoffen nicht nur die Palette ihrer Textilfarben wesentlich erweitern, sondern auch in andere Verwendungsgebiete vordringen. Dimethylaminoazobenzol («Buttergelb») diente beispielsweise lange Zeit zum Färben von Speisefetten. Ein anderer Azo-Farbstoff, das Trypanrot, zeigte pharmazeutische Wirkung. 1907 berichtete Paul EHRLICH (1854–1914) von Versuchen, in denen Trypanosomen (im Blut schmarotzende Geißeltierchen) bei Mäusen von diesem Farbstoff offenbar abgetötet worden sind.[40]

Die physiologische Wirkung von Azo-Farbstoffen zeigte sich auch in anderer, unerfreulicher Weise. Das Buttergelb erwies sich als ebenso krebserregend wie verschiedene Zwischenprodukte für die Herstellung von Azo-Farbstoffen. Das Buttergelb wurde aus dem Verkehr gezogen, die auf der Basis krebserzeugender aromatischer Amine produzierten Azo-Farbstoffe nicht. Es etablierte sich – mit welchen Argumenten auch immer – die bis in die jüngste Vergangenheit gültige Lehrmeinung, daß aus krebserzeugenden Komponenten hergestellte Azo-Farbstoffe selber keine krebserzeugende Wirkung entfalten könnten. Zahlreiche experimentelle Studien haben inzwischen gezeigt, daß Azo-Farbstoffe im lebenden Organismus (auch beim Menschen) abgebaut werden, wobei die krebserzeugenden Zwischenprodukte freigesetzt und physiologisch wirksam werden. Die Senatskommission der Deutschen Forschungsgemeinschaft zur Prüfung gesundheitsschädlicher Arbeitsstoffe hat 1988 Azo-Farbstoffe auf Basis krebserzeugender Komponenten in die MAK-Werte-Liste in die Abschnitte IIIA (krebserzeugend) oder IIIB (begründeter Verdacht auf krebserzeugendes Potential) aufgenommen. Arbeitnehmer sind seit der 7. Sitzung des Ausschusses für Gefahrstoffe vom 8. 11. 1989 besser geschützt: Bei Arbeiten mit diesen Azo-Farbstoffen sind die besonderen (Schutz-)Vorschriften für den Umgang mit krebserzeugenden Stoffen anzuwenden.[41]

Die gefährlichsten Azo-Farbstoffe, die auf dem Zwischenprodukt Benzidin basieren, werden in der Bundesrepublik und der EG nicht mehr hergestellt. Als die Chemiekonzerne hier die Produktion einstellten, nahmen jedoch zahlreiche Firmen in sogenannten Schwellenländern, allein fünf in Indien, dieselbe auf. Über Textilimporte kommen diese krebserzeugenden Farbstoffe nun doch wieder auf den deutschen Markt. Für die Verbraucher hat sich nichts geändert. Und viele leiden noch an einer anderen schlechten Eigenschaft mancher Azo-Farbstoffe: Nach Schätzungen reagieren 60000 bis 100000 Bürgerinnen und Bürger der (alten) Bundesrepublik auf Azo-Farbstoffe allergisch. Entgehen können sie deren Wirkung nur schwer, da einige von ihnen als Lebensmittelfarbstoffe eingesetzt werden. Sie sind in Süßigkeiten, Getränken, Konserven und vielen anderen Produkten enthalten. Auch die vielen bunten Pillen, mit denen die Pharmaindustrie unsere Leiden zu heilen verspricht, sind oft mit Azo-Farbstoffen gefärbt.

Die Kennzeichnungen der wichtigsten als Lebensmittelfarbstoffe zugelassenen Azo-Farbstoffe sind:

E 102	= Tartrazin (gelb)	E 123	= Amaranth (tiefrot)
E 110	= Gelborange S	E 124	= Cochenilrot A
E 122	= Azorubin (bläulichrot)	E 151	= Brillantschwarz

Das Tartrazin (E 102) ist in den skandinavischen Ländern, Österreich und der Schweiz als Lebensmittelfarbstoff verboten. In Österreich ist darüber hinaus Amaranth (E 123) für Lebens- und Arzneimittel verboten. Dieser Farbstoff kann nicht nur Allergien auslösen, er zeigte im Tierversuch auch krebserregende Wirkung.[42]

Azo-Verbindungen sind heute eine der umfangreichsten Stoffgruppen in der Produktpalette der chemischen Industrie. Von den entsprechend dem Chemikaliengesetz angemeldeten etwa 100000 «Altstoffen», also den Stoffen, die bereits vor Inkrafttreten des Chemikaliengesetzes im Jahr 1982 produziert wurden, sind 5907 Azo-Verbindungen. Unter den gut 1000 Stoffen, die seitdem EG-weit neu angemeldet wurden, sind mit zirka 500 etwa die Hälfte Azo-Verbindungen. Darunter sind viele Farbstoffe, die mit der wechselnden Mode auf dem Markt erscheinen.

Indigo

Hatte schon die Einführung des synthetischen Alizarins große Umwälzungen im internationalen Farbengeschäft verursacht, so versprach die Synthese des wichtigsten Naturfarbstoffes, des Indigos, dessen Revolutionierung:

«War das Krapprot die Farbe der Hosen des französischen Militärs, so war das Indigoblau die Farbe der Matrosenuniform und so manchen Waffenrocks. Es war aber auch die Farbe der Arbeitskleidung in Europa und im Fernen Osten: Blau durch Indigo war der Kittel des Fuhrmanns und des chinesischen Bauern. Die jährliche Weltproduktion dieses Naturfarbstoffs betrug in den achtziger Jahren nicht weniger als 5 Millionen Kilogramm, bezogen auf 100prozentigen Farbstoff. Da der Verkaufspreis bei etwa 20 Mark je Kilogramm Indigo lag, handelte es sich um ein Objekt von etwa 100 Millionen Mark im Jahr.»[43]

Die Jahresproduktion an Indigo betrug 1896 allein in Indien, dem Hauptanbauland, fast 190000 Doppelzentner im Wert von mehr als 3,5 Millionen Pfund Sterling. Die Anbaufläche umfaßte 1,6 Millionen Acres, das sind rund 650000 Hektar.[44]

Die Struktur des Indigos aufzuklären erwies sich als außerordentlich schwierig. Das gelang erst 1883 Adolf von Baeyer. Von der Strukturbestimmung bis zur großtechnischen Indigosynthese war noch ein weiter Weg zu beschreiten. Die auftretenden Schwierigkeiten waren so groß, daß sich nur die beiden seinerzeit führenden Farbenfabriken Deutschlands, BASF und ML&B (Hoechst), an die aufwendige Entwicklung eines Verfahrens zur synthetischen Erzeugung des «Königs der Farbstoffe» wagten.

Die Arbeit an der industriellen Indigosynthese dauerte mehr als 20 Jahre. Zwischen 1880 und 1900 wurden über 30 Verfahren patentiert und allein bei der BASF rund 18 Millionen Mark in die Entwicklung der Indigosynthese investiert. Diese Summe lag in der gleichen Größenordnung wie der gesamte damals in Deutschland mit synthetischem Alizarin erzielte Jahresumsatz.

Um die Jahrhundertwende wurden zunächst in der BASF und dann bei Hoechst verschiedene, den Produktionsstrukturen der beiden Unternehmen angepaßte Produktionsverfahren für Indigo in Betrieb genommen. Bei der BASF führte der Weg zum technischen Indigo «von dem reichlich vorhandenen Naphthalin über die mit dem Schwefelsäure-Kontaktverfahren gekoppelte katalytische Phthalsäureherstellung zur Anthranilsäure und damit zum Indigo. Bei der Indigoschmelze ging man vom Ätzkali... zum leichter zugänglichen Ätznatron über; es stammte aus der eigenen Chlornatrium-Elektrolyse. Im Februar des Jahres 1897 kam die Indigofabrikation in Gang.»[45]

Für das Schwefelsäure-Kontaktverfahren, das zur Sicherung des Bedarfs an konzentrierter Schwefelsäure für die Indigos entwickelt worden war, war ein Großteil der Entwicklungskosten der Indigosynthese bei der BASF aufgewendet worden. Bei den Farbwerken Hoechst erwies sich ein Verfahren als günstig, bei dem Phenylglycin in der Schmelze mit Natriumamid zu Indoxyl reagiert, das mit Luftsauerstoff zu Indigo weiterreagiert. Natriumamid fiel bei der benachbarten Degussa als Nebenprodukt bei der Gewinnung von Natriumcyanid an, das zur Extraktion von Edelmetallen benötigt wird. Phenylglycin entsteht bei der Reaktion von Anilin mit Chloressigsäure. Anilin war als Standardchemikalie der Farbstoffindustrie verfügbar. Chloressigsäure konnte, nachdem Chlor durch die Entwicklung der Chlor-Alkali-Elektrolyse bei der Chemischen Fabrik Griesheim-Elektron gut verfügbar war, preisgünstig hergestellt werden. Mit den Griesheimern stand ML&B in engen nachbarlichen und geschäftlichen Beziehungen. Später ging die Chemische Fabrik Griesheim-Elektron im Hoechst-Konzern auf.

1900 importierte Deutschland noch für 20 Millionen Mark Naturindigo. 1905 erreichte der Export der beiden Mitglieder der Konvention für synthetischen Indigo einen Wert von 25 Millionen Mark. Die Produktion von Naturindigo kam binnen kurzer Zeit zum Erliegen.

Der synthetische Indigo konnte die Stellung des Naturindigos als «König der Farbstoffe» nicht lange übernehmen. Andere blaue Farbstoffe, mit denen sich in bequemeren Färbeverfahren echtere Färbungen erzielen ließen, drohten den Indigo noch in den 50er Jahren in die Bedeutungslosigkeit absinken zu lassen. Doch dann bescherte die Mode dem Indigo eine unerwartete Renaissance. Mit den «Blue jeans» trat das Indigoblau erneut ins Licht der Weltöffentlichkeit. Heute werden pro Jahr weltweit etwa 12000 Tonnen Indigo produziert, die zu 90 Prozent zum Färben von Jeanskleidung verwendet werden. Für ein Paar Jeans werden 3 bis 12 Gramm Indigo benötigt. Das entspricht bei einem Indigopreis von etwa 30 Mark pro Kilogramm einem Wert von 10 bis 35 Pfennig. Obwohl die Weltproduktion in der Größenordnung von einer Milliarde Jeans pro Jahr liegt, spielt Indigo mit einem Weltjahresumsatz von gut 300 Millionen Mark für die Chemieindustrie wirtschaftlich nur noch eine untergeordnete Rolle.[46]

Zwischenprodukte

Die Grundstoff- und Zwischenproduktherstellung wurde mit zunehmender Produktvielfalt zu einem immer wichtigeren Bereich der Teerfarbenindustrie. Die Ausgangsstoffe der Farbstoffsynthesen, beispielsweise die Teerbestandteile Benzol, Anthracen oder Naphthalin, sind relativ reaktionsträge, ebenso die Produkte der Synthesen, die Farbstoffe; andernfalls würden sie keine dauerhaften Färbungen ergeben. Bei den Zwischenprodukten allerdings ist die Reaktionsfähigkeit gerade die erstrebte Eigenschaft. Durch Reaktion mit hochreaktiven Grundchemikalien wie Schwefelsäure, Salpetersäure oder Chlor werden in die Moleküle reaktionsträger Ausgangsstoffe sogenannte funktionelle Gruppen eingeführt. Aus Benzol entsteht beispielsweise bei der Reaktion mit Salpetersäure (Nitrierung) Nitrobenzol. Die Nitrogruppe kann durch Reaktion mit einem Reduktionsmittel zur Aminogruppe umgewandelt werden. Es entsteht Aminobenzol, besser bekannt als Anilin. Die Reaktion aromatischer Kohlenwasserstoffe mit rauchender Schwefelsäure (Sulfonierung) führt zu Sulfonsäuren, die mit Chlor zu Chloraromaten etc. Zur Einführung von Sauerstoffatomen in aromatische Verbindungen dienen oft Schwermetallverbindungen wie Chromsäure oder Quecksilbersalze als Überträger. Da je nach Reaktionsbedingungen eine oder mehrere funktionelle Gruppen in das Molekül der Ausgangssubstanz eingeführt und primär entstandene Stoffe weiteren Reaktionen unterworfen werden können, kann so ein breites Spektrum an Zwischenprodukten mit einer oder mehreren funktionellen Gruppen erzeugt werden.

Die traditionsreichsten Zwischenprodukte der Farbstoffchemie sind das Nitrobenzol und das Anilin. Sie sind die einfachsten Vertreter der Stoffgruppen Nitroaromaten und aromatische Amine. Zur Stoffgruppe der Nitroaromaten gehören neben Zwischenprodukten auch bedeutende Sprengstoffe wie das Trinitrotoluol (TNT). Nitroaromaten werden im Boden leicht zu den entsprechenden Aminen umgewandelt.

Eine sehr umfangreiche Zwischenproduktgruppe ist die Gruppe der Benzolsulfonsäuren. Die Sulfanilsäure (p-Aminobenzolsulfonsäure) wird beispielsweise seit der Frühzeit der Teerfarbenindustrie für die Herstellung von Azo-Farbstoffen wie Naphtholorange oder Tartrazin, dem heute umstrittenen Lebensmittelfarbstoff E 102, verwendet. Heute sind in den Benzolsulfonsäuren in vielfältigster Weise Chlor-, Amino-, Amido-, Hydroxy- oder Carboxyl-Gruppen mit der Sulfonsäuregruppe kombiniert. Benzolsulfonsäuren sind Zwischenprodukte für ein breites

Spektrum chemischer Produkte: Appreturmittel, optische Aufheller, Beizmittel, Farbstoffe, Gerbstoffe, wasserlösliche Harze, Insektizide, Ionenaustauscher, Netzmittel, Pharmazeutika, polymere Verdickungsmittel, Weichmacher und anderes.[47]

Eine weitere wichtige Gruppe von Zwischenprodukten leitet sich vom Naphthalin ab, einem der traditionellen Steinkohlenteerprodukte. Durch Sulfonierung, Nitrierung, Chlorierung etc. ist eine Vielzahl von Folgeprodukten herstellbar, die neben ihrer traditionellen Bedeutung für Farbstoffsynthesen heute weitere Verwendung zur Herstellung von Pharmaka, Lösungsmitteln und anderen Spezialprodukten finden. Die Reaktionen zur Herstellung von Naphthalin-Zwischenprodukten sind meist wenig selektiv und führen zu Produktgemischen, aus denen das gewünschte Produkt aufwendig isoliert werden muß. Bei den erforderlichen Reinigungs- und Trennoperationen fallen erhebliche Rückstandsmengen an, die bei den traditionellen Verfahren pro Tonne Produkt bis zu 5 Tonnen organische Nebenprodukte, bis zu 10 Tonnen anorganische Salze im Abwasser, bis zu 5 Tonnen feste organische Abfälle und daneben bis zu 0,5 Tonnen Schwefeldioxid und Stickoxide in den Abgasen betragen können. Die hierdurch hervorgerufenen Umweltprobleme zwingen bei verschärften Umweltstandards und -kosten zu Verfahrensänderungen. Die Schelde Chemie in Brunsbüttel, eine gemeinsame Tochterfirma von Bayer und Ciba-Geigy, arbeitet beispielsweise an der Entwicklung rückstandsärmerer Verfahren zur Herstellung von Naphthalin-Zwischenprodukten.[48]

Die Herstellung von Zwischenprodukten wie den Benzolsulfonsäuren geschieht in der Regel in großen standardisierten Rührkesseln. Nach jedem Produktionsansatz muß der Kessel entleert und gereinigt werden, die Produkte werden von der Reaktionslösung meist durch Filtration abgetrennt. Bei diesen Verfahrensschritten entstehen ebenso wie bei der Weiterverarbeitung große Mengen an Abwässern, die mit den Zwischenprodukten, Hilfschemikalien und Nebenprodukten belastet sind. Früher wurden diese giftigen und umweltschädigenden Abwässer einfach in den nächsten Fluß geleitet. Inzwischen hat die chemische Industrie für die Abwasserreinigung große Investitionen getätigt. Obwohl die Chemieabwässer in den letzten Jahren in der (alten) Bundesrepublik insbesondere durch die vorgeschaltete Eliminierung von Schwermetallen und halogenorganischen Verbindungen und die Installierung von biologischen Behandlungsstufen erheblich «entschärft» werden konnten, bleiben im Bereich der Zwischenprodukte ernsthafte Probleme offen.

Gerade Chlor-, Nitro- oder Amino-Benzolsulfonsäuren zeichnen sich durch eine gute Wasserlöslichkeit und eine schlechte biologische Abbaubarkeit aus. Aufgrund dieser Eigenschaften ist zu vermuten, daß diese zum Teil hochgradig human- und ökotoxischen Stoffe von den Kläranlagen kaum zurückgehalten werden können. Nachweisbar sind sie beispielsweise im Rhein noch nicht, bisher fehlen die geeigneten Analyseverfahren. Es ist zu erwarten, daß eine Ausweitung des «analytischen Fensters» über die bekannten «Schwarze-Liste-Stoffe» hinaus Erkenntnisse über mengenmäßig relevante Belastungen durch derartige auch trinkwasserrelevante Schadstoffe bringen wird. In der Bundesrepublik werden Verfahren entwickelt und erprobt, um problematische Abwasserteilströme bereits vor der Einleitung in die zentrale Abwasserbehandlungsanlage zu entgiften. Ein erfolgversprechendes Verfahren ist die Naßoxidation. Hier kann darauf gehofft werden, daß ein verbesserter Stand der Abwassertechnik zu einer Entschärfung der Problematik führt.[49]

In den Entwicklungs- beziehungsweise Schwellenländern, in denen verstärkt Produkte wie Azo-Farbstoffe auf Benzidin-Basis hergestellt werden, die in den entwickelten Ländern aus gesundheitlichen und/oder ökologischen Gründen aus dem Produktionsprogramm genommen wurden, dürften sich die von der Zwischenproduktchemie verursachten Abwasser- und Abfallprobleme weiter verschärfen. Ähnliches gilt für die osteuropäischen Länder. Die katastrophalen Umweltbelastungen durch den größten Zwischenprodukte- und Farbstoffhersteller der ehemaligen DDR, die Chemie AG Bitterfeld, sollen durch ein vom Bundesumweltministerium gefördertes modellhaftes Umweltsanierungsprogramm reduziert werden. Gegenstand des Vorhabens sind die Einführung betrieblicher Meß- und Kontrollsysteme, die Ausrichtung auf eine umweltorientierte Unternehmensführung und eine modellhafte Abwasserreinigung. Es ist zu hoffen, daß die modellhafte Umweltsanierung der Chemie AG Bitterfeld zur Lösung von Abfall- und Abwasserproblemen beiträgt, die auch in der alten Bundesrepublik noch nicht zufriedenstellend gelöst sind.

Entfaltung der deutschen Teerfarbenindustrie

Zur Finanzierung von aufwendigen Forschungs- und Entwicklungsprogrammen und umfangreichen Produktionsanlagen wurden immer größere Kapitalmengen benötigt, die auch bei sehr guten Gewinnen bald nicht mehr von Einzelunternehmern aufgebracht werden konnten. Die zur Ausschöpfung der neuen Möglichkeiten erforderlichen Finanzmittel konnten nur durch die Gründung von Aktiengesellschaften beschafft werden. Diese Gesellschaftsform war in der zweiten Hälfte des vorigen Jahrhunderts in Zusammenhang mit dem Entstehen von Großbanken ohnehin im Kommen. Das Aktiengesetz von 1870, mit dem die staatliche Konzessionspflicht aufgehoben wurde, erleichterte die Gründung. Die Entstehung eines großen Wirtschaftsraumes mit der Reichsgründung 1871, der weitere Ausbau des Eisenbahnnetzes und der Kapitalzustrom durch die französischen Kriegskontributionen nach dem deutsch-französischen Krieg 1870/71 waren ebenfalls begünstigende Faktoren für das Gedeihen neuer Industrien.

Die Textilindustrie, die sich in Deutschland erst in der Mitte des vorigen Jahrhunderts voll entwickelte, bot der Teerfarbenindustrie nicht nur einen expandierenden Absatzmarkt, sondern sorgte durch die massenhafte Verdrängung handwerklicher Produzenten auch mit dafür, daß der neuen Industrie selbst angesichts eher abstoßender Arbeitsbedingungen genügend Arbeitskräfte zur Verfügung standen.

Der steigende Farbstoffbedarf in Deutschland war bis zur Entwicklung der synthetischen Farbstoffe fast ausschließlich durch Importe gedeckt worden. Krapp, tropische Farbhölzer und Indigo waren Produkte, die in Deutschland nicht erzeugt werden konnten und auch nicht aus eigenen Kolonien erhältlich waren. Im Gegensatz zu England, dem der Kolonialhandel mit Indigo und anderen Farbmitteln große Gewinne brachte, war in Deutschland ein politisch motiviertes Interesse an der Entwicklung der synthetischen Farbstoffe vorhanden. Mit den sich gegen Ende des 19. Jahrhunderts verschärfenden Konflikten zwischen Deutschland und England wurde jeder Schritt, der aus der Abhängigkeit von britisch beherrschten Lieferungen führte, als nationale Großtat gefeiert und politisch entsprechend gefördert. In diesem Klima wuchsen der Teerfarbenindustrie frühzeitig Aufgaben «vaterländischer Pflichterfüllung» zu.

Um diese Aufgaben im rechten Einklang zwischen Staat und Industrie erfüllen zu können und «sich ihren Einfluß auf das umfassende Reformwerk (des Reichsaufbaus, d. V.) zu sichern», gründeten 1877 führende chemische Großbetriebe den «Verein zur Wahrung der Interessen der chemischen Industrie» (VWI). Erklärtes Ziel des Vereins war es, ein einheitliches Vorgehen der Chemieunternehmer gegenüber Staat und Öffentlichkeit zu ermöglichen und Einfluß in Fragen der Steuer-, Zoll- und Patentgesetzgebung sowie der Sozialgesetzgebung zu gewinnen.[50]

Die Entwicklung der Patentgesetzgebung war für die Teerfarbenindustrie von besonderer Bedeutung. Die großen Gewinne, die bei der Produktion und Vermarktung eines «Volltreffers» systematischer chemischer Forschungsarbeit winkten, waren gefährdet, solange neue Produkte und neue Verfahren nicht wirkungsvoll gegen Nachahmung geschützt werden konnten. Der Preisverfall des patentrechtlich nicht abgesicherten Alizarins, der nur durch Kartellabsprachen halbwegs hatte aufgehalten werden können, war ein die führenden Teerfarbenfabriken schreckendes Beispiel.

1877 wurde das deutsche Patentgesetz verabschiedet, das unter dem maßgeblichen Einfluß der Chemie- und Elektroindustrie zustande kam. Das deutsche Patentgesetz schützte im Gegensatz beispielsweise zu den französischen Bestimmungen nicht den Stoff, sondern das Verfahren. Diese Regelung gestattete es Großbetrieben mit entsprechender Forschungskapazität, für lukrative Produkte der Konkurrenz neue Syntheseverfahren zu entwickeln und damit selber auf den Markt zu kommen. Eigene Neuentwicklungen konnten durch Patentierung mehrerer Synthesewege geschützt werden. Diese Form des Patentrechts war eindeutig auf die Interessen der Großindustrie zugeschnitten. Kleine Firmen oder einzelne Erfinder verfügten nicht über die Forschungskapazitäten, die zur Aufklärung und patentrechtlichen Absicherung aller möglichen Synthesewege zu einem neuen Produkt erforderlich waren. Die meisten Patente, die den Teerfarbenfabriken in den ersten Jahren nach Inkrafttreten des Patentrechts von 1877 erteilt wurden, betrafen Verfahren zur Herstellung neuer Azo-Farbstoffe.

Unter den schärfer werdenden Wettbewerbsbedingungen gelang es nur wenigen Großunternehmen, an der stürmischen Entwicklung der Teerfarbenindustrie teilzuhaben. Darunter sind neben den bereits aufgeführten «großen Drei» (BASF, Bayer und ML&B bzw. Hoechst) vor allem zu nennen (in Klammer das Gründungsjahr):

- die Gesellschaft für Anilinfabrikationen, Rummelsburg bei Berlin (1867), ab 1872 Aktiengesellschaft für Anilin-Fabrikation (Agfa), Treptow, die später zur BASF kam,

- die Farbenfabrik W. Kalle u. Co, Biebrich/Rhein (1863), die in den Farbwerken Hoechst aufging, und
- die Chemische Fabriken vorm. Weiler-ter-Meer, Uerdingen (1861), die von Bayer übernommen wurden.

Die neue Qualität wirtschaftlicher Entwicklung, die sich mit der systematischen Anwendung von Forschung und Entwicklung in den großen Teerfarbenfabriken herausgebildet hatte, wird im Vergleich mit der Entwicklung anderer Bereiche der chemischen Industrie deutlich:

Tabelle 7: Entwicklung der Anzahl der Betriebe, der Beschäftigten und der Durchschnittsdividenden in der chemischen Industrie[51]

	Jahr	Hauptbetriebe	Beschäftigte	Dividenden (%)
Teerfarbenindustrie	1875	28	2179	–
	1882	27	4091	20,53
		(davon 4	mit 3015)	
	1895	25	7266	23,59
		(davon 5	mit 6353)	
Chemische Großindustrie	1875	247	7913	–
	1882	258	14812	9,8
	1895	456	26950	10,91
Präparateindustrie	1875	–	–	–
	1882	861	4563	11,88
	1895	1350	6322	10,82

Während die Steigerung der Beschäftigtenzahlen in der chemischen Großindustrie und der Präparateindustrie mit einer Steigerung der Zahl der Betriebe verbunden war, ging die Zahl der Betriebe in der Teerfarbenindustrie trotz noch stärker anwachsender Beschäftigtenzahlen zurück, wobei letztlich nur eine Handvoll Unternehmen wirklich von Bedeutung war. Der Vergleich der Durchschnittsdividenden, die in der Teerfarbenindustrie gut doppelt so hoch lagen wie in der chemischen Großindustrie oder der Präparateindustrie, zeigt, welche wirtschaftlichen Entfaltungsmöglichkeiten in den wenigen großen Teerfarbenfabriken vorhanden waren. Das Übergewicht, das die chemische Großindustrie, das heißt die Sodaindustrie mit ihren Nebenzweigen, nach der Zahl der Betriebe und Beschäftigten 1895 noch gegenüber der Teerfarbenindustrie hatte, sollte sich bald in sein Gegenteil umkehren. Unter den großen Teerfarbenfabriken konnte wiederum die BASF eine führende Stellung behaupten. Von den 7266 Beschäftigten der Teerfarbenindustrie im Jahr 1895 arbeiteten 4602 für die BASF, die damit eine führende Position, wenn auch keine alleinige Vormachtstellung erringen konnte.[52]

Diese Chance schien sich der BASF mit der Entwicklung der Indigosynthese zu bieten. Als die BASF 1897 mit synthetischem Indigo auf den Markt kam, machte sie alle Anstrengungen, zunächst den nationalen Markt zu erobern, um auf dieser Basis das englische Monopol auf Naturindigo durch ein eigenes Monopol auf Syntheseindigo auszutauschen. Sofort nach Produktionsaufnahme bemühte sich die BASF intensiv um Staatsaufträge und handelspolitische Unterstützung auf dem Weltmarkt. Zu dieser Zeit waren die Uniformen noch nicht feldgrau, sondern sowohl beim Heer als auch bei der Marine indigoblau. Auch die Uniformen bei Post und Bahn waren indigoblau.[53] Obwohl die deutschen Uniformen bald mit synthetischem Indigo gefärbt wurden und der Naturindigo vom Weltmarkt verdrängt werden konnte, gelang es der BASF am Ende doch nicht, das englische Weltmonopol auf Naturindigo durch ein eigenes Weltmonopol auf Syntheseindigo zu ersetzen. Inzwischen waren auch die Farbwerke Hoechst mit ihrem eigenen Syntheseweg auf den Markt gekommen. Nach einem heftigen Konkurrenzkampf wurde 1904 der Markt durch Abschluß einer Konvention aufgeteilt.

Die Erfahrungen bei der Entwicklung der Indigosynthese zeigten, daß es keinem der großen Chemieunternehmen möglich war, alleine die Führung bei der Einführung eines entscheidenden neuen Produktes und damit eine weltweite Monopolstellung zu übernehmen. Dazu kam, daß um die Jahrhundertwende viele wichtige Farbstoffpatente abliefen und die Gefahr der Übernahme jeweiliger Konkurrenzprodukte mit der Folge rapiden Preisverfalls drohte. In dieser Situation begann der Zusammenschluß der großen Chemieunternehmen. In einer Darstellung aus dem Jahr 1925 heißt es dazu:

«Als dann im neuen Jahrhundert der Wettbewerb der deutschen Firmen im In- und Ausland immer schärfer und dementsprechend der Nutzeffekt der geleisteten Arbeit geringer wurde, hat der Direktor der Farbenfabriken

Bayer & Co., Geheimrat Prof. Dr. C. DUISBERG, unter Einsatz der ganzen ihm eigenen Energie die Zusammenfassung vorerst einmal dreier großer Werke zustande gebracht. Schon im Jahr 1904 schwebte ihm die Vereinheitlichung der gesamten Farbenindustrie als Ideal vor. Aber gerade wie bei dem deutschen Zollverein die Zusammenschweißung der Einzelstaaten nur schrittweise vor sich ging, so kam es auch in der chemischen Industrie erst einmal nur zu einer Interessengemeinschaft des von DUISBERG geleiteten Werkes mit der Bad. Anilin- und Sodafabrik und der AG für Anilinfabrikation. Nur bei den Generaldirektoren dieser beiden Werke, Geheimrat Dr. H. BRUNCK und Geheimrat Dr. OPPENHEIM, traf DUISBERG anfänglich auf das richtige Verständnis. Die drei genannten Werke blieben dabei durchaus selbständig bestehen; aber es wurde, abgesehen natürlich von dem Aufhören des Konkurrenzkampfes, vereinbart, daß die Forschungs- und Meßmethoden ausgetauscht und vereinheitlicht, und schließlich, daß der Reingewinn der drei Fabriken in einen Topf geworfen und nach einem bestimmten Schlüssel verteilt werden sollte.

Die notwendige Folge war, daß die anderen großen Farben- und Zwischenproduktfabriken eine ähnliche Vereinbarung trafen, um nicht einzeln durch die Übermacht der ‹IG› erdrückt zu werden. Das waren die Farbwerke Hoechst vorm. Meister, Lucius & Brüning in Hoechst a. M. (ML&B), Cassella & Co. in Frankfurt und die Chem. Fabrik Griesheim-Elektron, die die Farbenfabrik von Oehler in Offenbach aufgenommen hatte, später wurde noch Kalle & Co. in Biebrich an die Farbwerke Hoechst angegliedert.

Wenn auch die beiden großen Konzerne sich in manchen Dingen, so z. B. über den Preis des künstlichen Indigos, den beide herstellten, einigten, so wurde doch durch den im übrigen recht scharfen Wettbewerb viele Energie vergeudet.»[54]

In dieser Konstellation, dem «Dreibund» aus Agfa, BASF und Bayer und dem «Dreierverband» aus Hoechst, Cassella und Kalle nebst unabhängigen Firmen wie Weiler-ter-Meer oder Griesheim, konnte die deutsche Farbenindustrie bis zum Ersten Weltkrieg weiter stark expandieren. Die jährlichen Umsatzsteigerungen waren in den letzten sechs Jahren vor dem Krieg mit etwa acht Prozent doppelt so hoch wie in der Gesamtwirtschaft. Die Dividenden lagen mit rund 25 Prozent sogar dreimal so hoch wie der Durchschnitt.[55] Die Exportquote lag im Farbstoffgeschäft 1913 bei 82 Prozent, der Weltmarkt für synthetische Farbstoffe lag zu 90 Prozent in deutscher Hand. Neben der deutschen hatte zu dieser Zeit nur die Schweizer Farbstoffindustrie mit einem Weltmarktanteil von 7,3 Prozent nennenswerte Bedeutung.[56]

Trotz dieser eindrucksvollen Erfolge lag die Bedeutung der Teerfarbenindustrie nicht in ihrer tatsächlichen wirtschaftlichen Stärke. Die Chemie hatte zu Beginn unseres Jahrhunderts erst einen Anteil von 5 Prozent an der gesamten Industrieproduktion.[57] Und der Anteil der deutschen Farbstoffexporte am Welthandel betrug 1913 trotz der deutschen Monopolstellung nicht mehr als 0,28 Prozent. Das entsprach etwa einem Zehntel des Wertes der britischen Exporte von Baumwollgeweben.[58]

Die Bedeutung der deutschen Teerfarbenindustrie lag vielmehr in ihrem enormen wissenschaftlichen, technischen und ökonomischen Entwicklungspotential. Zu einem beherrschenden Wirtschaftszweig wurde die chemische Industrie erst auf der Basis der neuen Produktionslinien, die um die Jahrhundertwende entstanden.

«Chemie erobert die Welt»

Die neue qualitative Stufe, die mit der naturwissenschaftlich fundierten und generalstabsmäßig organisierten Produktion in der Teerfarbenindustrie erreicht worden war, griff bald über den Bereich der Farbstoffe hinaus auf die übrigen Gebiete der chemischen Produktion über und ließ neue Produktionslinien entstehen. In einer 1905 erschienenen Geschichte der Farbstoffe heißt es:

> «Die chemische Industrie Deutschlands, die zu Beginn der Teerfarben-Industrie noch ziemlich unbedeutend war, hat sich seit dieser Zeit zu einem der wichtigsten Zweige der deutschen Volkswirtschaft entwickelt. Nach den im Jahre 1897 von den Regierungen veranlaßten produktionsstatistischen Erhebungen für eine Reihe der wichtigsten Industriezweige nimmt die chemische Industrie mit 958 Millionen Produktionswert die dritte Stelle ein und wird nur durch die Montan- und Eisenindustrie sowie durch die Textilindustrie übertroffen. Ohne die Teerfarbenindustrie wäre ein so rapider Aufschwung unmöglich gewesen. Die Entdeckung vieler Arzneimittel, synthetischer Parfümerien, die sowohl für Deutschland als auch vor allem für das Ausland in immer wachsender Menge hergestellt werden, ist lediglich bei Versuchen, Farben zu entdecken, gemacht worden. Ohne die Farbenindustrie würden sie heute sicher nicht existieren. Denn erst seit Herstellung der künstlichen Farben wurde der Teer derjenige Rohstoff, mit dem sich die Wissenschaft am meisten beschäftigte. Der große Aufschwung der neueren Spreng- und Schießpulver-Industrie steht mit den bei der Fabrikation der Teerfarben gemachten Erfahrungen in engstem Zusammenhang. Auch auf dem Gebiete der anorganischen chemischen Großindustrie sind die Farbenfabriken oft führend vorangegangen. So haben sich einige der größten Teerfabriken seit Anfang ihres Bestehens zur Aufgabe gemacht, sämtliche Hilfsmaterialien, mittelst deren die Weiterverarbeitung und Umwandlung der Rohstoffe zu Farbstoffen geschieht, im eigenen Betriebe herzustellen. So werden Schwefelsäure, Salzsäure, Salpetersäure, Soda, Chlor und Chromsäure in größter technischer Reinheit und größtmöglicher Konzentration hergestellt, wie sie vorher nicht geliefert wurden. Es sei hier nur an die Schwefelsäurefabrikation ohne Bleikammerbetrieb mittelst Kontaktsubstanz (Katalyse) und an die fabrikmäßige Darstellung von Chlor erinnert.» [1]

Die Chemie ist um die Jahrhundertwende ähnlich wie die Elektrizitätslehre und in enger Wechselbeziehung zu dieser zu einem eigenständigen, umfangreichen Technikbereich geworden: «Im 20. Jahrhundert ließen sich beide Techniksparten nicht mehr mit bestimmten Produkten identifizieren. Sie waren zu ‹Technologien› geworden: zu universal anwendbaren Verfahren und Komponentensystemen.»[2]

Die neuen Verfahren zur Herstellung chemischer Grundstoffe und die daraus entwickelten Folgetechnologien begründeten eine neue Qualität im Umgang mit der Natur. Mit neuartigen Techniken wurde es möglich, traditionell knappe Grundstoffe in nahezu unbegrenzten Mengen zu produzieren. Damit wurden auch für die jeweiligen Folgeproduktionen bestehende oder drohende Mengenbeschränkungen aufgehoben. Darüber hinaus entwickelte die chemische Industrie auf der Grundlage einer immer umfassenderen Nutzung mineralischer, fossiler und nachwachsender Rohstoffe neue Produktionslinien, für deren Erzeugnisse oft Verwendungsmöglichkeiten und Märkte erst geschaffen werden mußten.

Bei der expandierenden Verarbeitung der Erze zur Metallerzeugung fielen massenhaft Nebenprodukte wie Schwefeldioxid an, die chemisch genutzt werden konnten. Salze und Erden wurden der chemischen Industrie mit modernen bergmännischen Methoden nahezu unbegrenzt verfügbar gemacht. Die Kohle wurde von der Chemie immer umfassender als Rohstoff genutzt. Kohleverschwelung, Carbidchemie und Synthesegasgewinnung bildeten die Ausgangspunkte für neue Produktionslinien. Später wurden diese Produktionslinien durch die Petrochemie weitgehend ersetzt. Auch Rohstoffe pflanzlichen und tierischen Ursprungs, vor allem Holz und Fette, wurden zunehmend der chemischen Verwertung zugeführt. Mit der Elektrochemie und der Hochdrucktechnik entstanden grundlegend neue Stoffumwandlungstechniken.

Am Anfang dieser Entwicklung wissenschaftlich fundierter chemischer Großtechnik stand die Optimierung der Herstellung der traditionellen Grundstoffe Soda und Schwefelsäure. Das von Ernest Solvay entwickelte Verfahren zur Herstellung von Soda revolutionierte den Alkalimarkt, brachte die alte Leblanc-Sodaindustrie mit ihren Nebenzweigen zu Fall und wurde zum Keim für die Herausbildung des mächtigen Solvay-Konzerns. Mit dem im Zusammenhang mit der Indigosynthese bei der BASF entwickelten Kontaktverfahren zur Schwefelsäureherstellung entstand eine Technologie, die Wegbereiter weiterer großtechnischer chemischer Verfahren war. Die Schwefelsäure war die wichtigste anorganische Grundchemikalie, bis sie nach dem Zweiten

Weltkrieg in dieser Funktion vom Chlor abgelöst wurde. Durch die Förderung immer größerer Mengen schwefelhaltiger Erze und fossiler Rohstoffe wurden derart große Mengen Schwefel und Schwefelverbindungen erhalten, daß aus dem ehemals knappen Rohstoff heute ein Überschußprodukt geworden ist.

Auf der Basis der technischen Erfahrungen, die bei der Entwicklung des Kontaktverfahrens zur Schwefelsäureerzeugung gewonnen worden waren, entstand mit der Hochdrucktechnik die Voraussetzung für die Massenproduktion von Stickstoffverbindungen, organischen Grundstoffen und synthetischen Treibstoffen.

Die Hochdruckchemie brachte auch eine Erweiterung der Nutzung der Kohle für chemische Zwecke mit sich. Das für die Hochdrucksynthesen erforderliche Synthesegas wurde zunächst aus Kohle erzeugt.

Gegen Ende des 19. Jahrhunderts wurden weitere Möglichkeiten der Nutzung der Kohle für chemische Zwecke erschlossen:

- die Carbidherstellung und -chemie,
- die Verstromung der Kohle und Nutzung der elektrischen Energie für chemische Prozesse und
- die Kohleverschwelung.

Das Erdöl, das seit den 60er Jahren des 19. Jahrhunderts in rasch steigenden Mengen gefördert und zur Petroleum-, Schmiermittel- und Benzinherstellung genutzt wurde, fand erst nach dem Ersten Weltkrieg als Chemierohstoff Verwendung. Dann allerdings wurde es bald zum Ausgangsstoff für einen eigenen Zweig der chemischen Industrie, der Petrochemie, der heute die Kohlechemie weitgehend verdrängt hat.

Bisher ungeahnte Möglichkeiten für die Entwicklung neuer Produktionslinien eröffnete die Technik, Stoffe mit Hilfe der Elektroenergie umzuwandeln. Aus lange bekannten Salzen wurden durch die Elektrolyse neue, bislang unbekannte Metalle erzeugt und neue Zugangswege zu Nichtmetallen und Nichtmetallverbindungen erschlossen. Diese Entdeckungen wurden industriell genutzt, als große Elektrizitätsmengen billig erzeugt werden konnten. Das war der Fall, nachdem Werner Siemens (1816–1892) die Dynamomaschine entwickelt hatte. Für die industrielle Nutzung der Elektrochemie boten sich vor allem drei Bereiche an:

1. die elektrochemische Erzeugung wichtiger Grundstoffe wie Chlor und Natronlauge,
2. die elektrolytische oder elektrothermische Erzeugung und Raffination

von Metallen (Aluminium, Magnesium, Kupfer, Elektrostahl etc.) und
3. die Nutzung der hohen Temperaturen des elektrischen Lichtbogens für Reaktionen, die solche Temperaturen erfordern (Herstellung von Carbiden, Korund, Phosphor etc.).

Mit den um die Jahrhundertwende bis zum Ersten Weltkrieg begründeten neuen Produktionslinien war ein grundsätzlicher Wandel der Funktion der chemischen Industrie verbunden. Bis zum Ende des vorigen Jahrhunderts war ihre Aufgabe in erster Linie auf die Bereitstellung von Grund- und Hilfsstoffen für andere Industrien wie die Textil-, Seifen- oder Glasindustrie und die Verwertung von Nebenprodukten vor allem der Schwerindustrie beschränkt gewesen. Erfolgsrezept der chemischen Industrie wurde von nun an die offensive Ausweitung ihrer Produktpalette durch die Entwicklung und Diversifikation neuer Produktionslinien, aggressive Verdrängung traditioneller Werkstoffe und die Schaffung neuer Verwendungsbereiche und Märkte. Walter Greiling schrieb dazu 1941 in seiner fortschrittsgläubigen und auch nach dem Krieg noch viel gelesenen Huldigung «Chemie erobert die Welt»:

> «Die unheimliche, im verborgenen wirkende Macht der Chemie greift von nun an ständig weiter um sich. Sie durchdringt immer mehr Lebensgebiete. (...) Der Bedarf nach solchen Dingen im täglichen Leben kam nicht von selber. Er mußte erst geweckt werden. Was war das für ein Unterfangen! (...) Um das zu erreichen, mußte eine großartige Massensuggestion durchgeführt werden. (...) Der Markenartikel hat die Verwendung chemischer Mittel unbekannter Zusammensetzung über den ganzen Erdball verbreitet und zur Selbstverständlichkeit gemacht. Die Mittel werden von den verschiedensten Völkern gebraucht, und die Namen werden von den Primitivsten behalten, selbst von Leuten, die knapp ihren eigenen Namen schreiben können. Es ist der großartige Erfolg einer überlegenen Propaganda.» [3]

Die umfassende Chemisierung aller Wirtschafts- und Lebensbereiche war ein entscheidender Faktor beim Übergang zu einer Wirtschaftsweise, die ihr Erfolgsrezept in einem möglichst hohen Absatz von Chemikalien und Energie sah, der unter anderem durch modisch bedingte Kurzlebigkeit der Produkte erreicht wurde, den zerstörerischen Folgen dieser Entwicklung gegenüber blind war und weitgehend immer noch ist.

In den folgenden Abschnitten dieses Kapitels werden einige Produktionslinien der chemischen Industrie dargestellt, die für die Entwicklung der anorganischen Grundstoffchemie (Soda und Schwefelsäure), der Kohlechemie (Carbid- und Acetylenchemie) und der Nutzung nachwachsender Rohstoffe (Zellstoff, Fette) charakteristisch sind.

Der Stickstoff- und Chlorchemie sind eigene Kapitel gewidmet, weil an diesen Produktionslinien zwei wichtige Aspekte der globalen Chemisierung exemplarisch verdeutlicht werden können, die vereinfacht mit den Begriffen «Überfütterung» und «Vergiftung» der Biosphäre charakterisierbar sind. Die Stickstoffchemie hat einen im Verlauf der Evolution in der Biosphäre stets knappen Nährstoff, den chemisch gebundenen Stickstoff, in so großen Mengen produziert und freigesetzt, daß heute in weiten Teilen der Biosphäre ein Stickstoff-Überangebot herrscht. Damit wurde ein wichtiger Evolutionsfaktor nachhaltig verändert.

Die Chlorchemie hat eine besonders große Zahl und Menge von Produkten hervorgebracht, die unter natürlichen Bedingungen nicht oder nur in extrem geringen Mengen entstehen. Durch die massenhafte Verbreitung dieser Substanzen in der Biosphäre wurden die Stoffwechselsysteme der Lebewesen mit Stoffen konfrontiert, an die sie sich im Verlauf der bisherigen Evolution nicht anpassen konnten bzw. mußten.

Weitere Produktionslinien der Chemie wurden in engem Zusammenhang mit den militärischen Rüstungs- und Beschaffungsprogrammen zweier Weltkriege und der Entwicklung des Transport- und Verkehrswesens entwickelt. Hierzu zählen Teilbereiche der Hochdrucktechnik, die Kautschuksynthese und die Petrochemie.

Soda nach Solvay

Als die Leblanc-Sodaindustrie mit ihren Nebenzweigen in der zweiten Hälfte des vorigen Jahrhunderts zu einem eigenen Industriezweig herangewachsen war, der als Lieferant verschiedener Grundstoffe eine Schlüsselfunktion im Gesamtgefüge der industriellen Produktion einnahm, trat ein Konkurrent auf, der diesen Industriezweig gründlich durcheinanderbringen sollte: der Belgier Ernest Solvay (1838–1922). Solvay hatte das Glück, zur richtigen Zeit über die erforderlichen Kenntnisse und materiellen Mittel zu verfügen, um das Verfahren zur Herstellung von Soda zu realisieren, das sich bis heute als das wirtschaftlichste bewährt hat.

Hieraus entstand einer der großen internationalen Chemiekonzerne: der Solvay-Konzern.

Die chemischen Grundlagen des neuen Verfahrens waren bereits 1811 von dem Franzosen Augustin Jean FRESNEL (1788–1827), dem Begründer der Wellentheorie des Lichtes, zur Diskussion gestellt worden. Auch die einzelnen Teilschritte waren Mitte des vorigen Jahrhunderts technisch erprobt, aber erst SOLVAY konnte das Verfahren so realisieren, daß es zum wirtschaftlichen Erfolg führte. Das Verfahren: Wenn man eine Steinsalzlösung (Sole) mit Ammoniak (Salmiakgeist) und Kohlendioxid sättigt, bilden sich Kristalle eines relativ schwer löslichen Salzes. Dieses Salz, das Natriumhydrogenkarbonat, ist unter der Bezeichnung Natron bekannt und findet beispielsweise in Brausepulver Verwendung. Beim Erhitzen spaltet Natron Wasserdampf und Kohlendioxid ab. Dabei entsteht aus Natron Soda. Das Kohlendioxid, das beim Erhitzen des Natrons frei wird, kann zur Sättigung weiterer Steinsalzlösungen verwendet werden. Nach der Abtrennung des Natrons bleibt in der ursprünglichen Salzlösung hauptsächlich ein anderes Salz, das Ammoniumchlorid, gelöst zurück. Während der Natriumgehalt des Steinsalzes mit dem Kohlendioxid in das Natron übergeht, bleibt der Chloridanteil des Steinsalzes mit dem Ammoniak verbunden in der Lösung. Am Chloridgehalt dieser Lösung besteht kein weiteres Interesse. Dagegen ist es von wirtschaftlich entscheidender Bedeutung, das teure Ammoniak wiederzugewinnen. Das geschieht durch Reaktion der Lösung mit gebranntem Kalk, der bei der Gewinnung von Kohlensäure durch das Brennen von Kalk ohnehin anfällt. Bei der Reaktion mit dem gebrannten Kalk wird das Ammoniak freigesetzt, kann abgetrieben und wiederverwendet werden. Übrig bleibt eine Calciumchloridlösung, die mit dem Abwasser in den Vorfluter geleitet wird.

Der Vorteil des Ammoniaksodaverfahrens gegenüber dem LEBLANC-Verfahren liegt vor allem darin, daß außer dem Calciumchlorid keine unwirtschaftlichen Nebenprodukte anfallen, daß der erste Schritt des LEBLANC-Verfahrens, die Sulfatherstellung, entfällt, daß weniger Energie und Arbeitskräfte benötigt werden und daß die Belastung der Umwelt weitaus geringer ist. Bereits 1880 lag der Energieverbrauch für die Herstellung einer Tonne Soda, berechnet als Kohleverbrauch, beim SOLVAY-Verfahren mit zwei Tonnen Kohle pro Tonne Soda deutlich unter dem Kohleverbrauch der LEBLANC-Anlagen, der mit drei Tonnen anderthalbmal so hoch war. Heute entspricht der Energiebedarf für die Herstellung einer Tonne Soda einer knappen halben Tonne Kohle.

Um das neue Verfahren wirtschaftlich zu machen, mußte freilich ein entscheidendes technisches Problem gelöst werden: Ammoniak war im Verhältnis zu den Rohstoffen und dem Produkt Soda so teuer, daß wenige Prozente Ammoniakverlust über die Wirtschaftlichkeit des Verfahrens entschieden. Bei den Preisrelationen zu SOLVAYS Zeiten durften pro Tonne produzierter Soda nicht mehr als 20 Kilogramm Ammoniak verlorengehen. Zur Sättigung der für eine Tonne Soda benötigten Sole wurden jedoch zirka 500 Kilogramm Ammoniak benötigt. Das bedeutete, daß mindestens 480 von den 500 Kilogramm, also 96 Prozent Ammoniak wiedergewonnen werden mußten.[4] Um unter der die Wirtschaftlichkeit bestimmenden Grenze von zirka 20 Kilogramm Ammoniakverlust pro Tonne produzierter Soda bleiben zu können, mußte der Bau einer Ammoniaksodaanlage sehr exakt ausgeführt werden. Das war erst möglich, als Werkstofftechnik und Maschinen- bzw. Apparatebau einen entsprechenden Stand erreicht hatten.

Exakt zu dem Zeitpunkt, als diese entscheidenden Voraussetzungen durch entsprechende Entwicklungen in der Metallurgie, dem Werkzeugmaschinenbau und der Fertigungstechnik erfüllt werden konnten, wandte sich SOLVAY dem Ammoniaksodaverfahren zu.

Dies zeigt exemplarisch die Verzahnung und wechselseitige Abhängigkeit der technisch-industriellen Entwicklung in verschiedenen Zweigen, hier der chemischen Industrie, der Werkstofftechnik und des Maschinenbaus. Das Beispiel zeigt aber auch, wie die Verfügung über ein überlegenes Verfahren zur Herstellung eines industriellen Schlüsselproduktes zur Erringung wirtschaftlicher Weltmacht ausgenutzt werden konnte.

Im Jahr 1861 meldete SOLVAY das Ammoniaksodaverfahren zum Patent an, und 1863 wurde die Kommanditgesellschaft Solvay & Cie. gegründet. 1866 produzierte die im Vorjahr fertiggestellte Fabrik bereits 1500 Kilogramm Soda am Tag, und im Jahr darauf wurden die ersten Gewinne erzielt.[5]

Da die Gewinne der Ammoniaksodafabrik wesentlich vom Ammoniakpreis abhingen, widmete sich SOLVAY zusammen mit seinem Schwager SEMET der Kokereitechnik. Ziel war die Verbesserung der Ammoniakausbeute beim Verkoken von Steinkohle. Durch Beteiligungen im Steinkohle- und Steinsalzbergbau sicherte er sich eine eigene Rohstoffbasis.

Aufgrund seines technischen und kaufmännischen Geschicks und dank der günstigen Voraussetzungen, die einerseits durch Familienbeziehungen und andererseits durch den technischen Entwicklungsstand gegeben waren, gelang es SOLVAY, erfolgreich gegen die mächtige LEBLANC-Industrie anzutreten.

Dieser Konkurrenzkampf mit den meist auf nationaler Ebene in Kartellen organisierten LEBLANC-Fabrikanten führte zu einem enormen Rückgang des Sodapreises. Der Preis für 100 Kilogramm fiel zwischen 1870 und 1875 von 25 auf 8 bis 10 Mark.[6]

Durch die scharfe Konkurrenz mit SOLVAYS Ammoniaksodaverfahren waren die alten LEBLANC-Sodafabriken gezwungen, ihr Verfahren vor allem durch vollständigere Aufarbeitung und Nutzung von Neben- und Abfallprodukten aufs äußerste zu rationalisieren. Vor allem das Problem der Salzsäuregasemissionen und der Sodarückstände wurde verstärkt in Angriff genommen. Einige der bereits beschriebenen Techniken der Salzsäuregasabsorption und der Entschwefelung wurden erst unter dem Druck der Konkurrenz des SOLVAY-Verfahrens zur technischen Reife gebracht und erreichten dann außerhalb der Sodaindustrie ihre eigentliche Bedeutung.

Es zeigte sich aber bald, daß durch technologischen Wettstreit der Konkurrenzkampf mit dem neuen Verfahren nicht zu gewinnen war. Die LEBLANC-Sodafabrikanten versuchten daher auch auf politischem Weg, der lästigen Konkurrenz Herr zu werden.

Der Untergang des LEBLANC-Verfahrens erwies sich jedoch trotz aller Anstrengungen als unabwendbar. 1925 mußte die letzte Anlage die Produktion einstellen. Die LEBLANC-Sodaindustrie, die im 19. Jahrhundert als eigener Industriezweig eine Schlüsselfunktion im Grundstoffbereich innegehabt hatte, hörte auf zu existieren. Die einzelnen Betriebe gingen meist in anderen, moderneren Konzernen auf. Matthes & Weber gehört heute zum Henkel-Waschmittelkonzern, die Chemische Fabrik Griesheim wurde Teil der Hoechst AG.

SOLVAY führte sein Verfahren in den wichtigsten Ländern ein. Er gründete zu diesem Zweck Auslandsgesellschaften oder beteiligte sich an Firmen, die nach seinem Verfahren Soda herstellten. Schwerpunkt war neben den industrialisierten Ländern Europas vor allem Nordamerika, aber auch in Lateinamerika und Afrika faßte er bald Fuß. Nur gegenüber der zur damaligen Zeit (um 1870) übermächtigen englischen Sodaindustrie wagte er keine offene Konkurrenz. 1872 schloß SOLVAY einen Lizenzvertrag mit der englischen Firma Brunner, Mond & Co. Ltd. ab, der ihm wesentlichen Einfluß auf den englischen Markt sicherte. Im Verlauf weniger Jahre brachen die alten englischen Sodafabriken, die weiterhin nach dem LEBLANC-Verfahren arbeiteten, zusammen, und Brunner, Mond & Co. Ltd. errang eine Monopolstellung auf dem englischen Markt. Die dadurch erreichte wirtschaftliche Machtposition konnte die Firma später ausnutzen, als sich die Hauptzweige der englischen Chemieindustrie 1926 zum ICI-Konzern (Imperial Chemical Industries Ltd.) zusammenschlossen. Brunner, Mond & Co. spielten bei diesem Zusammenschluß eine entscheidende Rolle, SOLVAY sicherte sich dadurch indirekt einen nicht unwesentlichen Einfluß auf die ICI.[7]

SOLVAY dehnte seine wirtschaftlichen Aktivitäten bald auf verwandte Grundstoffe und die weiterverarbeitende Industrie aus. Seine Firma beteiligte sich frühzeitig an der Entwicklung der Chlor-Alkali-Elektrolyse, die Ende des 19. Jahrhunderts die Chlorerzeugung aus der stofflichen Abhängigkeit von der Sodaproduktion löste, wie sie bei dem LEBLANC-Verfahren gegeben gewesen war.

Auf dem Weiterverarbeitungssektor drang SOLVAY vor allem in die Glaserzeugung vor. In Amerika errang er beherrschenden Einfluß auf die Libbey Owens Glass Co., den führenden amerikanischen Flachglashersteller. Über die «Allied Chemical and Dye Corp.» hat sich SOLVAY nicht nur entscheidende Anteile an der Sodaproduktion der USA, sondern auch an anderen Bereichen des amerikanischen Chemiemarktes gesichert.[8]

Die Welterzeugung von Soda stieg von 1884 bis 1911 von 700000 auf rund zwei Millionen Tonnen. Bis 1951 erhöhte sie sich weiter auf fast 11 Millionen Tonnen.[9] 1981 wurden weltweit 28,3 Millionen Tonnen Soda hergestellt, davon 7,5 in den USA.[10]

In der Bundesrepublik verfügt die 1880 ursprünglich bei Bernburg an der Saale gegründete Solvay Deutschland GmbH heute über eine Produktionskapazität von über einer Million Tonnen Soda im Jahr. Das sind etwa zwei Drittel der bundesdeutschen Gesamtkapazität.

Die Muttergesellschaft, Solvay & Cie. mit Sitz in Brüssel, wird als Kommanditgesellschaft geführt. Dieser Status gibt der Firma das Recht, alle internen Geschäftsangelegenheiten geheimzuhalten. Von diesem Recht macht sie seit ihrer Gründung vollen Gebrauch. Es ist daher nicht möglich, die weltweiten Aktivitäten und die wirkliche Macht des Solvay-Konzerns, die sich von der Rohstoffgewinnung (Steinsalz und Kohle) über die Grundstofferzeugung bis in verschiedene Bereiche der Weiterverarbeitung erstrecken, genauer zu durchschauen. Über gemeinsame Tochtergesellschaften ist der Solvay-Konzern mit anderen großen Chemiekonzernen eng verflochten.

Die Solvay-Gesellschaften, die auch heute noch im Familienbesitz sind, kontrollieren weltweit Produktion und Handel eines der wichtigsten industriellen Grundstoffe, der Soda. Heute entfallen etwa 70 Prozent der westeuropäischen Sodaproduktion auf Solvay. Den englischen und irischen Markt beherrscht die ICI mit einem Marktanteil von 92 Prozent.

Die Situation auf dem europäischen Sodamarkt, der einen Umsatz von etwa zwei Milliarden Mark pro Jahr bringt, hat 1990 die EG-Kommission auf den Plan gerufen. Nach deren Recherchen haben Solvay, die ICI und die Chemische Fabrik Kalk, eine BASF-Tochter, viele Jahre lang illegale Kartellabsprachen getroffen, um den Markt unter sich aufzuteilen. Die ICI soll sich verpflichtet haben, nicht auf dem kontinentaleuropäischen Markt zu agieren, wenn Solvay und Kalk dem britischen Markt fernblieben. Ferner wurde den Unternehmen vorgeworfen, ein Rabattsystem praktiziert zu haben, um Kunden an sich zu binden und andere Konkurrenten vom Sodamarkt auszuschließen. Wegen dieser Wettbewerbsvergehen wurden Bußgelder in ungewöhnlicher Höhe verhängt. Solvay soll umgerechnet etwa 60 Millionen Mark, ICI 34 Millionen und Kalk zwei Millionen Mark Strafe zahlen. Solvay und ICI haben dagegen Berufung vor dem Europäischen Gerichtshof angekündigt.[11]

Schwefel und Schwefelsäure

Schwefel ist, weil elementar vorkommend und an manchen Orten leicht zugänglich, seit ältesten Zeiten bekannt. Er diente Chinesen, Griechen und Römern als Arzneimittel, zum Bleichen und zum Räuchern. Den Alchimisten des Mittelalters galt er als Prinzip der Brennbarkeit und als Träger der Veränderlichkeit der Metalle durch das Feuer. Wichtigstes Verwendungsgebiet für Schwefel war bis zur Industrialisierung die Herstellung von Schwarzpulver und Schwefelsäure. Der Schwefelsäurebedarf der Sodaindustrie sorgte vom Ende des 18. Jahrhunderts an für eine stark steigende Nachfrage nach Schwefel. Hauptproduzent war lange Zeit Sizilien, wo Naturschwefel vulkanischen Ursprungs gewonnen wurde. Andere wichtige Rohstoffe für die Gewinnung von Schwefel und Schwefelverbindungen sind die sulfidischen Erze. Anfang unseres Jahrhunderts wurden in den USA in Louisiana große unterirdische Schwefelvorkommen entdeckt.

Neben der Schwefelsäureerzeugung, dem bis heute dominierenden Schwefelverbraucher, wurden eine Reihe weiterer Verwendungsgebiete unter anderem in der Zellstoff-, Kautschuk-, Kunstfaser- und Farbstoffindustrie erschlossen.

In der Zellstoffindustrie spielt Schwefel in den beiden wichtigsten Verfahren zur Gewinnung von Zellstoff aus Holz eine zentrale Rolle: dem Sulfit- und dem Sulfatverfahren. Das Sulfitverfahren geht von einer aus Schwefeldioxid und Kalkmilch gewonnenen Aufschlußlösung aus, das Sulfatverfahren arbeitet mit Natronlauge und Natriumsulfid. Bei beiden Methoden entstehen umweltbelastende Emissionen in der Luft, Abfälle und Abwässer.

In der Kautschukindustrie wird Schwefel als Vulkanisationsmittel eingesetzt. Die auf einer Vernetzung der Kautschukmoleküle durch Schwefelatome beruhende Verbesserung der Gebrauchseigenschaften von Katuschuk wurde bereits 1839 von Charles Goodyear (1800–1860) entdeckt. Als Vulkanisationsbeschleuniger dient unter anderem Schwefelkohlenstoff.

Schwefelkohlenstoff wurde früher in Retorten aus Holzkohle und Schwefel erzeugt. Heute wird er durch Umsetzung von Methan und Schwefel hergestellt und hauptsächlich zur Gewinnung von Viskose und Cellophan aus Zellstoff verwendet. Schwefelkohlenstoff ist ein «äußerst gefährliches und heimtückisch wirkendes Produkt, das besonders früher bei Verwendung als Lösungsmittel bei der Kaltvulkanisation... und in den letzten Jahrzehnten in der Kunstseidenindustrie (Viskose) zu schweren Vergiftungen führte.» [12]

In der Farbstoffindustrie wird Schwefel zur Herstellung von Schwefelfarben eingesetzt. Schwefelfarben, die seit Ende des vorigen Jahrhunderts entwickelt worden sind, machen heute etwa ein Viertel der Weltfarbstoffproduktion aus. Einziger Hersteller von Schwefelfarben in der alten Bundesrepublik war die zum Hoechst-Konzern gehörende Cassella AG in Frankfurt.

In der «Backschmelze» oder beim Kochen unter Lösungsmittelzusatz reagieren Schwefel, Sulfide oder Polysulfide mit aromatischen Zwischenprodukten «zu farbigen Produkten nicht genau definierbarer Zusammensetzung, jedoch mit definierbar guten färberischen Eigenschaften.» [13] Der mit Abstand wichtigste Vertreter dieser Farbstoffgruppe, das Schwefelschwarz, wird durch Reaktion von Dinitrochlorbenzol mit Natriumpolysulfid hergestellt. Die Zusammensetzung der Abwässer aus der Schwefelfarbenproduktion ist noch undefinierbarer als die der Farbstoffe selber. Diese Abwässer enthalten unter anderem Natriumpolysulfid, -thiosulfat, -sulfit, gelöste Farbstoffe und Reste der eingesetzten aromatischen Zwischenprodukte. Diese stark sauerstoffzehrenden, hochtoxischen Abwässer müssen einer intensiven chemischen und biologischen Behandlung unterworfen werden, wenn schwere Gewässerbelastungen vermieden werden sollen. Schwefelfarben führen nicht nur bei der Herstellung, sondern auch bei der Anwendung zu Gewässerbelastungen, weil beim Färben bis zu einem Drittel der Farbstoffe in das Abwasser gelangen.

Neben den Verfahren und Produkten der Schwefelchemie, die mit großen Mengen verbunden sind, fallen ob ihrer ökologischen Auswirkungen die biologisch besonders aktiven organischen Schwefelverbindungen ins Gewicht. Hierzu gehören vor allem Desinfektionsmittel, Konservierungsstoffe, Pestizide und chemische Kampfstoffe. Über ihre Verbreitung in der Umwelt und ihre Ökotoxikologie ist bisher wenig bekannt. Einige schwefelhaltige Pestizide gehören zu den stark wassergefährdenden Stoffen. Zu den organischen Schwefelverbindungen gehören auch hochgiftige und krebserregende Stoffe wie der unter der Bezeichnung «Senfgas» zu trauriger Berühmtheit gekommene Kampfstoff Bi(2-Chlorethyl)sulfid.[14]

Rohstoffe und Mengen

Die Erzeugung an Gesamtschwefel (Elementarschwefel und Schwefel in Verbindungen) läßt sich heute in zwei Gruppen einteilen: die Erzeugung mit dem Hauptzweck der Schwefelgewinnung und den Anfall von Schwefel aus Nebenprodukten. Der Anteil von Elementarschwefel und Pyrit, bei deren Verarbeitung Schwefel das gewünschte Hauptprodukt ist, machte in den westlichen Industrienationen 1982 nur noch 29,5 Prozent der Gesamterzeugung aus. 51,6 Prozent entfielen auf «Rekuperationsschwefel» aus der Entschwefelung von Erdgas, Mineralölprodukten und Kohle. Die restlichen 18,9 Prozent stammten aus Nichteisenmetallsulfiden, beispielsweise Kupfererzen, und sonstigen Quellen.[15] Durch die stark steigende Förderung sulfidischer Erze und schwefelhaltiger fossiler Energieträger stand einer wachsenden Nachfrage stets ein entsprechend wachsendes Rohstoffangebot gegenüber.

Etwa die Hälfte des Schwefelgehalts der verhütteten Erze wird durch chemische Weiterverarbeitung, überwiegend zu Schwefelsäure, umgesetzt. Der Schwefelgehalt der Kohle wird dagegen nur in Ausnahmefällen genutzt. Der größte Teil geht als Schwefeldioxid in die Atmosphäre oder wird in Rauchgasreinigungsanlagen in Gips verwandelt. Dagegen kann ein großer Teil des in Erdgas und Erdöl(produkten) enthaltenen Schwefels durch das bereits zur Wiedergewinnung des Schwefels aus den Sodarückständen entwickelte CLAUS-Verfahren als Elementarschwefel gewonnen werden. Vor allem bei der Entschwefelung von Erdgas und Mineralölprodukten fallen zwangsläufig so große Mengen an Elementarschwefel an, daß mit einem weltweiten Schwefelüberschuß gerechnet wird. Um überschüssigen Schwefel massenhaft loswerden zu können, wurden Verwendungsmöglichkeiten wie «Schwefelbeton», bei dem Schwefel als Bindemittel in Gemischen mit Sand und Kies dient, und Straßenbeläge, bei denen Asphalt teilweise durch Schwefel ersetzt ist, entwickelt und erprobt.[16]

Die Entwicklung der Weltschwefelproduktion:[17]

Jahr	Weltschwefelproduktion in t
1870	200000
1900	600000
1917	1500000
1940	3600000
1959	8125000
1965	31060000
1976	52000000
1984	54100000

Die Entwicklung der Weltschwefelproduktion spiegelt auch den rasant wachsenden Raubbau an Erzen und fossilen Energieträgern wider.

Die Herstellung von Schwefelsäure

Bis zur Mitte des 18. Jahrhunderts bestand für Schwefelsäure nur geringer Bedarf. Sie wurde vor allem dazu verwendet, um Salz- und Salpetersäure durch Austreiben aus den entsprechenden Salzen herzustellen. Diese Säuren wurden zur Gewinnung und Trennung von Edelmetallen verwendet. Apotheker und Alchimisten benötigten nur kleine Mengen Schwefelsäure. Seit dem Mittelalter wurde Schwefelsäure nach zwei verschiedenen Methoden gewonnen: Im Harz, später auch in Sachsen und Böhmen, wurden Alaun (Kaliumaluminiumsulfat) und kalziniertes (wasserfreies) Eisen- und Kupfersulfat in Tonröhren erhitzt. Das dabei entweichende gasförmige Schwefeltrioxid wurde in wassergefüllten Gefäßen (Vorlagen) aufgefangen und bildete rauchende Schwefelsäure (Oleum bzw. Vitriolöl), nach der Stadt im Harz auch «Nordhäuser Säure» genannt. Die Nachfrage nach dieser Säure wuchs, nachdem 1744 die «Sulfurierbarkeit» des Indigos entdeckt und in die Wollfärberei eingeführt worden war.[18] Es entstanden handwerklich organisierte Betriebe, die die Säure in ganz Europa verkauften.

Verdünnte Schwefelsäure wurde durch Verbrennen von Schwefel in Gegenwart von Salpeter und Auffangen des entstehenden Schwefeltrioxids in Wasser gewonnen. Die katalytische Funktion des Zusatzes von Salpeter konnte erst im 19. Jahrhundert mit Hilfe der wissenschaftlichen Chemie geklärt werden. Die seit dem Mittelalter verwendeten großen Steingutkrüge wurden zunächst durch Glaszylinder und später durch Bleikammern ersetzt. Der Bedarf an verdünnter Schwefelsäure stieg enorm, nachdem 1750 in England entdeckt worden war, daß sich mit ihrer Hilfe der Bleichvorgang bei der Textilherstellung stark vereinfachen ließ.

Die erste englische Schwefelsäurefabrik wurde 1749 von Roebuck und Garbett in Schottland gegründet.[19] Vor allem dort wurde das Bleikammerverfahren zu einer industriellen Massenproduktion ausgebaut. Besonders nach der Entdeckung des Leblanc-Verfahrens zur Sodaherstellung, das sich schnell zu einem Großverbraucher von Schwefelsäure entwickelte, wurde die Schwefelsäure zum industriellen Massenprodukt. Durch die Industrialisierung traditioneller sowie die Entstehung neuer Verwendungsgebiete entwickelte sie sich schließlich zum chemischen Grundstoff par excellence.

Unter den im 19. Jahrhundert neu entstandenen Verwendungsgebieten für Schwefelsäure ist vor allem die Düngemittelerzeugung zu nennen. Aus den im vorigen Jahrhundert an Zahl und Produktionsumfang rasch zunehmenden Kokereien fiel neben dem Teer auch Ammoniakwasser in wachsender Menge an. Durch Umsetzung mit Schwefelsäure konnte aus Ammoniak ein brauchbares Düngemittel, das Ammoniumsulfat, gewonnen werden. Auch zur Herstellung von Phosphordüngemitteln wurde Schwefelsäure benötigt. Durch Aufschluß mit Schwefelsäure konnte der in Knochen oder phosphathaltigen Gesteinen enthaltene Phosphor in eine für Pflanzen verfügbare, wasserlösliche Form gebracht werden.

Die Schwefelsäurefabrikation war, integriert in die LEBLANC-Sodaindustrie, ein gewichtiger Bereich der Grundstoffindustrie, als Ende des vorigen Jahrhunderts der Wettlauf zwischen den Farbwerken Hoechst und der BASF um die Synthese des «Königs der Farbstoffe», des Indigos, stattfand. Für eine bei der BASF entwickelte Indigosynthese wurde konzentrierte Schwefelsäure von einer Stärke und Reinheit benötigt, wie sie die Bleikammeranlagen nicht liefern konnten. Die einzigen Möglichkeiten, konzentrierte Schwefelsäure zu erhalten, waren damals das traditionelle «Nordhäuser Verfahren», wie es von J. STARK in Böhmen betrieben wurde, und die äußerst aufwendige Aufkonzentration verdünnter Säure in Platinpfannen. Beide Verfahren konnten unmöglich die für die Indigoerzeugung und andere Farbstoffsynthesen benötigten Mengen liefern. Die BASF schloß daher die Arbeit an einem neuen Verfahren zur Herstellung konzentrierter Schwefelsäure in die Entwicklung der Indigosynthese mit ein.[20]

Das Kontaktverfahren

Die Schwierigkeit bei allen Schwefelsäureherstellungsverfahren liegt darin, daß das als Zwischenprodukt erforderliche Schwefeltrioxid nur schwer zu erhalten ist. Bei der Entwicklung eines neuen Verfahrens zur Herstellung konzentrierter Schwefelsäure stand deshalb die Suche nach einem preisgünstigen und wirksamen Katalysator (Reaktionsbeschleuniger) im Vordergrund. Es wurde nach langen Versuchsreihen im Vanadiumpentoxid gefunden.

Nach Jahren intensiver wissenschaftlicher Forschungen und technischer Entwicklungsarbeiten konnte R. KNIETSCH 1901 der Deutschen Chemischen Gesellschaft in Berlin das neue Verfahren der BASF in einem Vortrag «Über die Schwefelsäure und ihre Fabrication nach dem Contactverfahren» vorstellen.[21]

Das aus einem Schwefelverbrennungsofen oder durch Rösten schwefelhaltiger Erze erzeugte, sorgfältig gereinigte Schwefeldioxid wird beim Kontaktverfahren mit der erforderlichen Luft- bzw. Sauerstoffmenge vermischt, in Wärmetauschern auf die Reaktionstemperatur von zirka 450 Grad Celsius gebracht und in mehreren Stufen über den Katalysator, den «Kontakt», geleitet. Das Schwefeldioxid wird mit einer Ausbeute bis zu 98 Prozent zu Schwefeltrioxid umgesetzt, das wiederum durch Absorption in Wasser bzw. verdünnter Schwefelsäure zu konzentrierter Schwefelsäure umgesetzt wird.

Die historische Bedeutung des Kontaktverfahrens liegt darin, daß damit der Prototyp der modernen chemischen Großtechnik geschaffen wurde, in der kontinuierlich große Gasmengen an Katalysatoren unter genau gesteuerten Bedingungen reagieren. Da die Wirksamkeit der Katalysatoren durch Verunreinigungen in dem eingesetzten Schwefeldioxid stark eingeschränkt wird, gehörte zur Entwicklung des Kontaktverfahrens auch die Weiterentwicklung der Gasreinigungstechnik.

Mit dem Kontaktverfahren erlangte die BASF die führende Stellung in der Entwicklung großtechnischer chemischer Verfahren und konnte so bei der Herstellung von chemischen Grundstoffen gegenüber den traditionellen Unternehmen der Schwerchemie, die im wesentlichen von der LEBLANC-Industrie gebildet wurden, konkurrieren und ihr Produktionsprogramm wesentlich ausweiten. Die Erfahrungen aus der Entwicklung des Kontaktverfahrens wurden von der BASF später bei der Entwicklung der Ammoniaksynthese und weiterer Hochdrucksynthesen erfolgreich eingesetzt. Diese Verfahren bildeten später eine wesentliche Grundlage für die Macht des I.G.-Farben-Konzerns.

Mit dem Kontaktverfahren wurde Schwefelsäure jeder Konzentration zu einem preiswert herstellbaren Massenprodukt, für das neben den traditionellen Verwendungsgebieten bereits vor dem Ersten Weltkrieg zahlreiche neue Einsatzgebiete innerhalb und außerhalb der chemischen Industrie entstanden waren:

In der anorganischen Chemie wurde Schwefelsäure vor allem für die Herstellung von Düngemitteln und zur Gewinnung zahlreicher Säuren und Salze wie Salpetersäure, Salzsäure, Flußsäure, Phosphorsäure, diverser Sulfate oder Kaliumbichromat verwendet. Konzentrierte Schwefelsäure wurde zum Trocknen von Chlor und anderen Gasen eingesetzt.

Die organische Chemie erzeugte mit Hilfe der Schwefelsäure Fettsäuren, Oxal-, Essig- und Citronensäure sowie diverse Ester und Ether. Konzentrierte Schwefelsäure wurde zur Sulfonierung organischer Verbindungen, vor allem zur Herstellung von Zwischenprodukten der Farbstoffchemie, als Bestandteil von Nitriersäure und zur Raffination von Mineralölen benutzt.

In der Elektro- und Metallindustrie fand Schwefelsäure als Akkumulatorsäure, als Ätz- und Beizmittel, als Bestandteil von Elektrolysebädern, zum Auslaugen von Erzen und beim Galvanisieren Verwendung.

In den Industrien, die landwirtschaftliche Erzeugnisse verarbeiten, wurde Schwefelsäure zu einem unentbehrlichen Hilfsmittel beim Gerben, in Zuckerfabriken, Schnapsbrennereien und bei der Wollverarbeitung.

In der Textilindustrie wurde Schwefelsäure unter anderem beim Zeugdruck eingesetzt, in der Papierindustrie diente sie zur Herstellung von Pergamentpapier, und die Kunstfaserindustrie brauchte sie für die Spinnbäder.

In Deutschland stieg die Schwefelsäureproduktion zwischen 1875 und 1911 von ca. 100000 auf etwa 1,5 Mio. Tonnen.[22] Die Weltschwefelsäureproduktion betrug vor dem Ersten Weltkrieg ca. 5 Mio. Tonnen.[23]

Der Verbrauch an Schwefelsäure wurde zum Maßstab für den Entwicklungsstand der Industrie eines Landes.

In der Zeit zwischen den Weltkriegen expandierte die Weltschwefelsäureproduktion vor allem durch hohe Zuwachsraten in der UdSSR, den USA und Japan. 1925 wurden weltweit 9,1 Mio. und 1937 bereits 15,5 Mio. Tonnen Schwefelsäure hergestellt.[24]

Nach dem Zweiten Weltkrieg stieg die Schwefelsäureproduktion vor allem im Zusammenhang mit der stark zunehmenden Düngemittelproduktion, aber auch durch das allgemeine Wachstum der Chemieproduktion, der Mineralölindustrie, der Metallerzeugung und anderer Bereiche weiter stark an. Von 1953 bis 1981 wuchs die Welterzeugung von 32 Mio. auf 138 Mio. Tonnen Schwefelsäure.[25]

Schwefelsäure heute

In den letzten Jahren sind bei der Entwicklung der Schwefelsäureproduktion zwei unterschiedliche Tendenzen zu beobachten: In den westlichen Industrieländern sind die Produktionszahlen rückläufig oder stagnieren, da hier die zunehmenden Entsorgungsprobleme bei Rückständen schwefelsäureverbrauchender Verfahren zur Umstellung auf schwefelsäurefreie Verfahren oder zur Wiederverwertung von Abfallsäuren zwingen. In den osteuropäischen Ländern einschließlich der UdSSR und Schwellenländern wie China oder Indien nimmt die Schwefelsäureproduktion weiter zu, Hauptverwendungsgebiet ist hier die Düngemittelproduktion.

In der Bundesrepublik ist die Schwefelsäureproduktion in den 80er Jahren von rund 5 auf 4 Mio. Tonnen zurückgegangen. Etwa die Hälfte der bundesdeutschen Schwefelsäureproduktion entfällt auf die I.G.-Farben-Nachfolger BASF, Bayer und Hoechst. Ein weiterer beträchtlicher Anteil wird von den großen Metallkonzernen (Preussag, Norddeutsche Affinerie, Ruhrzink) erzeugt, da bei der Verarbeitung von schwefelhaltigen Erzen große Mengen Schwefeldioxid entstehen, die sowohl aus ökonomischen als auch aus ökologischen Gründen zu Schwefelsäure weiterverarbeitet werden.

Dünnsäure und andere Probleme

Die Umweltbelastungen durch die Schwefelsäureherstellung sind bei Verwendung von Elementarschwefel heute relativ gering. Bei der Reinigung des Schwefels fallen in geringen Mengen Filterrückstände an, die deponiert werden müssen. Die spezifischen Schwefeldioxidemissionen aus den Kontaktanlagen liegen bei einfacher Verfahrensweise bei 17 kg pro Tonne Schwefelsäure. Anlagen, die nach dem von der Bayer AG entwickelten Doppelkontaktverfahren arbeiten, emittieren nur etwa 3,3 kg (= 0,33 Prozent) Schwefeldioxid pro Tonne Schwefelsäure.[26] Bei einer Tagesproduktion von 1000 Tonnen sind das aber immer noch 3,3 Tonnen pro Tag. Im Verhältnis zu den Emissionen aus der Verbrennung fossiler Energieträger ist der Beitrag der Schwefelsäureproduktion an der Gesamtemission von Schwefeldioxid indessen gering.

Bei der Verwendung von Pyrit, einem natürlich vorkommenden Eisensulfid, als Rohstoff für die Schwefelsäuregewinnung fallen große

Mengen Abbrände an, die hauptsächlich Eisenoxid, daneben jedoch eine Reihe anderer Metalle enthalten. Diese Abbrände können nur dann zur Eisenerzeugung eingesetzt werden, wenn zuvor die Begleitmetalle abgetrennt werden. Das gängige Verfahren hierfür, die chlorierende Röstung, ist eine sehr umweltbelastende Prozedur, bei der beträchtliche Dioxinmengen entstehen können. Die stark dioxinhaltigen Verhüttungsrückstände etwa, die als «Kieselrot» aus dem sauerländischen Marsberg als Baumaterial für Wege und Sportplätze in der ganzen Bundesrepublik verwendet wurden, stammen aus dem Verfahren der chlorierenden Röstung. Dort wurde es bei der Verhüttung von Kupfererz eingesetzt.

Gegenwärtig werden die Pyritabbrände weltweit überwiegend deponiert. Diese Situation ist sowohl unter dem Gesichtspunkt der Metallverluste als auch unter Umweltaspekten unbefriedigend.

Bei der Verwendung von Schwefeldioxid, das als Kuppelprodukt bei der Verhüttung schwefelhaltiger Nichteisenmetallerze anfällt, ist die Schwefelsäureherstellung mit den Umweltproblemen der Metallgewinnung verknüpft. Ein traditionelles Problem ist hier der Arsengehalt der Erze. Bei der Herstellung der Schwefelsäure nach dem alten Bleikammerverfahren gelangte das Arsen als Arsenik (Arsentrioxid) auch in die Folgeprodukte. Nach Untersuchungen einer englischen Kommission aus dem Jahr 1874 ging das Arsen «fast völlig in die Schwefelsäure über und von dieser in die Salzsäure, das Glaubersalz, selbst in die Soda, so daß von 12 Proben gewöhnlicher Soda 11 stark arsenikhaltig waren; von 9 Proben krystallisierter Soda waren 2, von 7 Seifenproben 3 arsenhaltig». Die Arsenfracht aller englischen Flüsse wurde damals auf rund 1500 Tonnen Arsenik pro Jahr geschätzt.[27]

Da für das moderne Kontaktverfahren nur arsenfreies Schwefeldioxid verwendet werden kann, müssen bei der Verwendung von Schwefeldioxid aus arsenhaltigen Erzen entsprechende Reinigungsverfahren angewendet werden, so daß die Schwefelsäure, die heute in Metallhütten erzeugt wird, arsenfrei ist.

Heute belastet der Arsengehalt der Erze die Umwelt über andere Kanäle, im wörtlichen und übertragenen Sinn. Da die Erze bereits am Abbauort aufbereitet und oft auch verhüttet werden, entstehen die Umweltbelastungen vor allem dort.

Eine Umweltkatastrophe kaum vorstellbaren Ausmaßes bedroht beispielsweise die Lebensgrundlagen von rund 70000 Ureinwohnern von Papua-Neuguinea. Die dortige Kupfermine, an der auch deutsche Firmen wie die Degussa und die Metallgesellschaft beteiligt sind, zerstört und vergiftet mit jährlich 70 Mio. Tonnen Abraum und Erzabfällen, giftigen Schlacken und Abgasen sowie schwermetallhaltigen Abwässern den Regenwald, den Fluß Ok Tedi und eine Meeresbucht. Die Schwermetallkonzentrationen im Wasser des Ok Tedi liegen um das Zigfache über den Werten, die im Rhein zu dessen schlimmsten Zeiten gemessen wurden.[28]

Da die Schwefelsäure bei den meisten Anwendungen nicht im Endprodukt erscheint, fällt ein beträchtlicher Teil der Produktion als Abfallsäure an. Ein großer Teil der Abfallsäuren wird durch Neutralisation mit Kalk oder Natronlauge in die entsprechenden Salze, Gips bzw. Natriumsulfat, umgewandelt. Das Natriumsulfat wird als Waschmittelzusatz vermarktet oder gelangt in gelöster Form mit den Produktionsabwässern in die Vorfluter und trägt dort erheblich zur Versalzung der Flüsse bei. Der überwiegend aus der Produktion von Phosphorsäure stammende Chemiegips kann wegen seiner mangelhaften Eigenschaften nur sehr beschränkt in der Bauindustrie verwendet werden. Von den ca. 120 Mio. Tonnen Chemiegips, die 1980 weltweit anfielen, konnten nur 7 bis 8 Mio. Tonnen verwertet werden, der Rest wurde deponiert oder in die Vorfluter entlassen. Der Verbrauch an Naturgips betrug in diesem Jahr weltweit etwa 75 Mio. Tonnen. In der (alten) Bundesrepublik wurden von 1 bis 1,2 Mio. Tonnen jährlich anfallendem Chemiegips nur etwa 100 000 Tonnen verwertet.[29]

Eine besonders problematische Abfallsäure fällt bei der Gewinnung von Titandioxid, einem beliebten Weißpigment, an. Bei der Gewinnung von einer Tonne Titandioxid aus dem Erz Ilmenit fallen 0,2 Tonnen unlösliche Erzrückstände, 3,8 Tonnen Grünsalz und 7 Tonnen Dünnsäure an. Das Grünsalz besteht überwiegend aus Eisensulfat, die «Dünnsäure» ist eine etwa 20prozentige schwermetallhaltige Schwefelsäure. Beide Abfallprodukte wurden von den deutschen Produzenten lange Zeit durch Verklappen in die Nordsee «beseitigt». 1980 sind in der Bundesrepublik bei einer Produktion von ca. 220 000 Tonnen Titandioxid 1,57 Mio. Tonnen Dünnsäure und 458 000 Tonnen Grünsalz angefallen, von denen 1,14 Mio. bzw. 88 000 Tonnen auf hoher See verklappt wurden. Für das Grünsalz wurden verschiedene Anwendungsgebiete, vor allem zur Abwasserreinigung (Phosphateliminierung), erschlossen. Die Dünnsäureverklappung in die Nordsee hat so schwere Schäden in den betroffenen Gebieten verursacht, daß sie Ende 1989 eingestellt werden mußte. Heute wird die Dünnsäure in der Bundesrepublik überwiegend aufgearbeitet, wobei die Schwefelsäure zurückgewonnen wird. Die Produktionskapazitäten für Titandioxid lagen 1982 weltweit bei 2,5 Mio. Tonnen, davon entfielen 1,6 Mio. Tonnen auf das Schwefelsäureverfahren.[30] Das entspricht einer Dünnsäuremenge von bis zu 11 Mio. Tonnen, deren Entsorgung von den Umweltstandards des jeweiligen Landes abhängt.

Weitere schwermetallhaltige Abfallsäuren entstehen in der metallverarbeitenden Industrie. In der organischen Chemie entstehen Abfallsäuren bei der Herstellung von Sulfonsäuren, bei Nitrierungen und einer Reihe weiterer Reaktionen. Die verschiedenen, zum großen Teil zur klassischen aromatischen Zwischenproduktenchemie gehörenden Verfahren führen zu sehr unterschiedlich belasteten Abfallsäuren, die hohe Gehalte an aromatischen Stickstoffverbindungen, Sulfonsäuren etc. haben können. Je nach Art der Verunreinigung werden die Abfallsäuren wiederverwertet oder entsorgt. Zur Wiederverwertung werden die Dünnsäuren entweder aufkonzentriert und gereinigt oder bis zu Schwefeldioxid aufgespalten. Häufig werden Abfallsäuren aus einem Verfahren in anderen Produktionen, beispielsweise zur Düngemittelherstellung, weiterverwendet. Dort können sie zusammen mit darin enthaltenen Schadstoffen in das Produkt eingehen. Entsorgt wird – mit oder ohne Vorbehandlung – in das Abwasser oder nach Umsetzung mit Kalk zu Chemiegips auf Deponien.

Der gestörte globale Schwefelkreislauf

Die industriell umgesetzten Schwefelmengen haben vor allem in den Jahrzehnten nach dem Zweiten Weltkrieg eine Größenordnung erreicht, die massive Störungen des biogeochemischen Schwefelkreislaufs zur Folge hat.

Schwefel kommt in der natürlichen Umwelt in verschiedenen Bindungsformen vor. Pflanzen enthalten in der Trockenmasse etwa 0,5 Prozent Schwefel, Mikroorganismen und Tiere 0,5 bis 1,5 Prozent. In lebenden Organismen ist der Schwefel vor allem in den Eiweißverbindungen enthalten. Der Geruch verwesender Organismen nach faulen Eiern beruht auf Schwefelwasserstoff, einem giftigen Gas, das beim Abbau von Eiweißverbindungen entsteht. Im Verlauf der Evolution hat sich zwischen den Elementen Kohlenstoff, Stickstoff und Schwefel in Organismen ein annähernd stabiles Massenverhältnis von 120:10:1,4 ausgebildet.

Der Schwefel ist auf der Erde einem ständigen Wandel seiner Bindungsformen unterworfen. Der globale Schwefelkreislauf umfaßt Austausch- und Wechselwirkungsprozesse zwischen Atmosphäre (Lufthülle), Hydrosphäre (Wasserhülle), Lithosphäre (Gesteinsmantel), Pedosphäre (Boden) und der Biosphäre (dem belebten Teil der Erde, d. h. den Organismen).

In der Lithosphäre sind ca. 10^{16} Tonnen Schwefel vor allem als Gips und Pyrit gebunden. Die Hydrosphäre enthält ca. 10^{15} und die Atmosphäre ca. 10^{6} Tonnen Schwefel. Der organische Teil der Pedosphäre und die Biosphäre enthalten zusammen ca. 10^{9} Tonnen.[31]

Die jährlich durch industrielle Aktivitäten in den globalen Schwefelkreislauf eingeschleusten Mengen an Schwefeldioxid, Sulfaten, Schwefelwasserstoff und organischen Schwefelverbindungen übersteigen in manchen Sphären die natürlich umgesetzten Schwefelmengen erheblich.

Insgesamt wurden in den 80er Jahren dieses Jahrhunderts weltweit jährlich ca. 150 Mio. Tonnen Schwefel mobilisiert und zusätzlich in den globalen Schwefelkreislauf eingebracht. Ca. 100 Mio. Tonnen werden jährlich überwiegend als Schwefeldioxid in die Atmosphäre freigesetzt. Durch natürliche Vorgänge wie Vulkanismus oder biologische Prozesse gelangen jährlich schätzungsweise 42 Mio. Tonnen in die Atmosphäre.[32] Die überwiegend aus industriellen Produktionen künstlich in die Atmosphäre freigesetzte Schwefelmenge ist also etwa doppelt so groß wie die natürlich in diesem Teilbereich des globalen Schwefelkreislaufes umgesetzte Menge. Da sich die industriellen Aktivitäten auf die reichen Länder der nördlichen Hemisphäre konzentrieren, ist hier das Verhältnis von natürlichen und vom Menschen verursachten Schwefelemissionen noch ungünstiger.

Die in die Atmosphäre emittierten Schwefelmengen werden teils auf dem Festland und teils in das Meer niedergeschlagen. Der emissionsbedingte Schwefeleintrag in die Böden ist in den Industrieländern bis zu zehnmal so groß wie der natürliche. Das Verhältnis von Kohlenstoff, Stickstoff und Schwefel ist in diesen Böden gestört. Da der Schwefel überwiegend als «saurer Regen» aus der Atmosphäre in die Böden gelangt, trägt er zur Bodenversauerung und damit beispielsweise zur Freisetzung von Aluminiumionen bei. Hier schließt sich eine Kette komplexer Störungen der ökologischen Funktionen der Böden und Gewässer an.[33]

28 Millionen Tonnen Schwefel werden jährlich überwiegend als Sulfate mit Kunstdüngern in die Böden eingebracht. Etwa 25 Mio. Tonnen werden jährlich in Form von Chemiegips deponiert. 29 Mio. Tonnen ge-

langen mit industriellen Abwässern direkt in Flüsse. Da die zunächst in die Atmosphäre abgegebenen Schwefelmengen mit dem Regen oder Staub ebenfalls auf die Böden und in die Oberflächengewässer gelangen, ist die anthropogene Belastung der Flüsse insgesamt weit höher, sie wird auf 109 Mio. Tonnen geschätzt. Der natürliche Schwefeleintrag der Flüsse in die Ozeane wird auf 104 Mio. Tonnen geschätzt.[34] Da auch hier der Schwerpunkt der Belastungen in den Industrieländern liegt, ist dort das Verhältnis von anthropogener und natürlicher Schwefelbelastung der Flüsse noch ungünstiger. Die Elbe transportiert fünfmal so viel Schwefel aus industriellen Quellen wie solchen natürlichen Ursprungs.[35]

Zu den direkten Belastungen mit Schwefel(verbindungen) aus industriellen Anlagen kommen noch indirekte Störungen des globalen Schwefelkreislaufs:

- Die Überdüngung des küstennahen Meerwassers führt zur verstärkten Freisetzung von flüchtigen Schwefelverbindungen wie Dimethylsulfid (DMS) aus biologischen Prozessen.
- Die Umwandlungsraten der Schwefelverbindungen in der Atmosphäre werden durch Veränderungen des «chemischen Klimas», d. h. des Anteils chemisch wirksamer Stoffe wie der Hydroxyl-Radikale durch andere industrielle Emissionen beeinflußt.[36]

Die Eingriffe in den globalen Schwefelkreislauf, die die Lebensbedingungen auf der Erde mit deutlich sichtbaren Folgen massiv verändern, sind eng mit dem hemmungslosen Raubbau an fossilen Energieträgern und mineralischen Rohstoffen verknüpft. Dadurch besteht ein systematischer Zusammenhang mit anderen globalen Umweltproblemen wie den Klimaveränderungen durch die übermäßige Freisetzung von Kohlendioxid und der ubiquitär zunehmenden Schwermetallbelastung.

Kohle als Chemierohstoff: Carbid und Acetylen

Die Entdeckung der elektrothermischen Carbiderzeugung wird verschiedenen Urhebern zugeschrieben. Unter ihnen ist vor allem Thomas L. Willson, Leiter der Willson Aluminium Co. in den USA, zu nennen. Er meldete am 29. August 1892 das Verfahren zum Patent an, durch

Schmelzen von Kalk und Kohle bei mehr als 2000 Grad Celsius im elektrischen Lichtbogen Calciumcarbid zu erzeugen.[37]

Das technische Interesse am Calciumcarbid, einem unscheinbaren grauen Pulver, konzentrierte sich vor allem auf dessen Reaktionsprodukt mit Wasser, das Acetylen. Acetylen, eine Verbindung aus zwei Kohlenstoff- und zwei Wasserstoffatomen, ist ein außerordentlich reaktionsfähiges Gas. Die hohe Reaktionsfähigkeit ist durch eine Dreifachbindung zwischen den beiden Kohlenstoffatomen bedingt. Da Acetylen mit sehr heller Flamme brennt, eignet es sich für Beleuchtungszwecke. Die Carbidlampen haben sich als Fahrradbeleuchtung vereinzelt bis in die Zeit nach dem Zweiten Weltkrieg gehalten. 1906 gab es in Deutschland 120 Ortszentralen sowie 20000 kleinere Acetylenanlagen für Beleuchtungszwecke, die mehr als 30000 Tonnen Carbid im Jahr verbrauchten. Die Verwendung des Carbids als Beleuchtungsmaterial, für die Ende des vorigen Jahrhunderts eine große Zukunft erwartet wurde, wurde nicht nur durch die Konkurrenz der elektrischen Beleuchtung verdrängt. Eine Reihe schwerer Explosionen zeigte deutlich, daß man die Risiken des Umgangs mit dem hochreaktiven Acetylen deutlich unterschätzt hatte. Die Carbidindustrie geriet zwischenzeitlich in die Krise, bis sich im ersten Jahrzehnt unseres Jahrhunderts zwei weitere Anwendungsbereiche für Acetylen entwickelten, die Schweißtechnik und die Herstellung von Kalkstickstoff aus Carbid.[38] Kalkstickstoff wurde vor allem als Düngemittel, aber auch als Grundstoff für Kunstharze (Melaminharze) verwendet. Diese Verwendungsgebiete haben heute keine nennenswerte Bedeutung mehr.

1911 betrug die Weltproduktion an Carbid bereits ca. 250000 Tonnen. Bedeutendster Hersteller mit 80000 Jahrestonnen war die Union Carbide, die die Willson-Patente übernommen und in den USA eine Monopolstellung errungen hatte.[39] Die größte Bedeutung erlangte das Acetylen als Grundstoff für die Synthese organisch-chemischer Massenprodukte wie Lösungsmittel oder Kunststoffe. Union Carbide wurde zum größten Kunststoffhersteller der Welt. Acetylen war der wichtigste Grundstoff für die Erzeugung organisch-chemischer Massenprodukte, bis es in dieser Rolle durch die petrochemischen Grundstoffe verdrängt wurde.

In Deutschland gründete Dr. Alexander Wacker (1846–1922), der als Generaldirektor der Elektrizitäts-Aktiengesellschaft, vormals Schuckert & Co., die Entwicklung der Starkstromtechnik mit vorangetrieben hatte, 1903 die Forschungsgesellschaft «Consortium für elektrochemische

Industrie GmbH» in Nürnberg. Von dieser Gesellschaft gingen bedeutende Anstöße für die weitere Entwicklung der Elektrochemie und speziell der Acetylenchemie aus. 1914 gründete WACKER die «Dr. Alexander Wacker, Gesellschaft für elektrochemische Industrie GmbH» in Burghausen, die heutige Wacker-Chemie. Das Unternehmen hatte die Herstellung chemischer Produkte auf der Basis von Acetylen zum Ziel. Zunächst wurden vor allem Acetaldehyd, Essigsäure und Aceton produziert. Der Produktionsbeginn fiel mitten in die Zeit des Ersten Weltkrieges. Dieser Umstand erwies sich für das junge Unternehmen als durchaus vorteilhaft, da diese Produkte als Hilfsmittel für die Sprengstoffherstellung unentbehrlich waren. Etwa zur gleichen Zeit, als WACKER sein Werk in Burghausen ausbaute, nahmen die Farbwerke Hoechst in dem Werk Knapsack bei Köln die Herstellung von Calciumcarbid und die Weiterverarbeitung des Acetylens zu Acetaldehyd, Essigsäure und Aceton auf. Nach dem Ersten Weltkrieg wurde die Acetylenchemie zu einem weitverzweigten Produktionsgebiet ausgebaut, das eine breite Palette von Lösungsmitteln, Kunstharzen, Kunststoffen, Kunstfasern, Synthesekautschuk und anderes umfaßte.

Das Interesse an den Erzeugnissen dieses neuen Zweiges der chemischen Industrie hielt sich dabei zunächst in Grenzen. Auch für die besonders giftigen und umweltbelastenden Reaktionsprodukte des Acetylens mit Chlor, die zu Lösungsmitteln und Kunststoff (PVC) verarbeitet wurden, mußten Verwendungszwecke und Absatzmärkte erst mühsam geschaffen werden, bis der Zweite Weltkrieg für eine schnelle Expansion der Carbid- bzw. Acetylenchemie sorgte. Zwischen 1936 und 1943/44 hat sich die deutsche Carbidproduktion von 712000 auf 1500000 Tonnen mehr als verdoppelt.

Heute ist die Carbid- bzw. Acetylenchemie fast vollständig durch die Petrochemie ersetzt, die auf einfachere, billigere und relativ (!) umweltschonendere Weise zu gleichen oder ähnlichen Produktlinien und Produkten führt. Allerdings konnte ein neues Einsatzgebiet für Calciumcarbid erschlossen werden: die Entschwefelung und Desoxidation von Stahl. Da pro Tonne Roheisen 5 bis 10 Kilogramm Carbid benötigt werden, ergibt sich hieraus ein beachtlicher Markt.

Das aktuelle umweltpolitische Interesse an der Carbid- bzw. Acetylenchemie gründet sich in Deutschland weniger auf die akuten Emissionen und die problematischen Erzeugnisse dieser Produktionslinie, sondern mehr auf ihre Hinterlassenschaften. In der ehemaligen DDR wurde die Carbid- bzw. Acetylenchemie bis zuletzt in großem Umfang betrieben, während der Umstellungsprozeß in der Bundesrepublik bereits in den 50er und 60er Jahren vollzogen wurde.

Die Acetylenchemie gilt seit Anbeginn als extremer «Kraftfresser». Die zur Herstellung von einer Tonne Calciumcarbid benötigte Elektroenergie entspricht etwa zwei Tonnen Steinkohleneinheiten (SKE) Primärenergie. Bei Verwendung von Braunkohle erhöht sich die benötigte Kohlenmenge wegen des geringeren Heizwertes je nach Qualität bis auf das Doppelte. Als Rohstoff werden neben etwa einer Tonne gebranntem Kalk weitere 650 kg Kohle (Koks) benötigt. Aus einer Tonne Calciumcarbid können ca. 300 kg Acetylen gewonnen werden. Dabei entsteht eine Tonne Kalkschlamm, der schon zu Zeiten der I.G. Farben als übles Abprodukt angesehen war.

Umgerechnet werden pro Tonne Carbidacetylen bei der Verwendung von Braunkohle für die Stromerzeugung etwa 15 Tonnen Kohle und Tonnen Branntkalk benötigt. Der größte Calciumcarbidhersteller der ehemaligen DDR, die Buna-Werke in Schkopau, haben neben 300000 Tonnen Acetylen jährlich eine Million Tonnen Kalkschlamm produziert, der zusammen mit anderen Produktionsrückständen eine etwa 300 Hektar große Halde füllt, die heute als gigantische Altlast nicht nur die Zukunft des Werkes belastet. Aus den Carbidöfen drangen jährlich 44000 Tonnen Carbidstaub, die Abwässer belasteten die Umwelt mit jährlich 66 Tonnen hochgiftiger Cyanide.[40] Dazu kamen erhebliche Emissionen von Quecksilber und Chlor(verbindungen) aus den Folgereaktionen und vor allem die ungeheuren Emissionen der Kraftwerke, in denen jährlich Millionen Tonnen Braunkohle ohne ausreichende Filteranlagen verbrannt wurden. Die Belastung der Region durch Schwefeldioxid und Staub war so groß, daß die Bezirksplankommission schon in den 70er Jahren dringend Maßnahmen zur Emissionsbegrenzung forderte. Bereits 1972 wurden bei ungünstiger Wetterlage Überschreitungen der hygienisch zulässigen Grenzkonzentrationen um das Sechs- bis Achtfache gemessen.[41] Die Kohlechemie war in Verbindung mit dem Braunkohleabbau und der Energieerzeugung ein Hauptverursacher für die katastrophale ökologische Situation in der ehemaligen DDR. Im Großraum Halle wurden 1989 pro Quadratkilometer 95 Tonnen Staub, 281 Tonnen Schwefeldioxid, 18 Tonnen Stickoxide und 29 Tonnen Kohlenmonoxid emittiert.[42] 1990 wurde die Carbid- bzw. Acetylenproduktion der Buna-Werke auf ein Zehntel reduziert, bis 1993 soll sie endgültig stillgelegt werden.[43]

Die Weltproduktion an Calciumcarbid erreichte Mitte der 60er Jahre mit etwa 10 Millionen Jahrestonnen ihr Maximum und ist seitdem stark rückläufig.[44] Sie betrug 1982 nur noch 6,4 Millionen Tonnen. Während die Carbiderzeugung in Westeuropa und den USA in den letzten Jahrzehnten stark zurückgegangen ist, war bis 1982 in Osteuropa nur ein geringer Rückgang zu verzeichnen. In Asien wurde die Produktion zwischen 1962 und 1982 sogar von 1,8 auf 2,4 Millionen Tonnen im Jahr erhöht. In Südafrika wurde die Carbidproduktion aus politischen Gründen in diesem Zeitraum von 60000 auf 250000 Tonnen gesteigert.[45] Da in diesen Ländern keine hohen Umweltstandards gelten, muß die Umweltbelastung durch die Erzeugung und Verarbeitung von Carbid global weiterhin als hoch angesehen werden.

Zellstoff: Die chemische Verwertung des Holzes

Aus der analytischen Sicht des Chemikers ist Holz «ein im Pflanzenreich stark verbreitetes Gemenge oder – weniger wahrscheinlich – eine chemische Verbindung von Cellulose, Lignin und zuckerartigen Stoffen. Abgesehen von geringen, aber nie fehlenden Aschemengen besteht es im wesentlichen aus Kohlenstoff, Wasserstoff, Sauerstoff, geringen Mengen von Stickstoff und Spuren von Schwefel.»[46]

Unter den Stoffen, aus denen Holz zusammengesetzt ist, überwiegt mengenmäßig die Cellulose. Sie macht etwa 50 Prozent der Masse von lufttrockenem Holz aus. Es war daher naheliegend, daß sich das Interesse der Chemiker zunächst auf diesen Stoff konzentrierte.

Cellulose kommt in der Natur in nahezu reiner Form als Baumwolle vor. Die Entdeckung, daß der Hauptbestandteil des Holzes mit dem für die Industrie wichtigsten Faserstoff, der Baumwolle, chemisch identisch ist, beflügelte die Phantasie unternehmerisch denkender Chemiker. Da die Cellulosefasern des Holzes bei ihrer Isolierung aus dem Naturstoff zunächst als Faserbrei anfielen, bot sich als erste Verwendungsart die Papierherstellung an, bei der die Cellulose in eben dieser Form benötigt wird. Das Holz war um 1900 bereits der wichtigste Papierrohstoff.[47] Neben dem Holzzellstoff wurde auch Holzschliff für die Papiererzeugung eingesetzt. Die Hauptmenge an Zellstoff wurde (und wird auch heute noch) zur Herstellung von Papieren verwendet.

Die chemische Verwandtschaft zwischen Holzcellulose und Baumwolle legte den Versuch nahe, Zellstoff zur Erzeugung von künstlichen

Textilfasern zu verwenden. Diese Anwendung war in Deutschland von besonderem Interesse, weil hier die wichtigen Faserstoffe Baumwolle und Seide importiert werden mußten und Deutschland mangels eigener Kolonien darauf bedacht war, derartige Importe durch Erzeugnisse aus einheimischen Rohstoffen zu ersetzen. Auf der Basis von Zellstoff wurden die ersten Kunstseiden entwickelt. Der 1884 eingeführten Nitrat-Kunstseide (Chardonette-Seide) folgten die Viskose-, Kupfer- und Acetatseiden, die auch heute noch unter der Sammelbezeichnung Rayon große wirtschaftliche Bedeutung haben.

1846 entdeckte Christian Friedrich SCHÖNBEIN (1799–1868) bei der Untersuchung von Reaktionen der Cellulose mit Gemischen aus Schwefelsäure und Salpetersäure die «Schießbaumwolle», das Cellulosenitrat. Als Grundstoff für die Herstellung von rauchlosem Pulver fand die «Schießbaumwolle» massenhaft Eingang in die Arsenale der Militärs. John Wesley HYATT gelang es 1869, aus Cellulosenitrat und Campher, einem Destillationsprodukt aus dem Holz des südostasiatischen Campherbaumes, den ersten Kunststoff, das Celluloid, herzustellen. Celluloid wurde unter anderem zur Herstellung der ersten fotografischen Filme verwendet.

Bei der Zellstoffherstellung kommt es darauf an, die Bestandteile des Holzes, die neben der Cellulose die andere Hälfte der Gesamtmasse ausmachen, vor allem das Lignin, aufzulösen und abzutrennen. Bei dem «Sulfitverfahren», das 1878 in Hannoversch Münden von Alexander MITSCHERLICH (1836–1918) entwickelt wurde, benötigt man zum Auflösen der «Inkrusten» neben Wasser Schwefeldioxid und Kalk. Kalkstein und Schwefeldioxid sind leicht zu beschaffende, billige Ausgangsstoffe. Zur Bereitung der Aufschlußlösung, der «Sulfit-Lauge», wird in einem hohen, mit Kalksteinen gefüllten Turm von oben Wasser herabgerieselt und von unten Schwefeldioxid eingeblasen. Dabei entsteht eine Calciumsulfitlösung, die wirksame Chemikalie zum Auflösen des Lignins.

Das geschälte Holz wird zunächst in Hackmaschinen zerkleinert. Die Hackspäne werden in große Druckkessel, die Kocher, eingepreßt und mit der «Sulfit-Lauge» und Heißdampf bei 135 bis 140 Grad Celsius und 3 bis 4 bar gekocht. Die Cellulose wird anschließend gründlich gewaschen und getrocknet.

Um die für die Herstellung hochwertiger (d. h. teuer zu verkaufender) Papiere erforderliche blütenweiße Farbe zu erreichen, wird der Zellstoff anschließend gebleicht. Bei dem alten Bleichverfahren, das den entsprechenden Verfahren in der Textilindustrie glich, wurde der Zellstoff mit

Chlorkalklösung behandelt. Der Verbrauch an Chlorkalk machte, je nach Art des Holzzellstoffes, zwischen 5 und 20 Prozent des Zellstoffgewichtes aus. Das Zellstoffgewicht verringerte sich durch das Bleichen um 5 bis 16 Prozent. Davon entfiel ein Teil auf die durch die Bleiche löslich gewordenen Stoffe und ein anderer Teil auf Faserverluste beim Waschen. Gewaschen werden mußte sehr gründlich, weil Bleichmittelreste zum Vergilben des Zellstoffs führen konnten.[48]

Heute erfolgt die Bleiche mit gasförmigem Chlor, Chlordioxid und allmählich auch mit chlorfreien Bleichmitteln.

Die unökonomische Hälfte des Holzes und die Umwelt

Holz besteht nur zur einen Hälfte aus Cellulose. Die zweite Hälfte, die aus Lignin, Hemicellulosen etc. besteht, ist in Form von Ligninsulfonsäuren und anderen Auflösungs- und Bleichprodukten in der übelriechenden, verbrauchten «Sulfit-Lauge» enthalten. Im Gegensatz zu den Nebenprodukten der Zuckerfabriken und Brennereien, die zum größten Teil als Futtermittel weiterverwendet werden konnten, konnte für die Abprodukte der Zellstofferzeugung keine lohnende Verwendung gefunden werden. Die Situation wurde 1919 so beschrieben: «Bisher gehen rund 50 % des verarbeiteten Holzes in die Laugen und bilden einen überaus lästigen Abfall, etwa 10 cbm auf 1 t Zellstoff; man läßt sie, neutralisiert und von Fasern geklärt, in die Flüsse ab.»[49]

> «Die Ablauge fließt meist ... ungenutzt fort. Damit nicht die außerordentlich großen Mengen organischer Substanz – die Hälfte des Holzgewichts – die Flüsse durch Sauerstoffzehrung verunreinigen, müssen die Vorfluter genügend Verdünnung gestatten.»[50]

Das Vertrauen auf «genügende Verdünnung» war hier ebenso unangebracht wie im Fall der immer höher werdenden Schornsteine. In welchem Umfang die Gewässer durch die Zellstoffproduktion belastet wurden, wird erkennbar, wenn man berücksichtigt, daß bereits 1913 in Deutschland fast 800000 Tonnen Zellstoff überwiegend nach dem Sulfitverfahren erzeugt wurden.[51] Zu den gelösten Holzbestandteilen, die in das Abwasser gelangten, kamen noch die Stoffe, die aus den Reaktionen der

Chemikalien stammten, die beim Produktionsprozeß zugesetzt worden waren. Die Menge an Calciumsulfit, die zur Auflösung der Holzstruktur verbraucht wurde, machte etwa 50 Prozent des Zellstoffgewichtes aus. Der Chlorkalkverbrauch entsprach etwa 10 Prozent des Zellstoffgewichtes. Neben den fast 800000 Tonnen gelöster Holzsubstanz gelangten 1913 demnach noch etwa 400000 Tonnen Überreste der Sulfitlaugen und etwa 80000 Tonnen Bleichmittelabfälle in die Abwässer.

Die Gewässerverschmutzung durch die Zellstoffindustrie zählt bis heute zu den schwerwiegendsten ökologischen Problemen. In der Sowjetunion wurde das größte Süßwasserreservoir der Erde, der Baikalsee in Sibirien, durch die Abwässer eines Zellstoffkombinats schwer geschädigt. Die Zellstoffproduktion mußte daraufhin an einen anderen Standort verlagert werden. Auch der überaus bedenkliche Zustand der Ostsee ist zu einem beträchtlichen Teil auf die Abwässer aus der Zellstoffproduktion zurückzuführen. Noch in den 60er Jahren wurde die Abwasserbelastung durch die Produktion von einer Tonne Sulfitzellstoff mit einem Einwohnergleichwert von etwa 5000 angegeben. Der Einwohnergleichwert ist die durchschnittliche tägliche Belastung des Abwassers durch einen Einwohner, bezogen auf den biologischen Sauerstoffbedarf.[52]

Zellstoff heute

Die Entwicklung der Zellstoffindustrie ist heute durch zwei Tendenzen gekennzeichnet. Zum einen zwingen die Umweltprobleme die Zellstoffindustrie zu weniger belastenden Verfahren und zur Behandlung ihrer Abprodukte. Zum anderen steigt der Verbrauch weiter an.

Ablaugen aus dem Sulfitverfahren werden heute auf etwa 55 Prozent Feststoffgehalt eingedampft und verbrannt. Die Verbrennungsrückstände können nicht verwertet werden. Das Abwasserproblem wird teilweise durch ein Abluft- und Abfallproblem ersetzt. Ein verbessertes Verfahren verwendet anstelle von Calciumsulfit Magnesiumsulfit. Bei der Verbrennung der konzentrierten Ablaugen entstehen in diesem Fall Schwefeldioxid und Magnesiumoxid, die zur Herstellung neuer Aufschlußlösung wiederverwendet werden können.[53] Als bei optimaler technischer Ausstattung und Prozeßführung erreichbare Verbesserung wird eine Reduktion der biologisch abbaubaren, sauerstoffzehrenden Schadstoffe auf ein Prozent des Ursprungswertes angesehen.[54]

Die Verringerung der Abwasserbelastung wird dabei teilweise durch vermehrte Luftbelastung und größere Abfallmengen erkauft. Die Schwefeldioxidemissionen pro Tonne Sulfitzellstoff können je nach Alter und Ausstattung der Anlagen zwischen 5 und 350 kg liegen.[55]

Bei einem anderen Verfahren, dem Sulfatverfahren, werden Natronlauge und Natriumsulfid für den Holzaufschluß in stark alkalischer Lösung verwendet. Auch hier können die Aufschlußchemikalien aus den Verbrennungsrückständen der eingedickten Ablaugen wiedergewonnen werden. Das Hauptproblem bei dem Sulfatverfahren liegt in der Bildung flüchtiger organischer Schwefelverbindungen, die als äußerst penetrante Geruchsstoffe die Umgebung der Zellstoffabriken verpesten. Das Sulfatverfahren wird in den USA und Kanada bevorzugt angewandt. In der dichtbesiedelten Bundesrepublik, die ihren Zellstoffbedarf überwiegend durch Importe deckt, wird das Sulfitverfahren benutzt.

Bereits in den 70er Jahren galten die traditionellen Verfahren zur Zellstoffgewinnung als veraltet. Es wurde vor allem darauf hingewiesen, daß es aus Umweltgründen notwendig sein werde, den Schwefel vollständig zu eliminieren und Aufschlußlösungen zu verwenden, die im geschlossenen Kreislauf geführt werden können und die Isolierung eines weiterverarbeitbaren Lignins gestatten. Solche Verfahren können mit organischen Lösungsmitteln wie Essigsäure, Phenol oder Ethanol durchgeführt werden.[56] Dann können die Nebenprodukte, Lignin und Hemicellulosen, in weiterverarbeitbarer Form gewonnen werden. Hierfür besteht allerdings noch kein hinreichender Bedarf.

Giftküche Chlorbleiche

Die bei der Chlorbleiche und der anschließenden Wäsche anfallenden Abwässer vergrößerten die Gesamtabwassermenge der Zellstoffabriken erheblich. Über die chemische Zusammensetzung oder die toxischen und ökologischen Eigenschaften der Stoffe, die in diesen Abwässern enthalten waren, machte man sich lange Zeit wenig Gedanken. Heute weiß man, daß die Chlorbleiche von Zellstoff eine der wesentlichen Ursachen für die Belastung der Umwelt mit einer Vielzahl von Organochlorverbindungen – vom Chloroform bis zu den Dioxinen – ist:

Für die Zellstoffbleiche wurden im Jahr 1988 weltweit über 3,6 Millionen Tonnen Chlorgas verbraucht. Die Menge an Organochlorverbindungen, die damit in die Umwelt gelangte, dürfte in der gleichen Größenordnung liegen. Die Bleichereiabwässer der Zellstoffindustrie sind für Fische und andere Wasserorganismen extrem schädlich. Sie bewirken bei Fischen verminderte Fortpflanzungsfähigkeit, Schäden an Leber und Immunsystem, Blutbildveränderungen, Störungen des Elektrolythaushaltes sowie Stoffwechselschäden. Fische mit derartigen Symptomen wurden in der Ostsee noch acht Kilometer vom Einleitungsrohr entfernt gefangen.[57] Die Abwässer aus der Chlorbleiche können weder verbrannt noch durch Kläranlagen behandelt werden. Eine biologische Abwasserreinigung kann Organochlorverbindungen nicht hinreichend abbauen. 1985 zählten zu den vier größten Einleitern von Organochlorverbindungen in den Rhein drei große Zellstoffwerke.[58]

Der von Teilen der Zellstoff- und Papierindustrie als ökologischer Fortschritt propagierte teilweise Ersatz von Chlor durch Chlordioxid führt zwar zu deutlich geringerer Dioxinbildung, es entstehen jedoch andere problematische Folgeprodukte, beispielsweise Chlorate. Chlorate werden als Herbizide verwendet.

Seit den siebziger Jahren ist in Fachkreisen klar, daß eine Verfahrensumstellung auf chlorfreie Bleichmittel erforderlich ist.[59] In Schweden, Norwegen, der Bundesrepublik, Portugal und Österreich bleichen bereits einige Zellstoffhersteller ohne Chlor mit Wasserstoffperoxid und Sauerstoff.[60] Der größte Teil des bundesdeutschen Zellstoffbedarfs wird in Form chlorgebleichter Fasern aus den skandinavischen Ländern und Nordamerika importiert.

Die Umstellung auf chlorfrei gebleichten Zellstoff ist auch bei Papieren für anspruchsvolle Druckerzeugnisse wie Zeitschriften oder Bücher möglich. Greenpeace hat mit der Umstellung des eigenen Mitgliedermagazins und der Herausgabe eines *Spiegel*-Plagiats Anfang 1991 auf chlorfreiem Papier eine breite Kampagne mit dem Ziel einer allgemeinen Einstellung der Chlorbleiche eröffnet. Der Verwendung nicht ganz so strahlendweißer chlorfrei gebleichter Papiere stehen vor allem die Ansprüche der Werbebranche entgegen.[61]

Umweltbelastungen durch chemische Zellstoffverarbeitung

Die chemische Verarbeitung von Zellstoff zu Viskosefasern oder Nitrocellulose ist mit weiteren außerordentlich umwelt- und gesundheitsbelastenden Verfahrensschritten verbunden. Bei der Herstellung von einer Tonne Nitrocellulose für Sprengstoffe oder Kunststoffe gelangen bei dem klassischen Verfahren 555 kg Schwefelsäure und 236 kg Salpetersäure in das Abwasser, die je nach Abwasserbehandlung die Umwelt mehr oder weniger stark belasten. Außerdem entstehen biologisch schwer abbaubare Schlämme.[62]

Die Herstellung von Viskose findet unter Verwendung des giftigen Schwefelkohlenstoffs sowie beträchtlicher Mengen Schwefelsäure und Natronlauge statt.

Auch wenn die heute möglichen Verfahrensverbesserungen bei der Herstellung, der Bleiche und der Weiterverarbeitung von Zellstoff realisiert sind, bleibt die Belastung der Oberflächengewässer hoch.[63] Während in den entwickelten Industrieländern Umweltauflagen die Zellstoffindustrie zu emissionsmindernden Maßnahmen und umweltverträglicheren Verfahren zwingen, wird in Ländern mit einem geringeren technischen Entwicklungsstand weiterhin mit den alten, extrem umweltbelastenden Verfahren gearbeitet. Nach dem Beitritt der DDR zur Bundesrepublik wurden dort Zellstoff- und Viskosefabriken wegen unzumutbarer Umweltbeeinträchtigungen geschlossen.

Die scheinbar unaufhaltsame Papierflut

Die Produktionsmenge an Zellstoff ist in den letzten Jahren weiter stark gestiegen. Die Welterzeugung von Papier, dem wichtigsten Zellstoffprodukt, stieg zwischen 1967 und 1987 von 85 auf 230 Millionen Tonnen an. In der Bundesrepublik stieg der Papier- und Pappeverbrauch zwischen 1950 und 1989 von 32,2 auf 209,7 kg pro Kopf und Jahr. Davon entfielen 1989 auf Druckerzeugnisse 83,4 kg und auf Verpackungsmaterial 85,5 kg. In der DDR wurden 1989 pro Kopf 86 kg Papier und Pappe verbraucht.[64] Sollte die ganze Menschheit den «Lebensstandard» des bundesdeutschen Papierverbrauchs beanspruchen, wäre dazu eine jährliche Produktion von einer Milliarde Tonnen Papier erforderlich. Dazu müßten etwa drei Milliarden Kubikmeter Holz zu Zellstoff und Holzschliff verarbeitet werden. Die Weltholzproduktion (Rundholz und Brennholz einschließlich Holzkohleerzeugung) des Jahres 1987 betrug 3,35 Milliarden Kubikmeter.[65]

Die mit Werbematerial und ausuferndem Verpackungsaufwand in die Haushalte flutenden Papierberge, die durch Kunststoff- oder Metallkaschierungen, Druckfarben oder andere problematische Beimengungen auch bei gutem Willen nur teilweise recyclingfähig sind, tragen zu einem erheblichen Teil zu dem kaum noch bewältigbaren Abfallproblem unserer Städte und Gemeinden bei.

Papier ist im Laufe der Industrialisierung auf Kosten der Umwelt von einem wertvollen und knappen Gut zu einem charakteristischen Wegwerfprodukt geworden. Die Eindämmung der alltäglichen Papierflut ist eine vorrangige umweltpolitische Aufgabe. Bewußter Verzicht und die Wahl von Produkten aus chlorfrei gebleichtem Zellstoff oder Recyclingpapier sind hierzu ein wichtiger individueller Beitrag.

Fette

Pflanzliche und tierische Fette sind Verbindungen aus Glycerin und gesättigten oder ungesättigten Fettsäuren. Sowohl die Fette selber als auch Glycerin und Fettsäuren sind heute wichtige Grundstoffe verschiedener Industrien.

Ein traditionelles fettverarbeitendes Gewerbe ist die Seifenherstellung, die mit der Verfügbarkeit billiger Alkalien wie Soda oder Pottasche beträchtlichen Aufschwung genommen hatte: «Eine Entwicklung der Seifenherstellung zur Industrie im wirklichen Sinne des Wortes erfolgte erst, als durch die Erfindung LEBLANCS Soda in großen Mengen zur Verfügung stand und als in der ersten Hälfte des 19. Jahrhunderts durch die Einfuhr tropischer Öle und Fette die Menge der verfügbaren Rohstoffe eine früher unerwartete Erweiterung erfuhr. In den Dreißigerjahren wurde zuerst in Deutschland das Cocosöl zur Herstellung sog. kaltgerührter Seifen verwendet. Das Palmöl führte sich speziell in der englischen Seifenfabrikation ein.»[66]

Das Palmöl führte sich natürlich nicht selbst ein, doch dazu später.

Bei der Analyse von Seifen und der Untersuchung des Verseifungsvorganges entdeckte der Franzose Michel Eugène CHEVREUL (1786–1889) die Fettsäuren und klärte die Zusammensetzung der Fette aus Fettsäuren und Glycerin auf. 1825 nahm er zusammen mit dem berühmten Chemiker und Physiker Joseph-Louis GAY-LUSSAC (1778–1850) ein französisches und englisches Patent zur Abscheidung der Fettsäuren aus Fetten auf. Nachdem einige technische Probleme überwunden waren, entwikkelte sich auf dieser Grundlage von 1834 an die industrielle Herstellung von Kerzen aus kristallinen Fettsäuren, sogenannten «Stearinkerzen».

Ein neuer Zweig der fettverarbeitenden Industrie entstand im Zusammenhang mit einem alten Problem der europäischen Kolonialherren, die im vorigen Jahrhundert auf der Suche nach Rohstoffen weiter in die heißen Zonen Afrikas oder Südostasiens vordrangen: Die Butter wurde so schnell ranzig, daß die Soldaten und Kolonialbeamten nur unzulänglich mit Speisefett versorgt werden konnten. Napoleon III. setzte daher einen Preis für die Entwicklung eines Speisefettes aus, das haltbarer als Butter sein sollte. 1869 gelang es dem Franzosen Hypolyte Mège MOURIÉS, aus Rindertalg und Magermilch ein streichfähiges Fett herzustellen und damit das Preisgeld von 100000 Francs zu gewinnen. Der perlartige Glanz dieser «Ersatzbutter» verschaffte dem Produkt – in Anlehnung an das griechische Wort für Perle – seinen Namen, Margarine. Für die Margarinefabrikation, die Ende des 19. Jahrhunderts großtechnische Maßstäbe angenommen hatte, wurden zunächst große Mengen Rinderfett benötigt. Um diesen Rohstoff konkurrierten die Margarinehersteller mit den Seifen- und Kerzenproduzenten. Die Rohstoffbeschaffung war ein zentrales Problem der Margarineproduzenten, das zunächst entschärft wurde, als Ende der siebziger Jahre mit der amerikanischen «Meatpacking Industry», der Fleischkonserven-Industrie, eine neue ergiebige Bezugsquelle für Rinderfett entstand. In den großen Schlachthöfen und Fleischfabriken von Chicago, in denen auch die industrielle Fließbandarbeit ihren Ursprung hat[67], wurden täglich einige tausend Rinder industriell verarbeitet. Dabei fielen Unmengen von überschüssigem Talg an. 1877 traf die erste Schiffsladung amerikanischen Rinderfetts für die holländische Margarineindustrie in Europa ein.[68]

Die Margarine wurde nicht nur ihrem ursprünglichen Verwendungszweck entsprechend als Butterersatz für die Kolonialtruppen verwendet. Sie machte in Europa der Naturbutter zunehmend Konkurrenz. Die Konkurrenzfähigkeit der Margarine wurde erheblich verbessert, als es gelang, tropische Pflanzenöle für ihre Herstellung nutzbar zu machen. Dazu mußten die flüssigen Fette in feste Fette umgewandelt, «gehärtet» werden. Das entscheidende Verfahren zur Fetthärtung, für das er 1902 das Patent erhielt, fand der deutsche Chemiker Wilhelm NORMANN. Es kam nicht in Deutschland, sondern in England zur ersten Anwendung.

An gehärteten Pflanzenfetten war nicht nur die Margarineindustrie, sondern auch die Seifenindustrie interessiert. Zwischen beiden Industriezweigen entbrannte erneut ein Konkurrenzkampf um Rohstoffe: «Etwa um die Jahrhundertwende wurde die Seifenindustrie in größerem Umfang auf die Verarbeitung von Rohstoffen abfallender Qualität angewiesen, nachdem infolge des Aufblühens der Kunstspeisefett- und Margarineindustrie und des sich stetig steigernden Fettkonsums zu Ernährungszwecken eine erhebliche Preissteigerung der Fette und eine gewisse Knappheit der Weltvorräte eingetreten war.»[69]

In dieser Situation bedeutete die Verfügung über ein Verfahren zur Umwandlung von Pflanzenölen in feste Fette einen beträchtlichen Wettbewerbsvorteil.

Der Unilever-Konzern

Diesen Vorteil konnte sich der englische Seifenfabrikant William H. LEVER (1851–1925) durch den Erwerb von NORMANNS Patent sichern. Durch die Einführung moderner Produktionsverfahren und die gezielte Anwendung moderner Werbemethoden war es ihm bereits gelungen, in England eine führende Stellung auf dem Seifenmarkt zu erobern. Mit der Markenbezeichnung sunlight = Sonnenlicht (deutscher Markenname seit 1909 = Sunlicht) hatte LEVER den englischen Geschmack genau getroffen. An den so häufigen dunklen und nebligen Tagen und in den verräucherten und verrußten Kohlendistrikten Englands erweckte dieser Markenname die schönsten Assoziationen. LEVER führte außerdem in seinen Fabriken frühzeitig die Gewinnung von Glycerin aus den Unterlaugen der Seifenkocherei ein. Nach der Erfindung des aus Nitroglycerin und Kieselgur hergestellten Dynamits durch den Schweden Alfred NOBEL (1833–1896) im Jahr 1867 hatte sich das Glycerin zu einem begehrten und gutbezahlten Handelsartikel entwickelt.

Der besondere Vorteil gehärteter Pflanzenöle, den LEVER sich mit der Übernahme des NORMANNschen Patents gesichert hatte, war in dem günstigen Preis tropischer Öle begründet. Obwohl diese mit einem hohen Transportaufwand belastet waren, lag ihr Preis erheblich unter dem für Rindertalg. Der Grund hierfür war vor allem, daß menschliche Arbeitskraft in den Kolonien wenig kostete. Über die Herstellung des für die Seifenherstellung besonders geeigneten Palmöls heißt es in einer zeitgenössischen Quelle: «Die Gewinnung des Palmöls aus dem Fruchtfleische der afrikanischen Ölpalme, Elaeis guineensis, derselben welche das Palmkernöl liefert, ist meistens den Eingeborenen überlassen, welche das Öl mit den Händen oder durch Schlagen mit Knüppeln auspressen oder mit Wasser auskochen.»[70]

Zur Sicherung einer eigenen billigen Rohstoffbasis beteiligte sich LEVER mit eigenen Plantagen, Schiffen und Niederlassungen an der Erzeugung von und am Handel mit tropischen Fetten und Ölen. 1901 erwarb LEVER die ersten Kokosplantagen in der Südsee. Bereits 1902 folgte die Gründung der «Lever's Pacific Plantation Limited», die vor allem auf den Salomoninseln Kokosplantagen auf einer Fläche von über 100000 Hektar betrieb. 1911 faßte LEVER mit der Gründung der «Huileries du Congo Belge» in Afrika Fuß. In der Nähe von Lusanga in Belgisch-Kongo wurde «Leverville» gegründet. Weitere Niederlassungen mit Ölpalmenplantagen und Ölmühlen wurden in Alberta, Elisabethville und Basongo angesiedelt. Die Planung war auf eine Jahresproduktion von 100000 Tonnen Palmfrucht ausgelegt. In Westafrika unterhielt LEVER Handelsgesellschaften. 1920 ging die «Niger Company», die eine Schlüsselstellung unter den westafrikanischen Handelsgesellschaften einnahm, in LEVERS Besitz über.[71]

Neben den tropischen Fetten erwies sich vor allem der Waltran als geeigneter Rohstoff für die industrielle Verarbeitung. Dank des NORMANNschen Verfahrens zur Fetthärtung konnte er auch für die Margarineproduktion verwendet werden. LEVER setzte alles daran, auch diesen Reichtum der Natur unter seine Kontrolle zu bringen. 1919 erwarb er die «Southern Whaling and Sealing Company», die vor allem in den antarktischen Meeren Walfang betrieb und jährlich 4000 bis 5000 Tonnen Waltran erzeugte.[72] Zeitweilig beherrschte LEVER den Walfang und 75 Prozent der Waltrangewinnung der Welt.

Der europäische Margarinemarkt wurde zu Beginn der zwanziger Jahre von zwei holländischen Firmen beherrscht, der «Anton Jurgens' Vereenigde Fabrieken N. V.» und der «Van den Bergh's Fabrieken N. V.», die ebenfalls – dank der Kolonien in Niederländisch-Indien – Zugang zu tropischen Fetten, vor allem dem Kokosfett, hatten. 1927 schlossen sich diese beiden Unternehmen, die neben ihrer beherrschenden Stellung auf dem Sektor der Speisefette auch noch in geringerem Umfang mit der Seifenherstellung befaßt waren, zur «N. V. Margarine

Unie» zusammen. Damit stand LEVER ein Konkurrent gegenüber, gegen den er sich auf dem europäischen Margarinemarkt nicht ohne harten Konkurrenzkampf durchsetzen konnte. Diesem Konkurrenzkampf setzte 1929 die Fusion der beiden Kontrahenten zum Unilever-Konzern ein Ende.

Aufgrund seiner weltweiten Vormachtstellung auf dem Rohstoffsektor und durch die Beherrschung der beiden wichtigsten Verwendungsgebiete der Fette, der Herstellung von Seifen und Nahrungsfetten, wurde der Unilever-Konzern zu einem der mächtigsten Industriekonzerne überhaupt, dessen Geschäftstätigkeit sich bald auf weitere Gebiete ausdehnte: Unilever stieg mit eigenen Flotten in den Fischfang und die Handelsschiffahrt ein, engagierte sich auf dem Kakaomarkt, in der Papiererzeugung, in der Kosmetikbranche und bei der Herstellung von Chemikalien. Die Seifenherstellung wurde zu einem breiten Produktionsbereich verschiedener Reinigungsmittel einschließlich synthetischer Waschmittel erweitert. In vielen Ländern wurden Firmen gegründet oder übernommen.

Fette auf dem Weltmarkt

Pflanzliche Fette und Öle sind heute wichtige Welthandelsgüter. Mit ihnen werden über 60 Prozent des globalen Speisefettbedarfs gedeckt. Die Folgeprodukte der industriellen Verarbeitung pflanzlicher Fette finden außerhalb der Nahrungsmittelindustrie unter anderem in den Bereichen Seifen, Waschmittel, Kosmetika, Pharmazeutika, Sprengstoffe, Textilhilfsmittel, Farben und Lacke Verwendung.

Die wichtigsten Rohstoffe zur Gewinnung pflanzlicher Fette und Öle sind (in Klammern die Weltproduktion 1987 in Millionen Tonnen): Baumwollsaat (30,857), Erdnüsse (20,103), Kopra (=Kokosfleisch; 5,195), Leinsaat (2,552), Palmöl (8,727), Rapssaat (22,534), Sojabohnen (98,0) und Sonnenblumen (20,125).[73] Der überwiegende Teil dieser Ölfrüchte wird in Ländern der dritten Welt angebaut und in die Industrieländer exportiert. Während dort eine Überversorgung mit Speisefetten herrscht, ist in vielen Erzeugerländern die Versorgung mit Speisefetten mangelhaft. Die von den westlichen Aufkäufern beherrschten Märkte sichern den Produzenten nur relativ geringe und unsichere Exporterlöse. Da diese Exportproduktion überwiegend in der Tradition der kolonialen

Plantagenwirtschaft in großen Monokulturen erfolgt, stehen den Exporteinnahmen Kosten für den Import von Agrartechnik, Treibstoffen und Agrarchemikalien gegenüber. Auf der Verlustseite sind Umweltbelastungen durch Erosion, Entwaldung und Agrarchemikalien zu verbuchen, außerdem stehen die für die Exportproduktion genutzten Flächen für die Nahrungsmittelversorgung der eigenen Bevölkerung nicht mehr zur Verfügung.

Waltran spielt heute als industrieller Rohstoff nur noch eine geringe Rolle. Die rigorose Jagd nach diesen größten Säugetieren der Welt führte innerhalb weniger Jahrzehnte zu einer so starken Dezimierung der Bestände, daß heute das völlige Aussterben verschiedener Walarten befürchtet werden muß.

Mobilmachungen

Die rasante Expansion und Diversifikation der chemischen Industrie begann in der Zeit, als sich erste warnende Stimmen gegen die zunehmende Luft- und Gewässerverschmutzung und gegen den Raubbau an den natürlichen Ressourcen Gehör zu verschaffen begannen. Die beiden Weltkriege und die Zeiten sozialer und politischer Umbrüche in unserem Jahrhundert brachten diese Stimmen für Jahrzehnte zum Schweigen. Sie brachten darüber hinaus selber ungeheure Naturzerstörungen mit sich. Die Kriegswirtschaften unterbrachen die kontinuierliche Versorgung der Wirtschaft mit herkömmlichen Werk- und Hilfsstoffen. Aus kriegswirtschaftlich entstandenen «Ersatzstoffen» und Produktionskapazitäten entwickelten sich Strukturen, die die wirtschaftliche und technische Entwicklung auch in Friedenszeiten in Richtung auf einen verstärkten Raubbau und zunehmende Umweltzerstörung beeinflußten.

In beiden Weltkriegen und vielen anderen «modernen» Kriegen erforderten die enormen militärischen Kraftanstrengungen auch große Mengen an Energie und Rohstoffen. Die Befriedigung der stoffwirtschaftlichen Bedürfnisse der Kriegswirtschaften war mit einem beschleunigten Raubbau an nicht erneuerbaren Naturschätzen verbunden – wobei es in diesen Kriegen nicht zuletzt auch um die Verfügungsgewalt über eben diese Naturschätze ging.

Ein hervorstechendes Merkmal moderner Kriegführung ist die zunehmende Mobilität der Truppen, die durch den Einsatz von Kraftfahrzeugen, Panzern, Flugzeugen und schnelleren Schiffen ermöglicht wird. Für diese Mobilität sind einerseits große Mengen an Kraftstoffen, Leichtmetallen, Reifen, Schmier- und Kühlmitteln erforderlich. Andererseits ermöglichen die modernen Transportmittel den Einsatz ungeheurer Mengen an Kampfmitteln wie Bomben, Granaten oder chemischen Kampfstoffen.

Der militärischen Mobilisierung folgte in Europa nach dem Zweiten Weltkrieg die zivile Mobilmachung durch den motorisierten Individualverkehr, die in den USA schon erheblich früher begonnen hatte.

Die Motorisierung der Kriegstechnik, die Ausrüstung der Militärs für die «Materialschlachten» moderner Kriegführung, der Siegeszug des

Automobils und die schrankenlose Ausbeutung insbesondere der globalen Erdölvorkommen bilden den vielfach verflochtenen Entstehungshintergrund wichtiger chemischer Produktionslinien. Das Erdöl gewann als treibende Kraft eine globale strategische Bedeutung und wurde zur Basis eines neuen Zweiges der Chemie, der Petrochemie.

Mobilisierung der Chemie im Ersten Weltkrieg

Der Erste Weltkrieg bewirkte weltweit einen tiefgreifenden Wandel in der Produktionsstruktur der chemischen Industrie. Die deutsche Farbstoffindustrie mußte sich in kürzester Zeit von der weltmarktorientierten Farbstoffproduktion auf die Kriegsproduktion umstellen. In den Rührkesseln wurden nun statt Farbstoffen und Zwischenprodukten Sprengstoffe und chemische Kampfmittel synthetisiert. Die Grundstoffproduktion wurde ganz auf die Munitions- und Ersatzgüterherstellung ausgerichtet. In dieser Phase zeigte sich die hohe Flexibilität und nahezu universelle Anwendbarkeit der in der Farbstoffindustrie entwickelten neuen chemischen Technologie. Kriegsmaterial und Salpeter, die 1913 im Angebot der Farbstoffindustrie noch keine Rolle spielten, hatten 1917 bei einem insgesamt auf das 2,4fache gestiegenen Umsatz einen Anteil von 57 Prozent. Die chemische Industrie entwickelte sich innerhalb weniger Monate zu einer Schlüsselindustrie der Kriegswirtschaft. In allen Industrienationen beschleunigte die Kriegswirtschaft grundlegende chemisch-technische Innovationen wie die Ammoniaksynthese, Verfahren der Leichtmetallerzeugung oder Lösungsmittelsynthesen. Der Erste Weltkrieg kann in diesem Sinn als Wasserscheide in der Entwicklung der modernen chemischen Industrie angesehen werden.[1]

Der kriegsbedingte Strukturwandel, der sich in allen beteiligten Ländern in einem starken Ausbau der Kapazitäten, einer beschleunigten Diversifikation und dank kriegsbedingt steigender Gewinne auch in einer wachsenden finanziellen Stärke zeigte, förderte international den Konzentrationsprozeß in der chemischen Industrie. In dieser Situation plädierte Carl Duisberg, wie bereits 1904, für die sofortige Fusion der deutschen Farbstoffunternehmen zu einem Großkonzern. Auch jetzt konnte Duisberg sich noch nicht durchsetzen; es kam 1916 zunächst nur zur Gründung der Interessengemeinschaft der deutschen Farbenindustrie (IG). Auf der Grundlage von Beteiligungsquoten wurde ein Gewinnpool eingeführt. Ein entsprechend den Beteiligungsquoten zusammengesetzter Gemeinschaftsrat erhielt wichtige Entscheidungsbefugnisse über Investitionen, Beteiligungen und die Teilnahme an Konventionen, Kartellen oder Syndikaten.[2]

Das Engagement in der Kriegswirtschaft brachte der deutschen Farbstoffindustrie trotz der militärischen Niederlage und trotz des Verlustes der Farbstoffpatente sowie der Monopolstellung auf dem Weltfarbstoffmarkt auch wirtschaftliche Gewinne ein. Sie bestanden in einem erheblichen technischen Erfahrungszuwachs und einer breiten Diversifikation vor allem in den Bereichen Stickstoffchemie, Hochdrucktechnik, Leichtmetallerzeugung, anorganische Grundstoffe und Lösungsmittelsynthesen. Der Anlagenbestand der deutschen Chemieindustrie wurde während des Krieges durch die Ammoniaksyntheseanlagen in Leuna, Carbid-Acetylen-Anlagen und darauf aufbauende Kalkstickstoff- und Lösungsmittelkapazitäten sowie Schwefelsäure-, Chlor- und Salpetersäurefabriken und die Bitterfelder Anlagen zur Herstellung von Aluminium und Magnesium erheblich erweitert.[3] Damit verfügte die deutsche chemische Industrie über die technischen und ökonomischen Voraussetzungen für eine erfolgreiche Rückkehr auf den Weltchemiemarkt. Um diese Voraussetzungen unter den Rahmenbedingungen eines weltweit forcierten Konzentrations- und Diversifikationsprozesses der chemischen Industrie auch nutzen zu können, schloß sich die deutsche Chemieindustrie in den 20er Jahren zu einem Riesenkonzern zusammen.

Die I. G. Farben und die Neuordnung der Weltchemiewirtschaft

Zur Anpassung an die veränderten Weltmarktbedingungen reichten die durch eine lose Interessengemeinschaft gegebenen Möglichkeiten nicht aus, nun kam es doch zu der von Duisberg schon lange angestrebten Fusion: Am 21. November 1925 übertrugen die einzelnen Firmen BASF, Hoechst, Agfa, Weiler-ter-Meer, Bayer und Griesheim-Elektron ihr Vermögen gegen Gewährung von Aktien auf die BASF, die dann ihren Namen in I. G. Farbenindustrie Aktiengesellschaft umwandelte und ihren Sitz nach Frankfurt verlegte. Der neugegründete Konzern umfaßte die gesamte Teerfarbenindustrie und alle mit ihr zusammenhängenden Bereiche wie Schwerchemikalien, Stickstoff, Arzneimittel, Fotoerzeugnisse oder Lösungsmittel. Mit dem Zusammenschluß 1925 war die Expansion des Unternehmens noch nicht abgeschlossen. 1926 fusionierte die I. G. mit der Köln-Rottweil A. G. (Kunstseide und anorganische Chemikalien). Hierdurch erhielt sie Beziehungen zu den englischen und amerikanischen Partnern der Köln-Rottweil, den Nobel Industries und dem Du Pont Trust. Durch weitere Fusionen gelangte auch die deutsche Sprengstoff- und Pulverindustrie sowie die Fabrikation von Lacken, Kunstseide und Zelluloid fast völlig unter die Herrschaft der I. G. Zur Sicherung der Rohstoffquellen wurden verschiedene Kohle- und Bergbauunternehmen angegliedert.[4]

Auf dem Weltmarkt konnte sich die I. G. bei zunehmender Selbstversorgung wichtiger Industrieländer bis zum Zweiten Weltkrieg im Farbstoffbereich einen Anteil zwischen 50 und 63 Prozent der Exporte zurückerobern und erhebliche Anteile in den Bereichen Stickstoff, Pharmazeutika, Foto und Chemikalien sichern.[5]

Nicht nur in Deutschland bewirkte der Erste Weltkrieg gravierende Umstrukturierungen. In den USA war der Krieg die Initialzündung zur Bildung des später mächtigsten Chemiekonzerns der Weltwirtschaft, Du Pont de Nemours. Bis dahin war die 1802 von dem französischen Chemiker Eleuthère Irénée DU PONT in Wilmington/Delaware gegründete Firma vor allem mit der Herstellung von Sprengstoffen beschäftigt gewesen. Auf diesem Gebiet errang die zum Konzern herangewachsene Firma in Amerika eine Monopolstellung.[6] Du Pont war der führende Hersteller von Militärsprengstoffen auf seiten der Entente. Das Unternehmen lieferte den Alliierten im Krieg 680400 Tonnen Sprengstoffe, mehr als die gesamte deutsche Sprengstoffindustrie während des Krieges produzierte. Die Preise waren so kalkuliert, daß die erforderlichen Investitionen schon mit den Einnahmen aus den ersten Lieferungen abgeschrieben werden konnten. Die Umsatzrendite bei Du Pont erreichte in den Jahren 1914 bis 1917 einen Mittelwert von 27,6 Prozent.[7]

Nach dem Krieg suchte Du Pont profitable Anlagemöglichkeiten für die reichlich angesammelten Kriegsgewinne und neue Absatzgebiete für die in Friedenszeiten nicht mehr absetzbaren Schieß- und Sprengstoffe beziehungsweise deren Vorprodukte. Neben dem Erwerb von Unternehmen aus den Bereichen Schwerchemie, Farben und Lacke, organische Chemie, Kautschukindustrie und Holzverarbeitung sicherte sich Du Pont eine maßgebliche Beteiligung bei General Motors. Damit besaß Du Pont einen direkten Zugang zur Automobilindustrie, die sich zu einem wichtigen Absatzmarkt für Chemieprodukte entwickelte.[8] Mengenmäßig wichtige Zwischenprodukte der Sprengstoffproduktion, Nitrocellulose und Lösungsmittel, bildeten mit Pigmenten und weiteren Zusatzstoffen die stoffliche Basis für die Herstellung von Autolacken. Mit den Produktionszahlen der Autoindustrie stieg auch der Absatz an Lacken und Lösungsmitteln entsprechend an. In den USA wurden 1927 zehnmal soviel Nitrocelluloselacke verbraucht als fünf Jahre zuvor.[9]

Weitere große Chemiekonzerne, die in der Folge der kriegsbedingten Umstrukturierungen der Weltchemiewirtschaft in den USA entstanden, sind die Allied Chemical & Dye und die Union Carbide and Carbon Corporation. Die Allied Chemical & Dye entstand unter Mitwirkung des Solvay-Konzerns als Zusammenschluß der führenden amerikanischen Farbstoffwerke mit Grundstoff- und Zwischenproduktherstellern. Ohne die Konkurrenz der deutschen Farbstoffindustrie und mit staatlicher Förderung konnte dieser Konzern den amerikanischen Farbstoffmarkt weitgehend für sich erobern. In der Union Carbide and Carbon Corp. schlossen sich Unternehmen der Elektrochemie, insbesondere der Carbid- und Acetylenchemie und der Leichtmetallerzeugung, dazu führende Unternehmen der Gastechnik (Linde Air Products, Prest-O-Lite) zusammen.

In Großbritannien war mit starker staatlicher Unterstützung 1919 die British Dyestuff Corporation Ltd. als Zusammenschluß der englischen Farbstoffindustrie gegründet worden. 1926 schlossen sich British Dyestuff mit Nobel Industries Ltd., die ähnlich wie Du Pont große Gewinne im Munitionsgeschäft gemacht hatten, United Alkali Co. Ltd. und Brunner, Mond & Co. zur Imperial Chemical Industries Ltd., kurz ICI, zusammen. Aufgrund seiner engen Geschäftsbeziehungen zu Brunner, Mond & Co. hatte der Solvay-Konzern auch bei der Entstehung des ICI-Konzerns einen gewissen Einfluß. Die Gründung der ICI war eine Reaktion auf die Gründung der I. G. Farben.

Die durch den Ersten Weltkrieg verursachten oder verstärkten Konzentrations- und Umstrukturierungsprozesse in der Weltchemiewirtschaft hatten ein Oligolpol mehr oder minder weit diversifizierter, multinational operierender Großkonzerne zur Folge.

Erdöl

Der Übergang von der Pferdekutsche zum Kraftwagen und vom Segelschiff zu Dampf- und Motorschiff sowie die Erfindung von Luftschiff und Flugzeug revolutionierte nicht nur das zivile und militärische Transportwesen, sondern schuf auch zahlreiche neue Betätigungsfelder für Chemie und Metallurgie, die wiederum mit einem verstärkten Zugriff auf natürliche Ressourcen verbunden waren. Für die Umwelt sollte sich besonders der ungesteuerte und ungebremste Zugriff auf die in vielen hundert Jahrmillionen entstandenen Erdölvorräte als verhängnisvoll erweisen.

Die massenhafte Nutzung des Erdöls, heute Hauptursache zahlreicher globaler Umweltzerstörungen, begann erst relativ spät, als die Hauptphase der Industrialisierung in den wichtigsten Industrieländern abgeschlossen war und die Auswirkungen der unbeschränkten Kohlenutzung bereits deutlich erkennbar waren. Neun Jahre nachdem Adolph STÖCKHARDT in Deutschland mit seinen ersten Untersuchungen über Rauchgasschäden die Folgen der massiven Kohlenutzung wissenschaftlich zu erfassen begann, brachte 1859 «Colonel» Edwin L. DRAKE in Titusville, Pennsylvania, die erste erfolgreiche Erdölbohrung nieder. Die neue Technik ließ den zuvor nur schwer gewinnbaren und wenig genutzten Rohstoff so munter sprudeln, daß der Preis für ein Faß Petroleum zwischen 1859 und 1861 von 20,0 Dollar auf 0,52 Dollar fiel.[10] Vom Ölfieber gepackt, zogen «Wildcatters» genannte Abenteurer zu den Ölfeldern, um an der wilden Jagd nach der neuen Quelle schnellen Reichtums teilzunehmen.

Weit größere Reichtümer als durch Suche und Förderung von Erdöl waren durch dessen Transport, Verarbeitung und Vermarktung zu erzielen. In diesem Bereich gelang es John D. ROCKEFELLER (1839–1937) sehr bald, die Hand «an die Gurgel des Profits»[11] zu legen und eine marktbeherrschende Stellung zu erringen. Damit war der Grundstein für den späteren Standard Oil Konzern, heute Exxon, gelegt.

Hauptprodukt der Erdölverarbeitung war zunächst das Petroleum, das als «Leuchtöl» Verwendung fand. Die Petroleumlampe bedeutete in der zweiten Hälfte des vorigen Jahrhunderts einen großen Fortschritt in der Beleuchtungstechnik. Die übrigen Bestandteile des Erdöls wie Gase, Benzin oder Bitumen wurden zunächst als lästige Abfallprodukte abgefackelt oder «beseitigt». In Deutschland entfielen noch 1914 bei einem Gesamtverbrauch von 1,35 Millionen Tonnen Erdöl und Erdölprodukten 800000 auf «Leuchtöl». Von den übrigen 550000 Tonnen waren fast 60 Prozent

Schmieröle. Den bescheidenen Rest teilten sich der Benzin- und Heizölmarkt.[12]

In den USA hatte sich zu dieser Zeit mit der beginnenden Massenmotorisierung bereits ein vielversprechender neuer Markt für Erdölprodukte, vor allem für Benzin und Schmieröle, aufgetan. Ford produzierte 1914, dem ersten Jahr nach Einführung der Fließbandfertigung, von seinem berühmten T-Modell («Tin-Lizzy») mehr als 300000 Exemplare.[13]

Die Welterdölförderung stieg von 1860 bis 1913 um fast das Tausendfache von 66693 auf 50,8 Millionen Tonnen.[14]

Der Einsatz von motorgetriebenen Transportmitteln für militärische Zwecke begann im Ersten Weltkrieg eine strategische Rolle zu spielen. In Deutschland wurde seit 1908 der Bau und Betrieb von Lastkraftwagen unter der Bedingung gefördert, daß diese Fahrzeuge im Kriegsfall für militärische Zwecke eingezogen werden könnten, die produzierten Stückzahlen erreichten bis 1914 jedoch mit etwa 2000 pro Jahr nur eine für heutige Verhältnisse bescheidene Größenordnung. Im Krieg wurde die Produktion auf Veranlassung des Militärs auf 15000 Stück im Jahr 1916 erweitert.[15] Neben LKWs erbrachten vor allem Eisenbahnen und Pferdefuhrwerke die vom Militär zu Lande benötigten Transportleistungen. Auf hoher See ermöglichte die Verwendung von Öl anstelle von Kohle zur Feuerung der Kessel großer Kriegsschiffe einen vierfach größeren Aktionsradius. Außerdem konnte die Bildung verräterischer Rauchfahnen vermieden werden. Mit den Dieselmotoren stand ein neues Antriebssystem für Schiffe zur Verfügung. Flüssige Treibstoffe ließen sich mit Pumpen und Schlauch- oder Rohrleitungen viel schneller und mit viel geringerem Arbeitsaufwand bunkern als Kohlevorräte.[16]

Die Versorgung mit Erdöl wurde für die Seemächte zu einem wichtigen strategischen Problem. Winston Churchill schrieb zur Umstellung der englischen Marine von britischer Kohle auf ausländisches Öl im Rahmen der Flottenbauprogramme von 1912 bis 1914: «Und hinter diesen (technischen, organisatorischen und finanziellen, d. V.) Schwierigkeiten warteten noch die greifbaren Probleme von Märkten und Monopolen. Die Ölvorräte der Welt waren in den Händen gewaltiger Öltrusts unter ausländischer Kontrolle.»[17] Gemeint war neben Rockefellers Standard Oil vor allem die Royal Dutch Shell, die damals ebenfalls einen beachtlichen Teil des Weltmarktes kontrollierte. Die britische Admiralität betrieb daraufhin mit Hilfe der Anglo-Persian Oil Company, der heutigen BP, selber die Suche nach neuen Ölvorkommen. Nach der Entdeckung reicher Ölfelder in Persien und dem erfolgreichen Abschluß des englischpersischen Ölabkommens erwarb die britische Regierung die Mehrheit an der Anglo-Persian.

Das Öl wurde zu einem erstrangigen strategischen Faktor und zur Ursache zahlreicher Kriege und Konflikte.

Der Erste Weltkrieg brachte mit der Entwicklung und dem Einsatz von Aufklärungs-, Bomben- und Jagdflugzeugen auch «eine ungeahnte Entwicklung des Flugwesens».[18] An die Kraftstoffe für die immer leistungsfähigeren Flugzeugmotoren wurden besondere Ansprüche gestellt, die von den einfachen Erdöldestillationsprodukten bald nicht mehr erfüllt werden konnten.

Für chemische Zwecke wurden Erdöl oder Erdölprodukte bis zum Ersten Weltkrieg kaum verwendet. Erdölindustrie und Chemieindustrie entwickelten sich bis in die 20er Jahre sowohl technologisch als auch ökonomisch ohne wesentliche gegenseitige Berührungspunkte. Bis dahin blieben Steinkohlenteer, Carbidacetylen, Synthesegas aus Kohle, Holzdestillationsprodukte und Gärungsalkohol die wichtigsten organischen Grundstoffe der chemischen Industrie.

Treibstoffsynthesen

Eine erste Verbindung zwischen Erdölindustrie und Chemieindustrie ergab sich auf dem Gebiet der Treibstoffsynthesen, deren Entwicklung aus vier Gründen vorangetrieben wurde:

1. Deutschland war aufgrund seiner geringen Erdölvorkommen an einer autarken Treibstoffversorgung auf der Basis leichter verfügbarer Energieträger wie beispielsweise Kohle interessiert.
2. Mit der Entwicklung von Hochleistungsmotoren für den Flugzeugbau stiegen die qualitativen Anforderungen an das Flugbenzin. Kraftstoffe, die diesen Anforderungen genügten, konnten in der gewünschten Menge nur synthetisch oder mit Hilfe chemischer Zusatzstoffe gewonnen werden.
3. Die rein destillative Aufarbeitung von Erdöl ergibt neben den gewünschten Produkten wie Kraftstoffen oder Schmierölen schwer verwertbare Nebenprodukte, deren chemische Umwandlung zu Kraftstoffen angestrebt wurde.
4. Der I.G.-Farben-Konzern war an weiteren Anwendungsgebieten der Katalyse und der Hochdrucktechnik interessiert. Auf diesen Technik-

gebieten war der Konzern weltweit führend. Außerdem wurden neue Einsatzgebiete für nicht ausgelastete Ammoniaksyntheseanlagen gesucht.

Die strategische Abhängigkeit moderner Kriegführung von der Energie- und Rohstoffversorgung war Militärs und Politikern im Ersten Weltkrieg schmerzhaft bewußt geworden. Chemiker und die chemische Industrie hatten die strategische Bedeutung synthetischer Ersatzstoffe für problematische Importprodukte klar erkannt. Arthur BINZ, Direktor des chemischen Instituts der Handelshochschule Berlin, forderte bereits 1915 eine umfassende Behandlung der Frage, «wie man im Kriegsfall ausländische Rohstoffe, Halb- und Ganzfabrikate durch inländische ersetzen kann». Dabei verwies er auch auf die schwierige Frage der synthetischen Erzeugung von Benzin: «Gerade das Erdöl aber und das aus ihm erhältliche Benzin ist im Kriege so wesentlich, daß der Preis der Ware nebensächlich werden kann. Die übliche industrielle Beurteilung des Themas nach dem zu erwartenden Einstandspreis sollte also nicht von der Bearbeitung abschrecken, indessen kann man der Privatindustrie nicht zumuten, sich auf diesen Standpunkt zu stellen.» [19] Die Kosten und Risiken sollten nach BINZ' Ansicht zumindest teilweise vom Staat übernommen werden.

Die ersten Arbeiten zur Benzinherstellung durch Verflüssigung von Kohle fanden schon vor Beginn des Ersten Weltkrieges statt. Am 1912 gegründeten Kaiser-Wilhelm-Institut für Kohleforschung in Mülheim/Ruhr arbeitete Franz FISCHER (1877–1947), erster Direktor des Instituts, an einem Verfahren zur Hochdrucksynthese von Benzin aus Wasserstoff und Kohlenmonoxid. Friedrich BERGIUS (1884–1949), der in Berlin bei HABER gearbeitet hatte, versuchte, Benzin durch Reaktion von Kohlebrei mit Wasserstoff unter Druck zu erhalten. Auch bei der BASF hatten schon 1913 erste Versuche zur Anlagerung von Wasserstoff an Kohlenmonoxid stattgefunden. Obwohl BERGIUS das erste Patent für ein Verfahren zur Benzinsynthese schon 1913 erteilt worden war, kam es während des Ersten Weltkrieges noch zu keiner nennenswerten technischen Anwendung.

Von 1924 an wurden bei der BASF die Versuche zur Benzinsynthese unter der Leitung von Carl KRAUCH (1887–1968) wiederaufgenommen. Nach der Gründung des I.G.-Farben-Konzerns wurde 1926 der Beschluß gefaßt, im Leuna-Werk eine Großanlage mit einer Kapazität von 100000 Jahrestonnen Hydrierbenzin zu errichten. Die I.G.-Farben-

Chemiker entwickelten im Zusammenhang mit der Kohlehydrierung Verfahren, die auch für die Erdölverarbeitung anwendbar waren. Für diese Verfahren interessierten sich dementsprechend die großen Erdölkonzerne, vor allem deren mächtigster, die Standard Oil. Auf dem Treibstoffsektor überschnitten sich die Interessen beider Konzerne, die frühzeitig versuchten, ihre jeweiligen Interessengebiete gegeneinander abzugrenzen, und zur Vermeidung verlustreicher Konkurrenzkämpfe eine Zusammenarbeit auf dem neuen Gebiet der chemischen Technik vereinbarten.[20]

Erste Kontakte wurden bereits 1925 zwischen der BASF und der Standard Oil aufgenommen. 1927 vereinbarten die I. G. und Standard eine Zusammenarbeit auf dem Gebiet der katalytischen Druckhydrierung und eine Aufteilung der Lizenzeinnahmen. Die I. G. versprach sich von dieser Kooperation unter anderem die Absicherung ihrer Interessen hinsichtlich der Treibstoffgewinnung durch Kohlehydrierung. Standard wollte die katalytische Druckhydrierung dagegen als Verfahren bei der Erdölverarbeitung weiterentwickeln. 1930 wurde zur Intensivierung der Kooperation bei den Forschungs- und Entwicklungsarbeiten eine gemeinsame Tochtergesellschaft gegründet, die Joint American Study Company (JASCO) mit Sitz in Baton Rouge/Louisiana, die den Austausch von Patenten und Lizenzen in Grenzbereichen wie Acetylenchemie, Synthesekautschuk, Paraffinoxidation oder katalytischen Crackverfahren abwickeln sollte.[21] Die I. G. überließ Standard das Gebiet der Mineralölverarbeitung, während Neuentwicklungen im Chemiebereich der I. G. zukamen.[22]

Zur gleichen Zeit wandte sich auch Shell der katalytischen Druckhydrierung und verwandten Verfahren zu. 1928 nahm ein hierfür eingerichtetes Forschungslabor in Kalifornien die Arbeit auf.[23]

Als Ergebnis der Anwendung der katalytischen Hochdrucktechnik auf die Probleme der Mineralölverarbeitung wurden in erster Linie die verschiedenen «Crack»- und «Reforming»-Verfahren (weiter)entwickelt, durch die schwer siedende Erdölfraktionen durch die Einwirkung von Katalysatoren bei hohen Temperaturen in leichter siedende Produkte umgewandelt werden können. Beim «Cracken» entstehen auch ungesättigte gasförmige Kohlenwasserstoffe, die als wertvolle Ausgangsstoffe für chemische Synthesen erkannt wurden und die auch zu hochwertigen Kraftstoffen verarbeitet werden können. Das auf diese Weise herstellbare Isooctan, das zum Maßstab für die Qualität hochklopffester Kraftstoffe wurde (Octanzahl), erwies sich als hervorragender Treibstoff für

Flugmotoren. Bei Reformingverfahren entstehen aromatische Kohlenwasserstoffe wie Benzol oder Toluol, die ebenfalls sowohl als Kraftstoffkomponenten als auch zur chemischen Weiterverarbeitung eingesetzt werden können.

Die 1926 geplante Großanlage der I. G. zur Herstellung von Hydrierbenzin nahm bereits 1927 den Betrieb auf, konnte die geplante Jahresleistung jedoch erst 1933 erbringen. Daran waren nicht nur unvorhergesehene technische Schwierigkeiten, sondern auch wirtschaftliche Probleme schuld. Die I. G. hatte gehofft, Synthesebenzin zu einem Preis herstellen zu können, der gegenüber dem Benzin aus der Erdölraffination konkurrenzfähig sein würde. Der unerwartet hohe technische Aufwand hatte die Entwicklungskosten auf 300 Millionen Reichsmark und den Gestehungspreis für Hydrierbenzin stark heraufgetrieben. Andererseits hatte sich der Erdöl- und Benzinmarkt völlig anders entwickelt als erwartet. Der I.G.-Farben-Vorstand hatte Gutachten und Prognosen vertraut, die den Umfang der natürlichen Erdölvorkommen als begrenzt und bald erschöpflich ansahen. Die Entdeckung riesiger neuer Erdölvorkommen ließ dann jedoch den Erdölpreis so weit fallen, daß die Kohlehydrierung auf dem freien Markt für absehbare Zeit keine Chance mehr hatte. Der I.G.-Farben-Konzern war in eine schwere Krise geraten. Eine Fehlinvestition dieser Größenordnung konnte sich auch ein solcher Großkonzern nur schwer leisten. Zudem sank auch noch der Stickstoffabsatz 1931 stark ab, so daß sogar erwogen wurde, das gesamte Leuna-Werk stillzulegen.

Die Wende kam mit dem «Dritten Reich». In Walter GREILINGS Propagandaschrift «Chemiker kämpfen für Deutschland» (1940) heißt es dazu: «Inzwischen war aber ein nationalsozialistischer Staat da, der die Benzinpläne aufs stärkste förderte. Treibstoffwerk auf Treibstoffwerk entstand...»[24] Die Leuna-Werke wurden noch 1935 aufgrund eines Regierungsvertrages, der entsprechende Preis- und Absatzgarantien enthielt, auf eine Jahreskapazität von 300000 Tonnen Synthesebenzin ausgebaut. Die Herstellung von Synthesebenzin wurde unter Autarkiebedingungen doch noch zu einem geschäftlichen Erfolg für die I. G. Farben. Auch das am Mülheimer Kohleforschungsinstitut von Franz FISCHER und seinem Mitarbeiter Hans TROPSCH entwickelte Verfahren, aus Kohlenmonoxid und Wasserstoff durch Hochdrucksynthese Benzin zu erzeugen, konnte erfolgreich großtechnisch verwertet werden.

In den USA machte die Anwendung der katalytischen Hochdrucktechnik auf Probleme der Erdölverarbeitung schnelle Fortschritte. Die Technik der Crack- und Reformingverfahren wurde in den 30er Jahren so weit ausgebaut, daß zu Beginn des Zweiten Weltkrieges nicht nur die Versorgung mit hochwertigen Treibstoffen gesichert war, sondern auch die Grundstoffbasis für einen neuen Bereich der chemischen Industrie, die Petrochemie, entstanden war.

Petrochemie

Die Petrochemie ist in den 20er Jahren aus vielfältigen Wechselbeziehungen zwischen Erdölverarbeitung, Kraftfahrzeug- und Flugzeugindustrie sowie chemischer Industrie entstanden. Vor allem die Kraftfahrzeugindustrie mit ihrem großen Bedarf an Kraftstoffen, Kraftstoffzusätzen, Schmiermitteln, Kühl- und Bremsflüssigkeiten, Lacken, Lösungsmitteln und Kautschuk etc. wurde zu einem wichtigen Ausgangspunkt für die Entwicklung der Petrochemie. Die massenhafte Verfügbarkeit von reaktiven Zwischenprodukten aus Crack- und Reforminganlagen ermöglichte später das schnelle Vordringen der Petrochemie in die Bereiche Sprengstoffe, Kunstfasern und Kunststoffe.

Ansatzpunkte für die Entwicklung petrochemischer Produkte ergaben sich aus der Sicht der chemischen Industrie zunächst aus vorhandenen Produktionslinien, die auf dem Ethylen aufbauten. Dazu gehörten der Kampfstoff «Lost», das Ethylenglykol (Frostschutzmittel) und Lösungsmittel wie Ethylenglykolethylether («Cellosolve»). Das Ethylen wurde zunächst entweder aus Gärungsalkohol oder als Nebenprodukt aus der Acetylenherstellung nach dem Lichtbogenverfahren gewonnen. Die ersten Firmen, die ihren steigenden Ethylenbedarf auf petrochemischem Wege deckten, waren die Union Carbide und die Dow Chemical.[25] Der Shell-Konzern beschloß 1927, die chemische Nutzung von Raffinerienebenprodukten in sein Programm mit aufzunehmen. 1928 wurde in Emeryville in Kalifornien ein Forschungszentrum der Shell in Betrieb genommen, in dem zunächst Verfahren zur petrochemischen Erzeugung von Lösungsmitteln entwickelt wurden.[26]

Ein wichtiges Produkt aus den Anfängen der Petrochemie ist das Blei-Tetraethyl (BTE), das Anfang der 20er Jahre von Chemikern bei General Motors als Antiklopfmittel für Motorkraftstoffe entwickelt und seit 1923 von Du Pont produziert wurde. 1924 brachte die Standard Oil ein verbessertes Herstellungsverfahren für BTE zur Anwendung. General

Motors und Standard Oil verständigten sich daraufhin auf die Gründung einer gemeinsamen Tochtergesellschaft für den Vertrieb von BTE, die Ethyl Gasoline Corporation.

Das zur Herstellung von BTE benötigte Chlorethan wurde zunächst aus Gärungsalkohol hergestellt. Als die Produktionsmengen später stark anstiegen, bot sich der Übergang zu petrochemisch erzeugtem Ethylen als Grundstoff an.

Der Zusatz von BTE zu Kraftstoffen, das «Verbleien» von Benzin, das zur Hauptursache des globalen Anstiegs der Bleikonzentrationen in der Umwelt wurde, war von Anfang an umstritten. In Deutschland wurde vor dem Verbleien des Benzins damals nachdrücklich gewarnt: «Trotz der mit Sicherheit vorauszusehenden Giftigkeit des Bleitetraäthyls versuchte die Standard Oil Company dieses als «anti knock» Motorenbetriebsstoff einzusetzen... Es wäre dringend zu wünschen, daß eine etwaige Verwendung von mit Bleialkylen versetztem Benzin in Deutschland nicht gestattet wird.» [27] Ungeachtet dieser Warnung und unbehelligt von Verboten verschaffte sich die I. G. Farben dank ihrer guten Beziehungen zur Standard Oil den Zugang zum BTE-Verfahren und beteiligte sich mit 50 Prozent an der deutschen Tochtergesellschaft der Ethyl Gasoline Corporation. [28]

Auf die Gefahren durch bleihaltige Autoabgase wurde unter anderem 1933 von einer Kommission in Frankreich wieder hingewiesen. Diese Kommission kam zu dem Ergebnis, «daß das Verbot des Zusatzes von Bleitetraäthyl zu Motorenkraftstoffen gerechtfertigt erscheint». [29]

Die Giftigkeit des BTE ließ auch an Anwendungen denken, die eben diese Eigenschaft gezielt nutzten. Zeitweilig wurde es zu den chemischen Kampfstoffen gerechnet. [30]

Mit der Eindämmung der Gesundheitsgefahren und Umweltbelastungen durch BTE wurde erst weit nach dem Zweiten Weltkrieg begonnen. In der Bundesrepublik wurde die Reduzierung des Bleigehalts von Kraftstoffen 1971 mit dem Benzinbleigesetz in Angriff genommen.

Waren zunächst Kraftstoffkomponenten und -zusätze, Lösungsmittel und Frostschutzmittel Hauptprodukte der Petrochemie, entwickelte sich in den USA später die Kautschuksynthese, die in Deutschland auf der Basis der Kohle-Acetylen-Chemie entwickelt wurde, zu einem wichtigen Bereich der Petrochemie. Daneben wurden in den 30er Jahren in Amerika wichtige Entwicklungen auf den Gebieten Kunststoffe und Kunstfasern auf petrochemischer Basis vorangetrieben.

Raffinerie zur Erdölverarbeitung

Kautschuksynthese

Der erste Anreiz zur Suche nach einem synthetischen Ersatzstoff für Naturkautschuk ergab sich bereits Anfang unseres Jahrhunderts. Die Weltproduktion von Naturkautschuk stieg in den zehn Jahren von 1905 bis 1915 von 62000 auf 159000 Tonnen, und der Kautschukpreis stieg stark an.[31] Die wirtschaftlichen Aussichten für ein synthetisches Ersatzprodukt schienen gut zu sein, entsprechend wurde mit Forschungs- und Entwicklungsarbeiten begonnen. 1909 wurde Fritz HOFMANN (1866 bis 1956), Laboratoriumsleiter bei Bayer, das erste Patent für eine Laborsynthese von künstlichem Kautschuk erteilt. Die Qualität des Produktes ließ allerdings noch sehr zu wünschen übrig. Als nach 1910 infolge des Aufbaus großer Kautschukplantagen der Preis wieder fiel, stellte Bayer die Entwicklungsarbeiten zunächst ein.

Während des Ersten Weltkrieges kam es in Deutschland bald zu ernsten Problemen bei der Versorgung der Rüstungsindustrie mit Kautschuk.[32] Bayer nahm die Entwicklungsarbeiten wieder auf und versuchte, eine industrielle Synthesekautschukproduktion aufzubauen. Aber trotz der hohen militärstrategischen Bedeutung der Kautschukfrage – Kautschuk wurde von der Rüstungsindustrie nicht nur für Reifen und Keilriemen, sondern auch als Isolatormaterial für die elektrotechnischen Ausrüstungen und beim U-Boot-Bau benötigt – gelang es während des Krieges nicht, nennenswerte Mengen Synthesekautschuk zu produzieren.

Nach dem Ersten Weltkrieg wurde die Kautschuksynthese wegen der weiterhin mäßigen Qualität der Produkte und wegen des niedrigen Preises von Naturkautschuk erneut eingestellt. Erst 1926 nahm die I. G. Farben die Entwicklungsarbeiten auf Veranlassung von Bosch wieder auf. Als geeigneter Grundstoff für die Kautschuksynthese erwies sich das Butadien, das nach einem bei der Hoechst AG entwickelten Vierstufenprozeß aus Carbidacetylen großtechnisch hergestellt werden konnte. Die aus Butadien mit Hilfe von Natrium herstellbare Synthesekautschuksorte erhielt die Bezeichnung «Buna». 1929/30 waren die Vorarbeiten so weit gediehen, daß mit anwendungstechnischen Prüfungen und dem Bau einer Großversuchsanlage begonnen werden konnte. Dazu kam es jedoch zunächst nicht. Der Preis für Naturkautschuk sank Anfang der 30er Jahre in der Weltwirtschaftskrise wiederum so sehr, daß an eine profitable Vermarktung von Synthesekautschuk unter Weltmarktbedingungen nicht zu denken war und die I. G. Farben sogar ihre Entwicklungsarbeiten weitgehend einstellte.[33]

Mit der Machtübernahme durch die Nationalsozialisten änderte sich die Situation auch hier: «Der nationalsozialistische Staat war gewillt, dafür zu sorgen, daß die Weltkriegstragödie mit dem künstlichen Kautschuk sich nicht wiederholte. Der Führer selbst ließ sich persönlich die Pläne vortragen. Er bezeichnete sie als eine Voraussetzung zur Motorisierung. Im Jahre 1934 rollten bereits die ersten Ballen des neuen Buna den Reifenfabriken zu, und kurz darauf fuhren zeitweise 40 Fahrzeuge täglich 600 Kilometer auf neu angefertigten Bunareifen. Wehrmacht und Reichspost erprobten die Reifen unter härtesten Bedingungen auf besonders schlechten Wegstrecken mit starker Belastung.»[34]

Durch die Mischpolymerisation von Butadien mit Styrol, das durch die Reaktion von Benzol mit Ethylen zugänglich ist, wurde ein hochwertiger Synthesekautschuk erhalten, der die Bezeichnung «Buna-S» erhielt und sich hervorragend für die Herstellung von Kraftfahrzeugreifen eignete.

Obwohl von seiten des nationalsozialistischen Staates starker Druck auf die I. G. Farben ausgeübt wurde, unverzüglich mit der großtechnischen Kautschuksynthese zu beginnen, konnte infolge technischer Schwierigkeiten erst 1937 mit dem Bau einer Großversuchsanlage in Schkopau bei Merseburg begonnen werden, die zur Keimzelle der größten deutschen Synthesekautschukfabrik, der Buna-Werke, wurde.

In den USA fand die Erforschung und Entwicklung der Kautschuksynthese etwa zur gleichen Zeit wie in Deutschland statt. Da die Kautschuksynthese ein Bestandteil der Vereinbarungen zwischen I. G. Farben und der Standard Oil war, entwickelten sich frühzeitig Kooperationsbeziehungen zwischen der I. G. und amerikanischen Firmen. Auf dem Grundstoffgebiet arbeitete die I. G. über die JASCO mit der Standard Oil zusammen. Dabei ging es vor allem um das Lichtbogenverfahren zur Erzeugung von Acetylen aus gasförmigen Rohstoffen wie Erdgas, Raffineriegasen oder gasförmigen Kohlenwasserstoffen aus der Kohlechemie. Bei diesem Verfahren entstehen neben Acetylen als Nebenprodukte Ethylen, Wasserstoff und Ruß. Diese Nebenprodukte waren für die I. G. Farben von großem Interesse. Das Ethylen wurde zur Herstellung von Styrol benötigt, das seinerseits zur Produktion von Buna-S gebraucht wurde. Der Wasserstoff konnte in den Hydrierwerken für die Treibstoffsynthese verwendet werden, und der Ruß wurde bei der Reifenherstellung eingesetzt.

Die Standard Oil sicherte sich die Rechte zur Anwendung der Buna-Verfahren. Bezüglich anwendungstechnischer Fragen kam es zu Abkommen der I. G. Farben mit General Tire und Goodrich.[35] Seit Ende der 20er Jahre war auch Du Pont zusammen mit der Thiokol Corporation auf dem Gebiet spezieller ölbeständiger Synthesekautschuksorten tätig. Zur großtechnischen Realisierung der Kautschuksynthese kam es in den USA erst im Zweiten Weltkrieg.

Wie die Benzinsynthese brachte auch die Kautschuksynthese eine Reihe technologischer «Nebenprodukte» mit sich, da neue Wege bei der Grundstoffproduktion beschritten werden mußten und sich auch aus den Forschungsarbeiten eine Fülle neuer Möglichkeiten ergaben. Hierzu gehört nicht zuletzt die Entwicklung des Polystyrol, des ersten vollsynthetischen Kunststoffs.

«Moderne Kriegführung ist angewandte Chemie in gigantischem Umfang»

Der Erste Weltkrieg hatte deutlich gezeigt, daß die chemische Industrie ein wichtiger Faktor der Kriegswirtschaft geworden war. Die Bedeutung der Chemie für die Rüstungsproduktion war durch die militärtechnischen Entwicklungen zwischen den Weltkriegen noch wesentlich gestiegen. Die Motorisierung der Truppen, die Entwicklung der Panzerwaffe, der Aufbau der Luftwaffe und die Weiterentwicklung der chemischen Kampfstoffe führten neben dem traditionell hohen Bedarf an Eisenwerkstoffen und Sprengstoffen zu einem ungeheuren Bedarf an Kraftstoffen, Schmiermitteln, Frostschutzmitteln, Kraftstoffzusätzen, Kautschuk, Leichtmetallen, Lösungsmitteln, Kunststoffen, Faserstoffen, Vernebelungsmitteln, Kampfstoffen etc. In der amerikanischen Zeitschrift *Journal of Chemical Education* wurde bereits 1929 im Zusammenhang mit der Chemiewaffenproblematik darauf hingewiesen, daß moderne Kriegführung angewandte Chemie gigantischen Ausmaßes sei: «It is apparent to any one, that modern warfare is simply applied chemistry on a gigantic scale.»[36]

Reagierten die Rüstungsplaner und die chemische Industrie im Ersten Weltkrieg auf stoffliche Engpässe noch durch eine eilig improvisierte «Ersatzstoff»-Erzeugung, so wurde der Zweite Weltkrieg von deutscher Seite auch hinsichtlich der «wehrwirtschaftlichen Erfordernisse» systematisch vorbereitet. Den Hauptanteil bei der Umstellung der deutschen Stoffwirtschaft auf die Erfordernisse der Kriegsvorbereitung übernahm der I.G.-Farben-Konzern.

Zur Koordination der für die Aufrüstung erforderlichen wirtschaftspolitischen Maßnahmen diente in erster Linie der 1936 beschlossene Vierjahresplan, der das nationalsozialistische Deutschland durch die Entwicklung von Schwerindustrie, Bergbau, Maschinenbau und Chemie vom Ausland unabhängig machen sollte. Zu seiner Durchsetzung erhielt Hermann Göring als «Beauftragter für den Vierjahresplan» umfassende Vollmachten. Die Leitung der Abteilung Forschung und Entwicklung im Amt für deutsche Roh- und Werkstoffe im Vierjahresplan übernahm Carl Krauch, der in den 20er Jahren die Entwicklungsarbeiten an der Treibstoffsynthese geleitet hatte und seit 1925 Mitglied im I.G.-Farben-Vorstand war. 1939 wurde Krauch zum Generalbevollmächtig/ten für Sonderfragen der chemischen Erzeugung beim Beauftragten für den Vierjahresplan ernannt. Ihm unterstand insbesondere die Erzeugung von Mineralöl, Kautschuk und Leichtmetallen, von Schieß- und Sprengstoffen und deren Vorprodukten und Hilfsstoffen sowie die Erzeugung von chemischen Kampfmitteln. Krauch organisierte als Bevollmächtigter der politischen Führung den Rüstungsbeitrag der I. G. Farben, in deren Vorstand er weiterhin saß.

> «Die Führungsrolle der I. G. bei den industriellen Kriegsvorbereitungen war zu jenem Zeitpunkt unangefochten. Ihre Fabriken und Laboratorien machten Überstunden für Hitlers geplanten Überfall auf die Welt.»[37]

Für die Treibstoffversorgung standen neben dem Hydrierwerk der I. G. Farben in Leuna, das auf eine Jahreskapazität von 600 000 Tonnen Benzin ausgebaut wurde, die Hydrierwerke der Braunkohlen-Benzin AG (BRABAG) zur Verfügung. Diese Gesellschaft war bereits 1934 im Vorfeld des Vierjahresplanes als «Pflichtengemeinschaft» auf Anordnung der nationalsozialistischen Regierung gegründet worden und wurde mit Pflichtabgaben aus der Braunkohleförderung und Brikettherstellung finanziert. Die meisten Werke der BRABAG arbeiteten nach dem Hydrierverfahren der I. G. Farben. Ab 1935 beteiligte sich auch die Ruhrindustrie an dem Treibstoffprogramm und baute danach den größten Teil der bis 1939 neu errichteten Treibstoffwerke. Bei der Ruhrchemie, dem Chemieunternehmen der Montanindustrie, war inzwischen das Fischer-Tropsch-Verfahren zur Anwendungsreife gebracht worden. Bei diesem Verfahren werden Kohlenmonoxid und Wasserstoff (Synthesegas) unter Druck katalytisch zu flüssigen Kohlenwasserstoffen umgesetzt, die zur Treibstoffgewinnung geeignet sind.

Das Synthesegas wird aus Kohle und Wasserdampf gewonnen. Während der größte Teil der neuen Produktionskapazitäten für Synthesebenzin von Ruhrindustrie und der BRABAG errichtet wurden, engagierte sich die I. G. Farben vor allem beim Bau von Anlagen für Spezialprodukte wie Hochleistungstreibstoffe, Schmieröle oder Blei-Tetraethyl.[38] Neue Anlagen für Flugbenzin sollten im Auftrag und auf Kosten der Luftwaffe in Heydebreck, Moosbierbaum und Auschwitz entstehen, konnten aber nicht mehr vor Kriegsende fertiggestellt werden.[39]

Die Entwicklung der deutschen Synthesetreibstoffproduktion ist ein eindrucksvolles Beispiel für den enormen Ressourcenverbrauch moderner Kriegführung:

Jahr	*deutsche Synthese-Treibstoffproduktion*[40]
1935	241 000 t
1939	1 321 000 t
1943	3 709 000 t

Der Treibstoffverbrauch der deutschen Truppen war so groß, das selbst mit diesen Mengen der Kraftstoffbedarf 1943 nur zu 32,8 Prozent gedeckt werden konnte. Der Rest mußte durch Importe, aus eigenen Erdölvorkommen, mit Kokereibenzol oder mit Gärungsalkohol gedeckt werden. Das Ziel der völligen Importunabhängigkeit konnte auf dem Treibstoffsektor nicht erreicht werden. Der Gesamtverbrauch an Treibstoffen lag in Deutschland 1943 mit etwa 11,3 Mio. Tonnen fünfmal so hoch wie Anfang der 30er Jahre.[41]

Da die Alliierten keinen Beschränkungen beim Bezug von Erdölprodukten unterworfen waren, kam es auf dieser Seite trotz des kriegsbedingt enorm steigenden Bedarfs zu keinen Engpässen bei der Treibstoffversorgung. Nicht zuletzt dank der Verfügung der Amerikaner über die deutschen Patente zur katalytischen Druckhydrierung und der guten Zusammenarbeit zwischen der I. G. Farben und der Standard Oil über die JASCO war auch die Herstellung hochwertiger Flugbenzine kein unlösbares Problem. Die Beziehungen zwischen der I. G. Farben und der Standard Oil blieben auch während des Krieges bestehen. Während die I. G. von der Standard Lizenzgebühren für die Herstellung des von alliierten Bombern über Deutschland verbrauchten Flugbenzins erhielt, verdienten die Amerikaner an dem in deutschem Flugbenzin enthaltenen Blei-Tetraethyl.[42]

Die Versorgung mit Kautschuk wurde im Gegensatz zur Treibstofffrage nicht nur für Deutschland sondern auch für die Alliierten ein Problem, da nach dem Kriegseintritt Japans die fernöstlichen Kautschukplantagen unter japanische Kontrolle gerieten.

Die Buna-Werke der I. G. Farben in Schkopau wurden nach Kriegsbeginn beschleunigt auf eine Jahreskapazität bis zu 70 000 Tonnen Synthesekautschuk ausgebaut. Weitere Buna-Fabriken wurden in Hüls (Produktionsbeginn 1940) und Ludwigshafen (Produktionsbeginn 1942) errichtet.

Nach der Eroberung Polens wurde mit dem Bau eines weiteren Buna-Werkes in Monowitz bei Auschwitz begonnen.[43] Zur Errichtung dieses Werkes wurden der I. G. von der SS Häftlinge des benachbarten Konzentrationslagers als Arbeitskräfte zur Verfügung gestellt. Diese KZ-Häftlinge mußten ihre Arbeit unter so schrecklichen Lebensbedingungen – vor allem mit so karger Nahrung – verrichten, daß sie nach wenigen Monaten nicht mehr arbeitsfähig waren. Arbeitsunfähige Häftlinge wurden, sofern sie den Strapazen und Torturen nicht direkt erlagen, in den Gaskammern des Lagers Birkenau ermordet. Die Zahl der Opfer dieser «Vernichtung durch Arbeit» auf der Baustelle der I. G. Farben wird auf 30000 geschätzt.[44] Die Anlage konnte vor Kriegsende nicht mehr fertiggestellt werden.

Insgesamt war das deutsche Synthesekautschukprogramm im Sinne der nationalsozialistischen Autarkiebestrebungen erheblich erfolgreicher als das Treibstoffprogramm. Im Verlauf des Krieges konnte der Buna-Kautschuk den Bedarf decken und den Naturkautschuk fast vollständig ersetzen.

Nach dem Kriegseintritt Japans und der USA begann die amerikanische Industrie, die zwar über die technischen und wissenschaftlichen Kenntnisse verfügte, zuvor aber von Spezialkautschuksorten abgesehen kein wirtschaftliches Interesse an der Kautschuksynthese hatte, mit der Errichtung von großen Synthesewerken. Der Vergleich der Produktionszahlen Deutschlands und der USA zeigt, wie groß das US-amerikanische Wirtschaftspotential gegenüber dem deutschen war und wie schnell dieses Potential für kriegswirtschaftliche Erfordernisse aktiviert werden konnte:

Synthesekautschukproduktion[45]

Jahr	*Deutschland*	*USA*
1938	4800 t	–
1939	22420 t	–
1940	41220 t	–
1941	70610 t	8200 t
1942	100570 t	22800 t
1943	119800 t	235500 t
1944	103200 t	776300 t

Die für die amerikanische Synthesekautschuk-Produktion benötigten Grundstoffe, vor allem Butadien und Styrol, wurden überwiegend petrochemisch erzeugt. Butadien wurde auf verschiedene Weise über Buten gewonnen, das durch Cracken von Erdölfraktionen erhalten wurde. Die Grundstoffe, die zur Herstellung von Styrol benötigt werden, sind Ethylenund Benzol. Ethylen ist das als chemischer Grundstoff wichtigste Crackprodukt. Benzol entsteht neben anderen aromatischen Kohlenwasserstoffen beim «Reforming» von bestimmten Erdölfraktionen.

Zu diesen aromatischen Kohlenwasserstoffen gehört auch das Toluol, das als Grundstoff für die Herstellung von Trinitrotoluol (TNT), dem wichtigsten Explosivstoff des Zweiten Weltkrieges neben der Nitrocellulose, in großen Mengen benötigt wurde.

Der Siegeszug der Petrochemie in der Nachkriegszeit

Der Zweite Weltkrieg hat sich auf die Produktionsstruktur der Weltchemiewirtschaft ähnlich strukturverändernd ausgewirkt wie der Erste Weltkrieg. Vor allem die amerikanische Chemieindustrie profitierte von diesen Veränderungen, deren bedeutendster Aspekt der qualitative und quantitative Sprung in der Entwicklung der Petrochemie war.

Nach dem Krieg verfügte die amerikanische Chemieindustrie über ein breites Spektrum neuer Verfahren vor allem im Bereich der organischen Grundstoffindustrie und ihrer Folgeprodukte, beträchtlich erweiterte Produktionsanlagen und dank der Rüstungskonjunktur auch über gute finanzielle Möglichkeiten. Der Rückgang der Nachfrage nach rüstungsspezifischen Produkten in der ersten Nachkriegszeit bremste die Entwicklung kaum, da einerseits der Koreakrieg und das Wettrüsten im Zuge des kalten Krieges für ein anhaltend hohes Niveau der Rüstungsproduktion sorgten und andererseits die kriegsbedingt entstandenen Grundstoffkapazitäten sehr schnell für die Herstellung ziviler Güter genutzt werden konnten.

Der Nachkriegsboom der amerikanischen Autoindustrie und der Aufschwung der Zivilluftfahrt brachten eine entsprechende Nachfrage nach den in diesen Bereichen benötigten Chemieprodukten mit sich. Der Boom der Autoindustrie ergab sich nicht nur aus einer an sich vorhandenen hohen Nachfrage, sondern auch aufgrund einer aggressiven Verdrängungsstrategie der interessierten Industrien gegenüber dem öffentlichen Verkehrssystem. In den 40er Jahren war der Autolobby beispielsweise das sehr weit verzweigte und gut funktionierende Straßenbahn- und Expreßzugnetz im Großraum Los Angeles ein Dorn im Auge. Damals, als man in Los Angeles von «Smog» noch nichts ahnte, verbanden Straßenbahnen und Expreßzüge auf etwa 1800 Kilometer Gleisen die Stadt Los Angeles mit ungefähr 50 umliegenden Gemeinden. Um die lästige Konkurrenz loszuwerden, kaufte die vereinigte Öl-, Gummi- und Autoindustrie in Form einer von General Motors, Firestone Tires und Standard Oil of California gegründeten Holdinggesellschaft die (privatwirtschaftlich geführten) Bahngesellschaften auf und ersetzte den Schienenverkehr zunächst durch Busse. Dadurch wurde die Attraktivität der öffentlichen Verkehrsmittel bald so sehr verringert, daß die meisten ehemaligen Bahnkunden auf das Auto umstiegen.

Die erfolgreiche Vernichtung eines effektiven und umweltschonenden Verkehrssystems hatte nicht nur den berüchtigten «Los-Angeles-Smog», sondern auch die Zerstörung der Stadtstruktur zur Folge. Bereits 1974 wurden etwa 22 Prozent der gesamten Stadtfläche als Nutzfläche für den Autoverkehr beansprucht. Den beteiligten Konzernen brachte der Sieg über den lästigen Konkurrenten noch ein Verfahren vor dem für Antitrust- und Monopolfragen zuständigen Senatsausschuß ein.[46]

Neue Absatzgebiete für petrochemische Grundstoffe und deren Verarbeitungsprodukte ergaben sich insbesondere durch den Ausbau der Kunststoff- und Kunstfaserproduktion.

Die Kapazitäten für die Herstellung von Styrol, die im Krieg für die Produktion von Buna-S errichtet worden waren, wurden für die Erzeugung von Polystyrol eingesetzt, dessen Eignung als Kunststoff schon zu Beginn der 30er Jahre erforscht worden war. Das zunächst als Frostschutzmittel und für Lösungsmittelsynthesen produzierte Ethylenglykol fand zusätzlich bei der Herstellung von Polyesterfasern Verwendung. Der wichtigste petrochemische Grundstoff, das Ethylen, wurde unter anderem zum Ausgangsstoff für die beiden wichtigsen Massenkunststoffe Polyethylen und Polyvinylchlorid.

Der Siegeszug der Kunstfasern und Kunststoffe sorgte für einen kontinuierlichen Anstieg der Produktionszahlen bei petrochemischen Grundstoffen. In den USA wurden bereits 1954 1,06 Mio. Tonnen Ethylen, 0,55 Mio. Tonnen Propylen, 0,55 Mio. Tonnen Butene und 1,3 Mio. Tonnen Aromaten (Benzol, Toluol, Xylole) petrochemisch erzeugt.[47] Nach 1948 stellte auch die Chemieindustrie in den anderen Industrieländern ihre organische Grundstoffbasis zunehmend auf petrochemische Erzeugnisse um. In der Bundesrepublik hatten die Nachfolgegesellschaften der I. G. Farben große Kapazitäten zur Herstellung organischer Grundstoffe auf Kohlebasis übernommen. Im Zusammenhang mit dem Aufbau der Autoindustrie und der Einrichtung großer Erdölraffinerien kam es in den 50er Jahren auch in der Bundesrepublik zur Umstellung auf die Petrochemie, die durch die Abschaffung der Mineralölsteuer für chemisch weiterverarbeitetes Erdöl staatlich gefördert wurde. In der DDR wurde dagegen die Kohlechemie auf der Basis der dortigen Braunkohlevorkommen beibehalten und teilweise sogar ausgebaut. Daneben entstanden auch in der DDR petrochemische Anlagen. Neben der Energieerzeugung auf Braunkohlebasis hat die Kohlechemie ganz wesentlich zu den Gesundheits- und Umweltbelastungen in der DDR beigetragen.

Der Ausbau der Petrochemie bedeutete für eine Vielzahl von chemischen Produkten wie Kunststoffe oder Kunstfasern, die in den 30er und 40er Jahren entwickelt worden waren, den Durchbruch zur Massenproduktion.

1985 wurden allein in den USA, Westeuropa und Japan mehr als 30 Mio. Tonnen Ethylen, dem wichtigsten petrochemischen Grundstoff, hergestellt.[48] Seit Anfang der 70er Jahre werden auch in den Erdölförderländern Produktionsanlagen für petrochemische Grundstoffe und Massenprodukte installiert und betrieben. Insgesamt ist weltweit von einer Vervierzigfachung des Verbrauchs organischer Chemikalien seit etwa 1950 auszugehen. Die chemische Industrie baute damit ihre Stellung als stoffwirtschaftliche Schlüsselindustrie erheblich aus.

Mit dem Siegeszug der Petrochemie ergab sich nicht nur für die chemische Industrie selber, sondern auch für die übrigen Industriezweige, die Chemieprodukte verarbeiten, eine stoffwirtschaftliche Abhängigkeit vom Rohstoff Erdöl, die der energiewirtschaftlichen Bedeutung des Erdöls gleichkommt.

Die ökologischen Folgen der ungehemmt expandierenden Nutzung der nicht erneuerbaren Ressource Erdöl zeigen sich in der katastrophalen Ölverschmutzung der Weltmeere, Boden- und Grundwasserverseuchungen durch Mineralölprodukte und vor allem in der dramatischen Veränderung der Zusammensetzung der Erdatmosphäre.

Da die Umweltbelastungen durch die Übernutzung von Erdöl und anderen fossilen Energieträgern zu über 90 Prozent auf das Konto der Energieerzeugung gehen und im Rahmen der energiepolitischen Debatte intensiv diskutiert werden, soll hier nur ein kurzer Hinweis auf die

Schwerpunkte dieser Diskussion erfolgen. Im Vordergrund stehen hier die bereits zu beobachtenden und die zu erwartenden Auswirkungen auf das Weltklima. Durch die Erhöhung der Kohlendioxidkonzentration in der Erdatmosphäre von etwa 280 auf über 350 ppm (parts per million) wird der Treibhauseffekt des Kohlendioxids verstärkt und eine globale Erwärmung verursacht.

Neben dem Kohlendioxid tragen weitere Spurengase zu dieser klimawirksamen Erhöhung des Treibhauseffektes bei. Hierauf wird in dem Kapitel über die Chlorchemie noch genauer eingegangen. Die dramatischen Veränderungen des globalen biogeochemischen Kohlenstoffkreislaufs sind seit Jahren Gegenstand internationaler Forschungsprogramme und Kongresse.[49]

Obwohl dabei die Notwendigkeit einer drastischen Reduzierung des Kohlendioxidausstoßes in die Atmosphäre immer klarer wird, sind die führenden Industrienationen bisher zu einer deutlichen Verringerung ihres Verbrauchs an fossilen Energieträgern nicht bereit. Vor allem die Regierung der USA setzt unverdrossen weiter auf einen hohen Verbrauch an fossilen Energieträgern. In dem Anfang 1991 vorgelegten Gesetzentwurf der US-Regierung für die zukünftige Energiepolitik fehlten Maßnahmen zur wirksamen Verringerung des Energieverbrauchs. Dafür wurde die Freigabe des acht Millionen Hektar großen Nationalen Arktischen Wildschutzgebietes in Alaska zur Erschließung der dort vermuteten Erdölreserven vorgesehen.[50]

Auch der Golfkrieg gegen den Irak war, unter umweltpolitischen Aspekten betrachtet, ein Rückfall in eine Denkweise, die für die Industrienationen die unbeschränkte Verfügung über die endlichen globalen Ressourcen auf Kosten der Entwicklungsländer und der nur begrenzt belastbaren Umwelt beansprucht. In einer Stellungnahme des BUND zum Golfkrieg wird der Zusammenhang zwischen der Anspruchshaltung der Industrienationen, dem Elend in den Entwicklungsländern und den globalen Umweltproblemen so dargestellt:

> «Das Unheil dieses Krieges traf nicht nur Hunderttausende von Menschen, deren Gesichter wir nicht auf den verlogenen Bildschirmen sahen. Es trifft noch auf Jahre hinaus die ärmsten Mitbewohner dieser Erde, denen zu helfen jetzt die Mittel fehlen, weil die verschossenen Milliarden ja nachgerüstet werden müssen. Auch die Rettung der Tropenwälder, die Sanierung von Flüssen und Meeren, die Verhinderung einer Klimakatastrophe, die Sicherung reiner Atemluft, sauberen Trinkwassers und gesunder Nahrung wird nicht mehr finanzierbar sein, zumal dann nicht,

wenn die hochzivilisierten Staaten nicht bereit sind, ihre Verprassermentalität zu ändern.

Doch statt dessen ist in diesen Wochen ein regelrechter Run auf die letzten Öl- und Erdgasvorräte in den sensibelsten Restbereichen der Natur auf dieser Erde im Gange. Gleichzeitig ist – unbemerkt von der Weltöffentlichkeit – im Februar (1991, d. V.) die Weltklimakonferenz gescheitert, weil ihre Ergebnisse nicht finanzierbar sind.»[51]

Die offizielle amerikanische Politik steht in einem eklatanten Widerspruch zu den Erkenntnissen und Forderungen des Washingtoner Worldwatch-Instituts, das in seinem «Bericht zur Lage der Welt 1991» angesichts des weltweit rapiden Verfalls der Lebensgrundlagen eine radikale Umstellung der Volkswirtschaften auf umweltschonende Wirtschaftsweisen forderte, zu deren Durchsetzung unter anderem die verschärfte Besteuerung von Öl, Kohle und Erdgas vorgeschlagen wurde.[52]

In der Bundesrepublik ist die ökologisch begründete Besteuerung von Erdöl und Erdölprodukten ebenfalls im Gespräch. Nach Berechnung des Heidelberger Umwelt- und Prognose-Instituts (UPI) würde die Einbeziehung aller quantifizierbaren ökologischen und sozialen Folgekosten, die durch den Autoverkehr verursacht werden, in den Benzinpreis die Kosten für einen Liter Kraftstoff um 4,50 DM erhöhen.[53]

In diesem Zusammenhang sollte auch darüber nachgedacht werden, ob die Befreiung der chemischen Industrie von der Mineralölsteuer weiter gerechtfertigt ist.

Stickstoffchemie: Vom Mangel zum Überfluß

Die Zusammenhänge zwischen rüstungsbedingten und zivilen Entwicklungen der Chemie spielten auch für den Aufschwung der Stickstoffchemie eine wesentliche Rolle. In gängigen Darstellungen der Geschichte der großtechnischen Synthese von Stickstoffverbindungen wird meist auf die «Janusköpfigkeit» dieses Bereichs der chemischen Technik eingegangen. Der destruktiven Anwendung der Stickstoffverbindungen für die Sprengstoffproduktion wird die segensreiche Wirkung des Einsatzes von synthetischen Stickstoffverbindungen vor allem in Form von Düngemitteln gegenübergestellt. In diesen Darstellungen fehlt in der Regel die Auseinandersetzung mit der ökologischen Dimension der Stickstoffchemie. Angesichts der massiven Störungen des globalen biogeochemischen Stickstoffkreislaufs soll dieser Dimension in der folgenden Darstellung besondere Aufmerksamkeit gewidmet werden.

Die Industrialisierung und Chemisierung der Landwirtschaft, der Bedarf der chemischen Industrie und die «Fortschritte» der Kriegstechnik ließen die natürlichen Vorkommen an chemisch gebundenem Stickstoff bereits zum Ende des vorigen Jahrhunderts so schnell dahinschmelzen, daß die Entwicklung eines Verfahrens zur synthetischen Erzeugung von Ammoniak und Salpetersäure als Überlebensfrage der Industriegesellschaften angesehen wurde. Die Anfang unseres Jahrhunderts entwickelten Verfahren zur großtechnischen Gewinnung von Stickstoffverbindungen, darunter vor allem die Ammoniaksynthese nach Haber und Bosch, wurden euphorisch als «Sieg über die Natur» gefeiert. Dieser Sieg über die Natur sollte zunächst auch dazu beitragen, militärische Siege zu erringen. Künstlicher Salpeter und synthetische Salpetersäure sollten den Sprengstoffmangel der deutschen Truppen im Ersten Weltkrieg überwinden und so den Traum von der Weltherrschaft realisieren helfen.

Die lang gehegte Vorstellung, durch künstliche Stickstoffdüngung sei bereits der entscheidende Durchbruch zur Lösung des Welternährungsproblems geschaffen worden, erweist sich heute angesichts der ökologischen Probleme der industrialisierten Landwirtschaft als revisionsbedürftig.

Scheidewasser und Schießbaumwolle

In vorindustrieller Zeit wurden Stickstoffverbindungen nur in geringem Umfang technisch genutzt; die wichtigsten waren Salpeter und Salpetersäure. Salpeter, das Kaliumsalz der Salpetersäure, erfreute sich als Bestandteil des Schießpulvers größter Wertschätzung bei den Mächtigen. War Salpeter eine unabdingbare stoffliche Voraussetzung für Kriege mit Feuerwaffen, so trug die Salpetersäure zur Beschaffung der finanziellen Voraussetzungen für kriegerische und andere Unternehmungen bei. Unter dem Namen «Scheidewasser» wurde die Salpetersäure seit dem Mittelalter zur Trennung von Gold und Silber verwendet. Silber ist in Salpetersäure löslich, Gold nicht. Eine Mischung aus konzentrierter Salpetersäure und konzentrierter Salzsäure, die unter der Bezeichnung «Aqua regia» (Königswasser) Verwendung fand, löst sogar Gold. Salpetersäure wurde durch Reaktion von Salpeter mit Schwefelsäure gewonnen.

Die Salpeterproduktion wurde von den Regierenden besonders gefördert und reglementiert. Grundlage der Salpetergewinnung war die Umwandung organischer Stickstoffverbindungen durch Bodenorganismen zu Nitraten. Als Ausgangsmaterial diente Erde, die von Abfällen tierischer und pflanzlicher Herkunft durchsetzt war: Erde von Friedhöfen, aus Ställen, Müllhaufen, Kellern, Latrinen, Brauereien, Färbehäusern, Gerbereien, Seifensiedereien oder Mauerschutt zum Beispiel, in der die bakterielle Salpeterbildung vor sich zu gehen pflegt. Zur gezielten Erzeugung von Salpeter in sogenannten Salpeterplantagen wurden Wälle aus Garten- oder Kellererde errichtet, die mit Asche, Stroh und Jauche vermischt wurde. Ein Dach schützte vor dem Regen. Nach ein bis zwei Jahren konnte die Salpetergewinnung beginnen.

Die Salpetererde wurde mit Wasser ausgewaschen und nach Abfiltern in eisernen oder kupfernen Kesseln eingedampft, unter Zusatz von Essig oder Weinstein abgeschäumt, weiter konzentriert und zum Auskristallisieren in hölzerne oder kupferne Gefäße gegeben. Der so erhaltene sehr unreine Salpeter mußte durch Affinieren gereinigt werden. Das geschah durch Auflösen und wiederholtes Auskristallisieren nach vorherigem Abschäumen unter Zusatz von Essig oder Kalk. Die Durchführung dieser komplizierten Operationen oblag einem eigenen Berufsstand, den Salpetersiedern.

Der hohe Bedarf des Militärs an Schießpulver und die geringe Ergiebigkeit dieses Verfahrens gaben zu Versuchen Anlaß, die Salpetererzeugung auszuweiten und zu rationalisieren. In Frankreich stand die Salpetergewinnung in den Jahren vor der Revolution unter der Aufsicht von LAVOISIER, der jedoch zu keinem nennenswerten Erfolg kam.

Trotz aller Rationalisierungsversuche konnten die Produktionsmengen mit diesem im Prinzip seit dem Mittelalter unveränderten Verfahren nur begrenzt gesteigert werden. In den neunziger Jahren des 18. Jahrhunderts lieferten die 34 preußischen Salpeterhütten jährlich nur etwa 1500 Zentner raffinierten Salpeter.[1] Das ist ein Bruchteil der Sprengstoffmenge, die im Ersten Weltkrieg *an einem Tag* verschossen wurde. Die Salpetergewinnung war ein Bereich der Produktion, in dem man um 1800 die Grenze dessen erreicht hatte, was man mit traditionellen Techniken der Natur abringen konnte. Zudem stand die Salpetererzeugung in scharfer Konkurrenz zur Erzeugung der seinerzeit so dringend benötigten Nahrungsmittel: Die «Salpetererde» zeichnete sich durch besondere Fruchtbarkeit aus. Die Bauern zeigten verständlicherweise wenig Neigung, diesen wertvollen Dünger abzugeben, und wurden durch staatlichen Zwang in Form von Gesetzen und polizeilichen Maßnahmen dazu genötigt. Die preußischen Untertanen waren durch ein königliches Regal («Salpeterregal») zur Abgabe des begehrten Rohstoffs verpflichtet.[2]

Mit der Entdeckung natürlicher Salpetervorkommen in Südamerika, die aus Ablagerungen von Vogelkot entstanden sind, wurde eine neue Bezugsquelle erschlossen, die zunächst den steigenden Bedarf der Schießpulverfabriken und für die künstliche Düngung, die Mitte des vorigen Jahrhunderts aufkam, sowie den wachsenden Salpetersäurebedarf bei der Metallverarbeitung und in der aufkommenden chemischen Industrie befriedigen konnte. Die Verfügung über die Salpeterlager in Chile, die aufgrund geographischer Besonderheiten die einzigen nennenswerten Salpeterlager der Welt waren, wurde zu einer politischen Machtfrage ersten Ranges. Im Krieg zwischen Bolivien und Peru einerseits und Chile andererseits (Salpeterkrieg 1879–1883) errang Chile das Monopol im Welthandel mit Salpeter, wobei auch englische Handelsinteressen mit im Spiel waren. Durch seine beherrschende Stellung auf den Weltmeeren kam England ein erheblicher Anteil an diesem Monopol zu.

Ende des 19. und Anfang des 20. Jahrhunderts wurden die technologischen Voraussetzungen für die Materialschlachten des Ersten Weltkrieges geschaffen. Neben den «Errungenschaften» der Waffenschmieden von Krupp und anderen spielten dabei neue Spreng- und Schießstoffe die wichtigste Rolle. Mit zunehmender Reichweite und Treffsicherheit der Feuerwaffen wurde die bei Verwendung von Schwarzpulver unvermeidliche Rauchwolke nach Abgabe eines Schusses dem Feuernden immer mehr zum Verhängnis. Um dem gegnerischen Feuer zu entgehen, sann das Militär nach möglichst wirkungsvoller Deckung. Die wichtigsten Mittel dazu waren Tarnfarben (zur Freude der Teerfarbenindustrie) und rauchloses Pulver. Bereits 1846 hatte der Baseler Chemiker Christian Friedrich Schönbein (1799–1868) bei Arbeiten mit Salpetersäure entdeckt, daß deren Reaktion mit Baumwolle zu einem neuartigen Schießstoff mit weitaus geringerer Rauchentwicklung führt, der Schießbaumwolle (Nitrocellulose). Ein zuverlässiges Schießpulver konnte allerdings erst hergestellt werden, als man lernte, aus der lockeren, fasrigen Schießbaumwolle durch Anlösen mit geeigneten Lösemitteln (Ätheralkohole oder Aceton) kompakte Massen herzustellen.

Seit 1863 bemühte sich Alfred Nobel (1833–1896) das bereits 1847 von dem Italiener A. Sobrero entdeckte Nitroglycerin unter der Bezeichnung «Sprengöl» zur Anwendung und auf den Markt zu bringen. Der günstige Preis des Rohstoffes Glycerin, der bei der Seifenherstellung in zunehmenden Mengen als Nebenprodukt anfiel, bot hierfür einen besonderen Anreiz. Der Erfolg stellte sich allerdings erst nach einer Reihe tragischer Explosionsunglücke und nach der Entdeckung des Dynamits ein. Dynamit ist eine mit Nitroglycerin getränkte außerordentlich poröse Erde (Kieselgur). In dieser Form erwies sich das Nitroglycerin als hinreichend handhabungssicher und brachte seinem Erfinder den erhofften Erfolg. Mit der Pikrinsäure und dem Trinitrotoluol (TNT) kamen noch zwei sehr wirkungsvolle Explosivstoffe hinzu, die durch Reaktion von Salpetersäure (und Schwefelsäure) mit den Teerbestandteilen Phenol und Toluol hergestellt werden. Die neuartigen Explosivstoffe füllten nicht nur die ständig wachsenden Arsenale der Militärs, sondern fanden auch in zivilen Bereichen massenhafte Verwendung. Im Bergbau und beim Eisenbahnbau erleichterten Sprengungen das Vorankommen erheblich.

Bei der Einführung der mineralischen Düngung standen als Stickstoffdünger zunächst nur Ammoniumsulfat aus der Nebenproduktgewinnung der Kokereien und Chilesalpeter zur Verfügung. In Deutschland wurde Chilesalpeter seit 1860 als Düngemittel verwendet. Der Verbrauch an mineralischen Stickstoffdüngemitteln nahm in der zweiten Hälfte des vorigen Jahrhunderts ständig zu. Zu Beginn des 20. Jahrhunderts wurden weltweit mineralische Düngemittel mit einem Gehalt von

300000 Tonnen Stickstoff produziert, von denen zwei Drittel aus Chile kamen, während der Rest aus der Nebenproduktgewinnung der Kokereien stammte.[3] Angesichts der Endlichkeit der Vorkommen an Chilesalpeter und des begrenzten Anfalls von Ammoniakwasser in den Kokereien wurde längerfristig eine ernsthafte Gefährdung der Versorgung mit Stickstoffverbindungen befürchtet.

Stickstoffkrise und Ammoniaksynthese

1898 hielt Sir William CROOKES (1832–1919), Präsident der British Association, einer Gesellschaft britischer Naturwissenschaftler, einen Vortrag über die Weizenfrage, in der er die künftige Ernährung der Menschheit in Gefahr sah, falls es nicht gelänge, neue Wege zur Beschaffung von Stickstoffdüngemitteln zu finden. Dieser Vortrag wurde weltweit stark beachtet.

Zu dieser Zeit hatte sich die vor allem von LIEBIG heftig propagierte Auffassung, der Fortschritt der Landwirtschaft hinge vor allem von naturwissenschaftlich-technischen Neuerungen ab, auch politisch durchgesetzt. Karl KAUTSKY, einflußreicher sozialdemokratischer Programmatiker, postulierte 1899 im Zusammenhang mit den Gründungen agrochemischer Institute und landwirtschaftlicher Hochschulen in Universitätsstädten:

> «Die Landwirtschaft in der Großstadt gelehrt! Das ist wohl die drastischste Illustrierung der Tatsache, daß die Landwirtschaft nach allen Richtungen hin in völlige Abhängigkeit von der Stadt geraten ist, daß aus den Städten der Fortschritt der Landwirtschaft kommt.»[4]

Die Tatsache, daß die drohenden Engpässe bei der Stickstoffversorgung vor allem eine Folge unterbrochener Nährstoffkreisläufe waren, wurde kaum noch wahrgenommen. Eine Lösung wurde daher weder in der Mobilisierung innerlandwirtschaftlicher Entwicklungsmöglichkeiten noch in einer Neuordnung des Verhältnisses von Stadt und Land gesucht. Statt dessen wurde einseitig eine industrielle Lösung des Problems angestrebt, die auch die militärischen und industriellen Interessen an einer größeren Verfügbarkeit von Stickstoffverbindungen berücksichtigte. Die Entwicklung eines Verfahrens zur künstlichen Erzeugung von Stickstoffverbindungen wurde zu Beginn unseres Jahrhunderts von der chemischen Industrie als vorrangige Aufgabe im «Ringen des menschlichen Geistes mit der Natur»[5] angesehen.

Voraussetzungen und Motivation, sich dieser Aufgabe zu stellen, waren in Deutschland in besonderem Maß gegeben. Die deutsche chemische Industrie war durch ihre Vorrangstellung auf dem Farbstoffmarkt, auf dem Gebiet neuartiger chemischer Spezialerzeugnisse (Arzneimittel, Kosmetika etc.) und bei der Entwicklung der chemischen Verfahrenstechnik ihren Konkurrenten in anderen Ländern technologisch weit voraus.

Die Motivation, als erster das Stickstoffproblem zu lösen, wurde durch die besondere weltwirtschaftliche Lage Deutschlands um die Jahrhundertwende gefördert. Nach der Reichsgründung und angesichts der weit fortgeschrittenen Industrialisierung behinderte die Abhängigkeit Deutschlands von Rohstoffimporten im Zeitalter des Imperialismus den wirtschaftlichen und politischen Expansionsdrang. Da Deutschland über keine eigenen Kolonien verfügte, war es in seinen Rohstoffimporten von anderen Ländern, vor allem von der führenden Seemacht England, abhängig.

Die einzige unerschöpfliche Quelle für Stickstoffverbindungen ist die Luft, die etwa 80 Prozent Stickstoff enthält. Elementarer Stickstoff ist jedoch außerordentlich reaktionsträge. Weder mit Wasserstoff, mit dem er Ammoniak bildet, noch mit Sauerstoff, mit dem er die für die Salpetersäureherstellung nötigen Stickoxide bildet, ist er einfach zur Reaktion zu bringen. Für die großtechnische Erzeugung von Stickstoffverbindungen mußte jedoch mindestens eine dieser Reaktionen erzwungen werden. Diesem Problem konnten sich zwei Parteien mit besonderer Aussicht auf Erfolg stellen: einerseits die Physikochemiker, die bei der Erforschung der Bedingungen, unter denen chemische Reaktionen ablaufen, schon für die Entwicklung des Kontaktverfahrens zur Schwefelsäureerzeugung wichtige Grundlagenkenntnisse beigesteuert hatten. Andererseits die BASF, die durch die Entwicklung des Kontaktverfahrens praktische Erfahrung mit der Umsetzung großer Gasmengen unter schwierigen Reaktionsbedingungen gewonnen hatte. Die Lösung des Problems erfolgte in enger Zusammenarbeit beider Parteien.

Das Haber-Bosch-Verfahren

Bald nach seiner Ernennung zum ordentlichen Professor für Physikalische Chemie an der Technischen Hochschule in Karlsruhe gelang es Fritz HABER (1868–1934) im Jahr 1908, mit Hilfe eines Osmium-Katalysators eine geringe Menge Ammoniak (NH_3) aus den Elementen Stickstoff und Wasserstoff zu erhalten. Sein Kollege Walter NERNST (1864–1941) untersuchte die gleiche Reaktion im Zusammenhang mit seinen theoretischen Arbeiten über die Druck- und Temperaturabhängigkeit chemischer Reaktionen. Er entdeckte, daß die Reaktion auch bei Anwesenheit eines wirksamen Katalysators bei normalem Druck und den für eine hinreichende Reaktionsgeschwindigkeit erforderlichen hohen Temperaturen nur zu äußerst geringen Ausbeuten führt. Unter diesen Bedingungen zerfällt Ammoniak sehr viel schneller, als es gebildet wird. Die systematische Untersuchung der Abhängigkeit der prozentualen Ausbeute an Ammoniak von Druck und Temperatur ergab, daß erst ab 500 Grad Celsius und bei Drücken oberhalb 100 bar mit einer nennenswerten Ausbeute zu rechnen war. Die Durchführung großtechnischer Verfahren unter hohen Drücken war etwas völlig Neues.

Die entscheidende Idee, wie diese Reaktion dennoch industriell durchgeführt werden könne, entwickelte HABER. Ausgehend von der Erkenntnis, daß das Reaktionsgemisch aus Stickstoff und Wasserstoff bei einmaligem Kontakt mit dem Katalysator unter realisierbaren Bedingungen kaum mehr als zehn Prozent Ammoniak bilden würde, entwickelte er ein Kreislaufverfahren. Er leitete das Stickstoff-Wasserstoff-Gemisch, nachdem es am Katalysator eine gewisse Menge Ammoniak gebildet hatte und diese gebildete Menge aus dem Gasgemisch entfernt worden war, im Kreislauf immer wieder zum Reaktionsgefäß (Kontaktofen) mit dem Katalysator zurück. So mußte er nur die jeweils verbrauchte Menge der Ausgangsstoffe ersetzen und konnte trotz der unzureichenden Ausbeute einer einmaligen Umsetzung insgesamt zu einer nahezu vollständigen Ausnutzung des Stickstoff-Wasserstoff-Gemisches gelangen. Mit dieser Idee hatte HABER das Grundprinzip der Ammoniaksynthese in der heute noch praktizierten Form gefunden. Am 14. September 1909 wurde ihm das Patent auf ein «Verfahren zur Darstellung von Ammoniak aus den Elementen durch Katalyse unter Druck bei erhöhter Temperatur» erteilt.[6] Die wirtschaftlichen Ausbeutung dieser Idee bzw. seines Patentes konnte HABER wegen des erkennbar gewaltigen Entwicklungs- und Kapitalaufwandes, der hierfür noch erforderlich war, nur mit einem finanzstarken und technisch erfahrenen Partner in Angriff nehmen. Nachdem die Mitwirkung Habers, der bereits seit dem März 1908 einen Mitarbeitervertrag mit der BASF hatte, und sein Patent für die BASF gesichert waren, ging man unter der Leitung von Carl Bosch (1874–1940) an die technische Gestaltung der Ammoniaksynthese.

Für eine erfolgreiche Realisierung des Verfahrens galt es, drei zentrale Probleme zu lösen:

1. Für die Erzeugung von reinem Stickstoff und Wasserstoff in großen Mengen mußten neue Techniken entwickelt werden.
2. Es mußte ein wirksamer und preiswerter Katalysator gefunden werden.
3. Für die Reaktion mußte eine völlig neuartige Hochdruckapparatur entwickelt werden.

Für die Erzeugung von Stickstoff und Wasserstoff kamen nur Luft und Wasser als hinreichend billige Rohstoffe in Frage. Beiden Rohstoffen mußte Sauerstoff entzogen werden. Das gelang durch Bindung des Sauerstoffs an Kohle und Entfernen der gebildeten Kohlenoxide. Als Nebenergebnis dieser Entwicklung wurden Kenntnisse und Erfahrungen über das chemische Verhalten von Kohle und Kohlenoxiden gewonnen, die sich als äußerst wichtig für die weitere Entwicklung der chemischen Hochdrucktechnik erweisen sollten. Die Suche nach einem geeigneten *und* preiswerten Katalysator erwies sich als außerordentlich schwieriges und zeit- und kostenintensives Unterfangen. Nach Tausenden von Versuchen mit den unterschiedlichsten Materialien fand Alwin Mittasch (1869–1953) mit seinen Mitarbeitern einen durch bestimmte «Verunreinigungen» aktivierten Eisenkatalysator, der den Ansprüchen genügte.

Die Aufgabe von Carl Bosch, der außer Chemie auch Metallurgie studiert hatte, war die Entwicklung der Hochdruckapparatur. Für den Bau einer Apparatur, in der große Gasmengen sowohl bei hoher Temperatur als auch unter hohem Druck umgesetzt werden sollten, war ein harter, fester und hitzebeständiger Werkstoff erforderlich. Es kam nur ein verhältnismäßig kohlenstoffreicher Stahl in Frage. Es zeigte sich jedoch, daß solche Stähle unter den Reaktionsbedingungen der Ammoniaksynthese sehr schnell spröde wurden und rissen, weil der Wasserstoff mit dem Kohlenstoff im Stahl reagierte. Bosch meisterte diese Schwierigkeit durch die Entwicklung eines Doppelrohrofens mit einem kohlenstoffarmen Innenteil und einem kohlenstoffreicheren Stahlmantel.

Bis zum Jahr 1913 wurde die Tagesleistung eines einzelnen Ofens auf 400 Kilogramm Ammoniak gesteigert. Damit wurde der Übergang zur fabrikmäßigen Produktion möglich. Am 9. September 1913 lief die erste Ammoniaksyntheseanlage der Welt in Oppau bei Ludwigshafen an. Die ersten großtechnischen Hochdruckreaktoren hatten eine Länge von acht Metern und einen Innendurchmesser von 30 Zentimetern. Sie lieferten bis zu fünf Tonnen Ammoniak pro Tag und Reaktor.[7]

Mit der Ammoniaksynthese war ein neuer Typ kontinuierlich arbeitender chemischer Großsynthesen entwickelt worden, der auch neue ökonomische Aspekte beinhaltete. Relativ geringen Rohstoffkosten standen hohe Investitionskosten für die Anlagen gegenüber. Um rentabel arbeiten zu können, mußte eine hohe Auslastung der Anlagen gewährleistet sein. Da zudem bei steigender Anlagengröße die Investitionskosten pro Tonne Produkt bis zu einer bestimmten Größenordnung sinken (economies of scale), verursachte diese neue Technik einen starken Anreiz, durch systematische Lagerhaltung und entsprechende Marketingmethoden eine kontinuierliche Massenproduktion zu sichern. Dieses Charakteristikum der chemischen Großtechnik hat später zusammen mit der Unterbewertung nicht erneuerbarer Rohstoffe zu der «Wegwerfmentalität» der Wirtschaftswundergesellschaft beigetragen. Haber wurde 1918 für seine wissenschaftlichen Leistungen bei der Entwicklung der Ammoniaksynthese der Nobelpreis zuerkannt. Bosch erhielt den Nobelpreis 1931 zusammen mit Friedrich Bergius (1884–1949) für die Entwicklung der chemischen Hochdrucktechnik.

Nutzung der Ammoniaksynthese

Die erste Ammoniakfabrik der BASF in Oppau, drei Kilometer vom Stammwerk in Ludwigshafen entfernt, war für die Weiterverarbeitung des Ammoniaks zu Ammoniumsulfat, also zu Stickstoffdünger, vorgesehen. Der Ausbruch des Ersten Weltkrieges lenkte das Interesse sehr schnell von der Düngemittelproduktion auf die Möglichkeit, aus dem Ammoniak Salpetersäure und damit den Ausgangsstoff für die Sprengstoffproduktion zu erzeugen.

Bereits 1906 hatte Wilhelm Ostwald (1853–1932), Professor für physikalische Chemie in Leipzig, ein Verfahren zur Salpetersäureherstellung durch Ammoniakverbrennung zur Praxisreife entwickelt.

Als die deutsche Heeresleitung im Herbst 1914 nach der verlorenen Marneschlacht erkannte, daß die Vorstellungen von einem «Blitzkrieg» nicht zu realisieren sein würden und vielmehr mit einer langen Kriegsdauer gerechnet werden mußte, wurde den Militärs bewußt, daß die Munitionsversorgung auf der Basis der vorhandenen Salpetervorräte nur für wenige Monate gesichert war. Die Alliierten hatten Deutschland, das die englische Seeherrschaft trotz der ungeheuren Aufwendungen für den Ausbau der Flotte nicht zu überwinden vermochte, von der Zufuhr chilenischen Salpeters weitgehend abgeschnitten. OSTWALD hatte dieses Problem früh erkannt. In einem Zeitungsaufsatz schrieb er schon 1903:

> «Wenn einmal ein Krieg zwischen zwei großen Mächten ausbricht und eine davon in der Lage ist, die Ausfuhr aus den wenigen Häfen Chiles oder, was gleichbedeutend ist, die Einfuhr in andere Häfen zu verhindern, dann kann sie ihren Gegner dadurch kampfunfähig machen, daß sie den Krieg so lange fortsetzt, bis dieser seine Munition verbraucht hat.» [8]

Die Militärs hatten solchen Warnungen jedoch keine Bedeutung beigemessen und standen dem Salpeterproblem ziemlich unvorbereitet gegenüber. Carl DUISBERG schilderte die Situation so:

> Es fehle «der für Pulver und Sprengstoff durchaus unentbehrliche Rohstoff, der nur aus dem Auslande zu beziehende Salpeter. Schon im Herbst 1914 hatte die Sprengstoffindustrie davon nichts mehr. Hätte die chemische Industrie und besonders die Farbenindustrie und daneben die Landwirtschaft nicht große Vorräte an Salpeter gehabt, so wäre der Krieg schon Ende 1914 zu Ende gewesen. Aber auch diese Vorräte der chemischen Industrie und der Landwirtschaft, von denen wiederum das Kriegsministerium keine Ahnung hatte und um die es sich vorher nicht im mindesten gekümmert und bemüht hatte, sie reichten nur bis Mitte 1915, dann waren wir ganz am Schluß, dann waren wir endgültig verloren. Da haben die deutschen Chemiker eingegriffen; sie haben alles darangesetzt, was sie konnten, um diesen frühzeitigen Zusammenbruch zu verhindern.» [9]

Unter dem Vorsitz von Emil FISCHER (1852–1919), einem der angesehensten Chemiker seiner Zeit, Nobelpreisträger, Professor an der Berliner Universität und Geheimrat, beschäftigten sich verschiedene Regierungskommissionen mit der «Rohstofffrage». HABER, seit 1911 Direktor des Instituts für physikalische Chemie und Elektrochemie der neu gegründeten Kaiser-Wilhelm-Gesellschaft in Berlin, wurde Leiter der chemischen Abteilung des Kriegsministeriums. Es zeigte sich bald, daß auch die Nutzbarmachung der Salpeterreserven der chemischen Industrie und der Düngemittelproduzenten sowie die Nutzung des Ammoniaks der Kokereien und der Ammoniaksyntheseanlage der BASF in Oppau zur Salpetersäuregewinnung nicht ausreichten. Zu einem jährlichen Stickstoffbedarf von etwa 200000 Tonnen für Düngemittel kam im Verlauf des Krieges ein etwa gleich hoher militärischer Bedarf hinzu. Da das Eigenaufkommen durch Kokereiammoniak, Ammoniaksynthese und anderes (Kalkstickstoff, Luftverbrennung) zu Beginn des Krieges nur bei etwa 90000 Tonnen Stickstoff jährlich lag, wurde der Bau einer großen Ammoniaksyntheseanlage mit anschließender Salpetersäureerzeugung geplant. Am 19. Mai 1916 begann in der Nähe des Dorfes Leuna bei Merseburg der Bau einer Anlage, deren erste Ausbaustufe auf 30000 Jahrestonnen Stickstoff festgelegt war. Die Wahl des Standortes war einerseits wegen der reichen Braunkohlevorkommen in unmittelbarer Nachbarschaft und andererseits aufgrund der gegenüber Flugangriffen sicheren Lage – die Reichweite der Kampfflugzeuge war damals nicht groß – getroffen worden. Schon während des ersten Bauabschnitts wurden die Pläne auf eine Jahresleistung von 130000 Tonnen Stickstoff erweitert und die Bauarbeiten entsprechend ausgedehnt. Mitte 1918 sollte die Kapazität sogar auf 200000 Jahrestonnen erhöht werden.[10] Dazu kam es während des Krieges nicht mehr. Der Aufbau der Leuna-Werke wurde unter der Leitung von Carl Bosch mit äußerster Intensität vorangetrieben. Baumaterial und Ausrüstungen standen auf Weisung der Obersten Heeresleitung bevorzugt zur Verfügung. Unter denkbar schlechten Bedingungen arbeiteten bis zu 9000 Arbeitskräfte 12 Stunden täglich an der Errichtung des Werkes. Im September 1917 kam es zu Streiks der Leuna-Arbeiter gegen die unzumutbaren Arbeitsbedingungen und zu Demonstrationen gegen den Krieg in Merseburg.[11] Die Größenordnung der Syntheseanlagen in Leuna wird bei Betrachtung des finanziellen Aufwandes, der hierfür erforderlich war, deutlich. Die BASF hatte bis zum Kriegsausbruch 50 Mio. Mark für die Entwicklung und den Aufbau der Ammoniaksynthese ausgegeben. Die Investitionen für die Anlagen in Leuna erreichten bis zum 1. Januar 1919 eine Höhe von 465 Mio. Mark, von denen 232 Mio. durch Reichsdarlehen für die beiden ersten Ausbaustufen und weitere 85 Mio. Mark durch bereits ausgezahlte Baukostenerstattung für die dritte Ausbaustufe gedeckt waren. Weitere 190 Mio. Mark hatte die seit 1916 in der Interessengemeinschaft der deutschen Farbenfabriken (I.G.) zusammengeschlossene Teerfarbenindustrie in Form von I.G.-Darlehen aufgebracht. Für die Fertigstellung der Anlagen erwartete die I.G. 1919 weitere Kosten in Höhe von 450 Mio. Mark, eine Summe, die das Kapital aller I.G.-Firmen überstieg.[12] Die von der Reichsregierung gewährten Darlehen wurden im Jahr 1923, zur Zeit der Inflation, in wertlosem Papiergeld zurückgezahlt.

Das Ammoniak der Leuna-Werke diente während des Krieges vor allem der Gewinnung von Salpetersäure für die Sprengstoffindustrie. Erst nach dem Krieg, der der deutschen Bevölkerung schlimme Hungerjahre gebracht hatte, wurde die Ammoniaksynthese in großem Umfang für die Gewinnung von Stickstoffdüngemitteln genutzt. Nach dem Krieg verfügten die BASF bzw. ab 1925 der I.G.-Farben-Konzern über Produktionskapazitäten, mit denen sie den deutschen Stickstoffmarkt dominierten und auch auf dem Weltstickstoffmarkt eine führende Rolle einnahmen. Der Traum von einem Weltstickstoffmonopol mußte infolge des verlorenen Krieges allerdings aufgegeben werden. Schon während des Krieges begann in den anderen Industrieländern der Aufbau eigener Ammoniaksyntheseanlagen. Die Kapazitäten der deutschen Anlagen wurden weiter zügig ausgebaut. 1927 lagen die Stickstoffkapazitäten der I.G. bereits bei 546000 Tonnen pro Jahr. Der Exportanteil an dem Düngemittelabsatz stieg in den zwanziger Jahren stark an. 1928 wurden knapp 52 Prozent des Düngemittelabsatzes der I.G. exportiert.[13] Die Umsatzrendite der I.G. im Stickstoffgeschäft erreichte 1928 einen Wert von 28,7 Prozent. Mit einem Anteil am Gesamtumsatz der I.G. von knapp 43 Prozent im Jahr 1926 und einem Gewinnanteil von sogar 81 Prozent im gleichen Jahr war das Stickstoffgeschäft der wichtigste Bereich bei der Gründung des I.G.-Farben-Konzerns. In dieser Zeit erreichte die I.G. den Höhepunkt ihrer Stellung auf dem Weltstickstoffmarkt.

Von da an ging der deutsche Anteil, bedingt durch zunehmende Stickstoffautarkie der übrigen Industrieländer, wachsende Überkapazitäten und konjunkturelle Einbrüche der Weltagrarwirtschaft, ständig zurück. Der Ausbau der Kapazitäten der I.G. auf 803700 Tonnen bis 1929 erwies sich als wirtschaftliche Fehlentscheidung. 1930 konnten die Kapazitäten nur noch zu 41,4 Prozent ausgelastet werden, 1931 sogar nur noch zu 27 Prozent. Dadurch sanken die Gewinne der I.G. rapide und verwandelten sich 1931/32 in schwere Verluste.[14] Die Weltwirtschaftskrise war für die I.G. vor allem eine Stickstoffkrise.

Von 1933 an wurden wieder Gewinne erzielt, wobei in den Jahren vor Beginn des Zweiten Weltkrieges erneut Umsatzrenditen von mehr als 20 Prozent erzielt wurden. Von 1933 bis 1939 verdoppelte die I.G. ihre jährliche Stickstoffproduktion wieder auf knapp 600000 Tonnen. Deutschland steigerte seine Produktion einschließlich Kalkstickstoff und Nebenproduktammoniak in dieser Zeit auf über eine Million Jahrestonnen und etwa ein Drittel der Weltproduktion. Die in den zwanziger Jahren aufgebauten Überkapazitäten reichten auch aus, den militärischen Stickstoffbedarf für den Zweiten Weltkrieg zu decken. Anders als im Ersten Weltkrieg gab es keine «Salpeterkrise», die dem Massensterben des bevorstehenden Krieges hätte Grenzen setzen können.

Stickstoff heute

Nach dem Zweiten Weltkrieg stieg die Weltstickstoffproduktion steil an. 1954/55 wurden mehr als sieben Millionen Tonnen erzeugt.[15] 1970 lagen die Weltkapazitäten für Ammoniak bereits bei 60 und 1982 bei 120 Millionen Tonnen.[16] Ursache für diese enormen Steigerungsraten war vor allem der wachsende Düngemittelabsatz, der mit der weltweiten Durchsetzung der Chemisierung und Industrialisierung der Landwirtschaft («Grüne Revolution») einherging. Die Weltproduktion an Stickstoffdünger betrug 1982/83 über 60 Millionen Tonnen (Stickstoffgehalt). Die größten Produzenten sind heute die UdSSR, China und die USA mit jeweils ungefähr zehn Millionen Tonnen Stickstoffdüngemitteln pro Jahr.

Für Düngemittel werden heute weltweit etwa drei Viertel der produzierten Salpetersäure verbraucht. Das restliche Viertel geht zu annähernd gleichen Teilen in die Sprengstoffproduktion und in die chemische Industrie, wo Ammoniak und Salpetersäure wichtige Grundstoffe für die Produktion von Farben, Fasern, Kunststoffen, Arzneimitteln und vielen weiteren chemischen Spezialprodukten sind.

In der Bundesrepublik werden Ammoniak und Salpetersäure heute von den großen Chemiekonzernen und, da die Synthesegasgewinnung heute nicht mehr mit Hilfe von Kohle, sondern auf der Basis von Erdgas oder Erdölprodukten erfolgt, von den großen petrochemischen Werken erzeugt. Die größte Produktionskapazität in der Bundesrepublik hat auch heute noch die BASF in Ludwigshafen. Mehrere große Ammoniaksyntheseanlagen gehören zum VEBA-Konzern.

Weltweit verlagert sich die Stickstoffproduktion zunehmend in Länder der dritten Welt, vor allem solche, die über reiche Erdgas- oder Ölvorkommen verfügen.

Der gestörte globale Stickstoffkreislauf

Obwohl die Atmosphäre zu etwa 80 Prozent aus Stickstoff besteht, ist der pflanzenverfügbare chemisch gebundene Stickstoff während der Evolution in der terrestrischen Biosphäre stets knapp gewesen. Daher herrschte ein starker und andauernder Selektionsdruck in Richtung Einsparung und Recycling. Die Natur hat im Verlauf der Evolution auf diese Rahmenbedingungen mit der Etablierung eines ausgewogenen Stickstoffkreislaufs reagiert.[17]

Wenn auch die Stickstoffdüngung in Form des Einsatzes von Chilesalpeter und Guano bereits seit den 1840er Jahren verbreitet, die Ammoniaksynthese vor mehr als 75 Jahren in die industrielle Praxis eingeführt wurde, so sind die globalen Störungen des Stickstoffkreislaufs doch erst ein Ergebnis der Entwicklung nach dem Zweiten Weltkrieg. Die pro Flächeneinheit ausgebrachten Mengen künstlichen Stickstoffdüngers erreichten bis zum Zweiten Weltkrieg erst etwa ein Fünftel der heute eingesetzten Mengen (ca. 25 zu 130 kg N/ha und Jahr).[18] Auch die Anreicherung der Atmosphäre mit Stickoxiden, die bei Verbrennungsprozessen entstehen, hat erst mit dem exzessiv steigenden Energieverbrauch nach dem Zweiten Weltkrieg die heutigen bedrohlichen Dimensionen erreicht.

In der Landwirtschaft werden so hohe Mengen an Stickstoffdünger eingesetzt, daß es zur Verfrachtung von Nitrat in Flüsse, Seen und Meere kommt, das Nitrat vor allem aber in das Grundwasser eindringt. Die Gesamtmenge an Stickstoff, die in der Landwirtschaft der (alten) Bundesrepublik jährlich in Form von mineralischem und wirtschaftseigenem Dünger ausgebracht wird, liegt in der Größenordnung von über zwei Millionen Tonnen. Eine wichtige Quelle für die örtliche Belastung von Gewässern mit Stickstoff (Ammoniak und Nitrat) sind die menschlichen Exkremente. In der Bundesrepublik gelangen jährlich etwa 245 000 Tonnen über Haushaltsabwässer in das Abwasser.[19]

Der Ausnutzungsgrad des in Form von Düngemitteln und Importfuttermitteln in die Landwirtschaft eingebrachten Stickstoffs liegt in der Bundesrepublik insgesamt bei lediglich 23 Prozent. Vor allem die Massentierhaltung führt zu einer geringen Stickstoffeffizienz und hohen Stickstoffemissionen, vor allem in Form von Ammoniak. Von den 218 kg Stickstoff (Kunst- und Naturdünger zusammen genommen), die 1986 durchschnittlich pro Hektar zugeführt wurden, verließen nur 51 kg in Form tierischer und pflanzlicher Verkaufsprodukte den landwirtschaftlichen Bereich.

Von diesen 51 kg Stickstoff ging auf dem Weg zum Verbraucher noch einmal etwa die Hälfte vor allem durch Verarbeitungsverluste verloren. In den Haushalten gibt es dann weitere Verluste durch Verarbeitung oder Verderb, so daß von den ursprünglich aufgewendeten 218 kg/ha und Jahr nur 21 kg/ha.a mit den Nahrungsmitteln aufgenommen werden. Insgesamt also ist in den Nahrungsmitteln, die schließlich verzehrt werden, nur knapp ein Zehntel der in der bundesdeutschen Landwirtschaft eingesetzten Stickstoffmenge enthalten.

Auch die Ernährungsgewohnheiten – zu proteinreiche und ballaststoffarme Kost – tragen zur Überfrachtung der Nährstoffkreisläufe erheblich bei. Zu einer vollwertigen Ernährung würden zwei Drittel der derzeitigen Stickstoffzufuhr vollauf genügen.

Die von der Bevölkerung aufgenommenen Nährstoffe werden nahezu vollständig wieder ausgeschieden, daher entspricht diese Menge in etwa der, die an die kommunale Abwasserwirtschaft abgegeben wird.

Die über den Nahrungsmittelkonsum in das Abwasser gelangenden Stickstoffmengen werden derzeit dem Nährstoffkreislauf nicht wieder zugeführt, sondern mit den Klärwerksabflüssen in die Fließgewässer und letztlich in die Meere eingeleitet.

Die durch Überdüngung verursachten hohen Stickstoffüberschüsse können im Boden nur sehr begrenzt gespeichert werden, daher werden überschüssige Stickstoffverbindungen durch Denitrifikation (mikrobielle Umwandlung chemisch gebundenen Stickstoffs in Stickoxide und atmosphärischen Stickstoff) und Auswaschung abgegeben. Das Verhältnis von Denitrifikation und Auswaschung ist stark von der Bodenbeschaffenheit (Humusgehalt, Bodenbedeckung etc.) und der Art der Stickstoffzufuhr (Düngung) abhängig. Mineralische Düngung und Gülle erhöhen im Gegensatz zur Stallmistdüngung die Gefahr der Auswaschung.[20]. Besonders hohe Auswaschungsraten ergeben sich beim Anbau von Zuckerrüben und Mais, wo hohe Stickstoffdüngergaben mit geringer Bodenbedeckung zusammenfallen. Da Mais als Futterpflanze dient und zugleich hohe Stickstoffgaben verträgt, dienen Maisfelder in der Nähe industrieller Großmästereien oft als Gülleentsorgungsflächen.[21] Die Auswaschung chemisch gebundenen Stickstoffs in Form von Ammonium und Nitrat findet einerseits in das Grundwasser statt, andererseits – verbunden mit Bodenerosion – in die Oberflächengewässer.

Zu der Belastung der Gewässer durch Nitratauswaschungen und Abwässer kommt die Belastung der Atmosphäre. Aus der Landwirtschaft gelangen in der Bundesrepublik jährlich etwa 550000 Tonnen als Ammoniak, von denen 90 Prozent aus der Viehhaltung stammen, in die Atmosphäre. Im Vergleich: Aus der Energiewirtschaft (Verkehr, Unternehmen, Haushalte) gelangen derzeit etwa 880000 Tonnen Stickstoff als Stickoxide in die Luft.[22] An diesen Emissionen hat der Kraftfahrzeugverkehr mit etwa 54 Prozent den größten Anteil.[23]

Der empfindliche Kreislauf des Stickstoffs in der Natur wird durch die Emissionen von Stickstoffoxiden aus der Energiewirtschaft und Ammoniak aus der industriellen Tierhaltung, den Eintrag von Stickstoffverbindungen mit dem Abwasser in die Oberflächengewässer sowie die Auswaschung von Nitraten aus landwirtschaftlich genutzten Böden in Grund- und Oberflächenwässer wesentlich gestört. Die Umwelt- und Gesundheitsprobleme, die sich hieraus ergeben, sind erst ansatzweise zu erkennen. Sechs Problembereiche sind derzeit in der Diskussion:

1. Die Überfrachtung mit Nitrat führt zu einer Degeneration der Böden, die durch die Zerstörung chemischer Strukturen und biologischer Funktionen bewirkt wird. Dadurch wird unter anderem auch das Bindungsvermögen der Böden für Stickstoff zerstört.
2. Durch biologische Oxidation ursprünglich reduzierter Böden und Grundwasserleiter mit dem im Nitrat gebundenen Sauerstoff kommt es zu deren Entstabilisierung. In ehemals anaeroben (sauerstoffarmen) Bereichen können unlösliche Schwermetallsulfide zu löslichen Schwermetallsulfaten oxidiert werden. Die Schwermetalle werden so mobilisiert und können in das Trinkwasser gelangen.
3. Die Nitratbelastung von Grund- und Oberflächenwasser und damit auch des Trinkwassers gefährdet die menschliche Gesundheit.
4. Natürliche Magerstandorte, d. h. von Natur aus nährstoffarme Standorte, sind durch den atmosphärischen Eintrag chemisch gebundenen Stickstoffs in ihrem Bestand gefährdet.
5. Durch Ammoniakemissionen aus der Landwirtschaft kommt es zu Vergiftungserscheinungen bei Pflanzen, insbesondere Nadelhölzern, dem «Ammoniumtoxizitäts-Syndrom».
6. Stickoxide tragen erheblich zur Luftverschmutzung bei. Bei der Denitrifikation aus überdüngten Böden wird Distickstoffmonoxid (Lachgas) freigesetzt. Lachgas leistet einen wesentlichen Beitrag zum Treibhauseffekt und ist wahrscheinlich am Abbau der stratosphärischen Ozonschicht beteiligt.[24] Die höheren Stickoxide, die vor allem aus Verbrennungsprozessen stammen, sind ein Hauptverursacher des «sauren Regens».

Die ständig steigende Konzentration von Nitraten in Grund- und Oberflächenwässern gefährdet vor allem die Trinkwasserversorgung. Eine übermäßige Belastung von Wasser und Lebensmitteln, vor allem Gemüse, mit Nitraten bedeutet eine Gefährdung der menschlichen Gesundheit. Nitrate können in ungekühlten Speisen und Nahrungsmitteln nach deren Zubereitung bakteriell in Nitrite umgewandelt werden. Nitrite sind giftig und behindern den Sauerstofftransport des Blutes. Die Folge sind Übelkeit, Magenbeschwerden und Atemnot. Gefährdet sind insbesondere Säuglinge, denen bestimmte biochemische Schutzmechanismen fehlen. Dadurch kann eine übermäßige Nitrat- bzw. Nitritbelastung eine Sauerstoffunterversorgung (Methämoglobinämie, Blausucht) bewirken, die zum Tod führen kann. In Gegenden mit besonders hoher Nitratbelastung des Trinkwassers (> 50 mg/l) muß deshalb von den Gesundheitsämtern für die Zubereitung von Babynahrung Mineralwasser ausgegeben werden.

Zudem können Nitrate durch ihre Reaktion mit bestimmten Nahrungsmittelbestandteilen («Aminen») zur Bildung von Nitrosaminen im Magen-Darm-Trakt des Menschen führen. Nitrosamine zählen zu den stark krebserregenden Stoffen. Der von der EG auf 50 mg/l festgelegte Höchstwert für Nitrate im Trinkwasser wird von einer zunehmenden Zahl von Brunnen in allen EG-Ländern überschritten. Der über das Trinkwasser aufgenommene Anteil kann beim Erwachsenen bis zu 50 Prozent der gesamten Nitrataufnahme ausmachen, bei Säuglingen sogar bis zu 100 Prozent.

Die EG-Kommission hat im Dezember 1988 einen Vorschlag für eine Richtlinie «über Maßnahmen der Gemeinschaft zum Schutz von Süß-, Küsten- und Meerwasser vor der Verunreinigung durch Nitrate aus diffusen Quellen» vorgelegt. [25] In diesem Entwurf wird die Reduzierung der Nitratbelastung durch Landwirtschaft und Haushaltsabwässer als dringende Aufgabe zur Sicherung der Trinkwasserversorgung und zur ökologischen Rettung der Gewässer bezeichnet. Dabei wird auch auf die Forderungen der Nordseeschutzkonferenz verwiesen, die eine Reduzierung des Stickstoffeintrags in die Nordsee einschließen. Die Zusammensetzung und der Gesamtgehalt des Algenplanktons in der Nordsee haben sich durch den seit Jahrzehnten stattfindenden übermäßigen Nährstoffeintrag verändert. Die ursprünglich durch das steigende Phosphatangebot verursachte Eutrophierung der Meere wird durch das Überangebot an Stickstoff verstärkt.

Der flächendeckende Eintrag chemisch gebundenen Stickstoffs in einer

Größenordnung von jährlich etwa 30 kg N/ha aus der Atmosphäre hat besonders auf Ökosysteme mit extremen Standortbedingungen, zu denen ein geringes Stickstoffangebot gehört, nachhaltige Auswirkungen. Pflanzen, die an extrem nährstoffarme Moore oder Trockenrasen angepaßt sind, werden zunehmend durch Arten verdrängt, die hinsichtlich des Nährstoffangebots stärker an mittlere und gute Standortbedingungen angepaßt sind. Mit den betroffenen Pflanzenarten sterben auch die ihnen vergesellschafteten Tierarten aus.[26]

Anfang der 80er Jahre wurden in Flachlandgebieten neuartige Formen von Waldschäden beobachtet, die sich von den hauptsächlich in Mittelgebirgsregionen auftretenden «klassischen», durch sauren Regen verursachten Waldschäden unterschieden. Betroffen waren beispielsweise Douglasien- und Fichtenbestände in küstennahen Waldgebieten zwischen den Unterläufen von Weser und Elbe. Untersuchungen der Belastung dieser Wälder durch Luftschadstoffe zeigten eine außerordentlich hohe Zufuhr von Ammonium in diese Wälder, die durch Betriebe mit industrieller Massentierhaltung verursacht wurden.[27] Waldschäden aufgrund einer starken Belastung mit Ammonium aus der Massentierhaltung wurden auch in den Niederlanden und der ehemaligen DDR beobachtet. Pflanzenphysiologische Arbeiten zeigen inzwischen, daß ein überhöhtes Angebot an chemisch gebundenem Stickstoff in Form von Ammonium zu schweren, den ganzen Pflanzenorganismus ergreifenden physiologischen Veränderungen führt (Ammoniumtoxizitäts-Syndrom). Die großflächige Vergiftung von Biotopen mit Ammonium aus der Massentierhaltung, die Extremwerte von über 80 kg N/ha und Jahr erreicht, gehört neben der Nitratbelastung zu den gravierenden Umweltproblemen, die aus einer Überforderung des Stickstoffkreislaufs entstanden sind.[28]

Stickoxide sind als Luftschadstoffe sowohl für Pflanzen als auch für Menschen und Tiere schädlich. Sie sind (neben dem Schwefeldioxid) eine wesentliche Ursache für den sauren Regen und haben damit erheblichen Anteil an der «klassischen» Form des Waldsterbens. Auch für die Zunahme von Atemwegserkrankungen in besonders belasteten Gebieten sind sie mit verantwortlich. Stickoxide spielen eine besondere Rolle bei der Bildung von Photooxidantien. Sie können in der Luft unter der Einwirkung intensiver Sonnenstrahlung mit Kohlenwasserstoffen reagieren, die vor allem den Auspuffen der Autos in großen Mengen entströmen. Dabei entstehen unter anderem hochtoxische Verbindungen wie Ozon, Peroxyacetylnitrat und Salpetersäure. Bei hohen Konzentrationen derartiger Photooxidantien kommt es zu charakteristischen Sichttrübungen, dem gefürchteten sogenannten «photochemischen Smog» («Los-Angeles-Smog»).

Die seit Jahren deutlich erkennbaren Gefahren für die menschliche Gesundheit und die natürliche Umwelt durch die tiefgreifenden Störungen des Stickstoffkreislaufs haben weder in der Landwirtschafts- noch in der Industriepolitik bisher zu nennenswerten Reaktionen geführt. Die gesetzgeberischen Aktivitäten hinsichtlich der Gefährdung der Wasserversorgung beschränken sich bisher darauf, den Vollzug des Grenzwertes für Nitrat im Trinkwasser nach der EG-Richtlinie durch Aufnahme in die Trinkwasserverordnung sicherzustellen. Novellierungsansätze im Wasserhaushaltsgesetz mit dem Ziel einer Sanierung nitratbelasteter Grundwasserströme sind gescheitert. Der entsprechende Paragraph des Wasserhaushaltsgesetzes (§ 19) enthält statt dessen eine neue Landwirtschaftsklausel: Bei Eingriffen in die bisherige landwirtschaftliche Praxis (die im offiziellen Sprachgebrauch skurrilerweise «gute landwirtschaftliche Praxis» genannt wird) aus Gründen des Grundwasserschutzes entsteht eine Entschädigungspflicht gegenüber dem bisher «gut» landwirtschaftlich Praktizierenden.[29] Eine makabre Umkehrung des Verursacherprinzips zu Lasten der Allgemeinheit beziehungsweise des Trinkwasserverbrauchers! Dabei würde eine drastische Reduzierung des Einsatzes mineralischer Stickstoffdüngemittel nur zu geringen, angesichts der landwirtschaftlichen Überproduktion volkswirtschaftlich leicht zu akzeptierenden Ertragseinbußen führen. Nach dänischen Berechnungen würde die Halbierung des Aufwandes an Stickstoffkunstdünger nur eine geringfügige Ertragsminderung um wenige Prozent verursachen.[30]

Die gleiche Unfähigkeit oder mangelnde Bereitschaft der offiziellen Umweltpolitik, Umweltprobleme durch strikte Anwendung des Verursacherprinzips und ernsthafte Vorsorge anzugehen, zeigt sich im Bereich der Belastung der Atmosphäre durch Stickoxide. Ansätze, die Emissionen durch den Hauptverursacher, den Kraftverkehr, zu verringern, sind mit der Einführung des Katalysators steckengeblieben. Wirkungsvolle Sofortmaßnahmen wie Geschwindigkeitsbegrenzungen sind bisher ebenso an der Unentschlossenheit der Politiker und dem Widerstand der Autolobby gescheitert wie langfristige Konzepte für eine umweltverträgliche Gestaltung des Verkehrs. Der Ausstoß von Stickoxiden durch PKWs ist auch im Jahr 1986 in der Bundesrepublik noch weiter angestiegen. Einer weit hinter den Erwartungen zurückgebliebenen Anzahl von «Katalysatorautos» stand eine zunehmende Gesamtfahrleistung mit besonders hohem Anteil schnell und damit besonders emissionsträchtig gefahrener Autobahnkilometer gegenüber.[31] Der nach dem Anschluß der neuen Bundesländer erneut einsetzende Autoboom läßt für die Zukunft hier erst recht keine Umkehr erwarten.

Die Untätigkeit der offiziellen Umweltpolitik hinsichtlich der dramatischen Störungen des natürlichen Stickstoffkreislaufs steht in katastrophalem Kontrast zu der Tatsache, daß die bisher sichtbaren Schäden mit hoher Wahrscheinlichkeit erst einen Teil der bereits verursachten Schäden ausmachen. Da die aus landwirtschaftlich genutzten Böden ausgewaschenen Nitrate sehr lange Zeit brauchen, bis sie in die Grundwasserleiter gelangen, wird ein Anstieg der Nitratkonzentrationen im Grundwasser auch nach einer drastischen Reduzierung der Stickstoffzufuhr über Jahre anhalten.

Auch die Reaktion eines Ökosystems auf eine Veränderung wichtiger Ökofaktoren erfolgt nicht sofort, sondern um Jahre verzögert. Die Entstabilisierung des Ökosystems Nordsee, die sich heute in der Form von Algenblüten und Fischsterben zeigt, wird als Folge eines Nährstoffüberangebots angesehen, das bereits in den sechziger Jahren ein kritisches Niveau erreicht hatte.[32] Auch bei einer drastischen Verringerung der Nährstoffzufuhr in Nord- und Ostsee wäre zunächst mit einer weiteren Verschärfung oder zumindest mit einem längeren Anhalten der bisher beobachteten Störungen zu rechnen.

Die an der 2. Internationalen Nordseeschutzkonferenz 1987 beteiligten Staaten konnten sich immerhin auf das Ziel einer Halbierung der Einträge von Nähr- und Schadstoffen in Nord- und Ostsee bis 1995 verständigen. An der Realisierbarkeit dieses Beschlusses hinsichtlich einer Halbierung der Stickstoffeinträge unter den derzeitigen Rahmenbedingungen bestehen allerdings erhebliche Zweifel.[33]

Eine wirkliche Sanierung des gestörten Stickstoffkreislaufs kann nur erreicht werden, wenn gleichzeitig verschiedene Lösungsansätze in unterschiedlichen Bereichen konsequent verfolgt werden:

1. Landwirtschaft: Reduzierung der Mineraldüngung, Integration von Tier- und Pflanzenproduktion, Einhaltung maximaler Viehbesatzdichten, effektiverer Futtermitteleinsatz (Verwendung wirtschaftseigener Futtermittel, Ersatz des Kraftfutters durch tierartgerechtes Grundfutter, Verzicht auf Importfuttermittel), Umstellung von der Güllewirtschaft auf die verlustärmere Tiefstallmistwirtschaft.

2. Nahrungsmittelindustrie und -gewerbe: Verzicht auf verlustreiche Verarbeitungsstufen, Steigerung des Frischverbrauchs.
3. Hauswirtschaft/Humanernährung: Übergang zu einer bedarfsgerechten und damit auch gesünderen Ernährung, insbesondere Abbau der Überernährung mit tierischem Eiweiß, Einsatz von hochwertigem pflanzlichen Eiweiß direkt in der Humanernährung statt der Verwendung als Futtermittel.
4. Abwasserwirtschaft: Abwasserreinigung mit Stickstoff- und Phosphorassimilation und möglichst vollständiger Rückführung des Klärschlammes in die Landwirtschaft. Hierzu ist Voraussetzung, daß die Belastung der Abwässer mit (öko)toxischen Haushalts- und Gewerbechemikalien durch entsprechende Maßnahmen ausreichend reduziert bzw. verhindert wird.
5. Diese den Bereich Landwirtschaft/Ernährung/Abwasser betreffenden Maßnahmen müssen durch Maßnahmen zur Verringerung der Stickstoffemissionen in den Bereichen Energie und Verkehr ergänzt werden.[34]

Diese Auflistung, die übrigens nicht aus einem Programm der Grünen oder eines Umweltschutzverbandes stammt, sondern sich auf eine Veröffentlichung der Landwirtschaftlichen Versuchsstation der BASF stützt, zeigt beispielhaft, daß zur Sicherung der Lebensgrundlagen unabdingbare Umweltqualitätsziele nicht durch umweltpolitische Einzelmaßnahmen erreicht werden können, sondern einen umfassenden sozialökologischen Umbau der Industriegesellschaft erfordern.

Grundstoff Giftgas: Die Chlorchemie

Während sich die Expansion der Stickstoffchemie ökologisch vor allem quantitativ in Form der Überfrachtung des biogeochemischen Stickstoffkreislaufs bemerkbar gemacht hat, ist die Entwicklung der Chlorchemie ökologisch vor allem durch das Auftreten qualitativ neuer Umweltschadstoffe charakterisiert.

Mit dem Chlor trat ein aggressiver Giftstoff massenhaft in die stoffliche Produktion ein. In der Natur kommen elementares Chlor und die meisten heute produzierten oder als Nebenprodukte entstehenden organischen Chlorverbindungen nicht oder nur in Sonderfällen vor. Als Kuppelprodukt der Natronlaugeerzeugung durch die Chlor-Alkali-Elektrolyse fiel Chlor in so großen Mengen an, daß immer neue Verwendungsgebiete gesucht und gefunden wurden. Die Folge der ausufernden Chlorchemie sind Belastungen von Mensch und Natur, die selbst in evolutionären Maßstäben gesehen qualitativ und quantitativ neue Größenordnungen darstellen.

Die Chlor-Alkali-Elektrolyse

Bei der Suche nach verkaufsfähigen Verwendungsmöglichkeiten für die bei der Sodaproduktion anfallende Salzsäure wurde deren chemische Umwandlung in Chlorgas (Weldon- und Deacon-Verfahren) entwickelt. Chlor fand zunächst vor allem in Form von Chlorkalk als Bleich- und Desinfektionsmittel Verwendung. Die Teerfarbenindustrie verwendete Chlor zunehmend für die Herstellung chemischer Zwischenprodukte. Mit der Elektrotechnik und -industrie war Ende des vorigen Jahrhunderts die Möglichkeit neuer elektrochemischer Verfahren entstanden. Bei der Elektrolyse einer Steinsalzlösung (Chlor-Alkali-Elektrolyse) entstehen Chlor, Natronlauge und Wasserstoff. Während früher Natronlauge über das Zwischenprodukt Soda gewonnen wurde und Chlor durch Verarbeitung des Nebenproduktes Salzsäure hergestellt wurde, lieferte die Elektrolyse beide Chemikalien unmittelbar aus dem

Rohstoff Steinsalz. Die Elektrolyseprodukte werden in naturgesetzlich bestimmten, konstanten Mengenverhältnissen gebildet. Es handelt sich um sogenannte Kuppelprodukte. Bei der Herstellung von einer Tonne Chlor werden 1,13 Tonnen Natronlauge und 0,028 Tonnen Wasserstoff miterzeugt.

1890 wurde in der Chemischen Fabrik Griesheim, die mit drei weiteren Sodafabriken ein Konsortium gebildet hatte, der Fabrikationsbetrieb mit einer Tagesproduktion von 1,5 Tonnen Ätzkali und 2,5 Tonnen Chlorkalk aufgenommen. Die Betriebsergebnisse entsprachen den Erwartungen, und das Konsortium entschloß sich 1892 zur Gründung einer gemeinsamen Firma, der Chemischen Fabrik Elektron AG in Griesheim. [1]

Der Aufbau größerer Anlagen erfolgte an Standorten mit günstiger Energieversorgung in Bitterfeld, am Rande des mitteldeutschen Braunkohlereviers, und in Rheinfelden, wo billige Wasserkraft zur Verfügung stand. Die Werke der chemischen Fabrik Griesheim-Elektron sind heute Bestandteil der Hoechst AG.

Während in Deutschland die Griesheimer die Entwicklung der Chlor-Alkali-Elektrolyse beherrschten, entwickelte der belgische Solvay-Konzern ein eigenes Elektrolyseverfahren. Mit diesem Verfahren gewann Solvay bestimmenden Einfluß auf Englands elektrochemische Industrie. In den USA widmete sich unter anderen die Dow Chemical Co., die 1892 in Midland (Michigan) als Aufbereitungswerk für Salzsolen gegründet worden war, der elektrolytischen Gewinnung von Chlor und Natronlauge. [2]

Die Entwicklung der Chlor-Alkali-Elektrolyse war mit dem Auftreten schwerer Vergiftungsfälle, der sogenannten «Chlorakne», verbunden:

> «Bei Arbeitern, welche sich lange in Räumen, in welchen Chlor auf elektrolytischem Wege gewonnen wurde, aufhielten, trat eine Erkrankung auf, die sich durch das Auftreten zahlloser Knoten auf dem ganzen Körper sowie Husten, Auswurf, Schlaf- und Appetitlosigkeit und Schwindelanfällen äußerte.» [3]

Heute wissen wir, daß diese Arbeiter einer Dioxinvergiftung zum Opfer gefallen waren. Das bei der Elektrolyse gebildete Chlor hatte mit Bestandteilen der aus Koks und Teer hergestellten Elektroden zu Dioxinen und verwandten aromatischen Chlorkohlenwasserstoffen reagiert.

Da das in Deutschland seit Einführung der Chlor-Alkali-Elektrolyse bis heute vorherrschende Amalgamverfahren mit Quecksilber arbeitet, war die Chlorerzeugung lange Zeit ein Hauptverursacher von Quecksilberemissionen. Auf dem Gebiet der (alten) Bundesrepublik war vor allem der Rhein stark betroffen. Während die direkten Emissionen von Quecksilber in Abwasser, Abluft oder Produkte durch die Einführung von Rückhaltetechniken drastisch gesenkt werden konnten, fallen heute in großen Mengen quecksilberkontaminierte Abfälle an. Darunter sind vor allem Bariumsulfatschlämme aus der Solereinigung, die in Sondermülldeponien abgelagert werden müssen, und Aktivkohle aus der Abluftreinigung zu nennen. Seitdem die einzige bundesdeutsche Aufarbeitungsanlage 1986 wegen skandalöser Quecksilberbelastungen benachbarter Stadtteile geschlossen werden mußte, wird die verbrauchte Aktivkohle bei den Chlorerzeugern zwischengelagert, bis eine Entsorgungsmöglichkeit zur Verfügung steht.[4]

Die Chloranlagen in der ehemaligen DDR verursachten bis zu den umfangreichen Betriebsstillegungen 1990 hohe Quecksilberbelastungen, die über die Elbe auch Hamburg und die Nordsee erreichten. Allein die Buna-Werke in Schkopau haben noch 1989 über das Abwasser 7,8 Tonnen Quecksilber emittiert.[5]

Entwicklung der Chlorchemie bis zum Ersten Weltkrieg

Bereits zu Beginn unseres Jahrhunderts waren in Deutschland, nachdem auch andere Firmen wie Bayer und die BASF eigene Anlagen errichtet hatten, die Kapazitäten der Chlor-Alkali-Elektrolyse-Anlagen so weit ausgebaut, daß bei guten Absatzmöglichkeiten für die Natronlauge ein Überschuß an dem Kuppelprodukt Chlor auftrat. Der Chlorüberschuß war so groß, daß sogar die Umwandlung in Salzsäure, also die Umkehrung des klassischen Chlorherstellungsverfahrens, in Erwägung gezogen wurde. Das intensive Bestreben, anderweitige Absatzgebiete zu finden, konzentrierte sich vor allem auf die Verwertung von Chlor in der organischen Großindustrie. Organische Chlorverbindungen spielten traditionell vor allem in der Farbenproduktion eine Rolle. Die Herstellung des wichtigsten synthetisch hergestellten Naturfarbstoffes, des Indigos, erfolgte über eine Zwischenstufe, bei der Chloressigsäure verwendet wurde. Für die Synthese von Triphenylmethanfarbstoffen wurde Phosgen (Carbonylchlorid) verwendet. Angesichts der Chlorüberschüsse wurde intensiv an neuen Synthesen für Farbstoffe und andere Produkte der organischen Chemie gearbeitet, bei denen organische Chlorverbindungen als Zwischenprodukte verwendet werden konnten. Dabei spielten vor allem Chlorderivate aromatischer Kohlenwasserstoffe eine wichtige Rolle. Aromatische Verbindungen wie Benzol, Naphthalin, Naphthol, Phenol und Anilin waren die klassischen aus Teer gewonnenen Ausgangsstoffe der Farbstoffproduktion. Durch die Herstellung entsprechender Chlorderivate konnte das Spektrum an Zwischenprodukten erheblich erweitert werden. Hierbei entstanden wiederum neue Kuppelprodukte, von denen nicht alle weiterverwendet werden konnten. Als ebenso lästiges wie nutzloses Nebenprodukt wurde bereits damals das p-Dichlorbenzol genannt.[6]

Bei der Suche nach weiteren Verwendungsgebieten für Chlor erwies sich die Verbindung mit einem anderen, neu entstandenen Zweig der Chemie, der Acetylenchemie, als erfolgversprechend. Die Ausarbeitung der Acetylen-Chlor-Chemie begann ab 1903 bei dem Konsortium für Elektrochemie in Nürnberg, die industrielle Produktion wurde zuerst bei der Wacker-Chemie in Burghausen aufgenommen. Für die bei der Chlorierung des Acetylens erhaltenen leichtflüchtigen Chlorkohlenwasserstoffe (CKW) bot sich aufgrund ihrer guten Fettlöseeigenschaften die Verwendung als Lösungsmittel zum Beispiel in «Knochen-Entfettungs-Anstalten, Ölraffinerien, Wollwäschereien, Bergwerken, chemischen Wäschereien, Vernickelungsanstalten u.s.w.» an.[7]

Obwohl bereits früh, noch vor dem Ersten Weltkrieg, schwere und auch tödliche Vergiftungsfälle beobachtet wurden, wurde die Vermarktung dieser Stoffe zügig vorangetrieben. Die Welterzeugung an elektrolytisch gewonnenem Chlor betrug zu Beginn des Ersten Weltkrieges etwa 125000 Jahrestonnen, von denen noch über die Hälfte zur Herstellung von Chlorkalk dienten. Auf die Herstellung chlororganischer Verbindungen entfielen weniger als 50000 Jahrestonnen. Hauptproduzenten waren neben Deutschland die USA und England.[8] Die zunehmende Verwendung von chlororganischen Verbindungen als Zwischenprodukte und die Entwicklung der Acetylen-Chlor-Chemie änderten an den lästigen Chlorüberschüssen, die bei weiter expandierender Natronlaugeerzeugung in den Chlor-Alkali-Elektrolyse-Anlagen anfielen, bis dahin wenig.[9] Der Erste Weltkrieg änderte vorübergehend die Lage:

Chemische Kampfstoffe

Zu Beginn des Ersten Weltkrieges traf das Problem der Chlorüberschüsse in Deutschland mit dem Problem des drohenden Salpeter- beziehungsweise Munitionsmangels zusammen. Beide Probleme wurden von dem geradezu fanatischen Verfechter des Gaskrieges, Fritz HABER, einer gemeinsamen Lösung zugeführt: Am 22. April 1915 wurden aus 5000 Stahlzylindern insgesamt 180 Tonnen Chlor mit Unterstützung des Windes in Richtung auf die französischen Schützengräben abgeblasen. Der Schriftsteller Arthur Conan DOYLE beschrieb diesen historischen Beginn des Gaskrieges so: «Die französischen Truppen beobachteten über die Brustwehr ihrer Gräben hinweg diese merkwürdige Wolke, die sie wenigstens für kürzere Zeit gegen das feindliche Feuer schützte; da sah man plötzlich, wie sie die Arme in die Luft warfen, die Hände um den Hals legten und sich dann am Boden wälzten, eine Beute des grausamen Erstickens. Viele erhoben sich nicht wieder, während ihre Kameraden, dem teuflischen Vorgehen gegenüber ohnmächtig, kopflos nach rückwärts flohen, als ob sie wahnsinnig geworden wären, um diesem scheußlich stinkenden Nebel zu entgehen, und liefen bis hinter die weiter zurückliegenden Gräben.» [10] Als sich die gelblichgrüne Giftwolke wieder verzogen hatte, lagen 15000 englische und französische Soldaten mit verätzten Bronchien und Lungen auf dem Schlachtfeld. 5000 von ihnen überlebten die Vergiftung nicht.

Nach dem Einsatz in Flandern kehrte HABER auf dem Weg zu neuen Einsätzen an der Ostfront nach Berlin zurück. Dort wurde er von seiner ersten Frau Clara, geborene IMMERWAHR, zur Rede gestellt. Sie, die selbst promovierte Chemikerin war, lehnte die chemische Kriegsführung als Barbarei und Perversion ab. In der Auseinandersetzung drohte Frau HABER mit Selbstmord, falls ihr Mann weiter an der Verwendung von Giftgasen mitwirkte. In der Nacht erschoß sie sich mit seiner Dienstpistole. Am nächsten Morgen fuhr HABER an die Front, der zwölfjährige Sohn Hermann, der die Mutter gefunden hatte, blieb allein bei der Toten zurück. [11]

So schrecklich die Wirkungen des Chlorgases waren – bald kam ein noch wirkungsvolleres Giftgas zum Einsatz, das Reaktionsprodukt von Chlor mit Kohlenmonoxid: Phosgen. Dessen Wirkung beschrieb Hugo STOLTZENBERG, Assistent Fritz HABERS, so:

«Die Einatmung verdünnten Phosgens geht anfangs fast ohne Beschwerden vor sich. Die Schädigungen treten erst allmählich auf. Das Phosgen spaltet beim Zusammentreffen mit Blut- und Gewebsflüssigkeit Salzsäure ab, welche die feinen Zwischenwände im Inneren der Lunge zerstört. So läuft die Lunge allmählich mit Blutserum voll. (...) 3,5 mg führen, in einer Minute eingeatmet, zum Tode. Aus dem soeben Geschilderten geht hervor, daß das Phosgen einen ausgezeichneten Offensivkampfstoff darstellt.» [12]

Diese «ausgezeichneten» Eigenschaften des Phosgens wurden, sehr zum Leidwesen der Gaskriegsstrategen, durch die Erfindung der Gasmaske relativiert. Nach deren Einführung konnten die Soldaten, selber leidlich geschützt, die fürchterliche Wirkung des Gaskrieges auf die Tier- und Pflanzenwelt beobachten:

«Wir Soldaten lieben die Tiere. In den kargen Mußestunden überträgt sich das Bedürfnis, Liebe zu spenden, auf kleine vierfüßige oder gefiederte Freunde. (...) Und nun sind uns unsere Freunde genommen worden. So gut wie keins von all den verschiedenen Tieren hat die Gaswolken überstehen können. Zuerst witterten die Meerschweinchen die heranschleichende Gaswolke. (...) Als die ersten schwachen Anzeichen von Chlorgas bemerkbar wurden, begannen die Hunde anzuschlagen und jämmerlich zu heulen. (...) Die Ratten und Mäuse im Schützengraben, meistens eine unerwünschte, nicht ausrottbare Plage, sind ziemlich alle verendet. Sie kamen aus ihren Löchern heraus. Ihre Bewegungen wurden merkbar träge, bis sie schließlich leblos liegenblieben. (...) Die von starkem Gas berührten Pflanzen verwelkten und wurden schwarz. Kleinere Tiere und Insekten, Ameisen, Raupen, Käfer und Schmetterlinge waren tot.» [13]

Da die Giftgasstrategen nicht Pflanzen oder Tiere, sondern Menschen töten wollten, suchten sie nach einem Kampfstoff, gegen den die Gasmasken keinen sicheren Schutz mehr bieten konnten. Ein solcher Kampfstoff wurde von den Chemikern Lommel und Steinkopf entwikkelt und von Bayer produziert. Nach den Anfangsbuchstaben der Entdeckernamen wurde der Stoff Lost genannt. Andere Bezeichnungen für diesen Kampfstoff, der vom Irak gegen die kurdische Minderheit im eigenen Land und im Krieg gegen den Iran eingesetzt wurde, sind Senfgas oder Yperit. Lost, ein fast geruchloser Stoff, der durch sein gutes Durchdringungsvermögen durch Kleider, Schuhe und andere Materialien gekennzeichnet ist, wirkt nicht nur eingeatmet, sondern auch durch bloßen Hautkontakt. Erst nach Stunden setzt die Wirkung ein: Brechreiz, Augenentzündungen, Hustenreiz und Heiserkeit, Juckreiz, Hautrötung und Blasenbildung insbesondere an den Händen und Armen. Der Tod tritt meist erst zwischen der ersten und vierten Woche nach der Vergiftung ein. Die Bilder wie verbrannt aussehender Giftgasopfer sind uns mittlerweile durch Fernsehberichte aus dem Nahen Osten nachhaltig bekannt.

Die Kampfstoffproduktion verschaffte der chemischen Industrie während des Ersten Weltkrieges gute Gewinne und eine erhebliche Erleichterung hinsichtlich ihrer schwer verwertbaren Chlorüberschüsse. Die Gesamtmenge der während des Ersten Weltkrieges in Deutschland hergestellten chemischen Kampfstoffe lag mit etwa 105 000 Tonnen in der gleichen Größenordnung wie die Weltproduktion an elektrolytisch erzeugtem Chlor im Jahr 1913 mit etwa 125 000 Tonnen.

Tabelle 8: Produktion der wichtigsten Kampfstoffe in Deutschland 1914–1918[14]

Substanz	Produzent	Prod.-Beginn	Prod.-Menge (t)
Chlor	BASF/Bayer	vor 1914	27 600
Phosgen	BASF/Bayer	vor 1914	11 100
Diphosgen	Bayer/ML&B	Juni 1915	15 600
Lost	Bayer	Juni 1917	44 800
Chlorpikrin	Bayer	Juni 1916	6 000

ML&B = Meister, Lucius & Brüning, später Farbwerke Hoechst

Nach dem Krieg wollte die deutsche chemische Industrie von diesem Produktionszweig zunächst nichts mehr wissen, um ihre ohnehin angeschlagene Stellung auf dem Weltmarkt nicht noch durch das anrüchige Image der Giftgasproduktion weiter zu beeinträchtigen. Carl DUISBERG soll sogar gedroht haben, jeden hinauszuwerfen, der in seinem Bereich das Wort Kampfstoffe auch nur erwähnen würde.[15] Für die Verwertung der lästigen Chlorüberschüsse wurden andere Wege gesucht und gefunden, beispielsweise zur Herstellung von Lösungsmitteln oder Kunststoffen wie PVC.

Die chemische Großindustrie, genauer: der I.G.-Farben-Konzern, ließ sich erst Ende der dreißiger Jahre wieder auf die Entwicklung und Herstellung chemischer Kampfstoffe ein. Den Giftgasfreunden unter den Strategen, die Hitlers Krieg vorbereiteten, reichten die Eigenschaften der Kampfstoffe des Ersten Weltkrieges nicht aus. Gegen Phosgen konnten sich die gegnerischen Truppen durch Gasmasken schützen, und Lost wirkte erst mit erheblicher zeitlicher Verzögerung. Gefragt war ein Kampfstoff, der schneller und möglichst in noch geringeren Mengen wirkte. Er wurde in den Nervenkampfstoffen Tabun und Sarin gefunden.

Das ungeheure Giftgasarsenal, das im Zweiten Weltkrieg im Deutschen Reich angehäuft wurde, kam aus verschiedenen Gründen nicht zum militärischen Einsatz. Auf alten Fabrik- oder Militärgrundstücken vergessen, notdürftig verscharrt oder in Gewässern versenkt, ist dieses Zeug auch heute noch eine gefährliche Hypothek aus gerne verdrängten Zeiten deutscher Vergangenheit.

Zivile Gifte: chlorierte Lösungsmittel

Nach dem Ersten Weltkrieg, als die militärische Verwendung von Chlor und Chlorverbindungen zunächst entfiel, wurde das Problem der Chlorüberschüsse wieder akut. In einer Übersicht über die Situation der chemischen Industrie wurde es 1920 als «dankenswerte Aufgabe» für die Chemiker bezeichnet, «nach neuen Verfahren zu suchen, bei denen Chlor angewandt werden kann».[16]

Als ein solches Verfahren wurde bei Hoechst die Methanchlorierung entwickelt. Der Abteilung Anwendungstechnik fiel die Aufgabe zu, Absatzgebiete für die Produkte der Methanchlorierung – Chlormethan (Methylchlorid), Dichlormethan (Methylenchlorid), Trichlormethan (Chloroform) und Tetrachlormethan (TETRA) – zu erschließen.[17]

TETRA

Für TETRA konnte ein breites Anwendungsgebiet als Standardlösungsmittel für Öle, Fette, Harze, Wachse, Pech, Bitumen, Teer, Asphalt und Firnis erschlossen werden. Neben anderen CKW wurde es zur Metallentfettung, als Entfettungsmittel in der Textil- und Lederindustrie und als Quellungs- und Lösungsmittel in der Gummiindustrie eingesetzt. In der chemischen Reinigung wurde TETRA unter der Bezeichnung «Asordin» verwendet. Wegen seiner Unbrennbarkeit wurde es als Feuerlöschmittel benutzt. In den USA war TETRA in den zwanziger Jahren als Vergasungsmittel für Getreideschädlinge, zur Entwesung des Ackerbodens und als Lösungsmittel für Pestizide in Gebrauch. Unter den Namen «Seretin» und «Solestin» wurde TETRA zur Bekämpfung von Eingeweidewürmern in die Human- und Veterinärmedizin eingeführt.

Die mit der Verwendung von TETRA verbundenen Gesundheitsgefahren taten der expandierenden Nutzung zunächst keinen Abbruch. Immerhin bemerkte das *Chemische Zentralblatt* 1920: «Gegen seine Verwendung als Feuerlöschmittel ist einzuwenden, daß es hierbei erstickende und giftige Dämpfe erzeugt».[18] In der Gluthitze entsteht aus TETRA Phosgen, dessen Eignung als Kampfstoff ja bekannt war. Wenigstens die Verwendung von TETRA-Löschern im Bergbau unter Tage wurde durch Erlaß des preußischen Ministers für Handel und Gewerbe vom 28. 7. 1930 verboten.[19] Über Tage blieben die TETRA-Löscher bis weit nach dem Zweiten Weltkrieg in Gebrauch.

Die häufigsten Vergiftungsfälle durch TETRA traten bei der Verwendung als Lösungsmittel auf. In Hamburg stieg 1931 in einer Schuhfabrik nach Einführung eines TETRA-haltigen Klebers die Zahl der Krankheitstage von 58 im Juli auf 459 im Oktober. Die Verwendung des Klebers wurde von der Schuhfabrik aufgegeben.[20] Vergiftungsfälle wurden beispielsweise auch aus Fernsprechämtern berichtet, in denen TETRA zur Reinigung von Selbstanschlußverteilern verwendet wurde. Neben weniger charakteristischen Symptomen von seiten des Nervensystems, des Herzens, des Gastrointestinaltraktes, des Genitalapparates und des Blutes erwiesen sich vor allem Leberfunktionsstörungen als typische Folge einer chronischen TETRA-Vergiftung.[21] Bei akut tödlichen TETRA-Vergiftungen wurde neben schweren Leberfunktionsstörungen auch das Versagen der Nieren als Todesursache festgestellt. Tödliche Vergiftungen nach Inhalation von TETRA-Dämpfen kamen beispielsweise bei der Verwendung als Desinfektionsmittel oder als Entfettungsmittel in Gerbereien vor.[22] Auch die medizinische Verwendung von TETRA führte zu schweren Vergiftungen. Ein Fall, bei dem der Patient mit einer einmaligen Dosis von 3,6 g «Solestin» in Kapselform behandelt worden war, verlief wie folgt: Der Einnahme des Mittels folgten Schläfrigkeit, Übelkeit mit Erbrechen und Durchfall. Das Erbrechen verschlimmerte sich unter Anschwellen des Leibes und Auftreten von Blutungen an den Augenlidern und im Gaumen. In den folgenden Tagen traten Anurie (Versiegen der Harnausscheidung), Ikterus (Gelbsucht) und Bewußtlosigkeit auf. Nach etwa 100 Stunden starb der Patient im Koma unter den Syndromen eines Versagens der Leber- und Nierenfunktionen.[23]

Für die Verwendung von TETRA («Asordin») als Alternative zu Benzin in der chemischen Reinigung wurde dessenungeachtet mit dem Argument geworben, TETRA sei nicht nur unbrennbar, sondern auch weniger giftig als Benzin.[24] Die gesundheitlichen Risiken wurden von den Herstellern weitgehend abgestritten.

Die Industrie war nicht nur an dem ungestörten Verkauf von TETRA interessiert, sie hatte noch ein weitergehendes Interesse daran, daß die Gesundheitsgefährdung durch Lösungsmittel als möglichst niedrig eingeschätzt wurde: Durch Verfügung vom 11. Februar 1929 wurden die Hauterkrankungen der Galvaniseure und die chronischen und chronisch-rezidivierenden Hautausschläge durch Ruß, Paraffin, Teer, Anthracen und «verwandte Stoffe» unter die unfallversicherungspflichtigen Berufskrankheiten gerechnet. Die Industrie fürchtete, daß die Lösungsmittel zu den «verwandten Stoffen» gezählt werden könnten. Das konnte verhindert werden. Die Erleichterung fand ihren Ausdruck in der Aussage: «Es werden also in der Regel die Hautausschläge, die durch Lösungsmittel bedingt sind, nicht unter die Verfügung fallen. Es ist dies wichtig, weil sehr häufig versucht wird, hier eine Unfallrente zu erreichen.»[25]

Nach dem Zweiten Weltkrieg wurde die Verwendung von TETRA als Lösungsmittel aufgegeben, da sich nun endlich die Auffassung durchsetzte, daß TETRA ein hochgiftiger Stoff mit stark nieren- und leberschädigender Wirkung sei, dessen Verwendung möglichst vermieden werden sollte.[26]

Die Produktionsanlagen der chemischen Industrie für TETRA mußten deshalb nicht stillgelegt werden, im Gegenteil. TETRA erlangte ebenso wie das Chloroform stark steigende Bedeutung als Ausgangsprodukt für die Herstellung von Fluorchlorkohlenwasserstoffen (FCKW). Auch für die anderen Chlormethane wurden weiter expandierende Verwertungsmöglichkeiten gefunden. Monochlormethan (Methylchlorid) wird als Zwischenprodukt für Methylierungsreaktionen und als Treibmittel bei der Herstellung von Polystyrol-Schaumstoffen verwendet. Dichlormethan (Methylenchlorid) hat die Stelle des TETRA als Lösungsmittel weitgehend übernommen. Insgesamt ist die Produktion von Chlormethanen von 20000 Tonnen 1941 über 87000 im Jahre 1965 und 288000 im Jahre 1975 auf 475000 Tonnen 1988 angestiegen.[27] Seitdem ist die Produktion rückläufig.

Das Trichlorethen (TRI) wurde bereits vor dem Ersten Weltkrieg mit Hinweisen auf seine «Unschädlichkeit in gesundheitlicher Beziehung» erfolgreich als Lösungsmittel vermarktet. In den 20er Jahren wurden neue Absatzmöglichkeiten erschlossen. Die Firma Wacker bot sogar speziell konstruierte Metallreinigungsapparate an, «zur Absatzförderung von Trichlorethylen».[28] Es folgte die Entwicklung von chemischen Reinigungsanlagen «System Wacker». Nachdem sich die unerfreulichen Eigenschaften des TETRA («Asordin») doch allmählich herumsprachen, versuchte man es mit TRI als Reinigungsmittel: Saubere Kleidung dank Wacker.[29] Weitere Anwendung fand TRI im Textilsektor als Entfettungsmittel für Rohfasern, vor allem Wolle, als Reinigungsmittel für Zwischenprodukte, beispielsweise zum Entfernen und zur Rückgewinnung von Spinnölen, und als Reinigungsmittel für verschiedene andere Zwecke. In der Lederwarenindustrie wurden Häute vor dem Gerben mit TRI von überschüssigem Fett befreit. Die Metallindustrie und die Druckindustrie verwendeten TRI als universelles Entfettungs- und Reinigungsmittel.

In die privaten Haushalte fand TRI als Bestandteil von Reinigungsmitteln, Kitten, Klebstoffen, Politurmitteln und Verdünnern für Farben und Lacke Eingang.

In der Medizin wurde TRI zur Behandlung der Trigeminusneuralgie (Gesichtsschmerzen) und in der Anästhesie vor allem für Wachnarkosen bei Entbindungen und bei der Zahnbehandlung verwendet. Eine zehnprozentige Emulsion von TRI wurde zur Reinigung und Desinfektion der Fußböden in Hospitälern und öffentlichen Gebäuden verwendet.

In den USA spielte die Verwendung von TRI bis in die zwanziger Jahre keine nennenswerte Rolle, da dort die hochentwickelte Erdölindustrie Benzinfraktionen als billige Lösungsmittel in ausreichenden Mengen lieferte. Mit dem Aufkommen der allgemeinen Motorisierung des Verkehrs wurden die Benzine als Kraftstoffe verwendet und standen für Extraktions- und Lösungszwecke nicht mehr so billig zur Verfügung.[30] Als 1925 in den USA die industrielle Produktion von TRI aufgenommen wurde, stand seine Verwendung als «sicheres», nämlich unbrennbares Lösungsmittel für Extraktions- und Entfettungszwecke im Vordergrund. Es wurde unter Hinweis auf die angeblich geringe Toxizität (mildly intoxicating) und das angebliche Fehlen kumulativer gesundheitlicher Effekte besonders für die Gewinnung von Nahrungsfetten wie Olivenöl, Kakaobutter, Sojaöl, Leinöl oder Baumwollsaatöl empfohlen. Auch zur Entkoffeinierung von Kaffee und zur Extraktion von Nikotin wurde TRI verwendet. Die Einschätzung, TRI sei von geringer Toxizität, stand in merkwürdigem Kontrast mit seiner gleichzeitig gepriesenen Verwendbarkeit als Insektizid. Als Bodenentwesungsmittel sollte es unter anderem gegen Rebläuse wirksam sein oder den Ernteertrag bei Bohnen und Kartoffeln verbessern. In Emulsionen auf die Wasseroberfläche gebracht, diente es zum Töten von Moskitolarven[31], in Tomatenpflanzungen wurde es zur Bekämpfung der weißen Fliege und in Getreidesilos gegen Kornwürmer eingesetzt.[32]

Gegen die These von der angeblich geringen Giftigkeit des TRI sprachen auch die einschlägigen Beobachtungen von Arbeitsmedizinern. Schwere Vergiftungserscheinungen durch TRI wurden bereits 1915 bei Arbeitern beobachtet, die Granatenzünder mit TRI gereinigt hatten. Besonders auffällig waren dabei bleibende Lähmungen der Trigeminusnerven im Gehirn mit völliger Vertaubung des Gesichts und Veränderungen des Augenhintergrundes. Ein Arbeiter starb nach wenigen Tagen unter der Diagnose «Schlaganfall».[33]

1931 wurde eine Zusammenstellung von rund 200 offiziell registrierten Vergiftungsfällen durch TRI, darunter 26 Todesfälle, veröffentlicht. Bei den Todesfällen handelte es sich meist «um ein einfaches zu Tode Narkotisieren, wie es auch durch das nahe verwandte Chloroform geschehen könnte». Die hohe Affinität des TRI zum Nervensystem konnte durch die eindrucksvolle Beobachtung festgestellt werden, «daß in Fällen von tödlicher Vergiftung dem Anatomen gelegentlich bei Eröffnung des Schädels starker Geruch von ‹TRI› entgegenströmt, ein Geruch, der dem im Glase aufbewahrten Gehirne noch lange anhaften kann.»[34] Die Folgen von TRI für das Nervensystem zeigten sich auch in seiner berauschenden Wirkung. In der Schweiz wurde Mitte der dreißiger Jahre ein Fall beschrieben, bei dem TRI von Schülern als Rauschmittel «geschnüffelt» wurde. Suchtverhalten gegenüber TRI wurde auch im gewerblichen Bereich häufig beobachtet.[35]

Die toxische Wirkung von technischem TRI ist nicht zuletzt auf Verunreinigungen zurückzuführen. Wie giftig diese sind, zeigt unter anderem ein Verwendungsvorschlag für die Nebenprodukte der TRI-Herstellung: 1918 erhielt die Wacker-Chemie das Patent für ein «Verfahren zur Bekämpfung von Pflanzenschädlingen, dadurch gekennzeichnet, daß als Mittel die bei der Herstellung des Trichloräthylens anfallenden

Nachläufe ... verwendet werden. Die verwendeten Nachläufe sind physiologisch so stark wirksam, daß sie bei genügend hoher Konzentration auch zur Unkrautvernichtung benutzt werden können.»[36]

Die Häufigkeit von TRI-Vergiftungen veranlaßte Gewerbemediziner verschiedentlich zu eindringlichen Warnungen und zur Forderung nach Anwendungseinschränkungen beziehungsweise -verboten und einem Deklarationszwang für TRI-haltige Artikel.[37]

Die Forderung nach einer Deklarationspflicht für Lösungsmittel beziehungsweise lösungsmittelhaltige Produkte wurde von verschiedenen Autoren immer wieder erhoben. Die Versuche, toxische Bestandteile aus den Lösungsmittelformulierungen zu verbannen, waren angesichts einer großen Vielfalt von Handelsprodukten mit phantasievollen Namen und geheimer Zusammensetzung nahezu aussichtslos: «Wie eine Hydra nimmt sich das Ganze aus, solange nicht bindende Bestimmungen und Verbote die Gesundheit der Beschäftigten schützen.»[38] Mitte der dreißiger Jahre, als die Produktionszahlen und Anwendungsgebiete für CKW besonders stark expandierten, warnten Mediziner:

> «Der technische Fortschritt ist unzertrennlich verknüpft mit immer neuen Gefahren für Leben und Gesundheit. Besonders groß ist die Gefährdung durch gewisse chemische Stoffe, deren Gebrauch in den letzten Jahren rasch zunimmt. Die Technik bedient sich auf zahlreichen Gebieten in immer größeren Mengen der modernen ‹organischen Lösungsmittel›, darunter namentlich der chlorierten Kohlenwasserstoffe. Zahlreiche durch sie hervorgerufene Krankheits- und Todesfälle erfordern nicht nur die Aufmerksamkeit der Gewerbehygieniker, sondern zwingen alle Ärzte, an die Möglichkeit solcher Gefahren zu denken.»[39]

Der Verbrauch von TRI als Lösungs- und Reinigungsmittel nahm ungeachtet aller Warnungen bis Ende der sechziger Jahre weiter zu. Noch in den fünfziger Jahren wurde TRI als Inhalationsanästhetikum in der Geburtshilfe benutzt.[40]

Zwischen 1955 und 1962 waren akute TRI-Vergiftungen nach den akuten Kohlenmonoxid-Vergiftungen die zweihäufigsten chemisch verursachten tödlichen Berufskrankheiten.[41]

Die Produktionszahlen stiegen in der Bundesrepublik von 43 000 Tonnen 1943 auf 122 500 Tonnen 1970. Danach sank die Produktionsmenge stark ab. Heute wird TRI nur noch von der Wacker-Chemie hergestellt, die Produktionszahlen werden nicht mehr veröffentlicht, sie liegen nach Schätzungen bei 30000 Tonnen pro Jahr. An die Stelle des TRI traten nun wieder andere Chlorkohlenwasserstoffe; Tetrachlorethen (PER) und 1,1,1-Trichlorethan. Wieder wurde die angebliche Ungefährlichkeit der Ersatzprodukte gepriesen.

PER

Der Übergang von TRI zu PER war für die Chemieindustrie auch mit produktionstechnischen Vorteilen verbunden. PER und TETRA entstehen bei der sogenannten Chlorolyse. Das ist ein Verfahren, bei dem Produktionsrückstände aus anderen Bereichen der Chlorchemie wie der Methanchlorierung, der Herstellung von Vinylchlorid, Allylchlorid, Propylenchlorhydrin oder Chlorbenzolen mit einem Chlorüberschuß «durchchloriert» werden. Mit der weiteren Expansion der Chlorchemie und der wachsenden Kritik an früher gebräuchlichen, umweltbelastenden Entsorgungsverfahren wie der Verbrennung auf hoher See hat die Chlorolyse eine wichtige Funktion bei der Reststoffverwertung übernommen. Durch Veränderung der Prozeßvariablen kann das Verhältnis, in dem die Chlorolyseprodukte TETRA und PER entstehen, beeinflußt werden.[42]

Tabelle 9: Entwicklung der Produktion von CKW in der Bundesrepublik Deutschland in 1000 t/Jahr

Jahr	1965	1969	1975	1980	1982	1988
Chlormethane	87	120	288	440	379	475
Trichlorethen (TRI)	105	119	56	40	25	(30)
Tetrachlorethen (PER)	65	82	108	116	108	(155)

Angabe für TRI für 1988 geschätzt, bei PER ist für 1988 der Wert von 1987 angegeben
Quellen: Schulze/Weiser 1985; Statistisches Bundesamt

Der Versicherung der Hersteller zum Trotz ist PER ähnlich giftig wie TRI. PER wirkt in hoher Konzentration narkotisch und bewirkt stärkeren Schleimhautreiz als TRI. Es führt bereits bei niedrigen Konzentrationen zu Leberschäden. Bereits in den fünfziger Jahren wurden schwere chronische gewerbliche Vergiftungen, auch mit tödlichem Ausgang, beschrieben.

Tierversuche weisen darauf hin, daß PER Krebs auslösen kann. PER ist ebenso wie Dichlormethan und TRI in der MAK-Werte-Liste in der Gruppe B (= Stoffe mit begründetem Verdacht auf krebserzeugendes Potential) eingestuft worden.[43]

PER gelangte in die Schlagzeilen, nachdem in der Nachbarschaft von chemischen Reinigungen erhöhte Konzentrationen in Wohnräumen, aber auch in Verkaufsprodukten wie fetthaltigen Lebensmitteln gefunden worden waren.

Heute ist das 1,2-Dichlorethan (Ethylendichlorid, EDC), das direkte Reaktionsprodukt von Chlor mit Ethylen, das Schlüsselprodukt für die Herstellung der meisten anderen Chlorkohlenwasserstoffe. 1981 waren in den westlichen Industrieländern Produktionskapazitäten für 23,7 Millionen Tonnen EDC installiert. Der größte Teil der EDC-Produktion wird zur Herstellung von Chlorethen (Vinylchlorid, VC) und Lösungsmitteln verwendet.[44]

Leichtflüchtige Chlorkohlenwasserstoffe wie TRI, PER, Dichlormethan oder 1,1,1-Trichlorethan gehören heute nach wie vor zu den am häufigsten vorkommenden gefährlichen Arbeitsstoffen. Sie verursachen – je nach Einzelstoff in unterschiedlicher Ausprägung – Schäden des Nervensystems, des Atmungstrakts und des Verdauungs- oder des Kreislaufsystems. Das krebserzeugende Potential chlorhaltiger Lösungsmittel ist nicht nur auf ihre chemischen Hauptbestandteile, sondern auch auf die in technischen Lösungsmitteln befindlichen Stabilisatoren und produktionsbedingte Verunreinigungen zurückzuführen. Die toxischen Eigenschaften der Nebenprodukte, die bei der Chlorierung organischer Stoffe entstehen, sind erst zu einem geringen Teil erforscht.

Ein großer Teil der chlorhaltigen Lösungsmittel verdunstet und wird so in die Atmosphäre emittiert. Unter der Einwirkung von UV-Strahlen werden die meisten CKW in der Troposphäre abgebaut. Sie zerfallen zu reaktionsfähigen Verbindungen (Photosmog). Der Photosmog wird unter anderen als eine Ursache des Waldsterbens angesehen. Leichtflüchtige CKW sind wegen der Entstehung von Chlorwasserstoff bei ihrer Zersetzung am diffusen Säureeintrag in die Umwelt über die Atmosphäre (saurer Regen) beteiligt. CKW gehören zudem zu den hochgradig wassergefährdenden Stoffen. Weil sie schwerer sind als Wasser, sinken CKW aus verseuchten Böden in tiefere Schichten, kontaminieren dort das Grundwasser und machen es unter Umständen zur Trinkwassergewinnung unbrauchbar.

Leichtflüchtige CKW sind heute ein wichtiger Gegenstand nationaler und internationaler Umweltpolitik. In der Bundesrepublik ist seit 1986 eine Verordnung zur Emissionsbegrenzung von leichtflüchtigen Halogenkohlenwasserstoffen nach dem Bundesimmissionsschutzgesetz in Kraft. Eine verschärfte Fassung befindet sich in Vorbereitung. Der Verbrauch von CKW-Lösungsmitteln ist daraufhin von 180000 im Jahr 1986 auf 95 000 Tonnen im Jahr 1990 (geschätzt) zurückgegangen. Für 1995 ist ein Rückgang auf 60000 Tonnen geplant.[45]

In den USA und Frankreich zielen Regulierungsmaßnahmen darauf ab, für die Verwendung von CKW geschlossene Systeme bzw. Kreisläufe durchzusetzen. Die skandinavischen Länder und Dänemark streben einen beschleunigten Ausstieg aus der Verwendung halogenierter Lösungsmittel (CKW und FCKW) an. Auf der 3. Internationalen Nordseeschutzkonferenz wurde beschlossen, den Eintrag von 36 Substanzen, darunter sieben CKW, in die Nordsee bis 1995 gegenüber 1985 zu halbieren. Nach einem in Den Haag gefaßten Beschluß sollen auch die atmosphärischen CKW-Emissionen bis 1995 oder spätestens 1999 halbiert werden.[46]

FCKW: die Ozonkiller

Nachdem auch PER als gesundheitsschädigend erkannt worden war, half sich die Chemieindustrie wiederum mit der Entwicklung ungiftigerer Ersatzprodukte, die sich praktischerweise aus den zu ersetzenden Chlorolyseprodukten TETRA und PER herstellen lassen. Mit Fluorwasserstoff, der sehr günstig durch die Reaktion von Schwefelsäure mit dem Mineral Flußspat zu erhalten ist, reagieren Chlorkohlenwasserstoffe unter Ersatz von Chlor durch Fluor zu Fluorchlorkohlenwasserstoffen (FCKW). Die wichtigsten FCKW sind das Trichlorfluormethan und das Dichlordifluormethan, Kurzbezeichnungen F 11 und F 12, die aus TETRA entstehen. Aus PER werden das 1,1,2-Trichlortrifluorethan und 1,2-Dichlortetrafluorethan, Kurzbezeichnungen F 113 und F 114, hergestellt. Da diese Stoffe ziemlich ungiftig sind, erfordert der Umgang mit ihnen keine teuren Schutzmaßnahmen. F 113 und F 114 haben deshalb PER und TRI in vielen Gebieten als Reinigungs- und Lösungsmittel ersetzen können. FCKW werden außerdem in großen Mengen als Kältemittel und als Treibgase bei der Schaumstoffherstellung verwendet. Da die FCKW auf der Basis der Chlorolyseprodukte, also letztlich durch Abfallverwertung, außerordentlich billig herzustellen sind, besteht ein großer ökonomischer Anreiz für ihre Verwendung.

Die Hoechst AG verfügt als größter bundesdeutscher Hersteller über eine Produktionskapazität von jährlich etwa 100000 Tonnen FCKW.

Die FCKW sind zwar relativ ungiftig, sie werden jedoch für die globale Umweltveränderung, die unter dem Schlagwort «Ozonloch» bekannt geworden ist, mit verantwortlich gemacht. In der Atmosphäre wandern die meisten FCKW zunächst unverändert bis in die höheren Luftschichten. Dort finden chemische Vorgänge statt, die durch die besonderen Temperaturverhältnisse, vor allem aber durch energiereiche Strahlung verursacht werden. Unter diesen Bedingungen werden die FCKW in äußerst reaktionsfähige Bruchstücke gespalten. Durch das Auslösen von Kettenreaktionen reichen bereits äußerst geringe, katalytisch wirksame Konzentrationen an FCKW aus, um die chemische Zusammensetzung der Luft in der Stratosphäre wesentlich zu verändern. Auffallendste und folgenreichste Veränderung ist die Verringerung des Ozonanteils, die hauptsächlich über den Polarregionen als sogenanntes «Ozonloch» beobachtet wurde. Dieses «Ozonloch» hat sich in den letzten Jahren dramatisch vergrößert. Eine Verringerung der Ozonkonzentration in den oberen Luftschichten, der Stratophäre, führt dazu, daß die Filterwirkung gegenüber energiereicher UV-Strahlung verringert wird. Gelangt die schädliche UV-Strahlung ungefiltert auf der Erdoberfläche, sind für den Menschen ein stark erhöhtes Hautkrebsrisiko, Augenerkrankungen sowie eine allgemeine Schwächung des Immunsystems zu erwarten. UV-bedingte Schäden bei Kulturpflanzen lassen Ernteeinbußen befürchten. Das Phytoplankton (Algen etc.) in den Meeren, das am Anfang der marinen Nahrungskette steht, ist ebenfalls UV-empfindlich. Störungen der Photosyntheseleistung des Phytoplanktons würden eine Verringerung der Kohlendioxidaufnahme und damit eine Verstärkung des Treibhauseffekts zur Folge haben.[47] Selbst wenn von sofort an keine FCKW mehr freigesetzt würden, könnte eine weitere Zerstörung der Ozonschicht in den nächsten Jahren nicht verhindert werden, da die jetzt in den unteren Luftschichten befindlichen FCKW erst im Verlauf von Jahren in die oberen Luftschichten dringen und dort ihr Zerstörungswerk ausüben. Bis 1987 dürften weltweit bereits 20 Millionen Tonnen FCKW produziert worden sein, die unaufhaltsam der Stratosphäre zustreben.[48] Führende Wissenschaftler, die sich mit diesem Problem beschäftigen, sind der Meinung, daß es bereits **fünf nach zwölf** ist.[49]

Die seit 1974 geführte öffentliche Diskussion über die Gefahren durch FCKW hat zu einem deutlichen Rückgang der Verwendung als Treibgas für Spraydosen geführt. Da gleichzeitig die Verwendung bei der Herstellung von Polyurethan-Schaumstoffen und als Lösungs- und Reinigungsmittel stark zugenommen hat, sind Produktion und Verbrauch trotzdem lange annähernd konstant geblieben. Im Zwischenbericht der Enquete-Kommission «Vorsorge zum Schutz der Erdatmosphäre» des Deutschen Bundestages von 1988 heißt es dazu: «Die Verbrauchsmengen von FCKW 11 und 12 sind in den Jahren 1976 und 1986 fast identisch. Der deutlich verringerte Einsatz von Aerosolen wird bei FCKW 11 durch die vermehrte Produktion von Hartschäumen (closed cell foames) kompensiert. Die Kompensation bei FCKW 12 erfolgt durch vermehrten Einsatz dieses Stoffes für Kühlzwecke und für Hartschäume. Da diesen Anwendungsumstellungen keine zwingenden technischen Erfordernisse zugrunde lagen, zeigt diese Kompensation, daß versucht wurde, FCKW in Anwendungsbereichen zu etablieren, in denen sie prinzipiell nicht nötig wären.»[50] Genaue Aussagen über Produktions- und Verbrauchsmengen von FCKW und anderen ozonrelevanten Stoffen wie 1,1,1-Trichlorethan sind wegen der äußerst restriktiven Informationspolitik der Industrie kaum möglich.[51]

Einen ersten Versuch, der globalen Bedrohung der Erdatmosphäre durch globale Politik zu begegnen, stellte das am 22. März 1985 unterzeichnete Wiener Übereinkommen zum Schutz der Ozonschicht dar. Eine erste Teilkonkretisierung dieses Abkommens war das Montrealer Protokoll von 1987, das im wesentlichen eine Halbierung der FCKW-Emissionen bis zum Jahr 2008 vorsah. Die Enquete-Kommission «Vorsorge zum Schutz der Erdatmosphäre» des Deutschen Bundestages kam 1988 zu dem Ergebnis, daß diese Maßnahmen auf keinen Fall ausreichen. Die Kommission forderte für die Bundesrepublik eine FCKW-Reduktion innerhalb von sieben Jahren um 95 Prozent.[52] Auf der Ozonkonferenz der Vertragsstaaten des Montrealer Protokolls in London 1990 beantragten einige Länder, darunter die Bundesrepublik, eine Halbierung des FCKW-Verbrauchs bis 1992 und einen völligen Ausstieg bis 1997. Aufgrund des Widerstands vor allem der USA und Japans wurde der Ausstieg erst zum Jahr 2000 beschlossen.[53] Die chemische Industrie der Bundesrepublik kündigte für 1995 die Einstellung der Produktion vollhalogenierter FCKW an.[54]

Da nicht nur vollhalogenierte FCKW ozonzerstörend wirken, sondern auch teilhalogenierte FCKW und stabile CKW wie das 1,1,1-Trichlorethan oder TETRA, ist eine strenge weltweite Regulierung auch bei diesen Stoffen erforderlich. Die Ozonkonferenz in London 1990 hat ein Verbot für 1,1,1-Trichlorethan bis zum Jahr 2005 vorgesehen.[55] Der *Informationsdienst Chemie und Umwelt* kommentierte das bei dieser Konferenz eingeschlagene Tempo als «langsam bremsend in den Abgrund stürzend».[56]

Problemkunststoff PVC

Ausgangsstoff für die Herstellung des Massenkunststoffes PVC ist Vinylchlorid, ein gasförmiger Chlorkohlenwasserstoff, der bei der Reaktion von Acetylen, das seit Jahrhundertbeginn massenhaft produziert wurde, mit Chlorwasserstoff (Salzsäuregas) entsteht. Chlorwasserstoff war ebenso ein Überschußprodukt wie Chlor. Versuche, dieses überaus günstig herstellbare Produkt zu vermarkten, schlugen zunächst fehl. Eine direkte Verwendung konnte für das unter Normalbedingungen gasförmige Vinylchlorid nicht gefunden werden. Also versuchte man, verkaufsfähige Folgeprodukte zu finden. Die ersten Versuche, Vinylchlorid durch Polymerisation zu einem technisch verwertbaren Produkt zu verwandeln, wurden bereits vor dem Ersten Weltkrieg durch Fritz Klatte (1880–1934), Chemiker der Firma Griesheim-Elektron, durchgeführt. 1912 erteilte das kaiserliche Patentamt das erste Patent auf die Herstellung von Polyvinylchlorid (PVC), und 1913 wurde ein «Verfahren zur Herstellung einer auf Hornersatz, Films, Kunstfäden, Lacke u. dgl. verarbeitbaren plastischen Masse» aus Polymerisationsprodukten von Vinylhalogeniden patentiert (DRP 281 877).[57]

Die Entwicklung eines verkaufsfähigen Produktes scheiterte an der thermischen Instabilität und schweren Verarbeitbarkeit des reinen PVC. Bei 100 Grad Celsius begann das PVC Salzsäuregas abzuspalten und sich rötlich zu verfärben. Preßversuche ergaben auch wenig überzeugende Ergebnisse. Erst nach mehrjährigen Versuchen gelang es, aus dem instabilen, spröden PVC durch Zusatz von schwermetallhaltigen Stabilisatoren, Gleitmitteln und Weichmachern (PCBs, Phthalate) einen zu Fasern, Folien und thermoplastischen Massen verarbeitbaren Kunststoff zu machen. 1930 wurde wieder ein Patent für ein Verfahren zur Herstellung von PVC erteilt (DRP 671 889). Diesmal war die I.G. Farben der Patentnehmer. 1935 nahmen die Werke in Wolfen und Bitterfeld die industrielle Produktion von PVC auf. Im gleichen Jahr wurde bei der Wacker-Chemie das Suspensions-Polymerisationsverfahren für PVC erfunden.[58] Von 1937 bis 1942 entstanden die wichtigsten Verarbeitungsmethoden und Anwendungsformen für PVC. Für die Hersteller kam dieser Durchbruch in einem sehr günstigen Moment. Da Acetylen aus «heimischer» Kohle erzeugt wurde und Chlorwasserstoff als Nebenprodukt bei der Verwertung «heimischen» Salzes anfiel, paßte der neue Kunststoff geradezu ideal in das Autarkieprogramm des Dritten Reiches. Für seine Vermarktung war daher die größtmögliche staatliche Unterstützung zu erwarten. Das PVC wurde unter Markennamen wie Mipolam, Astralon, Luvican, Igelit oder Vinoflex in Form von Folien, Platten, Rohren, Streich- und Tauchmassen oder zur Verarbeitung durch Spritzguß angeboten. Lösliches PVC wurde als Ersatz für Chlorkautschuk als Lackrohstoff eingesetzt. Verarbeitet zu Kunstleder, wasserdicht imprägnierten Tuchen oder Kabelisolierungen, diente es als Ersatz für Naturstoffe wie Leder, Kautschuk und Guttapercha. Die aus PVC erzeugten Fasern kamen unter der Bezeichnung «PeCe-Faser» auf den Markt. Als besonderer Vorteil im Sinne des GÖRINGschen «Faserstoffprogramms» wird in einer zeitgenössischen Publikation angegeben, «daß die PeCe-Faser aus solchen Ausgangsstoffen geschaffen wird, die in den Grenzen des Reiches in praktisch unbegrenzten Mengen zu finden sind».[59]

Nach dem Zweiten Weltkrieg wurden als Polyvinylchloridfasern der Markenbezeichnung «Rhovyl» sogar Pullover und Trikotagen hergestellt. Dieser Verwendungsbereich von PVC hat sich im Gegensatz zu vielen anderen, wie der Herstellung von Rohren, Profilen, Fußbodenbelägen, Folien, Kabelisolierungen und Spritzgußartikeln aller Art, nicht dauerhaft durchsetzen können. Aus dem «Ersatzstoff» der Kriegszeit wurde in wenigen Jahren der neben dem Polyethylen wichtigste Massenkunststoff. Diese Karriere verdankt das PVC nicht zuletzt der Umstellung der chemischen Industrie von der Kohle auf Erdöl als organischer Rohstoffbasis. Die Herstellung von Vinylchlorid aus Chlor und Ethylen, dem wichtigsten petrochemischen Grundstoff, erlaubte eine besonders preisgünstige Produktion.

PVC war der Massenkunststoff, der geradezu sinnbildlich die «Plastik-Kultur» der 50er und 60er Jahre prägte. Die Produktionszahlen stiegen kometenhaft. 1956 wurden in der Bundesrepublik 78000 Tonnen PVC hergestellt, 1966 waren es bereits 410000 und 1973 über eine Million Tonnen.[60]

Die Freude über diesen Rekord wurde Anfang der 70er Jahre stark getrübt, als in der Öffentlichkeit bekannt wurde, daß bei Arbeitern in PVC-Betrieben vielfältige Vergiftungserscheinungen aufgetreten waren. Darunter waren auffällige Verformungen der Fingerkuppen, «Aufweichungen» der Knochen und schwerwiegende Veränderungen der Milz und der Leber einschließlich einer sonst seltenen Art von Leberkrebs (Angiosarkom). Besonders betroffen waren Arbeiter, die die großen Reaktionskessel reinigen mußten, in denen Vinylchlorid zu PVC umgewandelt wird.[61] Erste Berichte über das Auftreten der VC-Krankheit und die beobachteten Symptome waren bereits 1949 in Rußland veröffentlicht worden. Andere Untersuchungen aus den 60er Jahren wiesen auf Leberschäden durch VC hin.[62] VC gehört zu den beim Menschen eindeutig krebserzeugenden Arbeitsstoffen (Gruppe A1 der MAK-Werte-Liste).

Die Industrie hätte die Gefahren längst kennen müssen, aber erst der Druck der öffentlichen Meinung brachte die PVC-Hersteller Mitte der 70er Jahre dazu, Verfahren zu entwickeln, die den Kontakt der Arbeiter mit dem VC weitgehend unterbanden und den Restgehalt an VC in den Produkten stark reduzierten. Die in Form einer Hochglanzbroschüre «VC/PVC: Beispiel einer Problemlösung» werbewirksam hinausposaunte Auffassung, damit sei das Problem erledigt, erwies sich als voreilig. Als 1984 vor der jugoslawischen Adriaküste ein mit 1300 Tonnen Vinylchlorid beladener Frachter sank und eine ganze Meeres- und Küstenregion zu vergiften drohte, wurde die Gefährlichkeit des VC wieder offenkundig.[63] Transportunfälle mit VC, das in Mengen von zigtausend Tonnen in Kesselwagen oder Schiffen regelmäßig über weite Strecken bewegt wird, können immer wieder geschehen.

Der Kunststoff PVC ist nicht nur wegen der riskanten Eigenschaften der Vorprodukte Chlor und Vinylchlorid toxikologisch und ökologisch bedenklich. PVC ist erst durch Zugabe von Zusatzstoffen verarbeitbar. Diese Zusatzstoffe, darunter vor allem schwermetallhaltige Stabilisatoren und Weichmacher, wie das omnipräsente DEHP (Diethylhexylphthalat), sind ihrerseits human- und ökotoxisch. Beim Verbrennen von PVC entstehen Dioxine und Salzsäure. Eine Studie der Kernforschungsanlage Jülich kommt 1990 zu dem Schluß:

> «Eine weitere Verminderung der mit der PVC-Produktion verbundenen Schadstofffreisetzung ist dringend erforderlich. Die Forderung nach derartigen Minderungsstrategien führte in einigen europäischen Ländern zu gesetzlichen Regelungen, so z. B. in Österreich.»[64]

Zur Reduzierung umweltrelevanter Stoffmengen wird von den Jülicher Forschern die Substitution problematischer Inhaltsstoffe wie schwermetallhaltiger Additive und die Substitution von PVC selber vorgeschlagen. Vorrangig sollen danach PVC-Verpackungen und Kinderspielzeug aus Weich-PVC durch andere Stoffe ersetzt werden. Für weitere Produkte wird die Überprüfung von Substitutionsmöglichkeiten angeregt. Darüber hinaus sollten diese Maßnahmen durch eine Kennzeichnungspflicht für Kunststoffe, eine Rücknahmeverpflichtung für PVC-Produkte und eine Herausnahme von PVC aus der Müllverbrennung und aus Hausmüll- und Bauschuttdeponien ergänzt werden.

Bundesgesundheitsamt und Umweltbundesamt kamen in ihrer Auswertung des Dioxin-Kongresses in Karlsruhe im Januar 1990 in bezug auf halogenhaltige Kunststoffe zu dem Ergebnis:

> «Da halogenierte Kunststoffe (insbesondere PVC und mit bromhaltigen Flammschutzmitteln ausgerüstete Kunststoffe) im Brandfall, beim Recycling und bei der Entsorgung zu Dioxinemissionen führen können, wird empfohlen, in brandgefährdeten Bereichen so weit wie möglich auf den Einsatz brom- und chlorhaltiger Kunststoffe vollständig zu verzichten. UBA und BGA schlagen ein Verwendungsverbot für brom- und chlorhaltige Kunststoffe in brandgefährdeten Anlagen, bei der Spanplattenherstellung und eine Kennzeichnung chlorhaltiger Kunststoffe, u. U. sogar ein Verwendungsverbot von PVC im Verpackungsbereich vor.»[65]

Erfahrungen mit einem ökologisch begründeten Verzicht auf PVC auf kommunaler Ebene zeigen, daß in der Praxis in vielen Fällen auf PVC zugunsten anderer Werkstoffe verzichtet werden kann.[66]

Der zunehmenden Kritik begegnen die PVC-Hersteller bisher in erster Linie mit verstärkten Werbeaktivitäten pro PVC, beispielsweise im Rahmen eines Promotion-Vereins namens «PVC und Umwelt e. V.». Produktion und Verbrauch von PVC haben nach einem Rückgang in den 70er Jahren in den letzten Jahren in der Bundesrepublik wieder kräftig zugenommen, 1986 wurden 1,24 Millionen, 1988 bereits 1,41 Millionen Tonnen hergestellt.[67]

Die größten PVC-Hersteller der Bundesrepublik sind die Hüls AG, die Hoechst AG, die BASF, die Deutschen Solvay-Werke und die Deutsche ICI. Seit dem Anschluß der DDR kooperiert die Hüls AG eng mit dem größten ostdeutschen Hersteller, der Buna AG. Die Welt-PVC-Kapazitäten betrugen 1988 knapp 20 Millionen Tonnen. Davon entfielen 5,1 Millionen Tonnen oder 26 Prozent auf Westeuropa. In Nordamerika sind

Kapazitäten für 4,6 Millionen Tonnen PVC installiert, in Osteuropa für 2,5, in Japan für 2,1 und in der restlichen Welt für 5,1 Millionen Tonnen.[68]

Chloraromaten: PCP, Pestizide, PCBs

Chlorbenzole und Chlornaphthaline waren bereits um die Jahrhundertwende wichtige Ausgangsmaterialien für Zwischenprodukte der Farbstoffchemie. Aus ihnen wurden Chlornitrobenzole, Chlorbenzolsulfonsäuren etc. hergestellt.

Monochlorbenzol, das auch als Lösungsmittel Verwendung fand, ist eine Ausgangssubstanz für die Produktion des Insektizids DDT (4,4-Dichlordiphenyltrichlorethan), dessen Herstellung und Gebrauch seit 1972 in der Bundesrepublik verboten ist. Hexachlorcyclohexan entsteht durch Anlagerung von Chlor an Benzol. Insektizide Wirkung zeigt nur das Gamma-Isomere («Lindan»), das im Rohprodukt zu etwa 14 Prozent enthalten ist. Nebenprodukte der Lindanproduktion lassen sich leicht zu 1,2,4-Trichlorbenzol umsetzen, das wiederum Ausgangsprodukt zur Herstellung von Herbiziden (2,4-D und 2,4,5-T) ist. Diese Produktionsprozesse wurden bei der Firma Boehringer in Hamburg zu einer so gefährlichen Quelle von giftigen, dioxinhaltigen Produktionsrückständen, daß es 1984 zur ersten Werksschließung in der Bundesrepublik aus Gründen des Gesundheits- und Umweltschutzes kam. Bei der Firma Merck wurden zwischen 1955 und 1971 ca. 16000 Tonnen Lindan produziert. Dabei entstanden rund 125000 Tonnen Rückstände, von denen ca. 86400 auf dem Werksgelände in Gernsheim verbuddelt worden sind. Etwa 8000 Tonnen dieser Rückstände wurden zum Auffüllen eines Firmenparkplatzes am Rheinufer verwendet. Die restlichen Rückstände wurden überwiegend zu Trichlorbenzol weiterverarbeitet.[69]

Das aus Hexachlorbenzol oder durch Chlorierung von Phenol billig erhältliche Pentachlorphenol (PCP) wurde in großen Mengen als Pestizid und Desinfektionsmittel verwendet. Diverse Vergiftungsfälle bei der Herstellung und Verwendung von PCP führten in der Bundesrepublik dazu, daß Herstellung wie Verwendung verboten wurden. Auf dem ehemaligen Dynamit-Nobel-Firmengelände in Rheinfelden, einer seit langem skandalträchtigen früheren Produktionsstätte für PCP, wurden im Boden die höchsten Dioxinkonzentrationen gefunden, die bisher in der

Bundesrepublik bekannt geworden sind. In einem Kilogramm Boden wurden dort bis zu 3,8 Millionen Nanogramm Dioxin gemessen. Bereits bei 1000 Nanogramm empfiehlt das Bundesgesundheitsamt einen Bodenaustausch.[70]

PCP und PCBs sind bisher die einzigen Fälle, in denen von der im Chemikaliengesetz gegebenen Möglichkeit des Verbots von Stoffen Gebrauch gemacht wurde. PCP hat in der Bundesrepublik vor allem als Holzschutzmittelbestandteil traurige Berühmtheit erlangt. Nach offiziellen Schätzungen wurden etwa 20000 Bundesbürger Opfer der giftigen, dioxinhaltigen Ausdünstungen PCP-behandelter Hölzer. Mit der Einführung des europäischen Binnenmarktes droht die schon gebannt geglaubte Gefahr durch PCP erneut. Der Lobby des französischen Konzerns Rhône-Poullenc, der nach dem Produktionsstop der deutschen Erzeuger seine Produktion verdreifachte, ist es gelungen, ein europäisches Verbot zu verhindern. Nun ist zu befürchten, daß über den gemeinsamen europäischen Markt PCP-haltige Produkte auch wieder in die Bundesrepublik gelangen.[71]

Bei der Herstellung der Chlorbenzole entsteht zwangsläufig ein lästiges Nebenprodukt, das die Geschichte der Chlorchemie seit Beginn des Jahrhunderts durch besonders fragwürdige «Verwertungsmethoden» bereichert, das p-Dichlorbenzol. Zunächst wurde dieses kristalline Zeug – wie viele andere giftige Nebenprodukte der Chlorchemie – als Schädlingsbekämpfungsmittel verkauft. Im Ersten Weltkrieg wurden Schützengräben, Strohlager und Unterstände (relativ erfolglos) mit einer Lösung von p-Dichlorbenzol in Terpentin eingenebelt, um der Läuseplage Herr zu werden. Mixturen von fragwürdiger Wirksamkeit gegen Schädlinge im Wein- und Obstbau, gegen Zuckerrohrpest, Ungeziefer, Haustierparasiten oder die Mäuseplage wurden damit zusammengepanscht. In Imprägniermitteln sollte es die Fäulnis von Holz und Geweben verhindern. Häute und Felle wurden mit p-Dichlorbenzol konserviert. Als «Globol» fand es Eingang in die Kleiderschränke. In der Tiermedizin wurde es als Wurmmittel verwendet. Selbst in der Humanmedizin wurde es zu diesem Zweck eingesetzt (in «Antoxurin»-Pillen). Eine Lösung von p-Dichlorbenzol in TETRA wurde sogar als antiseptisches Mittel gegen Hautkrankheiten angepriesen.[72]

Im technischen Bereich wurde p-Dichlorbenzol Kunststoffen, Isolationsmaterialien, Kühlerflüssigkeiten und Schmiermitteln zugemischt. Geschmolzenes p-Dichlorbenzol diente als Reinigungsmittel für Rohwolle.

Bereits 1921 wurden in den USA, dem Land der unbegrenzten Möglichkeiten, erstmals Stücke gepreßten p-Dichlorbenzols als «Geruchsverbesserer» angeboten. Diese Erfindung, die sich vor allem in Form der «Pinkelsteine» durchsetzte, wurde zum erfolgreichsten Entsorgungspfad für den lästigen Chemiemüll. Umweltbundesamt und Bundesgesundheitsamt haben 1985 warnend auf das Problem der Gewässerbelastung durch p-Dichlorbenzol aus Anwendungen im Hygienebereich hingewiesen. Auch die Luftbelastung mit p-Dichlorbenzol erwies sich als riskant. Vor allem das Rauchen auf der Toilette, eine unbeherrschbare Schülerunsitte, bekam durch die «Geruchsverbesserer»-Dünste eine neue Qualität: Die Zigarettenglut bietet geradezu ideale Reaktionsbedingungen für die Bildung von Dioxinen aus p-Dichlorbenzol. Höhepunkt der makabren «Verwertungs»-Geschichte des p-Dichlorbenzols ist dessen Verwendung als «Sargeinstreumittel» zur Übertönung von Leichengeruch.[73] Gelangen die so behandelten Särge in das Krematorium, so ist bei der Verbrennung mit der Entstehung erheblicher Mengen Dioxin zu rechnen.

Nachdem das p-Dichlorbenzol in der Bundesrepublik stark ins Gerede gekommen ist, ist der Verbrauch hierzulande erheblich gesunken. 65 bis 75 Prozent der in der Bundesrepublik jährlich anfallenden ca. 20000 Tonnen p-Dichlorbenzol gehen seitdem in den Export.[74]

Ein anderes sehr lästiges Nebenprodukt der Chlorchemie ist das Hexachlorbenzol. Es entsteht unter anderem als Nebenprodukt bei der Herstellung von PER und TETRA durch Chlorolyse. In der Bundesrepublik fallen jährlich etwa 8–10000 Tonnen an, die überwiegend als Sondermüll entsorgt werden müssen.

Eine weitere Gruppe skandalträchtiger Chloraromaten sind die polychlorierten Biphenyle (PCBs), die seit 1929 in der Elektrotechnik als Isolier- und Kühlmittel verwendet wurden. Weitere Anwendungsgebiete wurden in den Bereichen Lackherstellung, Hydrauliköle und Kunststoffweichmacher erschlossen. Nach einem Vergiftungsskandal in Japan (Yusho-Krankheit) und der Feststellung, daß PCBs wegen ihrer Persistenz und Anreicherung in der Nahrungskette zu den gefährlichsten Umweltgiften gehören, mußte die Herstellung und Verwendung eingestellt werden. Von den noch in Produkten wie Kondensatoren oder hydraulischen Systemen vorhandenen PCB-Mengen gehen weiterhin beträchtliche Risiken aus. Im Brandfall muß mit der Entstehung von Dioxinen gerechnet werden, und durch Leckagen frei werdende PCBs reichern sich in den Nahrungsketten an. Die bei Seehunden zu findenden hohen PCB-Gehalte im Körperfett werden als eine der Ursachen für die Populationsrückgänge durch Unfruchtbarkeit und erhöhte Infektionsanfälligkeit angesehen.[75]

Der unheimliche Aufstieg der Chlorchemie

In Deutschland sorgte nach dem Ersten Weltkrieg vor allem die erfolgreiche Vermarktung der chlorhaltigen Lösungsmittel für einen kontinuierlichen Anstieg der Chlorproduktion. Weltweit stieg vor allem der Chlorverbrauch der Zellstoffindustrie stark an. 1929 wurden etwa 100 000 Tonnen Chlor zur Zellstoffbleiche verwendet, 1936 waren es bereits 200 000 bis 250 000 Tonnen. Die Weltproduktion an elektrolytisch erzeugtem Chlor stieg in diesem Zeitraum von 400 000 auf 600 000 bis 700 000 Tonnen.[76]

Die USA stiegen in dieser Zeit zum weitaus größten Chlorproduzenten und -verbraucher auf. 1935 wurden in den USA 290 000 Tonnen Chlor produziert. Die Hälfte davon verbrauchte die Zellstoff- und Papierindustrie. Ein Hauptzweig der Chlorchemie in den USA entstand auf der Basis von 1,2-Dichlorethan, das aus Ethylen und Chlor gewonnen wurde. Dieses billig und massenhaft herstellbare Produkt fand in Amerika breite Verwendung und nahm dort die Vorrangstellung unter den CKW ein, die in Deutschland bis in die sechziger Jahre das TRI innehatte. 1,2-Dichlorethan wurde als Extraktions- und Lösungsmittel, aber auch als Insektizid und Fungizid und als Zusatz zu Antiklopfmitteln verwendet. Wichtiger als die direkten Verwendungsgebiete des 1,2-Dichlorethans wurden seine Folgeprodukte. Die aus Acetylen und Chlor gewinnbaren Produkte wie TRI, PER oder Vinylchlorid sind auch über das 1,2-Dichlorethan herstellbar. Ein anderes aus Ethen und Chlor herstellbares Produkt ist das Ethylenchlorhydrin, dessen Folgeprodukt Ethylenglykol als Kühlerflüssigkeit und als Grundstoff zur Lösungsmittelherstellung (Glykolether und -ester) verwendet wird. Da Vinylchlorid in den USA aus Ethylen und Chlor über 1,2-Dichlorethan sehr billig hergestellt werden konnte, waren auch die Bedingungen für die PVC-Produktion günstig, die hier in den dreißiger Jahren begann. Chlorethan fand in den USA in den zwanziger Jahren zunehmend Verwendung zur Herstellung von Tetraethylblei als Antiklopfmittel für Motorkraftstoffe.

In Deutschland wirkten sich die ökonomischen Vorbereitungen des

Zweiten Weltkrieges und die damit verbundenen Autarkiebestrebungen als starke Triebfedern für die weitere Entwicklung der Chlorchemie aus.

Das mengenmäßig wichtigste Produkt der Chlorchemie wurde im Zweiten Weltkrieg das Ethylenchlorhydrin; 1943 wurden zu seiner Herstellung ca. 145 000 Tonnen Chlor verbraucht. Die Folgeprodukte wurden als Kühlerflüssigkeit für Motoren, als Zwischenprodukt für die Sprengstoffherstellung und für die Kampfstoffproduktion (Lost) eingesetzt.

Die Chlorproduktion stieg in Deutschland zwischen 1936 und 1943 von 192 000 auf 492 000 Tonnen pro Jahr. Die für 1944 vorgesehene Kapazität von ca. 700 000 Tonnen wurde nicht mehr erreicht. Die Herstellung organischer Produkte beanspruchte 1943 in Deutschland 68 Prozent der Chlorproduktion.[77]

Da auch die anderen kriegführenden Länder, darunter vor allem die USA, ihre Chlorproduktion stark erhöht hatten, stieg die Weltproduktion zwischen 1936 und 1942 von 650 000 auf 1 900 000 Tonnen. 1945 produzierten die USA alleine mehr als eine Million Tonnen Chlor.[78]

Nach dem Zweiten Weltkrieg kam es wider Erwarten zu keinem Rückgang der Weltchlorproduktion. Vor allem in den USA, wo die Verfügbarkeit großer Mengen petrochemischer Grundstoffe und günstige Stromtarife organische Chlorverbindungen sehr billig produzierbar machten, hielt das starke Wachstum unvermindert an. Dazu trug auch die erneute Kriegskonjunktur während des Koreakrieges 1950 bis 1953 bei. Zwischen 1945 und 1955 verdreifachte sich die Chlorproduktion in den USA auf über drei Millionen Tonnen.

In Deutschland überstanden die Chlor-Alkali-Elektrolyse-Anlagen den Krieg weitgehend unzerstört. In der DDR, die einen großen Teil der Chlorkapazitäten der I.G. Farben übernommen hatte, konnten die bei hohem Natronlaugebedarf miterzeugten Chlormengen zunächst nur teilweise verwertet werden. So wurden noch bis zur Mitte des Jahres 1950 rund 50 Prozent der im Elektrochemischen Kombinat Bitterfeld erzeugten Chlormengen vernichtet. Für das Gebiet der Bundesrepublik legten die westlichen Besatzungsmächte die zulässige Chlorkapazität zunächst auf 200 000 Tonnen pro Jahr fest. Diese Produktionsbeschränkung wurde 1951 aufgehoben. In den fünfziger Jahren wurden in beiden Teilen Deutschlands die chlorverbrauchenden Zweige der chemischen Industrie stark ausgebaut.[79]

Die Chemischen Werke HÜLS (CWH), heute HÜLS AG, die während des Zweiten Weltkrieges von der I.G. Farben als Synthesekautschukwerk errichtet worden waren, haben nach dem Krieg, als die Synthesekautschukherstellung begrenzt worden war, die Methanchlorierung und die PVC-Herstellung in ihr Produktionsprogramm aufgenommen. Die CWH wurde zu einem der führenden Hersteller von CKW und PVC.

Niedrige Strompreise, billig verfügbare Steinsalzvorkommen sowie eine großzügige Industrieansiedlungspolitik veranlaßten in den sechziger und siebziger Jahren internationale Chemiekonzerne, sich in der Bundesrepublik mit großen Werken in der Chlorchemie zu engagieren. 1969 begann die Dow Chemical Co. am Bützflethersand bei Stade mit der Errichtung des größten Chlor produzierenden Werkes der Bundesrepublik, dessen zweiter Bauabschnitt 1975 in Betrieb ging. Das Produktionsprogramm umfaßt die Chlorierungsprodukte von Methan, Ethen und Propen sowie Folgeprodukte. Die petrochemischen Ausgangsstoffe werden aus dem Dow-Werk in Holland bezogen. Die Produkte gehen zu einem beträchtlichen Teil per Schiffsfracht zur Weiterverarbeitung in andere Dow-Betriebe.

Die ICI errichtete zwischen 1978 und 1980 mit großer finanzieller Unterstützung durch die öffentliche Hand in Wilhelmshaven ein PVC-Werk.

Diese Ansiedlungen sind das Ergebnis einer verfehlten Wirtschaftspolitik. Durch Investitionshilfen in Milliardenhöhe wurde nur eine geringe Zahl an Arbeitsplätzen geschaffen. Dafür wurden langfristige finanzielle Belastungen der öffentlichen Hand durch subventionierte Strom- und Wasserpreise sowie erhebliche Störfallrisiken und ökologische Folgewirkungen mit unkalkulierbaren Kosten in Kauf genommen.[80]

Chlor und Chlorverbindungen stehen heute am Anfang einer vielstufigen und weit differenzierten Folgeproduktion, an deren Ende eine breite Palette von Produkten zur Weiterverarbeitung oder zum Konsum (Kunststoffe, Kunstfasern, Lösungsmittel, Pestizide, Farbstoffe, Waschmittel, Pharmazeutika etc.) steht. Chlor tritt dabei häufig nur als Synthesevermittler auf und geht dann nicht substanziell in die Endprodukte ein. Das Chlor wurde zum wichtigsten anorganischen Grundstoff, vor der Schwefelsäure und den Alkalien. Die Höhe des Chlorverbrauchs löste nach dem Zweiten Weltkrieg die Schwefelsäureproduktion als Maßstab für die Fortschritte der chemischen Industrie eines Landes ab.[81]

In Deutschland werden heute jährlich rund vier Millionen Tonnen Chlor erzeugt. Etwa 60 Prozent der deutschen Chemieproduktion sind heute direkt oder indirekt mit der Chlorchemie verbunden. Auf Westeuropa und die USA entfällt mit je rund 10 Millionen Tonnen jeweils etwa ein Viertel der Weltproduktion an Chlor, die eine Größenordnung von 40 Millionen Tonnen erreicht hat.

Konfliktfeld Chlorchemie

Der durch die Rüstungskonjunkturen zweier Weltkriege und den Wirtschaftsboom der Nachkriegszeit forcierte Siegeszug der Chlorchemie war stets von deutlichen Warnzeichen begleitet. Aber trotz der zahllosen Vergiftungsfälle, Umweltzerstörungen und Katastrophenmeldungen dauerte es bis zum Beginn der 80er Jahre, daß die Chlorchemie in Gänze in das Blickfeld einer kritischen Bewertung geriet. Der Präsident des Umweltbundesamtes stellte sämtliche Chlor-Kohlenstoff-Verbindungen 1980 unter den generellen Verdacht der Umweltschädlichkeit.[82] Erst jetzt begann man zu begreifen, daß die in der Natur sonst nur in Ausnahmefällen vorkommenden organischen Chlorverbindungen eine neue Qualität in der stofflichen Zusammensetzung der Biosphäre bilden und in den Umweltmedien Boden, Wasser und Luft unkalkulierbare Veränderungen hervorrufen.

In der Stoffgruppe der chlorierten Kohlenwasserstoffe treten folgende Eigenschaften gehäuft auf:
- Seltenheit in der natürlichen Umwelt
- Persistenz in der Umwelt
- Akkumulierbarkeit in Organismen und Sedimenten
- krebserzeugende oder krebsfördernde Wirkung
- erbgutverändernde Wirkung
- fruchtschädigende Wirkung
- Neurotoxizität (Wirkung als Nervengift)
- akute Giftigkeit
- Quelle hochtoxischer Schadstoffe (PCDD/PCDF)
- ozonschädigende Wirkung[83]

Die unvertretbar hohe Schadstoffbelastung der menschlichen Muttermilch beruht im wesentlichen auf chlorierten Kohlenwasserstoffen: auf HCH-Isomeren, PCB, HCB, PCDD/PCDF, Heptachlorepoxid, Dieldrin, DDE.[84]

Tabelle 10: Chlorerzeuger in der Bundesrepublik (1989)

Produzent	Standorte	Produktionskapazität in 1000 t
Bayer AG	Leverkusen, Dormagen, Uerdingen, Brunsbüttel	934
Hoechst AG	Frankfurt-Hoechst, Gendorf, Gersthofen, Knapsack	490
BASF	Ludwigshafen	300
Dow Chemical	Stade	880
Hüls AG	Marl	310
Wacker-Chemie	Burghausen	157
ICI	Wilhelmshaven	130
Elektromie	Ibbenbüren	145
Solvay	Rheinberg	215
Degussa AG	Hürth	30
Summe		3591

Quelle: SRI International 1990

Wie berechtigt der generelle Verdacht gegenüber der Chlorchemie ist, zeigt die Tatsache, daß 92 von 129 geächteten Stoffen auf der schwarzen Liste der EG-Gewässerschutzrichtlinie chlorierte Kohlenwasserstoffe sind. Auch die Hälfte der 60 Stoffe auf der ersten Prioritätenliste des Beratergremiums für umweltrelevante Altstoffe (BUA) sind halogenierte Kohlenwasserstoffe.[85]

Nach den «Hits» DDT, PCB, FCKW oder PCP ist das «Dioxinproblem» heute ein die ganze Chlorchemie betreffender Problembereich. Chlorchemie und Dioxinproblematik standen in den letzten Jahren im Mittelpunkt mehrerer chemiepolitischer Tagungen.

Tabelle 11: Chlorverbrauchsstruktur in der Bundesrepublik (1987)

Einsatzmengen absolut (10^3 t)	in %	Verwendung	Weiterverarbeitung bzw. Einsatzbereiche Bemerkungen
952	27,2	PVC u. a. chlorhaltige Polymere (ca. 1,3 Mio. t)	Kabel- und Leitungsisolation, Folien, Fußbodenbeläge, Profile, Schläuche, Streichkunstleder, Platten, Blöcke, Rohre u. Dachrinnen, Hohlkörper, Spritzgußerzeugnisse, Schallplatten, Fenster- u. a. Profile, Tauch-, Guß- u. geschäumte Art., Verpackungsmaterialien, Verbundwerkstoffe; CKW als Nebenprodukte
647	18,9	chlorierte Lösungsmittel	dazu gehören u. a. Methylenchlorid, 1,1,1-Trichlorethan, Trichlorethen und Tetrachlorethen; Verwendung in chemischen Reinigungen, zur Metallentfettung, als Kaltreiniger, in Abbeizmitteln; aromatische CKW als Nebenprodukte
160	4,6	Chloraromaten (einschl. Pestizide)	(Herstellung durch Chlorierung von Aromaten wie Benzol, Toluol, Phenol, Naphthalin) Verwendung als Lösungsmittel und als Isolatorstoffe in der Elektroindustrie; Weiterverarbeitung zu Pestiziden, Farbstoffen etc.; hochchlorierte und hochtoxische Rückstände; u. U. Dioxinverunreinigung; Entsorgung problematisch
1303	37,2	sonstige organische Produkte	
davon			
ca. 650		Propylenoxid	50 % zu Polyurethan-Kunststoffen, 25 % zu Frostschutzmitteln, Bremsflüssigkeiten, Kunstharzen; im Endprodukt taucht Chlor nicht mehr auf, wird größteils als Calcium- und Natriumchlorid mit dem Abwasser ausgeschleust; Chlorpropane problematische Nebenprodukte

ca. 200		Phosgen	90 % zu Diisocyanaten, die zu Polyurethan-Kunststoffen weiterverarbeitet werden (ca. 80 % Schaumstoffe, Rest: Farb- und Klebstoffzusätze, Textilbeschichtungen u. a. Kunststoffe)
ca. 100		FCKW	= Fluorchlorkohlenwasserstoffe; Treibgase und Kühlmittel
ca. 300		sonst. org. Chemikalien	u. a. Epichlorhydrin: wichtigster Reaktionspartner für Epoxidharze (Zweikomponentenkleber), Ausgangsstoff für synth. Glycerin; Waschmittelrohstoffe, Kunstfasern, Pharmaka, Chlorkautschuk
325	9,3	Bleichmittel und sonst. anorg. Produkte	Verwendung von Bleichmitteln in der Zellstoff-, Papier- und Textilindustrie; Entstehung von Dioxinen etc. bei Chlorbleiche; Herstellung von Salzen und Pigmenten etc.

Quellen: Matthies, H.: Sanfte Chemie – eine Alternative? Unveröffentlichtes Manuskript. Hamburg 1987; Henseling, K.O.: Struktur und Entwicklungsdynamik chemischer Risiken am Beispiel der Chlorchemie. WSI-Mitteilungen 41 (1988), Heft 2, 69–78; Schulze, J.: Mengenbilanz der Chlor-Alkali-Chemie. Chemiker-Zeitung 113 (1989) 6, 207–214

Das Dioxinproblem

1957 gelang dem Holzchemiker Sandermann der Nachweis von «Dioxin» als dem extrem giftigen Bestandteil, der bei der Herstellung von Chlorphenolen und anderen Chloraromaten wie perchlorierten Naphthalinen vor allem bei Produktionsstörungen entstehen kann und schwere Erkrankungen verursachte (Chlorakne, Perna-Erkrankung). Solche Erkrankungen traten bei einer Vielzahl von Störfällen in der chemischen Industrie auf, am bekanntesten wurde der Chemieunfall, der sich 1976 in Seveso in einer Anlage zur Herstellung von 2,4,5-T ereignete.[86] Dioxine, genauer polychlorierte Dibenzodioxine und Dibenzofurane (PCDD und PCDF), werden in der Umwelt nur sehr langsam abgebaut und aufgrund ihrer hohen Fettlöslichkeit in der Nahrungskette angereichert. Der wichtigste Vertreter dieser Stoffgruppe, das 2,3,7,8-Tetrachlordibenzodioxin (TCDD) kann bereits in unvorstellbar kleinen

Mengen toxisch wirken. Bereits ein Millionstel Gramm Dioxin reicht aus, um ein Meerschweinchen zu töten. Die Menge, die Ratten lebenslang über Futter höchstens verabreicht werden kann, ohne daß Schäden erkennbar werden («no effect level»), liegt in der Größenordnung von einem Milliardstel Gramm. Das entspricht Konzentrationen im Futter im Bereich von einem ppt (= 1 part per trillion = 1 : 1 000 000 000 000).[87] Eine Konzentration von einem ppt liegt beispielsweise bei einer Belastung von einer Million Tonnen Futter mit nur einem Gramm Dioxin vor. Aus diesen Zahlen wird deutlich, welche Gefahr bereits von wenigen Gramm Dioxin ausgeht.

Die im Vietnamkrieg freigesetzte Dioxinmenge wird auf 170 Kilo geschätzt. Auch nach der Seveso-Katastrophe und dem Bekanntwerden der im Vietnamkrieg verursachten Dioxinvergiftungen trat zunächst noch keine nachhaltige Neubewertung der Risiken ein, die mit der Chlorchemie verbunden sind.[88]

Erst die Feststellung, daß in fast jedem Bereich der Chlorchemie mit dem Auftreten von Dioxinen zu rechnen ist, dazu die Beobachtung, daß die Gesamtbelastung der Umwelt mit Dioxinen bedrohlich steigt, führten dazu, daß das Dioxin als grundsätzliches Problem der Chlorchemie erkannt wurde.

Als Quellen für Dioxine sind unter anderem bekanntgeworden:

- Produktionsrückstände der Chlorchemie
- Verunreinigung in Produkten der Chlorchemie
- Altlasten der Chlorchemie
- Störfälle in der Chlorchemie (Seveso etc.)
- Brände
- Chlorbleiche (Zellstoff, Papier etc.)
- Kabelschwelereien (PVC-Isolationen)
- metallurgische Verfahren

Da die Ursachen für die besorgniserregenden Dioxinemissionen auf verschiedenen Stufen der Chlorchemie bei der Produktion, Verwendung und Entsorgung zu finden sind, endete der internationale Dioxinkongreß in Karlsruhe im Januar 1990 mit dem Lösungsvorschlag, die Chlorchemie insgesamt herunterzufahren.[89] Umweltbundesamt und Bundesgesundheitsamt haben im Anschluß an diesen Kongreß einen ersten Sachstandsbericht verfaßt, in dem Maßnahmen zur Reduzierung der Dioxinbelastung vorgeschlagen werden, die auf eine drastische Beschränkung der Chlorchemie hinauslaufen.[90]

Strukturveränderungen in der Chlorchemie

Obwohl die chemische Industrie die generelle Infragestellung der Chlorchemie weiterhin zurückweist und auf der Einzelstoffbewertung besteht, sind verschiedene Entwicklungen erkennbar oder zumindest absehbar, die insgesamt auf einen Strukturwandel der Chlorchemie hinauslaufen:

- Steigende Stromkosten stellen die Wirtschaftlichkeit insbesondere von Massenprodukten der Chlorchemie in Frage,
- strengere Auflagen für den Emissionsschutz (z. B. bei CKW) fördern Alternativen,
- es drohen weitere Verbote, wie sie für DDT, PCP und PCBs bereits bestehen,
- für Chlor und bestimmte Chlorprodukte wie Lösungsmittel oder Pestizide sind Umweltabgaben bzw. -steuern in der Diskussion,
- steigende Kosten für die Sondermüllbehandlung erhöhen die Produktionskosten in der Chlorchemie und verschlechtern die Absatzmöglichkeiten für Chlorchemikalien,
- umweltbewußtes Verbraucherverhalten diskreditiert Produkte der Chlorchemie. Das Adjektiv «chlorfrei» ist zu einem werbewirksamen Begriff geworden.

Wegen des hohen Stromanteils an den Herstellungskosten von Chlor besteht ein Zusammenhang zwischen der Entwicklung der Chlorchemie und der Entwicklung der Strompreise. Ein starker Anstieg der Strompreise, wie er im Zusammenhang mit dem Ausstieg aus der Kernenergie diskutiert wurde, würde nach Einschätzung des RWI auf die Preise von Massenprodukten der Chlorchemie wie PVC durchschlagen und zu Nachfragerückständen führen.[91] Eine deutliche Anhebung der Strompreise würde auf die chemische Industrie einen Innovationsdruck in Richtung auf eine zumindest teilweise Substitution der Chlorchemie ausüben. Die internationale Wettbewerbsfähigkeit der chemischen Industrie würde durch einen derartigen Strukturwandel kaum berührt.[92] In Erwartung steigender Stromkosten hat der ICI-Konzern in seinen strategischen Planungen für die neunziger Jahre einen Rückgang der Chlorchemie und speziell der PVC-Produktion einkalkuliert.[93]

Die Chlorchemie ist durch die Kuppelproduktion von Natronlauge eng mit dem Alkalienmarkt verknüpft. Während in vergangenen Entwicklungsphasen der chemischen Industrie ein hoher Natronlaugebedarf das

Chlor zu einem Überschußprodukt werden ließ, für das Absatzmöglichkeiten gesucht wurden, ist heute eher die Natronlauge das Überschußprodukt. Natronlauge kann darüber hinaus für wichtige Einsatzzwecke durch Soda ersetzt werden, bei deren Herstellung kein Chlor anfällt. Durch einen Rückgang der Chlorproduktion ist daher keine größere Störung des Alkalienmarktes zu erwarten.

In der chemischen Industrie der Bundesrepublik wird die Bereitschaft erkennbar, besonders problematische Chlororganika wie insbesondere die höher chlorierten aromatischen Kohlenwasserstoffe aus der Produktion zu nehmen und für chlorhaltige Verkaufsprodukte Recyclingverfahren zu unterstützen. Bei leichtflüchtigen CKW rechnet die Industrie mit einem kontinuierlichen Rückgang der Verwendung als Lösungsmittel. Die Verwendung von leichtflüchtigen CKW (vor allem von PER) und teilhalogenierten FCKW in geschlossenen Systemen (Chemischreinigung, Metallentfettung etc.) wird von der chemischen Industrie aber weiterhin verteidigt.

Die Verwendung von Chlor als Bleichmittel in der Zellstoff- und Papierherstellung, die für einen erheblichen Teil der Gewässerbelastung durch chlorierte organische Verbindungen verantwortlich ist, ist in der Bundesrepublik rückläufig.

Die Zweige der Chlorchemie, bei denen problematische Nebenprodukte entstehen, geraten unter Druck, da die Absatzmöglichkeiten für die Chlorolyseprodukte PER und TETRA immer schlechter werden und die chlorhaltigen Rückstände seit Ende 1990 nicht mehr durch Verbrennen auf hoher See beseitigt werden dürfen. Den größten Anteil mit etwa 50 Prozent bilden Rückstände aus der Herstellung von Propylenoxid über Propylenchlorhydrin (vor allem 1,2-Dichlorpropan). Hier ist eine Umstellung auf chlorfreie Oxidationsverfahren möglich, bei der keine CKW-haltigen Rückstände anfallen.[94] Der zweitgrößte Anteil an den CKW-haltigen Produktionsrückständen, die in die Chlorolyseanlagen gehen, stammt aus der EDC/VC-Herstellung.[95] Bei sinkenden Absatzmöglichkeiten für Chlorolyseprodukte ergibt sich die Notwendigkeit, die CKW-haltigen Produktionsrückstände der teuren Hochtemperaturverbrennung zuzuführen.

Die Entwicklung der Abfallbeseitigungskosten ist generell ein ökonomischer Faktor, der sich auf die künftige Entwicklung der Chlorchemie auswirken wird. Da einerseits bei der Produktion problematische Abfälle entstehen und andererseits auch Probleme bei der Entsorgung von verbrauchten Endprodukten der Chlorchemie auftreten, ist zu erwarten, daß auch steigende Entsorgungskosten einen Strukturwandel in der chemischen Industrie im Sinne eines Rückganges der Chlorchemie beschleunigen werden.

Nicht das Wachstum der Chlorproduktion, sondern deren Rückgang wird in Zukunft ein Maß für die Fortschrittlichkeit der chemischen Industrie eines Landes sein. Der Rat von Sachverständigen für Umweltfragen stellte in seinem Sondergutachten «Abfallwirtschaft» vom September 1990 fest:

> «Unter Chemikern und Verfahrenstechnikern in Industrie und Hochschulen wird zunehmend die Einschätzung vertreten, daß der dynamische Ausbau der Chlorchemie in den 50er und 60er Jahren einen der entscheidenden Fehler in der industriellen Entwicklung des 20. Jahrhunderts darstellt und nicht erfolgt wäre, hätte damals schon der heutige Erkenntnisstand über die durch die Chlorchemie verursachten Umweltschäden und Gesundheitsgefährdungen vorgelegen. Denn viele der nachsorgenden Aktivitäten der Umwelt- und Gesundheitspolitik beschäftigen sich seit Jahren damit, die durch die Chlorchemie hervorgerufenen Schäden, soweit sie überhaupt in ihrem vollen Ausmaß erkannt sind, zu reparieren.»[96]

1990 ist die Chlorproduktion in Europa gegenüber dem Vorjahr um 4,6 Prozent von 9,72 auf 9,28 Millionen Tonnen zurückgegangen.[97] Ob das bereits eine Trendwende bedeutet, muß trotz ermutigender Entwicklungen in Einzelbereichen der Chlorchemie bezweifelt werden. Für die USA wird ein weiteres Ansteigen der Chlorproduktion von 11 Millionen Tonnen im Jahr 1989 auf 11,5 Millionen Tonnen bis 1994 prognostiziert. Grund für diese Annahme ist einerseits der dort steigende Natronlaugebedarf und andererseits die gute Absetzbarkeit von PVC und Lösungsmitteln auf dem Weltmarkt. Die europäischen Produzenten werden auf ihren Anteil an diesem Kuchen nicht verzichten wollen, zumindest nicht freiwillig.[98]

Die Chlorchemie wird auf absehbare Zeit ein wichtiger Gegenstand globaler Umweltpolitik bleiben.

Chemisierung der Landwirtschaft

In den vorangegangenen beiden Kapiteln wurden quantitative und qualitative Aspekte der Entwicklung chemischer Produktionslinien am Beispiel ausgewählter Stoffe beziehungsweise Stoffgruppen problematisiert. Bei der Stickstoffchemie stand die quantitative Belastung natürlich vorkommender Stoffe im Vordergrund, und bei der Chlorchemie wurde die Problematik der Belastung von Gesundheit und Umwelt mit naturfremden synthetischen Substanzen herausgearbeitet. In den Anwendungsbereichen der Chemieproduktion treffen diese quantitativen und qualitativen Effekte zu komplizierten Problemkomplexen zusammen. Am Beispiel der Chemisierung der Landwirtschaft soll einer dieser Problemkomplexe skizziert werden.

Obwohl die Entwicklung der Landwirtschaft bereits seit Beginn des vorigen Jahrhunderts von der industriellen Entwicklung beeinflußt und dominiert wurde, blieb der optimale Einsatz innerlandwirtschaftlicher Produktionsmittel bis zum Zweiten Weltkrieg der entscheidende Faktor der agrarischen Produktion. Erst danach rückte der Einsatz außerlandwirtschaftlich erzeugter industrieller Produktionsmittel (Agrarchemikalien, Maschinen etc.) in den Vordergrund. Der hohe Nahrungsmittelbedarf nach 1945 und die Entscheidung der Westmächte für eine schnelle Reindustrialisierung der Bundesrepublik wies der Landwirtschaft eine der industriellen Entwicklung dienende Funktion zu. Die Entwicklung in der (ehemaligen) DDR fand unter anderen politischen Vorzeichen in ähnlicher Richtung statt.

Die sprunghaft zunehmende Chemisierung der Landwirtschaft hat im Verein mit den allgemeinen Umweltbelastungen zu einer dramatischen Gefährdung der natürlichen Produktionsgrundlagen der Landwirtschaft geführt.

Störung der Nährstoffkreisläufe

Die bereits von LIEBIG und verschiedenen seiner Zeitgenossen kritisch gesehene zunehmende Unterbrechung der natürlichen Nährstoffkreisläufe eskalierte nach dem Zweiten Weltkrieg. In Deutschland begann erst in den fünfziger Jahren die umfassende Chemisierung der Landwirtschaft. Die bis dahin noch weithin praktizierten Prinzipien der Nährstoffgewinnung (durch Anbau von Stickstoffsammlern) und der Nährstoffumwälzung (durch konzentrierte Stallmistgaben und darauf abgestimmte Fruchtfolgen) wurden zugunsten der Nährstoffzufuhr in Form industriell produzierten Mineraldüngers zurückgedrängt. Der Anteil der Mineraldünger übertraf den Anteil an Stalldung erst seit etwa 1950. Zu dieser Zeit begann sich die Art des Mineraldüngereinsatzes von einer bodenverbessernden zu einer kurzfristig und unmittelbar ertragssteigernden Düngung zu wandeln.[1] Die Einsatzmenge an Mineraldünger (Stickstoff, Phosphat, Kali) lag 1950/51 in Deutschland mit 102,3 kg/ha bereits knapp über der von 1938/39 mit 94,9 kg/ha. 1980/81 wurden von diesen drei Hauptdüngestoffen durchschnittlich 288,4 kg/ha ausgebracht. Der Anteil an Stickstoffdünger nahm dabei überproportional zu.[2] Die Störung des natürlichen Stickstoffkreislaufs gefährdet heute die Trinkwasserversorgung, trägt zum Waldsterben und zum Artenrückgang bei und ist am Zusammenbrechen von Meeresökosystemen beteiligt.

Aus Sicht der Kunstdünger produzierenden chemischen Industrie schien die Zerstörung natürlicher Nährstoffkreisläufe noch 1980 eine selbstverständliche Begleiterscheinung des Zivilisationsprozesses zu sein. Jedenfalls heißt es in einem damals anläßlich eines BASF-Symposiums zum Thema «Chemie und Landwirtschaft» formulierten Text: «Man kann feststellen, daß, je weiter eine Zivilisation entwickelt ist, um so geringer der Rücklauf der Nährstoffe zum Acker stattfindet.»[3]

Diese Auffassung steht in einem bemerkenswerten Gegensatz zu dem bereits 1907 von BONNE formulierten Kulturbegriff, «daß es ... erst der höheren Kultur vorbehalten sei, die Abfallstoffe zu verwerten, das heißt in wirtschaftlich und hygienisch einwandfreier Form dem Kreislauf der Natur und des Nationalhaushaltes wieder zuzuführen».[4]

Zu der eskalierenden Zerstörung der natürlichen Nährstoffkreisläufe trägt auch die aus betriebswirtschaftlichen Rationalisierungsgründen erfolgte zunehmende Entkopplung von Tier- und Pflanzenproduktion wesentlich bei. Daraus ergibt sich nicht nur eine wachsende Abhängigkeit der Pflanzenproduktion von mineralischen Düngemitteln. Die tierischen Exkremente fallen bei der Massentierhaltung nicht mehr als Stallmist, sondern als «Gülle» an. Bei der sogenannten «Spaltbodenhaltung» erfolgt die Beseitigung der Exkremente durch Abspülen in Rinnen und Becken. Diese nur mit Wasser verdünnten Exkremente sind erst nach längerer «Reifung» als Düngemittel geeignet. Bei der Massentierhaltung fallen so große Güllemengen an, daß eine sachgemäße Lagerung, Behandlung und Ausbringung erhebliche Zusatzkosten verursacht, zumal die Böden in der näheren Umgebung der Großmästereien nur begrenzt aufnahmefähig sind. Die Versuchung, «kostensparende», aber umweltbelastende, kriminelle Entsorgungsmethoden wie das Abpumpen in Bäche oder Teiche («Lagunenwirtschaft») oder das von der Düngewirkung her unsinnige Aufbringen auf die Felder in den Wintermonaten anzuwenden, ist groß. Die Notwendigkeit, den Schadstoff Gülle durch aufwendige Aufbereitungsverfahren zu «entschärfen», ist das folgerichtige Ergebnis einer Naturzusammenhänge grob mißachtenden Tierproduktion.

Mit der massiven Überdüngung und der Trennung von Tier- und Pflanzenproduktion wurden die Nährstoffkreisläufe nicht nur unterbrochen, sondern darüber hinaus auch noch zunehmend vergiftet. Weder der industrialisierte Pflanzenbau noch die Massentierhaltung kommen heute ohne den massiven Einsatz diverser chemischer Hilfsmittel in Form von Pflanzenbehandlungsmitteln, Tierarznei- oder Masthilfsmitteln aus. Diese Stoffe belasten zusammen mit den aus anderen Quellen stammenden Schadstoffen die Teile der Nährstoffkreisläufe, die aus der Produktion und dem Konsum landwirtschaftlicher Produkte wieder auf den Acker zurückkommen. Sowohl die Gülle als auch der Klärschlamm sind heute eher als Sondermüll denn als Düngemittel anzusehen. Angesichts des oft ins Kriminelle abgleitenden Umgangs mit diesen Abprodukten der industrialisierten Nahrungsmittelproduktion und -konsumption ist sogar anzuzweifeln, ob unsere Gesellschaft sich auf der von BONNE durch eine ordnungsgemäße Beseitigung der «Abgänge» charakterisierten «niederen Kulturstufe» befindet. BONNE würde den derzeitigen Zustand wohl eher als «Unkultur» bezeichnet haben.

Pflanzenbehandlungsmittel

Die Anwendung von Schädlingsbekämpfungsmitteln in der Landwirtschaft hat eine lange Tradition. Zu einer erheblichen Verschärfung der Schädlingsproblematik kam es, nachdem die kaiserliche Regierung die deutschen Kleinmühlen geschlossen und eine zentrale Zwangswirtschaft bei der Getreideversorgung eingeführt hatte. Durch längere Lagerzeiten und Transportwege nahm auch der Schädlingsbefall zu. Abhilfe versprach Fritz Haber, der durch sein Engagement auf dem Kampfstoffgebiet über hinreichende Erfahrungen mit Giftstoffen verfügte. 1917 wurde Habers Institut um eine Abteilung für Schädlingsbekämpfung erweitert, die sich vor allem mit der Verbesserung der Methoden des Einsatzes von Zyaniden zur Begasung mit Blausäure beschäftigte. Aus diesen Arbeiten ging ein Produkt mit der Bezeichnung «Zyklon B» hervor, das später in den Gaskammern von Auschwitz und anderen Konzentrationslagern grauenvolle Anwendung fand.[5]

Zum beherrschenden Merkmal des modernen Ackerdopings wurde der «Pflanzenschutz» erst nach dem Zweiten Weltkrieg. Die weitere Erhöhung von Mineraldüngergaben, die Züchtung von Hochleistungssorten und die verstärkte Vereinfachung der Fruchtfolgen haben die Anfälligkeit der Nutzpflanzen so erhöht, daß mittlerweile ganze «Behandlungssysteme» erforderlich sind. In einem Spritzkalender für Getreide sind folgende Mittel angegeben: «vor Aussaat: Herbizid; Saatgutbeizung mit Fungizid, Insektizid, Avizid; nach Saat: Herbizid 1, Herbizid 2, Wachstumsregler 1, Fungizid gegen Halmbruch, Wachstumsregler 2, Fungizide gegen Blattmehltau und Rost, Fungizide gegen Ähren-Mehltau und gegen Spelzenbräune; Insektizid gegen Blattläuse; Blattdüngung und Spätdüngung; nach Ernte: Herbizid.»[6]

Bis in die dreißiger Jahre wurden zur Bekämpfung tierischer oder pflanzlicher Schädlinge neben natürlichen pflanzlichen Giften wie Nikotin oder Quassiaextrakt bevorzugt Mittel eingesetzt, die als besonders toxische (Neben-)Produkte bei industriellen Produktionsprozessen anfielen und neben anderweitigen Gebrauchseigenschaften auch eine hinreichende physiologische Wirksamkeit gegenüber Schädlingen hatten. Die systematische Forschung und Entwicklung im Bereich der Pestizide wurde seit Mitte der zwanziger Jahre verstärkt betrieben. Dieser Forschungsbereich stand in engem Zusammenhang mit der Entwicklung neuer chemischer Kampfstoffe für kriegerische Zwecke. Besondere Bedeutung erlangten die Anfang der vierziger Jahre synthetisierten und

Aufgenommen im März 1954 in Duisburg

erprobten Phosphorsäureester, zu denen die chemischen Kampfstoffe Tabun, Sarin, Soman und VX und Schädlingsbekämpfungsmittel wie das Parathion (E 605) gehören.

Unter den chlororganischen Pestiziden, die ebenfalls in der Zeit des Zweiten Weltkrieges entwickelt wurden, sind vor allem die Insektizide Gamma-Hexachlorcyclohexan (HCH, Lindan) und 4,4-Dichlordiphenyltrichlorethan (DDT) sowie die als Herbizide wirkenden Derivate des Di- und Trichlorphenols (2,4-Dichlorphenoxyessigsäure und 2,4,5-Trichlorphenoxyessigsäure, kurz 2,4-D und 2,4,5-T) zu nennen.

2,4-D und 2,4,5-T wurden während des Zweiten Weltkrieges in den USA und England im Rahmen der Entwicklung von Pflanzenvernichtungsmitteln erforscht, mit denen in Deutschland und Japan die Getreideernten vernichtet werden sollten.

Schließlich kamen diese Stoffe im Vietnamkrieg als Entlausungsmittel in großen Mengen zum Einsatz. Dadurch wurde die Vegetation ganzer Landstriche auf Jahrzehnte durch giftige Chloraromaten zerstört, die im Boden kaum abgebaut werden. Neben den unabsehbaren ökologischen

Folgen in Vietnam wurden zahlreiche Schäden an Menschen, von Fehlbildungen Neugeborener bis zu Krebserkrankungen, sowohl bei Vietnamesen als auch bei amerikanischen Kriegsteilnehmern beobachtet.[7] In den Entlaubungsmitteln wie «Agent Orange» waren Dioxine enthalten.

Das DDT wurde 1942 von der Schweizer Firma J. R. Geigy eingeführt. Sein Entdecker, Paul MÜLLER (1889–1965), erhielt dafür 1948 den Nobelpreis. In den ersten zwei Sätzen der Einleitung zu ihrem Übersichtsartikel über «Konstitution und toxische Wirkung von natürlichen und neuen synthetischen insektentötenden Stoffen» brachten Müller und seine Mitarbeiter 1944 deutlich zum Ausdruck, in welchen Zusammenhängen die Entwicklung der Pestizidchemie zu sehen ist:

> «Der Gedanke der Schädlingsbekämpfung ist uns allen, speziell in den Kriegsjahren, recht geläufig geworden. Wir müssen heute unsere Monokulturen vor den gerade dort in verheerendem Maße auftretenden Pilz- und Insektenschädlingen schützen...»[8]

Die industrialisierte Landwirtschaft hat die Schädlingsprobleme mit ihren Monokulturen zum großen Teil erst geschaffen, die die Chemie mit ihren Giften zu lösen versprach. Die Risiken, die mit dieser Art Problemlösung verbunden sind, waren den beteiligten Wissenschaftlern in ihren Grundzügen bereits bewußt. In einer abschließenden Betrachtung heißt es in dem oben zitierten Artikel:

> «Alle natürlichen Insektengifte werden, im Gegensatz zu den gezeigten viel stabileren synthetischen Kontaktinsektiziden, am Licht und durch Oxidation in kurzer Zeit zerstört. Das will und muß die Natur so tun, denn welche Katastrophe würde eintreten, wenn die natürlichen Insektengifte stabil wären. Die Natur ist eben auf Leben und nicht auf den Tod eingestellt!»[9]

Die weltweiten ökologischen Auswirkungen des Masseneinsatzes von DDT zeigten sich nach dem Zweiten Weltkrieg, als sich DDT-Rückstände bis in das Eis der Antarktis nachweisen ließen und die Anreicherung in den Nahrungsketten zu einem katastrophalen Rückgang der Seeadler und anderer Raubvögel führte, die am Ende der Nahrungsketten stehen. Herstellung, Ein-, Ausfuhr und Anwendung von DDT sind in der BRD aus ökologischen Gründen seit Inkrafttreten des DDT-Gesetzes 1972 verboten. Trotz dieses Verbots ist DDT neben anderen Pestizidrückständen auch heute noch in Muttermilchproben zu finden. Für gestillte Säuglinge sind die toxikologisch wünschenswerten Sicherheitsfaktoren gegenüber einigen dieser Verbindungen nach wie vor nicht gegeben.[10] Ursachen der anhaltenden Belastung sind der lange Verbleib in den Nahrungsketten auch nach Ende des Einsatzes hier und die weitere Verwendung von DDT und anderen chlororganischen Pestiziden in Ländern der Dritten Welt, aus denen Rückstände beispielsweise über Futtermittelimporte in unsere Nahrungsmittel gelangten.

Der Inlandsabsatz von Chlorpestiziden ist trotz des DDT-Verbotes und der Skandale um diese Produkte nach Informationen des Umweltbundesamtes zwischen 1970 und 1986 nur um 60 Prozent zurückgegangen.[11]

Gefahr durch den massenhaften Einsatz von Pestiziden droht auch über das Wasser. Bei etwa 65 Prozent der westdeutschen Wasserwerke sind Pflanzenbehandlungs- und Schädlingsbekämpfungsmittel im Rohwasser, in geringerem Umfang auch im Trinkwasser nachweisbar. Die gemessenen Konzentrationen liegen zwar in einem Bereich, der noch keine direkte Gesundheitsgefährdung befürchten läßt, die Wasserwerke aber haben zunehmend Schwierigkeiten, den EG-Grenzwert einzuhalten.[12] Der «Spitzenreiter» unter den im Grund- und Oberflächenwasser gefundenen Pestiziden ist das Atrazin, ein Herbizid, das vor allem im Maisanbau angewendet wird. Am Beispiel des Atrazins wird das Dilemma der industrialisierten und chemisierten Landwirtschaft exemplarisch deutlich: Die Massentierhaltung führt zu gewaltigen Güllemengen, die am ehesten von Mais ertragen werden, der als Futtermittel dient. Da auf den gülleverseuchten Äckern kaum noch eine andere Ackerfrucht als Mais wächst, wird der Mais in Monokulturen angebaut. Mais ist die einzige Kulturpflanze, der das Herbizid Atrazin nichts anhaben kann, weil sie es effektiv abbauen kann. Mais-Monokulturen können deshalb mit Atrazin besonders sorglos gegen «Unkräuter» behandelt werden. Das Grundwasser ist heute gleich doppelt gefährdet: zum einen durch die Nitratschwemme aus der Gülle und zum anderen durch das Atrazin.

Am 5.9.1990 wurde von der EG-Kommission ein Vorschlag zur Änderung der Richtlinie 79/117/EWG über das Verbot des Inverkehrbringens und der Anwendung bestimmter Pflanzenschutzmittel vorgelegt. Er hat unter anderem ein EG-weites Verbot von Atrazin zum Ziel. Als Begründung werden die schwere Abbaubarkeit dieses Stoffes im Boden, seine hohe Mobilität und seine nahezu ubiquitäre Verteilung im Grundwasser genannt. Außerdem wird darauf hingewiesen, daß in den Niederlanden und in der Bundesrepublik Atrazin selbst im Regenwasser in Konzentrationen bis zu einem Mikrogramm pro Liter, dem Zehnfachen des EG-

Grenzwerts für Trinkwasser, gefunden wurde. Diese Befunde beweisen, daß Pestizide auch durch Verdriftung und Verdunstung (Sublimation) über den Luftweg in die Umwelt gelangen. Die Biologische Bundesanstalt hat nun nachgewiesen, daß die Verdunstungsverluste bis zu 90 Prozent betragen können.[13] Atrazin gehört weiterhin zu den Wirkstoffen, die nach einem auf der 3. Internationalen Nordseeschutzkonferenz 1990 gefaßten Ministerbeschluß in der Anwendung begrenzt oder verboten werden sollten. Nach dem Entwurf vom 26. 10. 1990 der Verordnung zur Änderung der Pflanzenschutzmittel-Anwendungsverordnung soll Atrazin in der Bundesrepublik einem vollständigen Anwendungsverbot unterworfen werden. Die Biologische Bundesanstalt hat die zum Ende des Jahres 1990 auslaufende Zulassung von Atrazin nicht verlängert.[14]

Von seiten der deutschen Wasserwirtschaft wird befürchtet, daß sich die Pestizidproblematik im Bereich der Wasserversorgung mit der zukünftigen Öffnung des europäischen Binnenmarktes weiter verschärfen wird, da mit der dann möglichen Vergrößerung des Wirkstoffspektrums auch die ungeklärten Fragen zunehmen.[15] Gegenüber dem vergleichsweise strengen bundesdeutschen Zulassungsrecht sieht die in Vorbereitung befindliche EG-Richtlinie «über das Inverkehrbringen von EWG-zugelassenen Pflanzenschutzmitteln» geringere Einschränkungen vor.[16]

Die gesundheitlichen Risiken, denen die Bevölkerung durch den Einsatz von Pestiziden in den Industrieländern ausgesetzt ist, bewegen sich im Bereich nur theoretisch abschätzbarer «Restrisiken». Deren Akzeptanz wird immer mehr in Frage gestellt. Landwirtschafts- und Pestizidlobby sehen sich in letzter Zeit immer stärker einem öffentlichen Rechtfertigungszwang ausgesetzt. Beide behaupten wider besseres Wissen, ohne Pestizide müsse die Landwirtschaft zugrunde gehen und die Menschheit verhungern.

Katastrophale Folgen hat der rücksichtslose Einsatz von Pestiziden in den Entwicklungsländern. Eine Hochrechnung aus dem Jahr 1983 gibt die Zahl der weltweit durch Pestizide Vergifteten mit 1,5 bis 2 Millionen und die Zahl der akuten Todesfälle mit etwa 400000 pro Jahr an.[17]

Die Chemiekatastrophe, die 1984 das indische Bhopal heimsuchte, wurde dadurch verursacht, daß eine Anlage zur Pestizidherstellung des US-Konzerns Union Carbide außer Kontrolle geriet. Gegen Stimmen, die in diesem Unglücksfall nur eine tragische Entgleisung auf dem einzig denkbaren Weg zum Fortschritt sahen, schrieb Karl GROBE in der *Frankfurter Rundschau*:

«Es ist unerträglich zynisch, die 3000 Toten, die viertel Million Erblindeter, Vergifteter, am Erbgut Geschädigter, aus ohnehin elenden Hütten Vertriebener, Verwaister und Verwundeter als Preis für den industriellen Fortschritt auszugeben. Dieser selbst ist der Skandal, jedenfalls in der Form, wie er von interessierten oder auch desinteressierten Geschäftemachern der Dritten Welt aufgedrückt wird. Mit Sachzwängen wird argumentiert – als ob nicht Entscheidungen von wirtschaftsmächtigen und politiktreibenden Menschen die Sachen bewirkt hätten, die nun angeblich zwingen.»[18]

Indirekte Chemisierung der Landwirtschaft: Der Acker als Giftmülldeponie

Neben der direkten Chemisierung der Landwirtschaft durch den Einsatz von Düngemitteln und Agrarchemikalien darf die indirekte Belastung der Landwirtschaft durch den Eintrag von Schadstoffen nicht unbeachtet bleiben. Die aus Industrieschornsteinen, Autoauspuffen und Müllverbrennungsanlagen entweichenden Luftschadstoffe von aromatischen Kohlenwasserstoffen über Blei und Cadmium bis zu Dioxinen, Rußpartikeln und saurem Regen verursachen nicht nur das Sterben der Wälder und die Vergiftung der Gewässer. Diese Schadstoffe sammeln sich auch in den Böden an, auf denen die Landwirtschaft die Nahrungsmittel für unsere Ernährung erzeugen soll.

Ein weiterer Weg, über den Schadstoffe wie Dioxine und Schwermetalle in die landwirtschaftliche Produktion gelangen, führt über die Klärschlämme. Die Nutzung von Klärschlämmen als Düngemittel ist der Versuch, wenigstens einen Teil der den Böden entzogenen Pflanzennährstoffe wieder in die Nährstoffkreisläufe zurückzuführen. Durch die Vergiftung der Abwässer mit Haushaltschemikalien und durch die Produktionsabwässer der sogenannten Indirekteinleiter wird der in den Kläranlagen anfallende Klärschlamm zur «Schadstoffsenke». Die letzten nicht geschädigten Reste der Nährstoffkreisläufe werden auf diese Weise auch noch vergiftet.[19]

Chemisierung und Gentechnik

Nach der umfassenden Mechanisierung und Chemisierung der Landwirtschaft nach dem Zweiten Weltkrieg steht heute die umfassende gentechnologische Anpassung von Pflanzen und Tieren an mechanisierte und chemisierte Lebensbedingungen auf dem Programm. Ohne hier auf die Problematik gentechnischer Entwicklungen allgemein eingehen zu können, soll auf Zusammenhänge zwischen der Chemisierung der Landwirtschaft und der Anwendung gentechnischer Methoden hingewiesen werden.

Ein Ziel gentechnischer Forschungen im Bereich der Pflanzenproduktion ist die Erzeugung herbizidresistenter Nutzpflanzen. Das herbizidresistente Saatgut würde wohl von dem gleichen Konzern vermarktet, der das entsprechende Herbizid vertreibt und wahrscheinlich auch noch die passenden Düngemittel im Sortiment führt.[20] Neben einer steigenden Herbizidbelastung der Umwelt ist die weitere Degradierung der Landwirte zu abhängigen Vollstreckern industriell vorbestimmter Produktionsabläufe zu befürchten.

Ein anderes vieldiskutiertes Beispiel ist der Einsatz eines gentechnisch erzeugten Rinderwachstumshormons als Mittel zur Steigerung der Milchleistung von Kühen, der in der EG zwar beantragt, bisher aber nicht zugelassen ist. Ein derart massiver Eingriff in den Stoffwechsel der Kühe verursacht Störungen verschiedener Körperfunktionen, zu deren Beherrschung ein erhöhter Einsatz an Tierarzneimitteln erforderlich ist. Die zur Realisierung der erhöhten Milchleistung erforderlichen Futtermengen sind von den Tieren nur noch in Form spezieller Kraftfuttermischungen zu verarbeiten. Den Weg auf die Weide würde eine solche «Turbo-Kuh» wahrscheinlich aus eigener Kraft ohnehin nicht mehr schaffen.[21] Das Ergebnis dieser «Leistungssteigerung» wären wachsende Überschußmengen an Milch und ein verstärkter Konkurrenzdruck auf herkömmlich wirtschaftende Milchbauern mit der Folge einer weiteren Verdrängung kleiner Produzenten zugunsten industriell arbeitender Großbetriebe und einer weiteren Abkopplung von Tier- und Pflanzenproduktion.

Landbau-Wende

Die Notwendigkeit einer Umorientierung der Landwirtschaft, die von einer kritischen Minderheit wie der Arbeitsgemeinschaft bäuerliche Landwirtschaft, Umweltverbänden oder den Grünen schon lange gefordert wird, wird allmählich auch von der offiziellen Politik «entdeckt». Am 3. 8. 1990 legte die EG-Kommission einen Vorschlag vor für eine «Verordnung (EWG) des Rates zur Einführung oder Beibehaltung landwirtschaftlicher Erzeugungspraktiken, die den Erfordernissen des Schutzes der Umwelt und der Erhaltung der natürlichen Lebensräume gerecht wird». Grundgedanke dieses Vorschlags ist ein Beihilfesystem, durch das den Bauern die Bereitschaft zu einem sparsamen Umgang mit Düngemitteln und Pestiziden vergütet werden soll:

> «Mit einer Beihilferegelung als Anreiz für eine deutliche Drosselung des Dünger- und Pflanzenschutzmittelaufwandes kann nicht nur eine Verringerung der Umweltbelastung durch die Landwirtschaft erzielt, sondern auch eine Anpassung der einzelnen Produktionsbereiche an den Marktbedarf durch Förderung einer weniger intensiven Bewirtschaftungsweise erreicht werden.»[22]

Statt durch eine Beihilfe kann eine Umkehr in der Landwirtschaft auch dadurch erreicht werden, daß man die Agrarchemikalien – beispielsweise durch Steuern oder Abgaben – so teuer macht, wie sie uns allen zu stehen kommen. Eine Abgabe auf Stickstoffdüngemittel, die den Preis stufenweise von 1,50 auf sechs Mark pro Kilogramm steigern würde, hätte die Reduzierung der heutigen Einsatzmengen auf ein Drittel bis ein Zehntel zur Folge. Die Mittel aus einer Erhöhung des Stickstoffpreises und des Preises für Pestizide könnten zweckgebunden für die Förderung eines umweltschonenden Landbaus eingesetzt werden.[23] In den USA schlug die National Academy of Science in einer aufsehenerregenden Studie einen weitreichenden «shift» in der Landwirtschaft mit drastischer Reduktion des Chemieeinsatzes vor, weil nur so die dauerhafte Fruchtbarkeit des Bodens gesichert werden könne.[24]

Eine ökologische Umstellung der Landwirtschaft ist technisch machbar und wirtschaftlich sinnvoll.[25] Sie erfordert allerdings eine grundsätzliche Umkehr der in Europa betriebenen Landwirtschaftspolitik. Anstelle der heutigen Entwicklung zu weiterer Intensivierung an günstigen Standorten und Flächenstillegungen an ungünstigeren Standorten muß eine allgemeine Extensivierung angestrebt werden.[26]

Die in der industrialisierten und chemisierten Landwirtschaft auf Kosten der langfristigen Sicherung der Lebensgrundlagen billig produzierten Nahrungsmittel sind auch ein problematischer Störfaktor des Weltagrarhandels. Durch dieses «Öko-Dumping» werden nachhaltig wirtschaftende Produzenten sowohl in den Industrieländern als auch in der dritten Welt vom Markt gedrängt. In einer Gegenveranstaltung zur Genfer Gatt-Runde Ende 1990 forderten Vertreter verschiedener europäischer und US-amerikanischer Oppositionsgruppen aus Landwirtschaft, Kirchen und Umweltverbänden die Abkehr von der «umweltfeindlichen und keineswegs das Überleben bäuerlicher Betriebe garantierenden weltweiten Überschußproduktion». Der Ideologie eines «freien» Weltagrarmarktes setzen die Kritiker die Forderung entgegen, daß Staaten bei gewichtigen ökologischen und sozialen Gründen auch künftig das Recht haben sollten, Schutzbarrieren zu errichten, um die eigene Landwirtschaft zu stützen und beispielsweise die Landflucht zu stoppen.[27]

Die mit der «nachholenden Industrialisierung» verbundene Modernisierung der Landwirtschaft in den Entwicklungsländern hat den Landmaschinen-, Saatgut- und Agrochemiekonzernen reichlich Absatz und Gewinne beschert. Der Nutzen einer kapitalintensiven chemisierten Landwirtschaft für die armen Länder wird angesichts zunehmender Landflucht, Massenarbeitslosigkeit, sozialer Verelendung und großräumiger Umweltzerstörungen immer mehr angezweifelt.[28]

Chemiepolitische Herausforderungen

Auch wenn es in den vorangegangenen Kapiteln bereits mehrfach angesprochen wurde, muß hier noch einmal kurz die Bilanz des Zustandes der stofflichen Basis irdischen Lebens gezogen werden:

- Die Luft ist nach wie vor so sehr mit Schadstoffen belastet, daß das Waldsterben unvermindert fortschreitet, Bauwerke einschließlich unwiederbringlicher Kulturdenkmäler verrotten und das Klimasystem der Erde dramatischen Veränderungen unterworfen ist.
- In die Gewässer gelangen immer noch so viele Schadstoffe, daß sich die ökologische Situation in den Meeren bis hin zum Zusammenbruch von Ökosystemen verschlechtert hat.
- Die Qualität des Grundwassers und damit auch des Trinkwassers ist durch Überdüngung, Pestizide, industrielle Schadstoffe und Altlasten bedroht.
- Die Qualität der Böden wird durch zunehmende Schadstoffkonzentrationen, Versiegelung, Desertifikation und Erosion nachhaltig beeinträchtigt.
- Wichtige Ressourcen wie Erdöl, Erdgas, metallische Rohstoffe oder der genetische Reichtum aussterbender Tier- und Pflanzenarten werden erschöpft und damit der Nutzung durch kommende Generationen entzogen.
- Die Abfallhalden der Industriegesellschaften wachsen zu unlösbaren Problembergen heran.

In der antiken Naturphilosophie, deren Bestreben auf die Erkenntnis des Wesentlichen gerichtet war, wurde die materielle Welt in vier Elemente aufgeteilt: Feuer, Wasser, Erde und Luft. Die moderne Chemie hat in ihrer atomistischen Denkweise die materielle Welt in mehr als hundert Elemente aufgeteilt. Der Blick auf das Wesentliche ist ihr dabei weitgehend verlorengegangen. Die Elemente der Antike sind bis auf das Feuer, dem wir heute den Begriff Energie zuordnen können, mit den Umweltmedien Luft, Wasser und Boden identisch, die durch die gedanken- und gewissenlose Übernutzung der modernen Elemente und ihrer Verbindungen geschädigt werden.

Der Rückblick auf die Antike ist an dieser Stelle auch aus einem zweiten Grund angebracht. Aus dieser Zeit stammen Zeugnisse materieller Kultur von unschätzbarem Wert. Diese Schätze – Tempelreste, Pyramiden, Statuen, Fresken, Mosaike und vieles mehr – haben die Jahrtausende bis in das Industriezeitalter überdauert. Bereits im vorigen Jahrhundert stellten Wissenschaftler betroffen fest, daß diese Kulturschätze der aggressiven Luft industrieller Zentren nur wenige Jahrzehnte standhalten. Heute sind diese Kulturgüter auch an ihren Originalstandorten akut vom Zerfall bedroht. Die Akropolis zerbröselt unter dem Einfluß der Abgase Athens, und auch die Pyramiden Ägyptens halten den Einflüssen der modernen Zivilisation kaum noch stand.

Was aber bringt die moderne Zivilisation an eigenen dauerhaften Kulturgütern zustande? Die Antwort ist deprimierend: Die modernen Stahlbetonpaläste halten den aggressiven Luftschadstoffen oft noch weniger stand als die früheren Bauwerke, und den materiellen Gegenständen der Alltagskultur vom Auto bis zur Wohnungseinrichtung ist schon herstellungsbedingt ein frühes Ende auf dem Schrottplatz oder dem Müllhaufen bestimmt. Sollte es in tausend Jahren noch menschliche Kulturen geben, so werden ihre Archäologen von unserer Kultur im wesentlichen nur noch eines finden: gigantische Abfallmengen.

Obwohl die katastrophalen Auswirkungen der ungezügelten industriellen Ausplünderung der Natur bereits im vorigen Jahrhundert zumindest absehbar waren und zwei Weltkriege auch in der Umwelt bleibende Spuren hinterlassen haben, eskalierten die industriebedingten Umweltzerstörungen erst in den Jahrzehnten nach dem Zweiten Weltkrieg zu einer globalen Bedrohung der Lebensgrundlagen.

Die stoffwirtschaftliche Nachkriegsstruktur

Nach dem Krieg befand sich die Wirtschaft in den am Krieg beteiligten Ländern hinsichtlich des Bedarfs und der Verfügbarkeit von Werkstoffen in einem extremen Ungleichgewicht. Einerseits bestand ein gewaltiger Nachholbedarf an Gütern des täglichen Lebens. Dieser Bedarf konnte in vielen Fällen auf herkömmliche Weise nicht befriedigt werden, weil die traditionellen Werkstoffe nicht in erforderlicher Menge zu beschaffen waren. Woher hätten beispielsweise die Schuh- oder Textilproduzenten plötzlich so viel Leder oder Naturfasern beschaffen sollen, um den jahrelang aufgestauten Bedarf an Schuhen oder Kleidungsstücken kurzfristig decken zu können? Andererseits standen insbesondere in Deutschland große rüstungsbedingte Kapazitäten für «Ersatzstoffe» wie PVC oder Zellwolle zur Verfügung oder konnten schnell wieder aufgebaut werden. Die stoffwirtschaftlichen Strukturen, die sich mit der Kriegswirtschaft herausgebildet oder verstärkt hatten, ermöglichten die massenhafte Produktion von Kunststoffen oder Kunstfasern. Für die chemische Industrie ergab sich hieraus eine günstige Ausgangsposition zur weiteren «Chemisierung» der gesamten Wirtschaft. In der Bundesrepublik bestanden damit für den wirtschaftlichen Neubeginn der Nachfolgegesellschaften des I.G.-Farben-Konzerns gute Voraussetzungen.

In der DDR war die «Chemisierung der Volkswirtschaft» ein zentrales Element der Wirtschaftsplanung, das unter der Losung «Chemie gibt Brot, Wohlstand und Schönheit» stand. Als besonderer Vorzug der chemischen Produktion wurde auf der Chemiekonferenz des ZK der SED und der Staatlichen Plankommission 1958 hervorgehoben:

> «Bei chemischen Produktionsprozessen ist der spezifische Anteil lebendiger Arbeit relativ gering. Die chemischen Produktionsprozesse gestatten in den meisten Fällen durch ihren kontinuierlichen Ablauf eine umfassende Mechanisierung und Automatisierung, die zur weiteren Verringerung des Aufwandes an lebendiger Arbeit führen.»[2]

Ähnlich wie auf westlicher Seite wurde die Steigerung der Arbeitsproduktivität als entscheidendes Rationalisierungskriterium betrachtet. Dem rationellen Umgang mit Energie und Rohstoffen wurde demgegenüber weit weniger Aufmerksamkeit gewidmet.

Der mit der «Chemisierung» einhergehende Wandel der stofflichen Basis des Wirtschaftens fand ohne eine politische Auseinandersetzung über die möglichen Folgen in einer historischen Phase statt, in der der Schutz der natürlichen Lebensgrundlagen und die Vorsorge für künftige Generationen im öffentlichen Bewußtsein keine Rolle spielten. Die fehlende Sensibilität gegenüber der sich verschärfenden Umweltzerstörung, die unter anderem mit den massenpsychologischen Folgen der Schrecken des Krieges zu erklären ist, und der kalte Krieg trugen dazu bei, daß sich in den westlichen Industrienationen eine Wirtschaftspolitik durchsetzte, in der qualitative Gesichtspunkte bezüglich dessen, was produziert wird, keine Rolle spielen. Erfolgskriterium wurde das Wirtschaftswachstum, gemessen als prozentuale Zunahme des Bruttosozialproduktes. Dieser alles beherrschende Wertmaßstab der Wirtschaftspolitik macht keinen Unterschied zwischen Wirtschaftsleistungen, die zur Befriedigung wichtiger menschlicher Bedürfnisse dienen, und solchen, die im Extremfall sowohl grob unsinnig als auch stark umweltbelastend sind. Die Ausblendung aller qualitativen Aspekte aus der Wirtschaftspolitik ist eine der bedeutsamsten Wurzeln der Fehlentwicklungen der letzten Jahrzehnte. In der DDR und den übrigen RGW-Ländern orientierte sich die Wirtschaftspolitik weitgehend an der Technologieentwicklung und dem Konsummodell des Westens.

Das Konsumverhalten der Wirtschaftswundergesellschaft entstand aus der Mangelsituation der Nachkriegszeit. Der große Nachholbedarf bei der Versorgung mit Konsumgütern und die Gewöhnung an dürftige Ersatzangebote bereiteten den Weg in die Wegwerfgesellschaft. Sichtbarster – und riechbarer – Ausdruck dieser Entwicklung war die Plastikkultur der fünfziger Jahre. Eine ganze Epoche war geruchlich durch die Weichmacherdüfte geprägt, die einer Vielzahl von bunten Plastikprodukten, vom PVC-Fußbodenbelag über die (PVC-)«Wachstuch-Decke» bis zu den Plastikmöbeln oder Duschvorhängen entströmten. Mit der Gewöhnung an neue Materialien gewöhnten sich die Konsumenten auch an die geringere Lebensdauer der Produkte, die durch einen entsprechenden Wechsel der Moden psychologisch geschickt kaschiert wurde.

Ein weiteres wesentliches Merkmal des angestrebten «American way of life» der westdeutschen Wirtschaftswundergesellschaft war das private Auto. Für den Aufbau der Autoindustrie und den Straßenbau bot wiederum die rüstungsbedingte Produktionsstruktur nach Kriegsende günstige Voraussetzungen. Da ein großer Teil der materiellen Anstrengungen der Rüstungswirtschaft auf die Schaffung und den Erhalt der Mobilität der Truppen zu Land, in der Luft und zur See ausgerichtet war, standen in Bereichen wie Fahrzeug- und Motorenbau, Kraftstoff- und Schmiermittelerzeugung oder Reifenherstellung große Erfahrungen und Kapazitäten zur Verfügung. Ein typisches Produkt der Rüstungskonversion der Nachkriegszeit war der Messerschmidt-Kabinenroller, ein auf der Basis der Pilotenkanzeln von Kampfflugzeugen entwickeltes Fahrzeug. Die deutsche chemische Industrie profitierte von der «Automobilisierung» gleich doppelt. Einerseits war der rüstungsbedingte Teil ihrer Produktionskapazitäten ohnehin stark auf die Bedürfnisse des Kraftverkehrs zugeschnitten. Andererseits erleichterte der Aufbau großer Raffineriekapazitäten für die Kraftstofferzeugung die Umstellung von der Kohle als Rohstoffbasis für organische Produkte auf petrochemische

Grundstoffe, die in der westdeutschen chemischen Industrie in den fünfziger Jahren stattfand. Die Expansion der chemischen Industrie nach dem Zweiten Weltkrieg ist auch das Ergebnis einer Wirtschaftspolitik, die eine ihrer Hauptaufgaben in der Bereitstellung von billiger Energie und der Sicherung billiger Rohstoffbezüge sah, ohne auf die gesellschaftlichen Folgekosten steigenden Energie- und Rohstoffverbrauchs zu achten. Die chemische Industrie wurde vor allem durch Bereitstellung billiger Elektroenergie und die Abschaffung der Mineralölsteuer für chemisch weiterverarbeitetes Erdöl gefördert. Diese Steuerbefreiung, die von der chemischen Industrie in Verhandlungen mit dem Bundesfinanzministerium durchgesetzt werden konnte, wurde am 1. Februar 1953 wirksam.

Wegen ihres Interesses an billiger Elektroenergie, die vor allem für die Expansion der Chlorchemie wichtig war, engagierte sich die chemische Industrie frühzeitig im Kernenergiebereich. Vor allem die Hoechst AG beteiligte sich aktiv am Ausbau der Kernenergie. Sie gehörte zu den Gründern der Physikalischen Studiengesellschaft mbH, die als Vorbereitungsorganisation der deutschen Atomindustrie anzusehen ist. Hoechst gründete außerdem zusammen mit der Degussa, Siemens, dem Bund und dem Land Baden-Württemberg 1956 die Kernreaktor Bau- und Betriebs GmbH. Die Hoechster Vorstandsmitglieder WINNACKER und MENNE spielten in der Deutschen Atomkommission und beim Aufbau des Deutschen Atomforums eine entscheidende Rolle. Auch der 1956 zum Minister für Atomfragen ernannte Siegfried BALKE stammte aus dem Hoechst-Management. Heute ist die Hoechst AG der einzige Chemiekonzern, der über Tochterfirmen wie Uhde, Sigri oder Messer-Griesheim mit der Atomindustrie verknüpft ist.[3] Durch die Befreiung von der Mineralölsteuer und günstige Stromtarife wurde die Chemieproduktion von einem Teil der Kosten entlastet, die insgesamt zur Bereitstellung von Energie und Rohstoffen und zur Bewältigung der gesundheitlichen und ökologischen Folgen ihrer Nutzung anfallen. Diese Kosten wurden ebenso auf die Gesellschaft abgewälzt wie die Kosten, die für die Bewältigung der immens ansteigenden Abfallmengen erforderlich sind.

Giftmülldeponie Hamburg-Georgswerder

Abfall und Altlasten

Da nahezu alle Produkte irgendwann einmal und die Produkte der westlichen Konsumgesellschaften besonders schnell zu Abfall werden, wuchsen mit den Produktions- und Verkaufsrekorden der chemischen Industrie und der Weiterverarbeiter ihrer Erzeugnisse auch die Abfallberge rapide an.

Legt man die Anfang unseres Jahrhunderts von BONNE formulierten Anforderungen an den gesellschaftlichen Umgang mit Abfallstoffen zugrunde, befanden sich die Industriegesellschaften bis in die 70er Jahre in einem Stadium eskalierender Unkultur. Nicht einmal die geregelte Beseitigung der Abfälle wurde organisiert, obwohl sich das Abfallproblem drastisch verschärfte.

Mit dem Abfallbeseitigungsgesetz von 1972, das erstmalig die kontrollierte Einsammlung und Deponierung der festen Abfälle umfassend organisierte, begab sich die bundesdeutsche Gesellschaft auf den mühsamen Weg von der Unkultur zur niederen Kultur geregelter Abfallbeseitigung. Wie fragwürdige Giftmüllexporte, Fehldeklarierungen von Abfällen und die ungeklärten Fragen einer sicheren Sonderabfallbehandlung zeigen, ist auch auf diesem Weg das Ziel noch lange nicht erreicht. Selbst bei den geordneten Deponien wurden die Auswirkungen auf das Grundwasser lange Zeit unterschätzt, so daß heute auch viele dieser Deponien neben der Unzahl alter ungeordneter Deponien problematische Altlasten sind. Seit den 50er Jahren hat sich die Menge an Hausmüll, die jeder Bürger der alten Bundesrepublik durchschnittlich verursacht, verfünffacht. 1987 wurden pro Einwohner 375 kg Hausmüll «entsorgt». Die neuen Bundesbürger, die es zu DDR-Zeiten nur etwa auf die Hälfte dieses Wertes gebracht hatten, sind dabei, ihren «Rückstand» zügig aufzuholen.

Der Hausmüll ist bloß die Spitze des Eis- oder besser Müllberges. Er macht nur etwa zehn Prozent des gesamten Abfallaufkommens aus. 1987 fiel in der Bundesrepublik beispielsweise eine Abfallmenge von 242,6 Mio. Tonnen an, die folgenden Bereichen zuzuordnen ist:[6]

Siedlungsabfälle (Hausmüll u. ä.)	27,072 Mio. t
Produktionsabfälle	103,828 Mio. t
Klärschlämme (Trockensubstanz)	3,362 Mio. t
Bauschutt, Bodenaushub	108,366 Mio. t

Für die Bewältigung dieser gewaltigen Müllflut existieren bisher keine langfristig tragbaren Lösungsansätze. Die umstrittene Müllverbrennung reduziert zwar die Müllmenge und inertisiert einen Teil der Schadstoffe, kann den Müll jedoch auch nicht verschwinden lassen. Die bestehenden Deponien sind in absehbarer Zeit voll und neue Deponiestandorte kaum noch zu finden. Besonders dramatisch ist die Situation hinsichtlich der Sonderabfälle. Sonderabfälle sind Abfälle, die nach ihrer Art und Menge nicht mit den in Haushalten anfallenden Abfällen entsorgt werden können. Sie unterliegen der Nachweispflicht. 1984 fielen in der Bundesrepublik nach Angaben des Statistischen Bundesamtes insgesamt 8,6 Mio. Tonnen Sonderabfälle an. Unter Zugrundelegung aktuellerer Kriterien des Bundesumweltministeriums hätten 1984 sogar 15,62 Mio. Tonnen als Sonderabfall eingestuft werden müssen. Von dieser hypothetischen Sonderabfallmenge wurden 43 Prozent von der chemischen Industrie verursacht.[7]

Obwohl besonders fragwürdige Methoden der Beseitigung von Sonderabfällen wie die Einbringung von «Dünnsäure» in die Nordsee oder die Verbrennung hochchlorierter Kohlenwasserstoffe auf See inzwischen aufgegeben werden mußten und insbesondere von der chemischen Industrie mit hohem technischen und finanziellen Aufwand Sonderabfallverbrennungsanlagen installiert wurden, kann insgesamt von einer sicheren Beseitigung der Sonderabfälle bislang keine Rede sein. Es ist beispielsweise nicht auszuschließen, «daß ursprünglich für die Seeverbrennung vorgesehene hochchlorierte Kohlenwasserstoffe illegal beseitigt werden, etwa durch Zumischung zu Altölen oder durch Deklarierung und Weitergabe als Wirtschaftsgut».[8]

Die grenzüberschreitende Verschieberei von Sonderabfällen ist zu einem internationalen Problem geworden, auf das nicht zuletzt von Greenpeace mit einer umfangreichen Studie und öffentlichen Aktionen hingewiesen wurde.[9]

Die EG-Staaten haben sich 1989 in einem Abkommen mit 68 afrikanischen, karibischen und pazifischen Staaten (AKP-Staaten) auf ein Verbot von Müllexporten aus der EG in diese Länder geeinigt. Im November 1990 wurde von zahlreichen Industrie- und Entwicklungsländern in Basel eine Konvention unterzeichnet, nach der der internationale Mülltourismus wenigstens reguliert und kontrolliert werden soll.[10]

Die bleibenden Spuren des Chemiebooms der Nachkriegsjahrzehnte in den Abfallbergen mehr oder weniger geordneter Deponien und in den Böden von Betriebsgeländen, schamhaft als Altlasten bezeichnet, beeinträchtigen die künftige Nutzung dieser Flächen und stellen vor allem für das Grundwasser eine Gefahr dar. Die skandalträchtigen Deponiestandorte Georgswerder und Münchenhagen sind heute mahnende Beispiele für die kaum zu bewältigenden Folgen einer Politik des «Vergrabens und Vergessens». Die Rückstände von vierzig Jahren sozialistischer Chemieproduktion haben in dem alten Braunkohlentagebaurestloch «Johannes», dem sogenannten «Silbersee», eine traurige Berühmtheit in den Medien erlangt. Neben derartigen Altablagerungen stellen vor allem kontaminierte Altstandorte eine Vielzahl heutiger Altlasten. In der alten Bundesrepublik sind beispielsweise die Boden- und Grundwasserbelastungen, die von dem Betriebsgelände der Firma Boehringer in Hamburg und der Chemischen Fabrik Marktredwitz ausgingen, öffentlich bekanntgeworden.

Zu den Altablagerungen und Altstandorten gesellen sich noch zahlreiche kriegs- und rüstungsbedingte Altlasten, die unter anderem von den Resten chemischer Kriegführung im Ersten Weltkrieg über die Rückstände der Sprengstoff- und Munitionsherstellung im Zweiten Weltkrieg bis zu den mit Altöl und Kraftstoffen verseuchten Böden heutiger Militärstandorte reichen.

Im vereinigten Deutschland hat die stoffwirtschaftliche Barbarei des Industriezeitalters bisher etwa 150000 Altlasten und Verdachtsflächen produziert. Die Kosten der Altlastensanierung im vereinigten Deutschland werden auf insgesamt bis zu 130 Milliarden Mark geschätzt.[11] Wie dieses Geld beschafft werden soll, ist bis heute unklar. Die Industrie hat sich geweigert, einen Solidarfonds zur Sanierung von Altlasten einzurichten.

Solange die heutige (Un-)Art industrieller Stoffbewirtschaftung nicht grundsätzlich in Frage gestellt und geändert wird, werden zu den bisherigen Altlasten immer neue hinzukommen.

Eine wirksame Abfallpolitik, die in Wahrnehmung des Vorsorgeprinzips zukünftige Altlasten vermeiden will, muß auch und vor allem Produktpolitik sein. Der stoffliche Aufwand, mit dem wir heute unsere Bedürfnisse befriedigen, verursacht die Abfall- und Altlastenprobleme von morgen. In der aktuellen Diskussion wird vor allem die Reduzierung des Verpackungsaufwandes als Weg zur Verringerung des Abfallaufkommens angesehen.

Die grundsätzliche Frage, welchen stofflichen Aufwand wir langfristig treiben dürfen, um uns zu ernähren, zu kleiden, zu behausen oder fortzubewegen, ohne die Lebensgrundlagen auf der Erde zu zerstören, wird bisher erst ansatzweise diskutiert. Die Brisanz dieser Frage kann am Beispiel der Abfallträchtigkeit der automobilen Art der Fortbewegung aufgezeigt werden:

Bei der Herstellung der für ein einziges Auto durchschnittlich benötigten Materialien (Eisen und Stahl, NE-Metalle, Kunststoffe, Glas etc.) entstehen insgesamt fast 25 Tonnen Abraum und Abfälle.

Da die Rohstoffgewinnung und -verarbeitung überwiegend in Ländern der dritten Welt stattfindet, sind die hiermit verbundenen Umweltzerstörungen vor allem dort zu beklagen.

Bei der Automobilherstellung selber fallen etwa 0,8 Tonnen Abfälle pro Fahrzeug an. Darunter befinden sich hochproblematische Sonderabfälle wie Lack- und Farbschlämme, Bohr- und Schleifemulsionen, cyanid- und schwermetallhaltige Galvanikschlämme, Säure- und Laugengemische, Beizen, halogenhaltige und halogenfreie Lösemittel(gemische), aluminiumhaltige Leichtmetallkrätzen, synthetische Kühl- und Schmiermittel, cyanidhaltige Härtesalze, halogen- und lösemittelhaltige Schlämme, Asbeststaub, metallsalzhaltige Konzentrate und Halbkonzentrate, cyanidhaltige Konzentrate und Halbkonzentrate, nitrit- und nitrathaltige Härtesalze, chrom(VI)haltige Konzentrate und Halbkonzentrate und sonstige Sonderabfälle.[12]

Beim Betrieb eines Autos fallen über die gesamte Nutzungsdauer gerechnet neben rund 25 Tonnen Abgas weitere Schadstoffe und Sonderabfälle wie Altöle, Altreifen, verbrauchte Kühl- und Reinigungsmittel, Reifen- und Bremsenabrieb an.

Nach einer im Vergleich zu anderen technischen Produkten wie Maschinen oder Anlagen außerordentlich geringen Nutzungsdauer von etwa 3000 Betriebsstunden ist das Auto nur noch eine gewaltige Blechbüchse voller Sondermüll. Selbst der Eisen- und Stahlanteil kann als Schrott nur zur Herstellung minderwertiger Stahlsorten und nicht zur Herstellung neuer Autos wiederverwendet werden. Die Shredderabfälle, die bei der Aufarbeitung von Autowracks anfallen, wurden trotz ihres Gehalts an Schwermetallen, halogenierten Kohlenwasserstoffen, Altöl und anderen Problemstoffen bis in die jüngste Zeit einfach auf Hausmülldeponien gekippt. Erst nach der Abfallbestimmungs-Verordnung vom 3. April 1990 sind Shredderrückstände künftig als Sonderabfall zu behandeln.[13]

Die folgenden Zahlen sollen einen Eindruck von den jährlichen Abfallmengen geben, die in der alten Bundesrepublik ganz oder überwiegend der Herstellung, Nutzung oder Entsorgung von Kraftfahrzeugen zuzuordnen waren:[14]

Abfallart	*Menge*	*Bezugsjahr*
Produktionsabfälle	3820000 t	1987
Altöle	470000 t	1986
Altreifen	418000 t	1987
Shreddermüll	540000 t	1988

Der motorisierte Individualverkehr zeichnet sich durch eine extreme Ineffektivität hinsichtlich der Energie- und Rohstoffnutzung aus. Vom Gesamtenergieverbrauch für die Herstellung und den Betrieb von Kraftfahrzeugen wird nur knapp ein Prozent für die eigentliche Transportfunktion ausgenutzt. Der stoffliche Aufwand für einen gefahrenen Autokilometer entspricht einer Gesamtmasse von durchschnittlich rund 500 Gramm, die in Form von Abraum, Abgasen, Schlacken, Schrott, Produktionsabfällen, Altöl, Altreifen und sonstigem (Sonder-)Müll anfällt. Der ebenfalls beträchtliche energetische und stoffliche Aufwand für Straßenbau etc. ist hierbei noch nicht einmal mit berücksichtigt worden.

Die von BONNE 1907 formulierten Anforderungen an eine höhere stoffwirtschaftliche Kulturstufe, in der die Abfallstoffe verwertet, das heißt «in wirtschaftlich und hygienisch einwandfreier Form dem Kreislauf der Natur und des Nationalhaushaltes»[15] wieder zugeführt werden, sind erst in jüngster Zeit wieder in die Diskussion aufgenommen worden. Der Rat von Sachverständigen für Umweltfragen hat in seinem Sondergutachten «Abfallwirtschaft» vom September 1990 aus seiner Analyse der katastrophalen Entsorgungssituation die Forderung abgeleitet:

> «Es muß daher erreicht werden, Versorgung und Entsorgung kreislaufartig möglichst so miteinander zu verbinden, daß die «Abprodukte» nur in solchen Konzentrationen, Mengen und Zusammensetzungen in den Naturhaushalt zurückgegeben werden, wie dieser sie schadlos aufnehmen kann.»[16]

Aus diesem übergeordneten Ziel ergibt sich die Notwendigkeit, Versorgung und Entsorgung in einem übergreifenden stoffwirtschaftlichen Systemansatz in ihrem Zusammenhang zu betrachten:

> «Abfallwirtschaft in einer umweltbewußten Gesellschaft verlangt eine Lenkung von Stoffströmen lange vor der Entscheidung, ob ein Gegenstand zu Abfall wird. Daher bleibt kein anderer Weg als die Einflußnahme auf unternehmerisches Handeln in der Weise, daß Herstellungsverfahren und Erzeugnisse, die mit größeren Abfallproblemen verbunden sind, von vornherein gar nicht oder so entwickelt werden, daß die sich daraus ergebenden Umweltbelastungen internalisiert werden können. Um dies zu erreichen, muß das gesamte wirtschaftliche Geschehen im Hinblick auf Abfallentstehung und -behandlung systematisch durchdacht und durchleuchtet werden, wobei ökologische Überlegungen voranzustellen sind.»[17]

Das Abfall- und Altlastenproblem zeigt ebenso wie die katastrophale Belastung der Umweltmedien Wasser, Boden und Luft, daß eine radikale Neuordnung der stoffwirtschaftlichen Grundlagen unseres Wirtschaftens erforderlich ist.

Anforderungen an eine umweltverträgliche Stoffwirtschaft

Unsere gegenwärtige Wirtschaftsweise zeichnet sich bezüglich der Stoffnutzung durch geringe Effizienz und Zukunftsunverträglichkeit aus. Alle stoffwirtschaftlich relevanten Bereiche der heutigen industriellen Produktion von der Rohstoffnutzung über die Stoffentwicklung und Produktplanung bis zur Abfallwirtschaft müssen einer kritischen Analyse und tiefgreifenden Umgestaltung unterzogen werden. Eine Produktions- und Konsumweise, die auf den langfristigen Erhalt der Lebensgrundlagen der Erde ausgerichtet ist, darf Stoffe und Produkte nur in solchen Mengen und von solcher Qualität nutzen, daß keine gravierenden Störungen der biogeochemischen Stoffkreisläufe bzw. der betroffenen Ökosysteme oder der menschlichen Gesundheit verursacht werden. Eine solche Produktionsweise kann nur verwirklicht werden, wenn die stoffliche Seite des Wirtschaftens systematisch erfaßt wird und deren Folgen für die natürlichen Stoffströme und -kreisläufe so weit wie möglich verstanden werden. Die Beschaffung und Aufarbeitung von umfassenden Kenntnissen über alle Stufen der wirtschaftlichen Stoffströme ist eine vordringliche umweltpolitische Aufgabe. Der bisherige Kenntnisstand über die wirtschaftlichen Stoffströme ist äußerst mangelhaft. Die chemische Industrie weigert sich nach wie vor, umfassende Daten über Art und Menge der von ihr hergestellten und vertriebenen Stoffe zu veröffentlichen. Diese Daten müssen jedoch öffentlich verfügbar sein, wenn die Gestaltung eines zukunftsverträglichen Stoffwechsels zwischen Mensch und Natur demokratisch bewältigt werden soll.

Auf der Basis möglichst genauer Kenntnisse über die wirtschaftlichen Stoffströme und ihre ökologischen Schwachstellen müssen ressourcensparende und Umweltbelastungen vermeidende Produkt- und Produktionsentwicklungen gezielt gefördert werden. Gleichzeitig muß das wirtschaftlich genutzte Stoffspektrum einer ökologischen Bereinigung unterzogen werden. Beide Ansätze sollten sich im Sinn eines umfassenden «Stoffregimes» ergänzen.

Ein solches «Stoffregime» kann nicht allein als staatliche Aufgabe ordnungspolitisch bewältigt werden. Dazu sind vielmehr Verantwortungsbewußtsein und Kreativität aller Beteiligten gefordert. Der Staat hat allerdings die Aufgabe, Rahmenbedingungen zu schaffen, die einen Anreiz zur Entwicklung umweltverträglicher Lösungen bieten.

Der Entwicklung grundsätzlich neuer Produktlinien oder Dienstleistungsstrukturen stehen häufig erstarrte soziotechnische Strukturen entgegen, die nur durch einschneidende Veränderungen der politischen und ökonomischen Rahmenbedingungen überwunden werden können. Die Entwicklung systemarer Alternativen zu bisherigen umweltunverträglichen soziotechnischen Strukturen stellt erhebliche Anforderungen an die politische Gestaltungskraft moderner Demokratien. Die demokratische Bewältigung dieser Aufgabe erfordert ein Höchstmaß an Öffentlichkeitsbeteiligung und Mitbestimmung und neue kooperative Politikformen.[18]

Ein wichtiger Ansatz der Diskussion über grundsätzliche stoff- (und energie-)wirtschaftliche Neuorientierungen geht von der Betrachtung der tatsächlichen volks- (und welt-)wirtschaftlichen Kosten der Übernutzung natürlicher Ressourcen und der übermäßigen Belastung der Ökosysteme aus. Die Belastung von Stoffen und Produkten mit den Kosten der Umwelt(ver)nutzung, die bisher auf die Allgemeineheit abgewälzt worden sind, verteuert die umweltunverträglichen Bereiche in der Volkswirtschaft. Das in Form von Abgaben oder Ökosteuern eingenommene Geld kann zur Förderung umweltverträglicher Entwicklungen verwendet werden.

Bei der Entwicklung ihrer stoff- und energiewirtschaftlichen Strukturen haben die Industrieländer auch eine Mitverantwortung für die Länder der dritten Welt, auf deren Kosten die heutigen zerstörerischen Strukturen zu einem beträchtlichen Teil entwickelt worden sind. Nur die hochentwickelten Länder verfügen über die technischen, ökonomischen und politischen Voraussetzungen für den sozialökologischen Umbau von Technik und Wirtschaft. Es sollte der folgende globalökologische kategorische Imperativ gelten: Der Stoff- und Energiebedarf soziotechnischer Systeme ist so zu gestalten, daß diese Systeme weltweit etabliert werden können, ohne die Lebensgrundlagen auf der Erde insgesamt zu gefährden. Hierüber besteht ein großer und wachsender internationaler Verständigungsbedarf.

Die Einsicht in die Notwendigkeit umfassender stoffbezogener Betrachtungsweisen ist nicht neu. Abgesehen von den verschütteten Diskussionsansätzen aus der Zeit der Jahrhundertwende spielten derartige Betrachtungsweisen schon in der Auseinandersetzung über die Einführung des Chemikalienrechts Ende der 70er Jahre eine Rolle, ohne damals jedoch weiterreichende politische Folgen zu zeitigen.

Der Begriff «Chemiepolitik» wurde 1983 vom BUND (Bund für Umwelt und Naturschutz Deutschland e. V.) in die politische Debatte eingebracht. Die Chemiepolitik soll als neuer Politikbereich auf die Eingrenzung der chemiebedingten Gefahren für Mensch und Umwelt hinwirken.

Die chemiepolitischen Grundsätze des BUND

Der BUND hat – orientiert am Vorsorgeprinzip – die folgenden chemiepolitischen Grundsätze formuliert:

1. Die Ressourcenübernutzung und der Grad heutiger Umweltbelastungen zwingen zu einer drastischen Reduzierung des Stoffverbrauchs. Ausgehend von der Kenntnis bereits eingetretener Schäden und der erheblichen «Risikounschärfe» im Hinblick auf weitere durch Chemikalien zu erwartende Schäden für Mensch und Umwelt, ist ein *Minimierungsgebot* für den Chemikalienverbrauch einzuführen.
2. Sofern Chemikalien in geschlossenen oder zumindest gut kontrollierbaren teiloffenen Systemen mit Rückführungsmechanismen eingesetzt werden, werfen sie deutlich geringere Risiken auf als bei umweltoffener Anwendung. Daher muß das *Recyclinggebot* als Grundsatz für eine umweltverträgliche Stoffwirtschaft auf allen Ebenen – von der Produktion bis zur Abfallbeseitigung – durchgesetzt werden. Aus Gründen der Energieersparnis und Stoffökonomie hat das primäre Recycling, also die Wiederverwendung eines Produkts (etwa als Mehrwegverpackung) Vorrang vor dem sekundären oder tertiären Recycling, bei dem aus komplexen Produkten nur noch einzelne Stoffe für die Weiterverwendung oder Weiterverwertung zurückgewonnen werden.
3. Chemikalien sollen nach dem Grundsatz des *ökologischen Designs* prinzipiell so konzipiert sein, daß sie störungsfrei in natürliche Stoffkreisläufe eingebunden werden können. Dieser Grundsatz ist insbesondere bei solchen Stoffen zu beachten, die bei ihrem Einsatz offen in die Umwelt eingebracht werden.[19]

Minimierungsgebot, Recyclinggebot und ökologisches Design von Stoffen lassen sich nur dann hinreichend verwirklichen, wenn sie bereits bei der Produktentwicklung berücksichtigt werden. Chemiepolitik ist daher ganz wesentlich auch Produktpolitik. Als Instrumente für eine ökologische Produktpolitik sind das *Öko-Controlling* und die *Produktlinienanalyse* entwickelt worden. Beide Ansätze ergänzen sich.

Ökologische Produktpolitik: Öko-Controlling und Produktlinienanalyse

Grundlage einer ökologisch orientierten Produktpolitik ist die Kenntnis der Umweltrelevanz der jeweiligen Produkte und ihrer Herstellung. Als Instrument für eine umfassende ökologische Produktbewertung aus betrieblicher Sicht ist das Öko-Controlling entwickelt worden.[20] Da die Berücksichtigung ökologischer Belange für Unternehmen ein großes Informationsproblem darstellt, bedarf es eines eigenen Managements. Öko-Controlling «soll im Konzept der Unternehmenspolitik die Umweltschutzzeile moderieren, sie formulieren, umsetzen, realisieren und kontrollieren helfen».[21] Für die Gestaltung eines betrieblichen Öko-Controllings sind zunächst eine sorgfältige Datenerhebung und die ökologische Bewertung der Eingangsstoffe, der Produktionsprozesse, der Emissionen sowie der Produkte nötig. Die ökologische Produkt- und Produktionsplanung erfordert unkonventionelle Herangehensweisen, da im Umweltbereich überwiegend auf nichtmonetäre, sogenannte «weiche» Daten zurückgegriffen werden muß. Die ökologische Produktplanung erfordert außerdem eine Betrachtung über die Grenzen des Unternehmens hinaus, da sich die Umweltauswirkungen von Produkten und Produktionsverfahren nicht nur aus betrieblicher Sicht bewerten lassen. Hierbei überschneiden sich die Konzeptionen für Öko-Controlling und Produktlinienanalyse.

Die Produktlinienanalyse ist von der Projektgruppe Ökologische Wirtschaft am Öko-Institut Freiburg als konzeptioneller Ansatz zur Verwirklichung einer umweltverträglichen Produktpolitik entwickelt worden:

> «Die Produktlinienanalyse soll sowohl antizipativ wie auch korrektiv für die Erfassung und Abwägung ökologischer, gesellschaftlicher und wirtschaftlicher Voraussetzungen, Auswirkungen und Konsequenzen von Produkten verwendet werden und damit eine Möglichkeit bieten, auch aus der Produktperspektive die ökologische Krise anzugehen und ein konzeptionelles Hilfsmittel für eine strukturelle Ökologisierung des Wirtschaftens zu sein.»[22]

Die Produktlinienanalyse beruht auf den vier Leitlinien Bedürfnisorientierung, Vertikalbetrachtung, Horizontalbetrachtung und Variantenvergleich:

Zu Beginn der Untersuchung wird ein Produkt auf das zugrundeliegende Bedürfnis hinterfragt. Das Produkt wird über seinen ganzen stofflichen Lebenszyklus hin untersucht, also von der Rohstofferschließung und Verarbeitung über den Transport, den Handel und Vertrieb, den Konsum bis hin zur Beseitigung (Vertikalbetrachtung). Entlang der Vertikalen einer Produktlinie werden für jede Lebenszyklusphase die jeweiligen Auswirkungen auf drei Dimensionen, nämlich Natur, Gesellschaft und Wirtschaft, untersucht (Horizontalbetrachtung). In der Produktlinienanalyse werden mehrere unterschiedliche Alternativen verglichen (Variantenvergleich). Dabei sind als Alternativen auch der Produktverzicht und Dienstleistungen als Lösung zur Befriedigung des zugrundeliegenden Bedürfnisses zu berücksichtigen.[23] Die Ergebnisse einer Produktlinienanalyse liefern die Informationsgrundlage für eine qualifizierte demokratische Auseinandersetzung über die umwelt- und gesellschaftspolitischen Maßnahmen, die zur Durchsetzung einer strukturellen Ökologisierung hinsichtlich eines bestimmten Produkts, einer Produktgruppe oder eines bestimmten Verfahrens erforderlich sind.

Sanfte Chemie

Der bei den Grünen entwickelte Ansatz der «sanften Chemie» bezieht sich schwerpunktmäßig auf die Herkunft der Stoffe und den Umgang mit ihnen. Die Kritik an der herkömmlichen Chemie setzt an deren Produktionsprinzipien an:

> «Die synthetische Chemie, das gezielte Synthetisieren von Stoffen aus isolierten und gereinigten Ausgangschemikalien der Petro- und anorganischen Chemie und insbesondere das Herstellen naturfremder (xenobiotischer) Stoffe, wie sie z. B. die meisten technisch eingesetzten halogenierten Kohlenwasserstoffe darstellen, ist ein besonders tiefgreifender und folgenschwerer Eingriff in die Natur, am ehesten vergleichbar mit denjenigen der Atomtechnik und der Gentechnik.»[24]

Von zentraler Bedeutung für die wissenschaftstheoretisch begründete Kritik an diesen drei Techniklinien ist der Begriff der «Eingriffstiefe» in Naturzusammenhänge.

Das Machtverhältnis zwischen Mensch und Natur hat sich durch diese Techniken geradezu umgekehrt. Waren frühere Generationen einer übermächtigen Natur weitgehend ausgeliefert, so ist heute die Natur nicht zuletzt durch diese drei Techniklinien dem Menschen ausgeliefert. Daraus wird gefolgert, daß, nachdem früher die Natur den menschlichen Eingriffsmöglichkeiten Grenzen setzte, heute politische und ethische Grenzen für den Umgang des Menschen mit der Natur gesetzt werden müssen.

In diesem Zusammenhang ist auch das Ansteigen der Risikopotentiale zu sehen, das mit der Verlängerung der raumzeitlichen Wirkungsketten dieser Techniken verbunden ist. Damit wächst auch die Kluft zwischen der Reichweite unseres Wissens und der Reichweite unserer Eingriffe in die Natur.[25]

Diese Kluft hat, auf die handelnde Einzelperson bezogen, ihre Entsprechung in der Unvereinbarkeit der erkenntnistheoretisch begründeten Bescheidenheit des Wissenschaftlers mit dem handlungsethisch anmaßenden Scheuklappentum des Experten. In der Konsequenz führt dies dazu, daß die Experimente den bescheidenen Rahmen des kontrollierten Labors immer häufiger verlassen und statt dessen die Ökosphäre zum Großlabor wird, das der Kontrolle zwangsläufig entgleitet.[26]

Auf der Basis der skizzierten Kritik wird von den Grünen eine «Konversion» der chemischen Industrie von der bisherigen «harten» zu einer umweltgerechten «sanften» Chemie gefordert.

Die Haltung der chemischen Industrie: Produktionsintegrierter und produktorientierter Umweltschutz

Den chemiepolitischen Herausforderungen können sich auch die offzielle Politik und die Industrie immer weniger entziehen. In der Eröffnungsansprache der ACHEMA, einer Ausstellungstagung für chemische Technik und Biotechnologie in Frankfurt/Main, forderte sogar Bundesforschungsminister Heinz Riesenhuber Anfang Juni 1991 eine «sanfte Chemie», die mit Rohstoffen und Energie sparsamer umgehen und von Anfang an bedenken müsse, was am Ende herauskommt.[27]

Die chemische Industrie hat für ihre Anstrengungen, durch die Chemieproduktion bedingte Umweltbelastungen zu verringern, den Begriff «produktionsintegrierter Umweltschutz» geprägt. Die in einer entsprechenden Broschüre angeführten Beispiele zeigen, daß hiermit prozeßtechnische Innovationen und verfeinerte Entsorgungstechniken gemeint sind, die zu einem geringeren Rohstoff- und Energieverbrauch und zu einer Verminderung von Emissionen und Produktionsabfällen führen sollen.[28]

Die Verfahrensentwicklung im Sinne des «produktionsorientierten Umweltschutzes» bedeutet eine bewußte Akzentuierung bestehender positiver Tendenzen der chemischen Verfahrenstechnik, die darin zu sehen sind, daß verfahrenstechnische Optimierung seit jeher auch Minimierung des Rohstoff- und Energieeinsatzes und des Anfalls an Neben- und Abprodukten bedeutet. Mit Maßnahmen im Sinne des produktionsorientierten Umweltschutzes will die chemische Industrie einen «wesentlichen Beitrag zur Verbesserung der Umweltbedingungen an den Produktionsstandorten» leisten.[29] Sie schließt damit an erfolgreiche Anstrengungen im Bereich des nachsorgenden Umweltschutzes (Luft- und Wasserreinhaltung, Abfallbeseitigung) an. Das grundlegende Problem, daß bisher alle positiven Entwicklungen hinsichtlich des spezifischen Rohstoff- und Energiebedarfs und des spezifischen Abfallaufkommens chemischer Verfahren durch die Zunahme der Mengen und der Anzahl chemischer Produkte weit überkompensiert wurden, wird durch dieses Konzept nicht berührt.

Eine grundsätzliche Hinterfragung des Nutzens von Produktionsprozessen und Produkten, wie sie das Konzept der Produktlinienanalyse beinhaltet, ist im Ansatz «produktionsintegrierter Umweltschutz» ausdrücklich nicht enthalten. Daher ist mit dieser Strategie auch nur eine begrenzte ökologische Wirkung zu erzielen. Das Erreichen globaler Umweltziele kann durch die Methoden des produktionsintegrierten Umweltschutzes alleine nicht gewährleistet werden. Dieses Konzept läuft Gefahr, auf der Stufe einer unzulänglichen ökologischen Modernisierung stehenzubleiben. Die Notwendigkeit für eine umfassendere Betrachtungsweise wird von der chemischen Industrie immerhin verbal anerkannt: «Natürlich beinhaltet ein umfassender Umweltschutz nicht nur die Herstellung chemischer Stoffe, sondern auch die dem Markt angebotenen Produkte.»[30] An anderer Stelle heißt es:

> «Aber auch die produzierten Güter werden zu Abfall. Produktion und Abfall sind aus stofflicher Sicht zwei Seiten einer Medaille. Sie müssen als nicht voneinander trennbare gekoppelte Vorgänge anerkannt werden. Nicht nur jeder Produzent eines Gutes sollte in diesem den späteren Abfall oder die Abfalleigenschaften sehen und lernen, «produktorientierten Umweltschutz» zu entwickeln, sondern auch jeder Erwerber und Verwender

eines Gutes, also jeder Bürger muß wissen, daß die Verwendung des Gutes unvermeidlich Abfall erzeugt oder daß das Gut – wenn auch vielleicht erst nach Jahrzehnten – zu Abfall wird, dessen Schicksal vorsorglich bedacht werden muß.»[31]

In der Praxis ist von derartigen Einsichten, die letztlich eine Anerkennung der Notwendigkeit des ökologischen Umbaus der Industriegesellschaft bedeuten, bei der chemischen Industrie bisher noch wenig zu spüren. An der Frage, mit welchen politischen Strategien sich ein sozialverträglicher Umbau von Produktions- und Konsumstrukturen möglichst zügig herbeiführen läßt, versagen die Verantwortlichen der chemischen Industrie, Chemiker, Ingenieure und Manager, bisher vollständig. Konzepte für die Gestaltung einer zukunftsverträglichen Stoffwirtschaft sind von der chemischen Industrie bisher nicht vorgestellt worden.

Die deutsche chemische Industrie verteidigt statt dessen auch stark umweltbelastende Produktionslinien und beharrt auf ihrem Gewohnheitsrecht, Stoffe beliebig zu verändern, zu kombinieren und zu verkaufen. Der Stoffwechsel zwischen Mensch und Natur wird von ihr weitgehend als private Geschäftsangelegenheit angesehen. Den Anforderungen des in der Umweltpolitik geltenden Kooperationsprinzips kommt die chemische Industrie nur sehr zögerlich nach. Freiwillige Vereinbarungen über die Produktionseinstellung bei stark umweltbelastenden Stoffen (PCBs, PCP, FCKWs) werden erst dann eingegangen, wenn damit drohende gesetzliche Verbote abgewendet werden können.[32] Eine offene gesellschaftliche Auseinandersetzung über die stoffwirtschaftlichen Perspektiven der Industriegesellschaft wird von der chemischen Industrie als unnötig abgelehnt. Die Einrichtung der Enquete-Kommission «Schutz des Menschen und der Umwelt – Bewertungskriterien und Perspektiven für umweltverträgliche Stoffkreisläufe in der Industriegesellschaft» des Deutschen Bundestages wurde von ihr abgelehnt.

Ökonomische Instrumente in der Chemiepolitik

«Auch für die Wirksamkeit im Umweltschutz braucht die Marktwirtschaft klare staatliche Rahmenbedingungen, gewissermaßen als Ergebnis gesellschaftlicher Wertvorstellungen. Es sollte das Prinzip herrschen: Wer die Umwelt entlastet, hat finanzielle Vorteile, und wer die Umwelt belastet, sollte finanzielle Belastungen tragen. Umweltschutz muß sich lohnen.»[33] Dieses Zitat aus einer Schrift der chemischen Industrie zeigt, daß das Prinzip, nach dem Umweltbelastungen finanzielle Belastungen und Umweltentlastungen finanzielle Entlastungen zur Folge haben sollen, verbal weitgehend unstrittig ist. In die politische Praxis hat es bisher jedoch noch kaum Eingang gefunden. Im Gegenteil werden bislang umweltbelastende Wirtschaftsweisen weiter subventioniert und ökologische Folgekosten weiter auf die Allgemeinheit abgewälzt:

> «Wer die Natur belastet, erschöpfbare Ressourcen verbraucht oder Landschaft zerstört, der zahlt dafür bisher nichts oder nur einen Spottpreis. Entsprechend sorglos wird gewirtschaftet – in Unternehmen, in privaten Haushalten und auch beim Staat.»[34]

Während sich der Preis einer Ware im wesentlichen aus den Produktionskosten und dem am Markt erzielten Gewinn zusammensetzt, gehen sogenannte externe Kosten, die bei Herstellung, Gebrauch und Entsorgung entstehen, nicht mit in den Preis ein. Die Kosten der Umweltverschmutzung, Ressourcenverschwendung, Gesundheitsbelastung, Müllentsorgung, des Landschaftsverbrauchs, um nur einige zu nennen, werden vom Hersteller auf Konsumenten, Staat oder Kommunen oder gar auf nachfolgende Generationen abgewälzt. Bei der Einführung ökologischer Steuerungsinstrumente geht es darum, diese Kosten korrekt zu ermitteln und über den Preis weiterzugeben.[35]

In der Diskussion über geeignete Formen der Internalisierung der externalisierten Folgekosten einer umweltverbrauchenden und -zerstörenden Produktion wird zwischen «Ökosteuern» und «Ökoabgaben» unterschieden. Während Steuern in den allgemeinen Staatshaushalt eingehen, sind Abgaben zweckgebunden. Umweltsteuern sind in der Regel mit einem geringeren bürokratischen Aufwand verbunden als Sonderabgaben. Sie können darüber hinaus in erheblich höherem Umfang erhoben werden. Da gleichzeitig mit der Erhebung von Umweltsteuern andere Steuern wie die Lohn- und Einkommensteuer gesenkt werden können, kann eine ökologische Steuerreform so durchgeführt werden, daß die durchschnittliche Gesamtbelastung bei einer hohen ökologischen Lenkungswirkung gleich bleibt. Eine Senkung von Lohn- und Einkommensteuern führt zu einer Verbilligung des Produktionsfaktors Arbeit. Die gegenwärtige, volkswirtschaftlich und politisch schädliche Überbetonung der Arbeitsproduktivität kann dadurch abgebaut werden, während die Besteuerung der Umweltnutzung und -belastung einen starken Druck in Richtung auf eine höhere Stoff- und Energierationalität ausübt.[36]

Während eine tiefgreifende ökologische Steuerreform als langfristig erfolgversprechendes umweltpolitisches Instrument diskutiert wird, haben Sonderausgaben kurzfristig den Vorteil, daß sie leichter in das bestehende Steuersystem integrierbar sind und nicht nur über den ökonomischen Belastungseffekt, sondern auch über den verwendungsspezifischen ökologischen Entlastungseffekt schnell und direkt umweltpolitisch wirksam werden können.

Im Vordergrund der Umweltsteuerdebatte steht heute die Frage der Besteuerung des Energieverbrauchs in Form einer Primärenergiesteuer, einer Erhöhung der Mineralölsteuer oder einer CO_2-Abgabe. Da die Entwicklung der chemischen Produktion in ihrer heutigen Form stark durch die Befreiung von der Mineralölsteuer und die Bereitstellung billiger Elektroenergie geprägt wurde, sind von einer Verteuerung der Energie erhebliche Auswirkungen auf die Produktionsstruktur der chemischen Industrie zu erwarten. Am Beispiel der Chlorchemie wurde dieser Aspekt an anderer Stelle bereits diskutiert. Eine Energiepreisgestaltung, die die ökologische Wahrheit widerspiegelt, würde indirekt auch erhebliche Strukturveränderungen in der chemischen Produktion bewirken.

Eine direkte Lenkungsfunktion bezüglich der Produkte der chemischen Industrie wird von Chemiesteuern erwartet. Durch eine so bewirkte Verteuerung gefährlicher Chemikalien soll erreicht werden, daß diese in möglichst geringen Mengen und weitgehend geschlossenen Kreisläufen verwendet werden. Die Höhe der Steuer oder Abgabe soll sich nach Kriterien wie Giftigkeit, Persistenz und Recycelbarkeit richten.[37] An speziellen Chemiesteuern werden eine Stickstoffsteuer oder -abgabe und die Chlorsteuer diskutiert.

Zukunftsperspektiven

Die gesundheits- und umweltverträgliche Gestaltung der Stoffwirtschaft ist neben der Energieproblematik ein zweiter zentraler Bereich der erforderlichen sozialökologischen Umgestaltung der Industriegesellschaft. Die Beendigung des Waldsterbens, die Bewahrung bzw. die Wiederherstellung der Lebensbedingungen in den Meeren, die Reinhaltung des

Grundwassers, die langfristige Sicherung der Bodenfruchtbarkeit, der Schutz der Erdatmosphäre und des Klimas und der Schutz unersetzlicher Kulturgüter vor zerstörerischen Umwelteinwirkungen sind Zukunftsaufgaben, die alle Teile der Gesellschaft herausfordern.

Der Deutsche Bundestag hat im Herbst 1991 mit der Einrichtung der Enquete-Kommission «Schutz des Menschen und der Umwelt – Bewertungskriterien und Perspektiven für umweltverträgliche Stoffkreisläufe in der Industriegesellschaft» gezeigt, daß er sich dieser Herausforderung stellen will.

Die Chemie und die chemische Industrie sollten diese Herausforderung ebenfalls annehmen und als Chance begreifen. Traditionelle Unternehmensziele werden obsolet, während sich eine Fülle neuer Aufgaben abzeichnet. Galt bisher die Umwandlung möglichst großer Rohstoffmengen in vermarktbare Produkte (und damit letztlich in Müll) als Erfolgsrezept der Chemie, so gilt es in Zukunft, die gesellschaftlichen Bedürfnisse mit einem minimalen Aufwand möglichst wiederverwertbarer und umweltverträglicher Stoffe zu befriedigen. Die chemische Industrie muß sich von einer Stoffverwertungsindustrie zu einer stofflichen Dienstleistungsbranche wandeln.

Die chemische Industrie hat in ihrer Geschichte gezeigt, daß sie auf veränderte Rahmenbedingungen überaus flexibel reagieren kann. Die bundesdeutsche Chemieindustrie hat beispielsweise mit der schnellen Umstellung ihrer organischen Grundstoffbasis von Kohle auf Erdöl in den 50er und 60er Jahren ihre Wandlungsfähigkeit eindrucksvoll unter Beweis gestellt. Für Unternehmen, die den sozialökologischen Umbau der Industriegesellschaft als positive Herausforderung annehmen, zeichnen sich unter der Voraussetzung geeigneter ökonomischer und ordnungspolitischer Rahmenbedingungen vielfältige Aufgaben im Bereich stoffbezogener Dienstleistungen ab. Dazu gehören die Entwicklung rohstoff- und energiesparender Lösungen bei Wahl und Verwendung von Werkstoffen, die gemeinsame Entwicklung recyclingfreundlicher Produkte mit Abnehmern von Chemieerzeugnissen, die Beteiligung an Recyclingverfahren und -systemen, die Entwicklung von Entgiftungsverfahren für nicht vermeidbare schadstoffhaltige Abfälle und Abwässer sowie Aufgaben im Bereich der Altlastensanierung. Die Fülle dieser Aufgaben läßt erwarten, daß ein derartiger Strukturwandel eher zur Schaffung als zum Abbau von Arbeitsplätzen führen wird.

Die Analyse der stoffwirtschaftlichen Effizienz heutiger industrieller Formen der Bedürfnisbefriedigung zeigt, daß im Falle der Bereitschaft zu prinzipiell neuen Lösungen Ressourcenverbrauch und Umweltbelastungen um Größenordnungen gesenkt werden können. Durch die konsequente Anwendung ökologischer Kriterien wie Energie- und Stoffeffizienz, Langlebigkeit und Recycelbarkeit können große Einsparpotentiale ausgeschöpft werden. Bei der Befriedigung des Mobilitätsbedürfnisses durch private Kraftfahrzeuge wird die knappe Ressource Erdöl beispielsweise nur zu etwa einem Prozent für den eigentlichen Zweck genutzt. Für umweltverträgliche Verkehrssysteme mit vergleichbarer oder besserer Transportleistung und vielfach geringerem stofflichem und energetischem Aufwand gibt es realistische Konzepte. Die Landwirtschaft kann in Europa den Nahrungsmittelbedarf mit einem Bruchteil des heutigen Energie-, Düngemittel- und Chemikalienbedarfs befriedigen und dabei auch noch nachwachsende Rohstoffe für umweltverträgliche Produkte liefern.

Eine umwelt- und zukunftsverträgliche Wirtschafts- und Lebensweise ist auch unter Beibehaltung eines hohen Wohlstandsniveaus technisch und strukturell realisierbar.

Weil die Herausforderungen eines sozialökologischen Umbaus der Industriegesellschaft in komplexer Weise die verschiedensten Bereiche in Wirtschaft und Gesellschaft betreffen, bedarf es zu ihrer Bewältigung auch neuer Formen der Politik und der gesellschaftlichen Auseinandersetzung. Die existentielle Bedeutung zukünftiger soziotechnischer Entwicklungen macht die Einrichtung demokratischer Institutionen erforderlich, in denen systematische Alternativen zu den zerstörerischen Bereichen der heutigen Industriegesellschaft unter Beteiligung aller betroffenen gesellschaftlichen Gruppen [38] entworfen werden können.

Anmerkungen

Umwelt und Leben

1 Imhof 1984
2 Henning 1974, 282 ff
3 Braudel 1985, 134
4 Arand 1773, Anhang; zit. nach Kuczynski 1980–83, Bd. 2, 273
5 Abel 1974
6 Medick 1985, 95–103
7 Fester 1923, 196
8 Jacobeit / Jacobeit 1986, 213 ff
9 Fischer 1933, Bd. II, 205
10 A. a. O., 22
11 Kulischer 1971, 519
12 Mottek 1974, Bd. I, 280
13 Zitiert nach Radkau / Schäfer 1987, 99
14 Radkau / Schäfer 1987, 110
15 Corbin 1984
16 Sieferle / Heck 1986

Kohle und Eisen

1 Die Biosphäre ist der Gesamtlebensraum aller lebendigen Organismen auf der Erde. Die Biosphäre umfaßt die Gewässer, die oberste, wenige Dezimeter dicke Bodenschicht und die unteren Luftschichten.
2 Die der Entstehung aller fossilen Energieträger zugrundeliegenden organischen Stoffe entstammen direkt oder indirekt der Photosynthese von Pflanzen. Unter Photosynthese versteht man die Umwandlung von Kohlendioxid und Wasser zu Traubenzucker unter Aufnahme von Sonnenenergie, die in den grünen Teilen von Pflan[zen] stattfindet.
3 Berechnet nach Bachofen 1978 u[nd] Fischer Weltalmanach 1988
4 1 t SKE entspricht der Energiemenge, die in einer Tonne Steinkohle mit einem bestimmten Brennwert enthalten ist.

$$1\ \text{t SKE} = 7 \times 10^6\ \text{kcal} = 2.93 \times 10^{10}\ \text{J}$$

5 Gleitsmann 1980, 120 f
6 Ress 1957, 21
7 Selmeier 1984, 113
8 Varchmin / Radkau 1981, 83 ff
9 Holtfrerich 1973, 79
10 Henseling 1981, 102 ff
11 Holtfrerich 1973, 132
12 Um 1640 machte der anhaltinische Münzmeister Daniel Stumpelt eine «Intervention den Steinkohlen den Gestank, die Wildigkeit und Unart zu benehmen»; nach Fester 1923, 191 f
13 Fester 1923, 192
14 Ullmann, 1. Aufl., Bd. VII, 1919, 567 f
15 Fischer 1893, 43
16 Ullmann, 1. Aufl., Bd. X, 1922, 656
17 Farbwerke Hoechst AG, H. 26, 1967
18 a. a. O.
19 Weissermel / Arpe 1988, 332
20 Meyers Konversationslexikon, Band XI, 1896, 282 f
21 Grandhomme 1883, 9–11
22 Ullmann, 1. Aufl., Bd. II, 1915, 365

…6. zitiert

…nstitut /

…22. Februar

…o, 304
…tionslexikon,
…283
…50
…93
…er 1879, 229 f
…, 1693
…917; zit. nach Brügge-
…/ Rommelspacher 1987, 81
…1907, 1693
…ckhardt 1850; zit. nach Brügge-
…meier / Rommelspacher 1987, 66
… Johannsen 1925, 167 ff
… Ullmann, 1. Aufl., Bd. IV, 1916, 481
37 Henseling 1981, 15
38 Holtfrerich 1973, 145
39 Troitzsch 1975
40 Berdrow 1943, 113 f
41 Institut für Wirtschaftsgeschichte 1985, 46

Industrialisierung der lebendigen Natur

1 Schivelbusch 1983
2 Zit. nach Loth 1981, 12
3 Loth 1981, 14
4 Zit. nach: Herrmann 1985, 158
5 Liebig 1876, 9 f
6 Liebig 1876; zit. nach Strube 1973, 83
7 Liebig 1876, 72
8 A. a. O., S. 86
9 Marx 1890, Neuaufl. 1977, 528 f
10 A. a. O., 529 FN
11 Krohn / Schäfer 1978, 64
12 Arnold 1981, 64
13 Grimme 1985, 28
14 Prange 1987, 119
15 A. a. O., 110 ff
16 Müller / Roock 1980, 265 ff
17 A. a. O.
18 Herrmann 1985, 170 ff
19 Ullmann, 1. Aufl., Bd. XII, 1923, 328
20 Gerundet nach Ullmann, 1. Aufl., Bd. XII, 1923, 331
21 Payen 1874, 322; zit. nach Vaupel 1985, 82
22 Vaupel 1985, 77
23 A. a. O.
24 Schivelbusch 1983, 168
25 MEW, Band 19, Berlin (DDR) 1972, 37–51
26 Radkau / Schäfer 1987, 223
27 A. a. O.
28 Bernhardt 1875, Bd. 2, 380 f
29 Schoepffer 1983
30 Fähser 1985

Industrielle Naturnutzung

1 Zit. nach Klemm 1983, 100 f
2 Varchmin / Radkau 1981, 83 f
3 Heinig 1970, 49
4 Lavoisier 1792; zit. nach Heinig 1970, 70
5 Bugge 1979, Bd. I, 369 f
6 Zit. nach Blunck 1938, 149

Synthetische Soda

1 Rassow 1923, 10
2 Bohnsack 1981, 216
3 Haber 1958, 12
4 Liebig 1859
5 Binz 1912
6 Forman 1979, 77 f
7 Lunge 1909, Bd. II, 474 ff
8 A. a. O., 250
9 Schramm 1984
10 Corbin 1984, 163 ff
11 Forman 1979, 79 f
12 Lunge 1909, Bd. III, 522

13 A. a. O., Bd. II, 758
14 A. a. O., 763
15 A. a. O., 765
16 A. a. O., 766
17 A. a. O., 768

Zwischenbilanz

1 Gärtner 1984, 36 f und Doran / Hinz / Mayer-Tasch 1974, 87 ff
2 Doran / Hinz / Mayer-Tasch 1974, 87 f
3 Brüggemeier / Rommelspacher 1987, 78
4 Bonne 1907, 16
5 Ullmann, 1. Aufl., Bd. I, 1914, 88
6 A. a. O., 88 f
7 A. a. O., 71 f
8 Jurisch 1890; zit. nach Brüggemeier / Rommelspacher 1987, 51 f
9 Wey 1982, 38
10 A. a. O.
11 Andersen / Brüggemeier 1987, 73
12 Verhandlungen des Internationalen Vereins zur Reinerhaltung der Flüsse, des Bodens und der Luft auf der 27. Generalversammlung am 17. und 18. Juni 1905 in Frankfurt am Main, 1905
13 Dem Vorstand gehörten nur Männer an.
14 Bonne 1907
15 A. a. O., 4 f
16 A. a. O. und dortige Literaturangaben
17 A. a. O., 11 f
18 Zit. nach: Arbeiterkultur und Ökologie, Heft 1 / 1991, 2 f
19 Doran / Hinz / Mayer-Tasch 1974
20 Institut für Wasser-, Boden- und Lufthygiene des Bundesgesundheitsamtes 1986
21 Zit. nach Wey 1982, 69
22 Die Chemische Industrie 35 (1912), 721 ff
23 Siehe hierzu auch Brüggemeier / Rommelspacher 1987
24 Zit. nach Brüggemeier / Rommelspacher 1987, 74

Die Teerfarbenindustrie

1 Caro 1892, 1024 ff
2 Dinglers polytechnisches Journal 154 (1859), 397
3 Caro 1892, 1030 f
4 A. a. O., 1033
5 Nagel o. J. (ca. 1965), 9 f
6 Vogel 1866, 30
7 Fischer 1893, 665 f
8 Farbwerke Hoechst, Heft 3, 1965, 8
9 Bersch 1878, 160
10 Ullmann, 1. Aufl., Bd. I, 1914, 573
11 Koelner 1937, 115 ff
12 Osterroth 1985, 77
13 König 1887, 627
14 A. a. O., 330 f
15 Schützenberger 1868, 458 f
16 Mühlhäuser 1887, 560
17 Grandhomme 1883, 35
18 A. a. O., 31
19 Wagners Jahresberichte der chemischen Technologie 15 (1869), 572
20 Bundesanstalt für Arbeitsschutz 1981, Anhang III
21 Brüning 1873 a, 25 f; Brüning 1873 b, 1072
22 Farbwerke Hoechst, Heft 3, 1965, 34
23 Häusermann 1879, 123 f; Osterroth 1985, 78
24 Ullmann, 1. Aufl., Bd. II, 1915, 376
25 Schuster 1973, 43 f
26 Nagel o. J. (ca. 1965), 7–20
27 Ullmann, 1. Aufl., Bd. V, 1915, 308
28 Berichte der Deutschen Chemischen Gesellschaft 2 (1869), 14 u. 334

29 Farbwerke Hoechst, Heft 1, 1964
30 Welsch 1981, 69
31 Ullmann, 1. Aufl., Bd. I, 1914, 205
32 Andersen/Spelsberg 1990, 109
33 Weißbach 1971
34 Burchardt 1979
35 A. a. O., 195
36 A. a. O., 198
37 Fieser/Fieser 1968, 1798
38 Ullmann, 1. Aufl., Bd. III, 1916, 566
39 A. a. O., Bd. II, 1915, 102
40 Fieser/Fieser 1972, 1696
41 Myslak 1990
42 Westdeutscher Rundfunk Köln, Redaktion Monitor, Sendung vom 2. 5. 1989, 24. 10. 1989 und 20. 3. 1990
43 Nagel o. J., 30
44 Ullmann, 1. Aufl., Bd. VI, 1916, 504
45 Nagel o. J., 45
46 Ullmann, 5. Aufl., Bd. A14, 1989, 153 f
47 Ullmann, 5. Aufl., Bd. A3, 1985, 507 f
48 Schulze/Homann 1986, XXIX
49 Kaltenmeier 1990
50 Verein zur Wahrung der Interessen der chemischen Industrie 1927, 2
51 Welsch 1981, 50
52 Welsch 1981
53 Andersen/Spelsberg 1990, 121 f
54 Rassow 1925, 96 f
55 Plumpe 1990, 40
56 A. a. O., 51 f
57 Plumpe 1990, 54
58 Plumpe 1990, 51 f

«Chemie erobert die Welt»

1 Lauterbach 1905
2 Radkau 1989, 254
3 Greiling 1941, 177 f
4 Lunge 1909, Bd. III, 31 und 154
5 Lunge 1909, Bd. III, 11 ff
6 Schramm 1984, 207
7 Metzner 1955, Bd. I, 92 ff
8 A. a. O., 95
9 A. a. O., 39
10 Büchner et al. 1986, 230
11 Frankfurter Rundschau vom 21. 12. 1990
12 Ullmann, 3. Aufl., Bd. 15, 1964, 555 f
13 Schulze/Homann 1986, 436
14 Kümmerer 1990
15 Schulze/Homann 1986, XVI
16 Büchner et al. 1986, 115
17 Ullmann, 1. Aufl., Bd. X, 1922, 140 f; Ullmann, 4. Aufl., Bd. 21, 1982, 28 f; Schulze/Homann 1986, 10
18 Fester 1923, 139
19 Haber 1958, 4
20 Nagel o. J., 37
21 Knietsch 1901, 4069–4093
22 Welsch 1981, 77; Lunge 1916, 1489
23 Lunge 1916, Bd. 2, 1485 f und 1496
24 Welsch 1981, 125
25 Metzner 1955, Bd. 1, 32 f; Schulze/Homann 1986, 17
26 Schulze/Homann 1986, 70
27 Fischer 1874
28 Frankfurter Rundschau vom 14. 5. 1991
29 Schulze/Homann 1986
30 Schulze/Homann 1986, 143 ff
31 Kümmerer 1990
32 Brimblecombe/Lein 1989, 84
33 Kümmerer 1990, 11
34 Brimblecomb/Lein 1989, 80 ff
35 Brimblecomb/Lein 1989, 88
36 Brimblecomb/Lein 1989, 81
37 Ullmann, 1. Aufl., Bd. III, 1916, 178 f
38 Osterroth 1985, 173

39 Ullmann, 1. Aufl., Bd. III, 1916, 204
40 Mögling 1990
41 Bezirksplankommission 1974
42 NIW 1991, 70
43 NIW 1991, 25
44 Büchner et al. 1986, 251
45 Ullmann, 5. Aufl., Bd. A4, 1985, 544 ff
46 Ullmann, 1. Aufl., Bd. VI, 1915, 413
47 Bayerl / Pichol 1986, 146
48 Ullmann, 1. Aufl., Bd. VI, 1915, 467
49 Ost 1919, 517
50 Ullmann, 1. Aufl., Bd. VI, 1915, 466
51 Ullmann, 1. Aufl., Bd. VI, 1915, 469
52 Förstner 1990, 133
53 Ullmann, 4. Aufl., Bd. 17, 1979, 534
54 Ullmann, 4. Aufl., Bd. 17, 1979
55 Versteegen et al. 1988, 79; Greenpeace 1991, 19
56 Ullmann, 4. Aufl., Bd. 17, 1979, 546
57 Greenpeace 1991, 23 ff
58 Informationsdienst Chemie und Umwelt 4 / 1990, 15
59 Ullmann, 4. Aufl., Bd. 17, 531 ff
60 Schempp 1990, 56; Greenpeace 1991, 30
61 Schempp 1990, 55
62 Schulze / Homann 1986, 366 f
63 Versteegen et al. 1988, 60
64 Greenpeace 1991; Frankfurter Rundschau vom 26. 4. 1991
65 Fischer Weltalmanach 1990, 808
66 Ullmann, 1. Aufl., Bd. X, 1922, 344 f
67 Die unmenschlichen Bedingungen, unter denen in den Schlachthöfen von Chicago gearbeitet wurde, hat der sozialkritische amerikanische Erzähler Upton Sinclair (1878–1968) in dem Roman «The Jungle» 1906, deutsch «Der Sumpf», eindrucksvoll beschrieben.
68 Wilson, Bd. 2, 1954, 30 f
69 Ullmann, 1. Aufl., Bd. X, 1922, 345
70 Ullmann, 1. Aufl., Bd. V, 1914, 415
71 Wilson, Bd. 1, 1954, 159 ff und 245 ff
72 Wilson, Bd. 1, 1954, 249 f
73 Fischer Weltalmanach 1990

Mobilmachungen

1 Plumpe 1990, 64
2 A. a. O., 98 f
3 A. a. O., 95 f
4 Geschichte der Farbenwerke 1984, 45 f
5 Plumpe 1990, 129 und 567
6 Metzner 1955, Bd. 2, 314
7 Plumpe 1990, 101
8 A. a. O., 102
9 Kunststoffe 20 (1930), 185
10 Esso A.G. 1990
11 Zischka 1939, 26
12 Esso A.G. 1990
13 Eckermann 1981, 69
14 Ullmann, 1. Aufl., Bd. IV, 1916, 711
15 Eckermann 1981, 90
16 Zischka 1939, 292 f
17 Nach Keppner 1979, 148
18 Meyers Lexikon, 7. Aufl., Bd. 4, 1926, 900
19 Binz 1915
20 Nagel 1970, 47
21 Spitz 1988, 98 f
22 Plumpe 1990, 261 f
23 Spitz 1988, 83 f
24 Greiling 1940, 54
25 Spitz 1988, 71 ff

26 Spitz 1988, 83 ff
27 Krause / Schlöttig 1925
28 Plumpe 1990, 290
29 Chemisches Zentralblatt 1934, I 2222
30 Mielenz 1932
31 Ullmann, 1. Aufl., Bd. VI, 1915, 700
32 Greiling 1940, 56
33 Plumpe 1990, 353
34 Greiling 1940, 59
35 Plumpe 1990, 354
36 Shiver 1929, 2147
37 Borkin 1979, 74
38 Plumpe 1990, 281 ff
39 Plumpe 1990, 292
40 Plumpe 1990, 286
41 Plumpe 1990, 276 und 288
42 Plumpe 1990, Welsch 1981, Borkin 1979
43 O. M. G. U. S. 1986
44 Plumpe 1990, 385
45 Plumpe 1990, 385 und 395
46 Helms 1984, 109 ff
47 Metzner 1955, Bd. 1, 41 f
48 Weissermel / Arpe 1988, 68
49 Trabalka / Reichle 1986, Hennicke / Müller 1989, Crutzen / Müller 1990
50 Frankfurter Rundschau vom 13. 2. 1991
51 Natur & Umwelt, Heft 2 / 1991, 2
52 Frankfurter Rundschau vom 11. 2. 1991
53 Globus, Heft 4 / 1991, 111

Stickstoffchemie

1 Fester 1923, 154
2 Fester 1923, 153 f
3 Plumpe 1990, 205
4 Nach Arbeitsgemeinschaft bäuerliche Landwirtschaft 1990, 37
5 Lenk ca. 1914, 23
6 Deutsches Reichspatent Nr. 238450
7 Nagel 1969
7 Greiling 1940, 9
9 Zit. nach Osterroth 1985, 164
10 Osterroth 1985, 158 ff
11 Welsch 1981, 93 u. 132 f
12 Plumpe 1990, 214 f
13 Plumpe 1990, 224
14 Plumpe 1990, 241
15 Metzner 1955, Bd. 1, 33
16 Büchner et al. 1986, 31 f
17 Mohr 1990
18 Herrmann 1985, 167
19 Mohr 1990, 302
20 Arbeitsgemeinschaft bäuerliche Landwirtschaft, Bd. 1, 1989, 49 f
21 Kleinschmidt / Eimler 1984
22 Mohr 1990, 302
23 Wassermann et al. 1990, 35
24 Umwelt Nr. 2 / 1991, 62
25 EG-Kommission 1988
26 Arnold 1981, 174
27 Mayer 1990, 154
28 Mohr 1990
29 Klein 1988, 336 f
30 Klein 1988, 343
31 Frankurter Rundschau vom 17. 8. 1987, 1
32 Klein 1989, 372
33 Informationsdienst Chemie & Umwelt 4 / 1990, 9 ff
34 Isermann 1990

Grundstoff Giftgas

1 Farbwerke Hoechst 1968
2 Metzner 1955
3 Ullmann, 1. Aufl., Bd. III, 1916, 374
4 Rat von Sachverständigen 1990, 232
5 Mögling 1990, 188
6 Ullmann 1908, 405 f

7 Ganswindt 1899; Consortium 1907, 1095 f
8 Ullmann, 1. Aufl., Bd. III, 1916, 439
9 A. a. O., 403
10 Nach Brauch 1982
11 Fischer 1990; Patze 1986
12 Nach Naumann 1979
13 Anonymus 1917
14 Patze 1986; Noris 1919
15 Gellermann 1986, 58
16 Goldschmidt 1920
17 Bäumler 1963, 140
18 Chem. Zentralbl. 1991 [1920], II 691
19 Kionka 1931
20 Brandt 1932
21 Löwy 1935
22 v. Scheurlen / Witzky 1935, 60 f
23 Lattes 1934, 105
24 Segitz 1930, 298 ff
25 Lutz 1930, 806
26 Ullmann, 3. Aufl., Bd. 5, 1954, 488
27 Henseling 1990
28 Wacker-Chemie 1989, 20
29 Wacker-Chemie 1989, 37
30 Hassel 1925
31 Carlisle / Coyle 1931
32 Tanaka et al. 1928, 702
33 Isenschmid / Kunz 1935
34 Isenschmid / Kunz 1935, 614
35 Jordi 1937, 138 ff
36 DRP 465, 178; Chemisches Zentralblatt 100 [1929], I 1044
37 Gerbis 1928, 70
38 Lutz 1930, 808
39 Isenschmid / Kunz 1935, 612
40 Ullmann, 3. Aufl., Bd. 5, 1954, 489
41 Ullmann, 3. Aufl., Bd. 5, 1954, 487
42 Weissermel / Arpe 1988, 58
43 DFG 1990
44 Ullmann, 5. Aufl., Bd. A6, 1986, 271
45 Bayer 1991, 7
46 Kraemer 1990
47 Grießhammer et al. 1989, 16
48 Jacobi 1989
49 BUND (Hrsg.): Begleitmappe 4/87 zur Globus-Sendung vom 5. 4. 1987, 92 f; siehe auch Der Spiegel Nr. 49/1987, 262 ff
50 Enquete 1988, 179 nach Grießhammer 1990a
51 Grießhammer 1990a
52 Grießhammer et al. 1989, 27 f
53 Informationsdienst Chemie & Umwelt 6/1990, 14
54 VCI 1990
55 Kraemer 1990, 152
56 Informationsdienst Chemie & Umwelt 6/1990, 14
57 Farbwerke Hoechst 1966
58 Wacker-Chemie 1989
59 Bauer 1941, 187 f
60 Verband der Chemischen Industrie: Chemiewirtschaft in Zahlen 1976
61 Koch / Vahrenholt 1978, 211
62 Koch / Vahrenholt 1978, 211
63 Frankfurter Rundschau vom 16. 10. 1987
64 Forschungszentrum Jülich 1990, 51–52
65 Bundesgesundheitsblatt 8/1990, 350–354
66 Claus / Friege / Gremler 1990, 161–169
67 Kunststoffe 79 (1989) 11, 1241–1244
68 Kunststoffe 79 (1989), 10
69 Hessischer Landtag 1985
70 Frankfurter Rundschau vom 14. 3. 1991
71 Der Spiegel 10/1991, 34 f
72 Chemisches Zentralblatt 90 [1919] IV 337
73 Dieter 1990
74 Fachgruppe Wasserchemie 1987, 105
75 Dieter 1990

76 Die Chemische Industrie 60 [1937], 489
77 Ullmann, 3. Aufl., Bd. 5, 1954, 316
78 Richter 1958, 265
79 Richter 1958
80 BDA 1980; Gabbey 1984
81 Schulze / Sutter 1978, 122 f
82 Steger 1990, 4
83 Winteler / Ahrens 1990
84 Grießhammer 1990 a
85 Grießhammer 1990 a
86 Koch / Vahrenholt 1978, 54 ff
87 Henschler 1986 / 87
88 Kamaus 1989
89 Zeschmer-Lahl / Lahl 1990
90 Bundesgesundheitsblatt 8 / 1990, 350–354
91 RWI 1986, 77
92 IÖW / Öko-Institut 1986
93 Financial Times vom 1. 3. 1991, 26
94 Schulze / Weiser 1985, 64
95 Schulze / Weiser 1985, 63 f
96 Rat von Sachverständigen 1990, 219
97 Financial Times 10. 4. 91, 10
98 Vonkeman / Maxson 1991

Chemisierung der Landwirtschaft

1 Arnold 1981, 66 f
2 Herrmann 1985, 167
3 Buchner und Sturm 1980, 249 f
4 Bonne 1907, 11 f; s. Kapitel 6
5 Fischer 1990
6 Grimme 1985, 29
7 Dahlmann 1990
8 Lauger / Martin / Müller 1944, 892
9 Lauger / Martin / Müller 1944, 927 f
10 Dieter 1990
11 Winteler / Ahrens 1990, 33
12 Zullei-Seibert 1990
13 BBA-Presseinformation vom 20. 12. 1990
14 Öko-Test-Magazin, Jan. 1991; Der Spiegel vom 25. 2. 1991
15 Zullei-Seibert 1990, 98
16 Der Spiegel 10 / 1991, 38
17 Knirsch 1988, 90
18 Frankfurter Rundschau vom 8. 12. 1984; nach Die Grünen 1985, 26
19 Lahl 1990
20 Fremuth 1988, 81 f
21 Fremuth 1988, 111 f
22 Amtsblatt der EG Nr. C 267 / 11 vom 23. 10. 1990
23 Lahl 1991
24 Steger 1990
25 Bechmann 1987
26 Thomas / Vögel 1989
27 Frankfurter Rundschau vom 22. 11. 1990
28 Lutzenberger / Schwarzkopff 1988

Chemiepolitische Herausforderungen

1 S. Kapitel VI
2 Welsch 1981, 176
3 AG Atomindustrie 1987, 189 f
4 Rat von Sachverständigen 1990, 16
5 S. Kapitel 6
6 Rat von Sachverständigen 1990, 151
7 Rat von Sachverständigen 1990, 170 f
8 Rat von Sachverständigen 1990, 173
9 Greenpeace USA 1990
10 Greenpeace USA 1990, 11 ff
11 Meyerhoff / Petschow 1990, 12
12 Globus, Heft 3 / 1991, 70 ff
13 Rat von Sachverständigen 1990, 236
14 Rat von Sachverständigen 1990, Globus, Heft 3 / 1991
15 Bonne 1907
16 Rat von Sachverständigen 1990, 38

17 Rat von Sachverständigen 1990, 20
18 Burns / Ueberhorst 1988
19 Friege / Claus 1988
20 Seidel / Menn 1988, 116
21 Seidel 1988, 318
22 Rubik 1990; Projektgruppe Ökologische Wirtschaft 1987
23 Rubik 1990, 40 f
24 Gleich 1991
25 Gleich 1991
26 Dieter 1985
27 Frankfurter Rundschau vom 10. 6. 1991
28 DECHEMA u. a. 1990
29 DECHEMA u. a. 1990, 14
30 DECHEMA u. a. 1990, 14
31 DECHEMA u. a. 1990, 109
32 Ahrens 1990, 16
33 DECHEMA u. a. 1990, 109
34 Natur & Umwelt 2 / 1991, 12
35 Lahl 1991, 30
36 Weizsäcker 1990
37 Natur & Umwelt, Heft 2 / 1991, 12
38 Burns / Ueberhorst 1988

Literaturverzeichnis

Abel, W.: Massenarmut und Hungerkrisen im vorindustriellen Europa. Hamburg/Berlin 1974

AG Atomindustrie (Hrsg.): Wer mit wem in Atomstaat und Großindustrie. Frankfurt/M. 1987

Ahrens, A.: Ökologische Rollenspiele – Eine Antwort auf Nik Geiler. In: Informationsdienst Chemie & Umwelt Nr. 8/1990, 15–18

Andersen, A. und Brüggemeier, F.-J.: Gase, Rauch und saurer Regen. In: Brüggemeier/Rommelspacher, 1987

Andersen, A. und Spelsberg, G. (Hrsg.): Das blaue Wunder – zur Geschichte der synthetischen Farben. Köln 1990

Anonymus: Die Tiere im Gaskrieg. In: Zeitschrift für das gesamte Abdeckereiwesen. Offizielles Organ des Vereins der königlich preußischen privilegierten Abdeckereibesitzer 11 (1917), 13f

Arand, F. J.: Abhandlungen von drei Krankheiten unter dem Volke im Jahre 1771 und 1772... Göttingen 1773, Anhang

Arbeitsgemeinschaft bäuerliche Landwirtschaft (Hrsg.): Wachstumslandwirtschaft und Umweltzerstörung, 2 Bände, Rheda-Wiedenbrück 1989 und 1990

Arnold, H.: Ökologische Herausforderungen der Agrarpolitik (Dissertation). Freiburg: Hochschul-Verlag 1981

Bachofen, R.: Bio-Energie – Energie aus lebenden Systemen. In: Bio-Energie. fischer alternativ, Magazin Brennpunkte (9. Jahrgang, Band 13). Frankfurt a. M. 1978

Bäumler, E.: Ein Jahrhundert Chemie. Düsseldorf 1963

Bauer, R.: Zellwolle siegt. Leipzig 1941

Bayer intern – Special: Chemie mit Chlor, vom 29.4.1991

Bayerl, G. und Pichol, K.: Papier. Produkt aus Lumpen, Holz und Wasser. Reinbek 1986

BDA (Bund Deutscher Architekten): Rettet den Unterelberaum. Dokumentation eines Forums und seiner Folgen. Bonn 1980

Bechmann, A. (Hrsg.): Stoff- und Energiebilanzen. Ein Instrument zur Kontrolle und Einschätzung ökologischer Auswirkungen des Produktionsbereichs dargestellt am PVC-Werk ICI Wilhelmshaven. Werkstattberichte des Instituts für Landschaftsökonomie, Heft 3. Berlin 1984

Ders.: Landbau-Wende. Gesunde Landwirtschaft – Gesunde Ernährung. Frankfurt/M. 1987

Berdrow, W.: Alfred Krupp und sein Geschlecht. Berlin 1943

Bernhardt, A.: Geschichte des Waldeigentums, der Waldwirtschaft und Forstwissenschaft in Deutschland. 3 Bde. Berlin 1872–1875. Neudruck Aalen 1966

Bersch, J.: Die Fabrikation der Anilinfarbstoffe. Wien, Pest, Leipzig 1878
Bezirksplankommission des Bezirks Halle: Territoriale Entwicklungsmöglichkeiten des VEB Chemische Werke Buna. VD BP1 47/74, Bl. 25, Halle 1974
Binz, A.: Über den Ursprung der chemischen Großindustrie. In: Zeitschrift für angewandte Chemie 25 (1912), 2337–9
Ders.: Die chemische Industrie und der Krieg. Stuttgart und Berlin 1915
Blunck, R.: Justus von Liebig. Berlin 1938
Bohnsack, A.: Spinnen und Weben. Entwicklung von Technik und Arbeit im Textilgewerbe. Reinbek 1981
Bonne, G.: Deutsche Flüsse oder Deutsche Kloaken? Eine ernste Mahnung in letzter Stunde an unsere Regierungen und an unser Volk. Hamburg 1907
Borkin, J.: Die unheilige Allianz der I. G. Farben. Eine Interessengemeinschaft im Dritten Reich. Frankfurt/M. 1979
Brandt, A.: Angebliche Trichloräthylenerkrankungen in Schuhausbesserungswerkstätten, hervorgerufen durch Tetrachlorkohlenstoff. In: Archiv für Gewerbepathologie und Gewerbehygiene 3 (1932), 335–39
Brauch, H. G.: Der chemische Alptraum oder gibt es einen C-Waffen-Krieg in Europa? Berlin–Bonn 1982
Braudel, F.: Sozialgeschichte des 15.–18. Jahrhunderts. München 1985
Brimblecomb, P. und Lein, A. Yu. (Hrsg.): Evolution of the Global Biogeochemical Sulphur Cycle. SCOPE report 39. Chichester/New York 1989
Brüggemeier, F.-J. und Rommelspacher, Th. (Hrsg.): Besiegte Natur. Geschichte der Umwelt im 19. und 20. Jahrhundert. München 1987
Brüning, A. (1873a): Darstellung des Fuchsins. In: Berichte der deutschen chemischen Gesellschaft 6 (1873), 25f
Brüning, A. (1873b): Antwort auf Coupier's Bemerkungen über die Darstellung des Fuchsins ohne Arsensäure. In: Berichte der deutschen chemischen Gesellschaft 6 (1873), 1072
Buchner, A. und Sturm, H. in: Chemie in der Landwirtschaft. BASF-Symposium vom 12. 9. 79 in Limburgerhof. Verlag Wissenschaft und Politik 1980, 249f
Büchner, W., Schliebs, R., Winter, G. und Büchel, K. H.: Industrielle anorganische Chemie. Weinheim 1986
Bugge, G. (Hrsg.): Das große Buch der Chemie, 2 Bde. Berlin 1929, Neudruck Weinheim 1979
Bundesanstalt für Arbeitsschutz und Unfallforschung Dortmund: MAK-Werte 1981. Dortmund 1981
Burchardt, L.: Die Zusammenarbeit zwischen chemischer Industrie, Hochschulchemie und chemischen Verbänden im Wilhelminischen Deutschland. In: Technikgeschichte 46 (1979), 192–211
Burns, T. R. und Ueberhorst, R.: Creative Democracy. Praeger publishers, New York 1988
Carlisle, P. S. und Coyle, T.: Trichlorethylene. In: Chemical Markets 29 (1931), 243–48
Caro, H.: Über die Entwicklung der Theerfarbenindustrie. In: Berichte der deutschen chemischen Gesellschaft 25 (1892), 955–1105

Claus, F., Gremler, D. und Friege, H. (Hrsg.): Es geht auch ohne PVC. Hamburg 1990
Consortium für elektrochemische Industrie: Beständigkeit des Acetylentetrachlorids. In: Chemiker-Zeitung 31 (1907), 705
Consortium für elektrochemische Industrie: Neue Lösungs- und Extraktionsmittel. In: Chemiker-Zeitung 31 (1907), 1095 f
Corbin, A.: Pesthauch und Blütenduft. Eine Geschichte des Geruchs. Berlin 1984
Crutzen, P. und Müller, M.: Das Ende des blauen Planeten? Der Klimakollaps: Gefahren und Auswege. München 1990
Dahlmann, W.: Friedenspädagogik: Insektizide und Kampfgase. In: chimica didactica 16 (1990), 29–73
DECHEMA/GVC/SATW (Hrsg.): Produktionsintegrierter Umweltschutz in der chemischen Industrie. Frankfurt/M. 1990
DFG (Hrsg.): MAK-Liste 1990 der Senatskommission zur Prüfung gesundheitsschädlicher Arbeitsstoffe. Weinheim 1990
Dieter, H. H.: Verkommt die Ökosphäre zum ökotoxikologischen Großlabor? ifif-Verlag, Düsseldorf 1985
Ders.: Umwelthygienische Bewertung von halogen-organischen Verbindungen (HOV). In: Schriftenreihe Verein WaBoLu, Gustav-Fischer-Verlag, Stuttgart 1990
Doran, Ch. F.; Hinz; Mayer-Tasch: Umweltschutz – Politik des peripheren Eingriffs. Darmstadt und Neuwied 1974
Eckermann, E.: Vom Dampfwagen zum Auto. Reinbek 1981
Enquete-Kommission «Vorsorge zum Schutz der Erdatmosphäre», Zwischenbericht, Deutscher Bundestag, Zur Sache, Themen parlamentarischer Beratung 5/1988, Bonn
Esso A.G. (Hrsg.): 100 Jahre. Hamburg 1990
Fachgruppe Wasserchemie der GDCh: HOV-Studie. Halogenorganische Verbindungen in Wässern. Im Auftrag des Umweltbundesamtes Juni 1987
Fähser, L.: Naturnahe Waldwirtschaft. In: Waldhygiene 16 (1985), 65–74
Farbwerke Hoechst AG (Hrsg.): Dokumente aus Hoechster Archiven. Heft 1: Woran die Übernahme der Alizarin-Synthese von Graebe durch Hoechst scheiterte. Frankfurt (M)-Hoechst 1964
Heft 3: Neunzig Jahre Fuchsin in Hoechst. Frankfurt (M)-Hoechst 1965
Heft 17: Anerkennung Dr. Klattes in der IG. Frankfurt (M)-Hoechst 1966
Heft 34: Die Anfänge der Alkali-Elektrolyse. Frankfurt (M)-Hoechst 1968
Fester, G.: Die Entwicklung der chemischen Technik von den Anfängen bis zur Großindustrie. Wiesbaden 1923
Fieser, L. und Fieser, M.: Organische Chemie. Weinheim 1968
Fischer Weltalmanach. Diverse Ausgaben. Frankfurt a. M.
Fischer, A.: Geschichte des deutschen Gesundheitswesens, Bd. II. Berlin 1933
Fischer, E. P.: Der verdrängte Ahne. Bild der wissenschaft 4/1990, 44–48
Fischer, F.: Über die Verunreinigung der Flüsse ... In: Dinglers polytechnisches Journal 211 (1874) 200–227
Ders.: Handbuch der chemischen Technologie. Leipzig 1893

Förstner, U.: Umweltschutztechnik. Berlin/Heidelberg/New York 1990
Forman, C.: Industrial Town. Self-Portrait of St. Helens in the 1920th. London 1979
Forschungszentrum Jülich GmbH: Stoffströme und Emissionen durch Produktion, Verwendung und Entsorgung von PVC, von H. Kollmann u. a., Angewandte Systemanalyse Nr. 59, Jül-Spez-543. Jülich 1990
Fremuth, W. (Hrsg.): Das manipulierte Leben. Köln 1988
Friege, H.: Die chemiepolitische Diskussion in der BRD. Vortrag auf der Fachtagung «Zukunft der DDR-Chemie – Abbau von Umweltbelastungen» vom 21.–23.9.1990 in Berlin. Tagungsband, 52–64
Friege, H., Kost, U. und Claus, C. (Hrsg.): Die tückische Hypothek – Chemiepolitik für Schwermetalle. Karlsruhe 1985
Friege, H. und Claus, F. (Hrsg.): Chemie für wen? Reinbek 1988
Gabbey, D.: Die Industrieansiedlung in Wilhelmshaven und ihre Folgen. In: Bechmann 1984
Ganswindt, A.: Zur Benzinersatz-Frage. In: Zeitschrift für angewandte Chemie 12 (1899), 537–40
Gärtner, E.: Waldsterben und Umweltpolitik in der BRD. IMSF – Informationsbericht Nr. 39. Frankfurt a. M. 1984
Gellermann, G. W.: Der Krieg, der nicht stattfand. Koblenz 1986
Gerbis, –: Gesundheitsgefahren und Gesundheitsschutz bei der Entfettung durch Trichloräthylen. In: Zentralblatt für Gewerbehygiene 15 (1928), 68–70
Geschichte der Farbwerke Hoechst und der chemischen Industrie in Deutschland. Ein Lesebuch aus der Arbeiterbildung. Offenbach 1984
Gleich, A. v.: Über den Umgang mit Natur. Sanfte Chemie als wissenschaftliches, chemiepolitisches und regionalwirtschaftliches Konzept. In: Wechselwirkung Nr. 48, April 1991
Gleitsmann, R.-J.: Das Problem vorindustrieller Holzknappheit. In: Technologie und Politik, Band 16. Reinbek 1980
Goldschmidt, H.: Die chemische Industrie, Rückblicke und Ausblicke. In: Zeitschrift für angewandte Chemie 33 (1920), 257–60
Grandhomme, –: Die Theerfarben-Fabriken der Actien-Gesellschaft vorm. Meister Lucius & Brüning zu Höchst a. M. in sanitärer und sozialer Beziehung. Heidelberg 1883
Greenpeace USA: The International Trade in Wastes. Washington DC 1990
Greenpeace: Greenpeace-Spezial: Papier. Wie Papier die Umwelt schädigt und was dagegen getan werden kann. Hamburg 1991
Greiling, W.: Chemiker kämpfen für Deutschland. Berlin 1940
Ders.: Chemie erobert die Welt. Berlin 1941
Grießhammer, R. (1990a): Kriterien zur Bewertung von Risiken und Nutzen. Workshop vom 30.–31.3.1990 an der European Business School in Oestrich-Winkel, Manuskript
Grießhammer, R. (1990b): Produktbewertung und Produktlinienanalyse. In: Informationsdienst Chemie & Umwelt 9/1990, 13–21

Grießhammer, R., Hey, C., Hennicke, P. und Kalberlah, F.: Ozonloch und Treibhauseffekt, Reinbek 1989
Grimme, L. H.: Der chemische Pflanzenschutz. In: Die Grünen (Hrsg.): Pestizide Ex- & Import. Köln 1985
Die Grünen im Bundestag (Hrsg.): Pestizide. Ex- & Import. Köln 1985
Die Grünen im Bundestag (Hrsg.): Verzicht auf PVC & Chlorchemie. Bonn 1989
Haber, L. F.: The Chemical Industry during the XIX Century. Oxford 1958
Ders.: The Chemical Industry 1900–1930. Oxford 1971
Häusermann, C.: Zur Fabrication des Fuchsins nach der Methode von Coupier. In: Verhandlungen zur Beförderung des Gewerbefleisses 58 (1879), 123 f
Hasenclever, R.: Über die Beschädigung der Vegetation durch saure Gase. In: Chemische Industrie 2 (1879), 225–280
Hassel, B.: Bemerkenswertes aus der Extraktionspraxis und verwandten Gebieten. In: Chemiker-Zeitung 49 (1925), 293–95
Heinig, K. (Hrsg.): Biographien bedeutender Chemiker. Berlin 1970
Held, M. (Hrsg.): Leitbilder der Chemiepolitik. Frankfurt am Main 1991
Helms, H. G.: Auf dem Weg zum Schrottplatz. Köln 1984
Hennicke, P. und Müller, M.: Die Klimakatastrophe. Bonn 1989
Henning, F.-W.: Das vorindustrielle Deutschland 800 bis 1800. Paderborn 1974
Henschler, D. (Hrsg.): Gesundheitsschädliche Arbeitsstoffe. Toxikologisch-arbeitsmedizinische Begründung von MAK-Werten. Weinheim 1986/87
Henseling, K. O.: Bronze, Eisen, Stahl. Reinbek 1981
Ders.: Chlorchemie. Struktur und historische Entwicklung. Schriftenreihe des IÖW 42/90. Berlin 1990
Herrmann, K.: Pflügen, Säen, Ernten. Landarbeit und Landtechnik in der Geschichte. Reinbek 1985
Hessischer Landtag: Drucksache 11/3837 vom 7. 6. 1985
Holtfrerich, C.-L.: Quantitative Wirtschaftsgeschichte des Ruhrkohlenbergbaus im 19. Jahrhundert. Dortmund 1973
Imhof, A.: Die verlorenen Welten: Alltagsbewältigung durch unsere Vorfahren. München 1984
Institut für Wasser-, Boden- und Lufthygiene des Bundesgesundheitsamtes (Hrsg.): WaBoLu. 85 Jahre Umweltschutz 1901–1986. WaBoLu-Hefte 1/1986. Berlin 1986
Institut für Wirtschaftsgeschichte der Akademie der Wissenschaften der DDR (Hrsg.): Produktivkräfte in Deutschland 1870 bis 1917/18. Berlin 1985
IÖW/Öko-Institut: Qualitative und soweit möglich quantitave Abschätzung der kurz- und langfristigen Wirkungen eines Ausstiegs aus der Kernenergie (Kurzfassung). Berlin und Freiburg 1986
Isenschmid, R. und Kunz, E.: Gefahren moderner gewerblicher Gifte. In: Schweizerische medizinische Wochenschrift 27 (1935), 612–15
Isermann, K.: Die Stickstoff- und Phosphoreinträge in die Oberflächengewässer der Bundesrepublik Deutschland durch verschiedene Wirtschaftsbereiche unter besonderer Berücksichtigung der Stickstoff- und Phosphorbilanz der Land-

wirte und der Humanernährung. In: Schriftenreihe der Akademie für Tiergesundheit, Band 1 (1990), 358–413
Jacobeit, S. und Jacobeit, W.: Illustrierte Alltagsgeschichte des deutschen Volkes 1550–1810. Köln 1986
Jacobi, H. W.: Fluorchlorkohlenwasserstoffe. Berlin 1989
Johannsen, O.: Geschichte des Eisens. Düsseldorf 1925
Jonas, W., Linsbauer, V. und Marx, H.: Die Produktivkräfte in der Geschichte. Berlin 1969
Jordi, A.: Mißbrauch von Trichloräthylen durch Jugendliche zur Hypnose. Tri-Sucht bei einem Sekundarschüler. In: Schweizerische medizinische Wochenschrift 67 (1937), 1238–40
Jurisch, K.: Die Verunreinigung der Gewässer. Berlin 1890
Kaltenmeier, D.: Abwasserreinigung nach dem Stand der Technik in chemischen Großbetrieben. In: Korrespondenz Abwasser 5/90, 534–541
Kamaus, W.: Risiko Dioxin. In: Wechselwirkung Nr. 43, 11 (1989), 10–15
Katalyse/BUND/Öko-Institut/ULF (Hrsg.): Chemie am Arbeitsplatz. Reinbek 1987
Keppner, G.: Zündstoff Erdöl. Wien/München 1979
Kionka, H.: Vergiftungsgefahr bei der Verwendung von Tetra-Zerstäubenden Feuerlöschapparaten. In: Münchner medizinische Wochenschrift 78 (1931), 2107
Klein, E.: Geschichte der deutschen Landwirtschaft im Industriezeitalter. Wiesbaden 1973
Klein, G.: Sanierung nitratbelasteter Grundwässer. In: Berichte aus Wassergütewirtschaft und Gesundheitsingenieurwesen Nr. 79. Technische Universität München 1988, 335–363
Ders.: Anwendbarkeit des OECD-Vollenweider-Modells auf den Oligotrophierungsprozeß an eutrophierten Gewässern. In: Vom Wasser 73 (1989), 365–373
Kleinschmidt, N. und Eimler, W.-M.: Wer hat das Schwein zur Sau gemacht? München: Droemer 1984
Klemm, F.: Technik. Eine Geschichte ihrer Probleme. Freiburg 1954
Ders.: Geschichte der Technik. Reinbek 1983
Knietsch, R.: Über die Schwefelsäure und ihre Fabrication nach dem Contactverfahren. In: Berichte der Deutschen Chemischen Gesellschaft. 34. Jahrg. (1901), 4069–4093
Knirsch, J.: Giftexport – Pestizide für die Dritte Welt. In: Friege, H. und F. Claus (Hrsg.): Chemie für wen? Reinbek 1988
Koch, E. und Vahrenholt, F.: Seveso ist überall. Die tödlichen Risiken der Chemie. Köln 1978
Koch, W.: Ein merkwürdiges Merkblatt. In: Sicher ist sicher 11 (1977), 600–601
Köhler, O.: ... und heute die ganze Welt. Die Geschichte der IG Farben und ihrer Väter. Hamburg 1986
Koelner, P.: Aus der Frühzeit der chemischen Industrie Basels. Basel 1937
König, J.: Die Verunreinigung der Gewässer. Berlin 1887

Kraemer, A.: Leichtflüchtige CKW in der internationalen Politik. In: Tagungsbericht der Fachtagung «Zukunft der DDR-Chemie – Abbau von Umweltbelastungen», 147–158. Berlin 1990

Krause, E. und Schlöttig, D.: Darstellung einer krystallisierbaren organischen Bleiverbindung mit vier verschiedenen Liganden. Berichte der Deutschen Chemischen Gesellschaft 58 (1925), 427–32

Krohn, W. und Schäfer, W.: Ursprung und Struktur der Agriculturchemie. In: Starnberger Studien 1. Die gesellschaftliche Orientierung des wissenschaftlichen Fortschritts. Herausgegeben vom Max-Planck-Institut zur Erforschung der Lebensbedingungen der wissenschaftlich-technischen Welt. Frankfurt a. M. 1978

Kuczynski, J.: Die Geschichte der Lage der Arbeiter unter dem Kapitalismus, Bd. 14. Berlin 1962

Ders.: Geschichte des Alltags des deutschen Volkes, 5 Bde. Köln 1980–1983

Kümmerer, K.: Analyse von in Wässern gelösten organischen Schwefelverbindungen. Dissertation. Tübingen 1990

Kulischer, J.: Allgemeine Wirtschaftsgeschichte des Mittelalters und der Neuzeit. 2. Bd. Die Neuzeit. 4. Aufl. München 1971

Lahl, U.: Chemiepolitik ist zuerst Produktpolitik. In: Schaeffer, R. (Hrsg.): Ist die technisch-wissenschaftliche Zukunft demokratisch beherrschbar? Heinrich Böll Stiftung; Bonn/Frankfurt 1990

Ders.: Öko-Abgaben. Eine Analyse aus kommunaler Sicht. In: Produktlinienanalyse und Ökobilanzen. Werkstattreihe des Öko-Instituts. Freiburg 1991, 30–35

Lattes, L.: Tetrachlorkohlenwasserstoffvergiftung, akut tödliche, medizinale. In: Sammlung von Vergiftungsfällen 5 Abt. A (1934), 103–106

Lauger, P., Martin, H. und Müller, P.: Über Konstitution und toxische Wirkung von natürlichen und neuen synthetischen insektentötenden Stoffen. In: Helvetica Chimica Acta 27 (1944), 892–928

Lauterbach, F.: Geschichte der in Deutschland bei der Färberei angewandten Farbstoffe. Leipzig 1905

Lavoisier, A. L.: System der antiphlogistischen Chemie. Berlin 1792

Liebig, J. v.: Chemische Briefe. 2 Bde. Leipzig/Heidelberg 1859

Ders.: Die Chemie in ihrer Anwendung auf Agricultur und Physiologie. Braunschweig, 9. Aufl. 1876

Löwy, J.: Die chronische Vergiftung mit Tetrachlorkohlenstoff. In: Archiv für Gewerbepathologie und Gewerbehygiene 6 (1935), 157–59

Loth, H.: Sklaverei. Wuppertal 1981

Lozán, J. L.: Warnsignale aus der Nordsee. Berlin und Hamburg 1990

Lunge, G.: Handbuch der Sodaindustrie und ihrer Nebenzweige. 3 Bde., Braunschweig 1909

Ders.: Handbuch der Schwefelsäurefabrikation. 2 Bde., 4. Aufl., Braunschweig 1916

Lutz, G.: Gesundheitsschädigungen durch Lösungsmittel. In: Zeitschrift für angewandte Chemie 43 (1930), 805–08

Lutzenberger, J. und Schwarzkopff, M.: Giftige Ernte. Tödlicher Irrweg der Agrarchemie; Beispiel: Brasilien. Greven 1988

Marx, K.: Das Kapital. Erster Band, IV. Abschnitt, 13. Kapitel. Dietz Verlag Berlin (DDR) 1977

Mayer, R.: Stickstoffeintrag in Boden und Grundwasser: Ausmaß und Ursachen. In: Arbeitsgemeinschaft bäuerliche Landwirtschaft, Bd. 2, 154–176

Medick, H.: «Hungerkrisen» in der historischen Forschung. Beispiele aus Mitteleuropa vom 17.–19. Jahrhundert. SOWI (= Sozialwissenschaftliche Informationen für Unterricht und Studium) 14 (1985), Heft 2, 95–103

Metzner, A.: Die chemische Industrie der Welt. 2 Bde. Düsseldorf 1955

Meyerhoff, J., Petschow, U. u. a.: Altlasten als Investitionshemmnis in den neuen Bundesländern? Gutachten des Instituts für ökologische Wirtschaftsforschung im Auftrag der Hans-Böckler-Stiftung. Berlin 1990

Mielenz, W.: Zur Weiterentwicklung der chemischen Waffe. Neuere Kampfgase. Gasschutz und Luftschutz 2 (1932), 10–14

Mögling, L.: Möglichkeiten des Strukturwandels in der Buna AG. In: Tagungsbericht der Fachtagung «Zukunft der DDR-Chemie – Abbau von Umweltbelastungen», 168–189. Berlin 1990

Mohr, H.: Der Stickstoff – ein kritisches Element der Biosphäre. Heidelberger Akademie, Sitzungsberichte 1990, Nr. 5

Mottek, H.: Wirtschaftsgeschichte Deutschlands. Bd. 1–2. Berlin 1974 u. 1975

Mühlhäuser, O.: Die Fabrikation des Arsensäurefuchsins. In: Dinglers polytechnisches Journal 266 (1887), 466

Müller, H.-H. und Rook, H.-J.: Herkules in der Wiege. Streiflichter zur Geschichte der Ind. Revolution. Jena und Berlin 1980

Myslak, Z.: Azofarbmittel auf der Basis krebserzeugender und verdächtiger aromatischer Amine. Schriftenreihe der Bundesanstalt für Arbeitsschutz, GA 35. Dortmund 1990

Nagel, A. v.: Fuchsin, Alizarin, Indigo. Schriftenreihe des Firmenarchivs der BASF. Bd. 1, Ludwigshafen o. J. (ca. 1965)

Ders.: Stickstoff. Schriftenreihe des Firmenarchivs der BASF. Bd. 3, Ludwigshafen 1969

Ders.: Methanol-Treibstoffe. Hochdrucksynthesen der BASF. Schriftenreihe des Firmenarchivs der BASF. Bd. 5, Ludwigshafen 1970

Naumann, M.: Ein Leben für den Tod – Ultragifte für jedermann: Dr. Hugo Stoltzenberg. In: Die Zeit vom 28. 9. 1979 (Nr. 40/1979)

NIW = Niedersächsisches Institut für Wirtschaftsforschung (Hrsg.): Lösungsansätze für die Beschäftigungs-, Struktur- und Umweltprobleme der Chemischen Industrie im Großraum Halle/Leipzig/Merseburg. Studie im Auftrag der Stiftung «Arbeit und Umwelt» der IG Chemie, Papier, Keramik. Hannover 1991

Noris, J. F.: The manufacture of wargases in Germany. The Journal of Industrial and Engineering Chemistry 11 (1919), Heft 9, 817–29

O. M. G. U. S. (Office of Military Government for Germany, United States = Militärregierung der USA für Deutschland): Ermittlungen gegen die I. G. Farben.

Übersetzt und bearbeitet von der Dokumentationsstelle zur NS-Sozialpolitik, Hamburg. Nördlingen 1986

Ost, H.: Der Kampf gegen schädliche Industriegase. In: Zeitschrift für angewandte Chemie XX (1907), 1691–93

Ders.: Lehrbuch der Chemischen Technologie, 10. Aufl. Leipzig 1919

Osterroth, D.: Soda, Teer und Schwefelsäure. Reinbek 1985

Patze, B.: Im Frieden der Menschheit, im Kriege dem Vaterland. 75 Jahre Fritz-Haber-Institut. In: Wechselwirkung Nr. 31, 8 (1986), 44–48

Payen, A.: Handbuch der technischen Chemie, Bd. 2, Stuttgart 1874

Plumpe, G.: Die I. G. Farbenindustrie AG. Berlin 1990

Pohle, H.: Chemische Industrie. Weinheim 1991

Prange, C.: Das Gewerbe der Zuckersieder in Hamburg. In: Technische Universität Berlin (Hrsg.): Schriften aus dem Zucker-Museum, Heft 24. Berlin 1987

Projektgruppe Ökologische Wirtschaft: Produktionsanalyse – Bedürfnisse, Produkte und ihre Folgen. Köln 1987

Radkau, J. und Schäfer, I.: Holz. Ein Naturstoff in der Technikgeschichte. Reinbek 1987

Radkau, J.: Technik in Deutschland. Vom 18. Jahrhundert bis zur Gegenwart. Frankfurt/M. 1989

Rassow, B.: Justus Liebig als Förderer der chemischen Industrie. In: Beiträge zur Geschichte der Technik und Industrie 13 (1923), 10–16

Ders.: Die chemische Industrie. Gotha 1925

Rat von Sachverständigen für Umweltfragen: Sondergutachten «Abfallwirtschaft» vom September 1990. Bundestagsdrucksache 11/8493

Reich, A.: Leitfaden für die Ruß- und Rauchfrage. München, Berlin 1917

Ress, F. M.: Geschichte der Kokereitechnik. Essen 1957

Richter, E.: Entwicklungsrichtungen der Chlorindustrie. In: Chemische Technik 10 (1958), 261–66

Rubik, F.: Ökologische Produktpolitik und Produktlinienanalyse. In: Wechselwirkung Nr. 45/46, Dezember 1990, 40–44

RWI: Qualitative und quantitative Abschätzung der kurz- und langfristigen Wirkungen eines Verzichts auf Kernenergie. Essen 1986

Schaeffer, R. (Hrsg.): Ist die technisch-wissenschaftliche Zukunft demokratisch beherrschbar? Heinrich Böll Stiftung; Bonn/Frankfurt 1990

Schempp, W.: Alternativen zum Chlor – Fallbeispiel Zellstoffindustrie. In: Chlorchemie – Probleme – Alternativen – Perspektiven. Beiträge und Ergebnisse einer Fachtagung am 9. und 10. Oktober 1989 in der Evangelischen Akademie Bad Boll. Protokolldienst 27/90. Bad Boll 1990

Scheuerlen, – und Witzky, H.: Ein Todesfall durch gewerbliche Tetrachlorkohlenstoffvergiftung. In: Zentralblatt für Gewerbehygiene 22 (1935), 60–61

Schivelbusch, W.: Das Paradies, der Geschmack und die Vernunft. Eine Geschichte der Genußmittel. Frankfurt a. M. 1983

Schoepffer, H.: Die «naturgemäße Waldwirtschaft» und ihre Grundsätze. In: Forstarchiv 213/1983, 2–19

Schramm, E.: Sodaindustrie und Umwelt im 19. Jahrhundert. In: Technikgeschichte 51 (1984) Nr. 3, 190–208

Schützenberger, M. P.: Die Farbstoffe. Berlin 1868

Schulze, J.: Mengenbilanz der Chlor-Alkali-Chemie. In: Chemiker-Zeitung 113 (1989) 6, 207–214

Schulze, J. und Homann, M.: Untersuchung der Vermeidungs- und Verwertungsmöglichkeiten von schwefelhaltigen Rückständen der anorganischen und organischen Zwischenproduktchemie. TEXTE UMWELTBUNDESAMT 16/86. Berlin 1986

Schulze, J. und Sutter, H.: Möglichkeiten zur Verminderung der Quecksilberemissionen bei Alkalichloridelektrolysen – Statusbericht 1978. TEXTE UMWELTBUNDESAMT. Berlin 1979

Schulze, J. und Weiser, M.: Vermeidungs- und Verwertungsmöglichkeiten von Rückständen bei der Herstellung chlororganischer Produkte. UMWELTBUNDESAMT TEXTE 5/85. Berlin 1985

Schuster, C.: Vom Farbenhandel zur Farbenindustrie. Schriftenreihe des Firmenarchivs der BASF, Bd. 11. Ludwigshafen 1973

Segitz, A. F. G.: Über Benzin und Tetrachlorkohlenstoff in chemischen Reinigungsanstalten. In: Zentralblatt für Gewerbehygiene 17 (1930), 298–300

Seidel, E.: Ökologisches Controlling: Zur Konzeption einer ökologisch verpflichteten Führung von und in Unternehmen. In: Wunderer, R. (Hrsg.): Betriebswirtschaftslehre als Management- und Führungslehre. Stuttgart, 2. Aufl., 1988, 307–322

Seidel, E. und Mann, H.: Ökologisch orientierte Betriebswirtschaftslehre. Stuttgart/Berlin/Köln/Mainz 1988

Selmeier, F.: Eisen, Kohle und Dampf. Reinbek 1984

Shiver, H. E.: Chemical Warfare. In: Journal of Chemical Education 6 (1929), 2147–2159

Sieferle, R. P. und Heck, H. D.: Kampf gegen giftige Dämpfe und unehrsame Erfindungen. In: Bild der wissenschaft 4/1986, 81–98

Spelsberg, G.: Rauchplage – Zur Geschichte der Luftverschmutzung. Köln 1988

Spitz, P. H.: Petrochemicals. The Rise of an Industry. New York/Chichester 1988

SRI International: Directory of chemical producers. Verschiedene Jahrgänge

Steger, U.: Zielsetzungen und Überlegungen zur Tagung «Chlororganika – Versuch zur Strukturierung einer Kontroverse». Workshop vom 30.–31. 3. 1990 an der European Business School in Oestrich-Winkel, Manuskript

Stöckhardt, A.: Über die Einwirkungen des Rauchs der Silberhütten auf die benachbarte Vegetation... In: Polytechnisches Centralblatt 16 (1850), 257–278

Tanaka, Y. et al.: Dérivés chlorés de l'Ethane et de l'Ethylène. In: La Revue des Produits Chimiques 31 (1928), 699–702

Technische Universität Berlin (Hrsg.): Schriften aus dem Zucker-Museum, Hefte 17–25, Berlin 1982–1988

Thomas, F. und Vögel, R.: Gute Argumente: Ökologische Landwirtschaft. München 1989

Trabalka, J. R. und Reichle, D. E. (Hrsg.): The Changing Carbon Cycle. A Global Analysis. New York 1986
Troitzsch, U.: Die Einführung des Bessemer-Verfahrens in Preußen – ein Innovationsprozeß aus den 60er Jahren des 19. Jahrhunderts. In: Pfetsch, R. (Hrsg.): Innovationsforschung als multidisziplinäre Aufgabe. Göttingen 1975
Ueberhorst, R. und Man, R. de: Planungsstudie und diskursanalytische Vorstudien zur Förderung chemiepolitischer Verständigungsprozesse. Im Auftrag des Magistrats der Stadt Frankfurt erstellt für das Umwelt Forum Frankfurt. Elmshorn 1990
Ullmann, F.: Über die Verwertung von Chlor in der organischen Großindustrie. In: Die Chemische Industrie 31 (1908), 405–10
Ullmanns Encyclopädie der technischen Chemie, 1. Auflage, Urban und Schwarzenberg, Berlin und Wien 1914–23; 3. Auflage, Urban und Schwarzenberg, München–Berlin 1951–70; 4. Auflage, Verlag Chemie, Weinheim 1972–84
Ullmann's Encyclopedia of Industrial Chemistry, 5. Auflage, Vol. A6. New York und Weinheim 1986
Umweltbericht der DDR. Berlin 1990
Vaupel, E.: Gewässerverschmutzung in der schönen Literatur. In: Chemie in unserer Zeit 19 (1985), Heft 3, 77–85
Varchmin, J. und Radkau, J.: Kraft, Energie und Arbeit. Reinbek 1981
VCI (Verband der Chemischen Industrie e. V.): Chemie – Zahlen und Argumente. Frankfurt/M. 1990
Verband der Chemischen Industrie: Chemiewirtschaft in Zahlen. Diverse Jahrgänge. Frankfurt/M.
Verein zur Wahrung der Interessen der chemischen Industrie Deutschlands e. V. (Hrsg.): Ausgewählte Kapitel aus der chemisch-industriellen Wirtschaftspolitik 1877–1927. Berlin 1927
Verhandlungen des Internationalen Vereins zur Reinerhaltung der Flüsse, des Bodens und der Luft auf der 27. Generalversammlung am 17. und 18. Juni 1905 in Frankfurt am Main. Hamburg 1905
Versteegen, D., Wettnann, R. und Wurm, S.: Checklisten zur Prüfung der Umwelterheblichkeit raumbedeutsamer Vorhaben: «Papier- und Zellstoffindustrie». UMWELTBUNDESAMT – TEXTE 22/88. Berlin 1988
Vogel, M.: Die Entwicklung der Anilin-Industrie. Leipzig 1866
Vonkeman, G. H. und Maxson, P.: Chlorine Production and Use and their Environmental Risks. Von der «Foundation for European Environmental Policy» für die EG-Kommission, DG XI, erstelltes Dokument. Brüssel, Februar 1991
Wacker-Chemie: 75 Jahre Wacker-Chemie. Werk und Wirken. Zeitschrift der Wacker-Chemie GmbH München. September/Oktober 1989
Wassermann, O., Ahlsen-Hinrichs, C. und Simonis, U. E.: Die schleichende Vergiftung. Frankfurt am Main: Fischer 1990
Weißbach, H.: Strukturdenken in der organischen Chemie. Berlin 1971
Weissermel, K. und Arpe, H.-J.: Industrielle organische Chemie. Dritte, überarbeitete und erweiterte Auflage. VCH Verlag, Weinheim 1988
Weizsäcker, E. U. v.: Erdpolitik. Darmstadt 1990

Welsch, F.: Geschichte der chemischen Industrie. Studienbücherei: Chemie für Lehrer. Berlin 1981
Wey, K.-G.: Umweltpolitik in Deutschland. Kurze Geschichte des Umweltschutzes in Deutschland seit 1900. Opladen 1982
Wilson, C.: The History of Unilever. 2 Bde. London 1954
Winteler, S. und Ahrens, A.: Chlor hat keine Zukunft. Ökopol Nr. 8. Hamburg 1990
Zentralamt für Arbeit, Lemgo (Hrsg.): Benzol-Merkblatt. ZH-Reihe Nr. 1/130, Ausgabe 1976
Zeschmer-Lahl, B. und Lahl, U.: Ökologische und normative Bewertungskriterien für Chlororganika und ihre Alternativen... Unveröffentl. Manuskript 1990
Zischka, A.: Ölkrieg – Wandlung der Weltmacht Öl. Leipzig 1939
Zullei-Seibert, N.: Vorkommen und Nachweisbarkeit von Pflanzenbehandlungs- und Schädlingsbekämpfungsmittel-Wirkstoffen in Roh- und Trinkwässern der Bundesrepublik Deutschland. Veröffentlichungen des Instituts für Wasserforschung GmbH Dortmund und der Dortmunder Stadtwerke AG Nr. 39; Dortmund 1990

Bildnachweis

Seite 34: Foto aus dem Jahr 1895. Archiv von Dr. C. Otto, Bochum.

Seite 45: Nach einem französischen Holzstich aus dem Jahr 1891.

Seite 84: Aus: Franz Reuleaux: Das Buch der Erfindungen, Gewerbe und Industrien, Band IV, S. 397. Leipzig/Berlin 1884 bis 1888.

Seite 114: Holzstich aus: L'Illustration. Journal universel, Band 64. Paris 1874, S. 349.

Seite 189: Foto: dpa, BP-Raffinerie in Hamburg-Finkenwerder, aufgenommen im August 1979.

Seite 262: Aus: Der SPIEGEL, 7. April 1954.

Seite 275: Foto: dpa. Aufgenommen im November 1979.

ÖKO-TEST Ratgeber

Die Beiträge in diesen Büchern sind von Mitarbeitern des ÖKO-TEST-Magazins zusammengestellt worden. Das ÖKO-TEST-Magazin ist eine Verbraucherzeitschrift und erscheint monatlich. Lebensmittel, Kosmetika, Kinderspielzeug, Waschmittel, Farben und manch «Alltägliches» werden auf Schadstoffe untersucht, die die menschliche Gesundheit angreifen oder die Umwelt belasten könnten. Verbraucher sollen mit handfesten Informationen ihre Kaufentscheidung hin zum umweltfreundlichen und gesunden Produkt treffen können. Hersteller sollen genötigt werden, ihre Produkte nach ökologischen Kriterien herzustellen.

Ratgeber Kosmetik
Band 1
(rororo sachbuch 8520)
Band 2
(rororo sachbuch 8787)
Band 3
(rororo sachbuch 9109)
Aus dem Inhalt (Band 1 und 2): After-Sun-Präparate, Körperlotionen, Naturkosmetik, Seifen, Shampoos, Sonnenstudios, Zahnpflege, Tierversuche, Rezepte.
Der dritte Band listet mehr als 1400 der wichtigsten Kosmetik-Inhaltsstoffe auf und bietet damit einen systematischen, lexikonartigen Überblick über Herkunft, Zusammensetzung, Wirkungsweisen und Risiken der in unserer Kosmetik enthaltenen Substanzen.

Ratgeber Heimwerken
(rororo sachbuch 8580)

Ratgeber Büro
(rororo sachbuch 8737)

rororo sachbuch

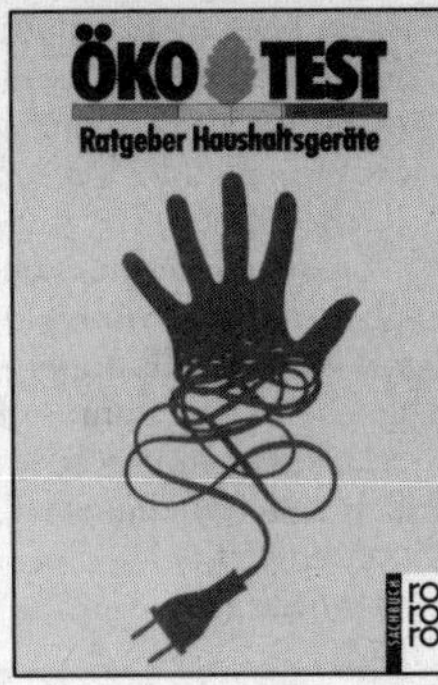

Ratgeber Diät
(rororo sachbuch 8541)
Neben den Tests zu einer ganzen Reihe von herkömmlichen Diäten finden Sie in diesem Ratgeber die «ÖKO-TEST-Vollwertdiät» - das Nonplusultra fürs ökologische Schlankwerden.

Lexikon Haushalt
(rororo 8733)
Von A wie Abbeizen bis Z wie Zwiebeln gibt dieses Lexikon Rat in allen Fragen der umwelt- und gesundheitsbewußten Haushalts- und Lebensführung.

Ratgeber Waschen und Putzen
(rororo sachbuch 8521)
300 Reinigungsmittel werden auf ihre Umwelt- und Gesundheitsverträglichkeit hin untersucht.

Ratgeber Kleinkinder
(rororo sachbuch 8518)

Ratgeber Haushaltsgeräte
(rororo sachbuch 9170
Ersch. Termin: Dez.1991)

3109/1

Bedrohte Welten

«Nur wenige unserer Zeremonien können verpflanzt werden. Nur wenige unserer Zeremonien können wir für euch öffnen. Versucht nicht, uns nachzuahmen. Versucht nicht, euch fremde Haut überzustülpen. Es kommt nicht darauf an, ob man Deutscher, Chinese oder Indianer ist, es kommt darauf an, ob man den menschlichen Weg geht und alles nichtmenschliche Leben achtet. Dabei können wir uns gegenseitig helfen.»
Phillip Deere,
Medizinmann der Muskogee

Indianische Welten
Der Erde eine Stimme geben
Texte von Indianern aus Nordamerika
Lesebuch
Herausgegeben von Claus Biegert
(rororo aktuell 5219)
Der Autor hat in diesem Lesebuch Texte nordamerikanischer Indianer zusammengestellt. Sie zeigen die eigene Welt und die besondere Weltsicht der Ureinwohner Nordamerikas. Der Band enthält auch Texte indianischer Autoren, Stücke aus Erzählungen und Romanen dieser eigenen, bei uns noch kaum bekannten amerikanischen Literatur.

Julian Burger
Die Wächter der Erde *Vom Leben sterbender Völker*
Gaia Atlas / Großformat
(rororo aktuell 12988)
Ein mit vielen Fotos ausgestatteter Atlas über die bedrohten Völker der Welt. von den Aborigines Australiens bis zu den Massai-Stämmen Afrikas.

rororo aktuell

Petra K. Kelly / Gert Bastian (Herausgeber)
Tibet - ein vergewaltigtes Land
Berichte vom Dach der Welt
(rororo aktuell 12474)
Die Herausgeber sind seit Jahren aktiv in der Menschenrechtsarbeit für Tibet. Sie haben Berichte, Reportagen und Dokumente zusammengestellt, die ein authentisches und aktuelles Bild von Tibet zeichnen und auch die traditionsreiche Geschichte und Kultur des tibetischen Volkes lebendig werden lassen.

Bahman Nirumand (Hg.)
Die kurdische Tragödie *Die Kurden - verfolgt im eigenen Land*
(rororo aktuell13075)
Dieser Band analysiert die aktuelle Lage, beleuchtet die politischen Rivalitäten der verschiedenen Kurden-Parteien und vermittelt das nötige Hintergrundwissen zum Verständnis der «Kurdenfrage».

3106/2